房屋建筑学概论

李振霞　魏广龙　主编

中国建材工业出版社

图书在版编目(CIP)数据

房屋建筑学概论/李振霞,魏广龙主编.
—北京:中国建材工业出版社,2005.8 (2013.7 重印)
ISBN 978-7-80159-939-1

Ⅰ.房... Ⅱ.①李...②魏... Ⅲ.房屋建筑学—高等学校-教材
Ⅳ.TU22

中国版本图书馆 CIP 数据核字(2005)第 091341 号

内 容 提 要

本书阐述了工业与民用建筑的设计原理及构造方法。全书共分三篇,第一篇为民用建筑设计原理,以大量的民用建筑为主,介绍了建筑平、立、剖面及组合设计。第二篇为民用建筑构造部分,主要介绍民用建筑的构造原理与方法。第三篇为工业建筑设计原理与构造,以单层工业厂房的设计与构造为主。

本书文字简练,条理清晰,重点突出,以文字为主,图文并茂,每章后附有小结、思考题等,书后附录部分选编了一些建筑制图标准的相关内容,以便查阅。

本书是一本房屋建筑学类课程用的教科书,可供建筑工程、管理工程、给排水、暖通空调等相关专业本科教学用教材和教学参考书,也可供土建专业成人高等教育师生及从事建筑施工图设计及施工的工程技术人员参考。

房屋建筑学概论
李振霞 魏广龙 主编

出版发行:中国建材工业出版社
地 址:北京市西城区车公庄大街6号
邮 编:100044
经 销:全国各地新华书店
印 刷:北京鑫正大印刷有限公司
开 本:787mm×1092mm 1/16
印 张:20.5
字 数:510千字
版 次:2005年9月第1版
印 次:2013年7月第4次
定 价:**48.00** 元

本社网址:www.jccbs.com.cn
本书如出现印装质量问题,由我社发行部负责调换。联系电话:(010)88386906

前　　言

根据全国高等学校建筑工程学科专业指导委员会对《房屋建筑学》课程教学大纲的修改，根据教学的实际需要，为适应教学改革的形式，我们编写了这本《房屋建筑学概论》教材。本教材共分三篇，第一篇为民用建筑设计原理，以大量的民用建筑为主，介绍了建筑平、立、剖面及组合设计，体现了建筑设计从总体到细部，从平面到空间的全过程。第二篇为民用建筑构造部分，主要介绍民用建筑的构造原理与方法，包括基础、墙体、楼地面、楼梯、屋顶、门窗、变形缝等内容。第三篇为工业建筑设计原理与构造，重点介绍了单层工业厂房的设计与构造，其中又以单层工业厂房的设计、定位轴线划分等内容为主。

本书在内容上突出了新材料、新结构、新技术的运用。书中对适应北方地区特点的构造技术作了重点、详尽的介绍。书后附录部分选编了一些建筑制图标准的相关内容，以便读者查用。本书文字简练，条理清晰，重点突出，以文字为主，图文并茂，每章后均附有小结、思考题等，便于读者更好地掌握房屋建筑学课程的主要内容。

本书参加编写人员分工：

第一篇　第一、二章　李振霞　魏广龙

　　　　第三、四章　田勇

第二篇　李振霞　魏广龙

第三篇　张长锐　李振霞

附　录　张长锐

本书由于成书时间紧，作者水平有限，错误和疏漏之处在所难免，望读者批评指正。

目　录

第一篇　民用建筑设计原理

第二篇　民用建筑构造

第三篇　工业建筑设计与构造

第一篇

民用建筑设计原理

第一章　民用建筑设计概论

第一节　建筑的产生、发展及其构成要素

一、建筑的产生、发展

建筑是人类最早的生产活动之一，是在一定的历史条件下，随着社会生产力的发展而形成的。由于历史条件和生产力发展水平的不同，人们对建筑的要求和实现这些要求的方法也不同，研究建筑的发展，实质上就是研究不同的社会制度、不同的生产和生活水平以及不同的民族历史对建筑的影响，就是研究在不同历史条件下，建筑功能、技术和艺术形式的发展和相互作用的过程。

建筑的产生、发展过程是人类对建筑的要求不断发展、提高的过程。

据古文献《韩非子・五蠹》记载："上古之世，人民少而禽兽众，人民不胜禽兽虫蛇，有圣人作，构木为巢，以避群害。"《孟子・滕文公》记载："下者为巢，上者为营窟。"原始社会的人类为生存需要，利用天然的洞穴等作为藏身避害的居所，即最原始的建筑雏形，因而最早的建筑类型是居住建筑，也是当时唯一的建筑类型。

随着社会向前发展，人类掌握了营建地面房屋的技术，为避潮湿，则用细泥抹面来处理室内地面、墙面或烧烤表面使之陶化；也有铺设木材、芦苇等作为地面防水层的；室内具有烧火的坑穴；屋顶设排烟口等，以此来改善居住卫生条件。

原始人类利用巨石大而向上的奇特形状，或利用环绕叠立的石块来表达他们原始的宗教观念。用简单的花纹和象形的雕刻来装饰房屋。进入奴隶社会，物质进一步丰富，技术继续发展，出现了阶级，随之出现了象征阶级地位或荣誉的建筑，如宫殿、宗庙、陵墓等。近现代之后，建筑更是得到了空前的发展。

到了近现代时期，由于社会、经济、科学技术的发展，建筑得到了空前的发展，出现了多种类型的建筑，如体育馆、办公楼、银行建筑、图书馆等等。建筑理论和思想也出现了多元化的趋势，先后出现了现代主义风格、后现代主义风格、结构主义以及解构主义风格等。

总之，建筑的产生、发展经历了一个由简单到复杂，由单低层到多高层，由小空间到大跨度的不断发展、演变的过程。随着时代的进步，相信建筑会得到更好的发展。

二、建筑的构成要素

（一）建筑的概念

"建筑"在具体的使用中往往具有多种含义。我们这里所指的是建筑艺术与技术相结合，营造出的供人们进行生产、生活或其他活动的环境、空间、房屋、场所等。一般情况下仅指建筑物或构筑物。

建筑物是为了满足人类的社会需要，利用物质技术条件，在科学规律和美学法则的支配下，通过对空间的限定、组织和改善而形成的人为的社会生活环境。一般指房屋建筑，也包括纪念性建筑、陵墓建筑、园林建筑和建筑小品等。建筑物的形式、布局和风格充分反映了建筑的性质、结构和材料特征以及时代风貌、民族风格和地方特色。

构筑物是由人们建造的，为生产、生活服务，但人们一般不直接在其内部进行生产和生活的某项工程实体和附属建筑设施。前者如道路、桥梁、隧道、堤坝等；后者如水塔、烟囱、蓄水池等。

(二)建筑的构成要素

从建筑的发展历史中，我们了解到不同时代、不同地区、不同民族创造了各式各样不同风格的建筑。然而，不管是最原始、最简单的建筑，还是最现代、最复杂的建筑，从根本上来说都是由三个基本要素所构成，即建筑功能要求、物质技术条件和建筑形象。

第一，建筑的功能。包括使用功能和基本功能。使用功能是满足特定的使用要求，不同的功能，要求不同类型的建筑物。基本功能是满足基本的生理需要，例如保温、隔热、采光、通风、日照、隔声等。人们建造建筑物，是为了满足人们物质生产和文化生活的需要，因而建筑的功能要求随着社会生产力的不断发展和人类物质文化生活水平的不断提高而日益复杂化，建筑的功能要求也越来越高。

第二，建筑的物质技术条件。建筑材料、结构、施工技术和建筑设备是建筑的物质要素。

材料是建筑的物质基础，建筑材料的性能制约了建筑的发展，同时建筑新材料的不断涌现又推动了建筑的发展。建筑材料从木、石、泥土到钢筋混凝土、玻璃、陶瓷的发展进步也是建筑发展和进步的过程。

建筑与建筑结构的发展相互促进、相互制约，建筑的发展要以结构理论、结构计算为依托，结构理论、结构计算手段、方法的发展又促进和推动了建筑从古代朴素的木骨架到今天钢筋混凝土框架等的发展。建筑结构的进步推动了建筑由低到高，由简单到复杂。

建筑设备包括水、电、暖通、空调、通讯、消防、运输、安全等。设备的发展为建筑向高空、大跨、智能化发展提供了基础和可能。

施工工艺、施工技术的进步，施工设备、施工组织管理等也和建筑的发展相辅相成。

现代大工业生产，提供了新的建筑材料，引起了建筑结构的变化，促进了建筑生产技术的发展。先进的建筑生产技术又使大型的复杂结构得以实现。材料、结构和建筑生产技术是实现建筑功能目的的重要手段。例如，钢材、水泥和钢筋混凝土的出现，解决了现代建筑中的大跨度和多层建筑的结构问题。

第三，建筑形象。建筑物的外观或内部(包括建筑体型、立面形式、建筑色彩、材料质感、细部装饰等)在人脑中的综合反映，也就是建筑的客观外观给人的主观感受。

建筑形象也是建筑艺术的反映，建筑不仅要满足使用上的要求，而且要在精神上给人以美的感受和思想、情绪上的影响。它既是物质产品，又具有精神方面的要求，表现出某个时代的生产力水平和文化生活水平以及社会的精神面貌。

三个基本要素，是辩证统一不可分割而有主次之分的。建筑的功能是建筑的目的，是主导因素，它对物质技术条件和建筑形象起决定作用，不同的功能，要求选择不同的结构形式，也会产生不同的建筑外观形象。物质技术条件是手段，又对功能要求起制约或促进发展的作用。建筑形象也是发展变化的，在相同功能要求和物质技术条件下，可以创造出不同的建筑形象。

第二节　民用建筑的分类与分级

建筑物按照使用性质的不同，通常可以分为生产性建筑和非生产性建筑，生产性建筑是指工业建筑和农业建筑，非生产性建筑即民用建筑。

一、民用建筑的分类

常用的民用建筑分类有以下几种：

(一)按使用功能分类

民用建筑按使用功能可以分为居住建筑和公共建筑。

1. 居住建筑指供人们居住生活使用的建筑，如住宅、公寓、宿舍、别墅等；

2. 公共建筑指供人们进行各项社会活动的建筑物，除居住建筑之外的其它民用建筑都是公共建筑，按照其功能特点，又可以分为多种类型，如生活服务性建筑、文教建筑、托幼建筑、科研建筑、医疗建筑、商业建筑、行政办公建筑、交通建筑、通讯建筑、观演建筑、体育建筑、展览建筑、旅馆建筑、园林建筑、纪念性建筑等。

(二)按规模分类

民用建筑可分为大量性建筑和大型性建筑。

1. 大量性建筑，是指量大面广，与人们生活密切相关的建筑，如住宅、中小学校、商店等。

2. 大型性建筑，是指规模大，投资多，不经常建设，但一旦建成会影响整个城市或地区面貌的建筑。如大型体育馆(场)、影剧院、航空港、火车站、展览馆等。

(三)按层数分类

1. 住宅建筑按层数划分为：1～3 层为低层；4～6 层为多层；7～9 层为中高层；10 层以上为高层。

2. 公共建筑及综合性建筑总高度超过 24m 者为高层(不包括高度超过 24m 的单层主体建筑)。

建筑物高度超过 100m 时，不论住宅或公共建筑均为超高层。

高层建筑根据其使用性质、火灾危险性、疏散和扑救难度等，又分为一类高层和二类高层。

(四)按主要承重结构的材料分类

1. 砖混结构：以普通黏土砖、页岩砖、灰砂砖、黏土多孔砖或承重混凝土空心小砌块等材料砌筑墙体，以钢筋混凝土制作楼板、楼梯及屋面板。

2. 钢筋混凝土结构：这种建筑结构的梁、柱、楼板、屋面板均以钢筋混凝土制作，墙用砖或其他材料制成。

3. 钢结构：建筑的梁柱、屋架等承重结构用钢材制作，墙体使用砖或者其他材料制成，楼板用钢筋混凝土。

(五)按结构形式分类

结构形式是以承重构件的传力方法的不同而划分，一般分为以下几种：

1. 墙承重结构

竖向承重构件是以各种砖或承重混凝土空心小砌块等材料砌筑的墙体，水平承重构件是钢筋混凝土楼板及屋面板。墙承重结构多用于多层建筑。

2. 框架结构

承重部分是由钢筋混凝土或钢材制作的梁、板、柱所形成的骨架承担，墙体只是围护和分隔作用。多用于多层和高层建筑中。

3. 空间结构

包括悬索、网架、拱、壳体等结构形式。多用于大跨度的公共建筑中。大跨度空间结构为30m以上跨度的大型空间结构。

二、民用建筑的分级

(一)按建筑物的耐久年限规定的等级

建筑物的质量等级，是建筑设计最先考虑的重要因素之一。在进行建筑设计时，依其不同的建筑等级，采用不同标准定额，选择相应的材料和结构类型，使其符合使用要求。

以主体结构确定的建筑耐久年限等级分下列四级：

一级耐久年限，100年以上，适用于重要的建筑和高层建筑。

二级耐久年限，50～100年，适用于一般性建筑。

三级耐久年限，25～50年，适用于次要的建筑。

四级耐久年限，15年以下，适用于临时性建筑。

(二)按建筑物的耐火等级分级

根据房屋主要构件(如柱、梁、楼板、屋顶等)的燃烧性能和耐火极限，将建筑的耐火等级分为四级。其中一级耐火性能最好，四级最差。见表1-1-1。

表1-1-1　建筑物构件的燃烧性能和耐火极限

燃烧性和耐火极限(h) / 耐火等级 / 构建名称		一　级	二　级	三　级	四　级
墙	防火墙	非燃烧体 4.00	非燃烧体 4.00	非燃烧体 4.00	非燃烧体 4.00
墙	承重墙、楼梯间和电梯井的墙	非燃烧体 3.00	非燃烧体 2.50	非燃烧体 2.50	难燃烧体 0.50
墙	非承重墙、疏散走道两侧的隔墙	非燃烧体 1.00	非燃烧体 1.00	非燃烧体 0.50	难燃烧体 0.25
墙	房间隔墙	非燃烧体 0.75	非燃烧体 0.50	难燃烧体 0.50	难燃烧体 0.25
柱	支撑多层的柱	非燃烧体 3.00	非燃烧体 2.50	非燃烧体 2.50	难燃烧体 0.50
柱	支撑单层的柱	非燃烧体 2.50	非燃烧体 2.00	非燃烧体 2.00	燃烧体 —
梁		非燃烧体 2.00	非燃烧体 1.50	非燃烧体 1.00	难燃烧体 0.50
楼　板		非燃烧体 1.50	非燃烧体 1.00	非燃烧体 0.50	难燃烧体 0.25

续表

燃烧性和耐火极限(h) 耐火等级 构建名称	一 级	二 级	三 级	四 级
屋顶承重构件	非燃烧体 1.50	非燃烧体 0.50	燃烧体 —	燃烧体 —
疏散楼梯	非燃烧体 1.50	非燃烧体 1.00	非燃烧体 1.00	燃烧体 —
吊顶(包括吊顶隔栅)	非燃烧体 0.25	非燃烧体 0.25	难燃烧体 0.15	燃烧体 —

1. 耐火极限

耐火极限是对任一建筑构件按时间 - 温度标准曲线进行耐火试验,从受到火的作用时起,到失去支持能力或完整性被破坏或失去隔火作用时止的这段时间,用小时表示。见表 1-1-1。判定条件如下:

失去支持能力:非承重构件失去支持能力的表现为自身解体或垮塌;梁、板等受弯承重构件,挠曲率发生突变,为失去支持能力象征。当简支钢筋混凝土梁、楼板和预应力钢筋混凝土楼板跨度总挠度值分别达到试件计算长度的 2%、3.5%、5%时,则表明试件失去支持能力。

完整性被破坏:楼板、隔墙等具有分隔作用的构件,在实验中,当出现穿透裂缝或穿透的空隙时,表明试件的完整性被破坏。

失去隔火作用:具有分隔作用的构件,在试验中背火面测温点测得的平均温升到达 140℃(不包括背火面的起始温度);或背火面测温点中任一测点的温度达到 180℃时;或不考虑起始温度的情况下,背火面任一测点的温度到达 220℃,则表明试件失去隔火作用。

2. 构件的燃烧性能

构件的燃烧性能分为三类:

非燃烧体:用不燃烧材料做成的建筑构件,如:天然石材、人工石材、金属材料等。

燃烧体:用燃烧的材料做成的建筑构件,如木材等。

难燃烧体:用难燃烧的材料做成的建筑构件,或用燃烧材料做成而用不燃烧材料作保护层的建筑构件,如:沥青混凝土构件、木板条抹灰构件均属难燃烧材料。

第三节 建筑工程设计的内容及程序

一、建筑工程设计的内容

建筑工程设计是指设计一个建筑物所要做的全部工作,通常包括建筑设计、结构设计和设备设计等三方面的内容。

(一)建筑设计

建筑设计是在总体规划的前提下,根据建设任务要求和工程技术条件进行房屋的空间组合设计和局部设计并以建筑设计图的形式表示出来。建筑设计是整个设计工作的先行,常常处于主导地位。但是,现代建筑建设规模越来越大,建筑技术日趋复杂,建筑质量要求越来越高，没有其他设计工种的配合也是难以作好建筑设计的。建筑设计一般是由建筑师来完成的。

(二)结构设计

结构设计的主要任务是配合建筑设计选择切实可行的结构方案，进行结构构件的计算和设计，并用结构设计图表示。结构设计通常由结构工程师完成。

(三)设备设计

设备设计是指建筑物的给排水、采暖、通风和电气照明等方面的设计。一般是由有关的工程师配合建筑设计完成，并分别以水、暖、电等设计图表示。

以上三方面的设计工作，既有分工，又密切配合；既有主导，又相互制约。各专业设计的图纸、计算书、说明书及预算书汇总，就构成一个建筑工程的完整文件，作为建筑工程施工的依据。

二、建筑工程设计的程序

建造一幢房屋，大体要经过下列几个环节：提出拟建项目建议书、编制可行性研究报告、进行项目评估、编制设计文件、施工、工程验收、交付使用等几个阶段。

(一)提出拟建项目建议书

它是建设项目发展周期中的最初阶段，提出一个轮廓设想，从宏观上考察项目建设的必要性，其主要作用是国家选择建设项目的依据。涉外项目建议书一经国家批准即为工程立项，而其后开展可行性研究，并可对外展开工作。

(二)编制可行性研究报告

它是指建设项目决策前，通过对项目有关的工程、技术、经济等方面条件和情况进行调查、研究、分析，对可能的建设方案和技术方案比较论证和预测建成后的经济效益等。为达到技术上的先进性和适用性，经济上的盈利合理性，建设的可能和可行性，业主委托有资格的设计院或咨询公司编制可行性研究报告。它作为项目投资决策后设计任务、银行贷款、合同、订货、审查及向规划部门申请建设执照的依据和附件。它的编制必须在国家有关规划建设政策、法规指导下完成。同时，还要有相应项目建设请示批复、环境测试、市场调查、自然、社会、经济方面的有关资料等做依据。

(三)进行项目评估

它是对拟建项目的可行性研究报告提出意见，对最终决策项目投资是否可行进行认可，确定最佳投资方案。

(四)编制设计文件

建筑设计一般分为初步设计和施工图设计两个阶段，对于较复杂的工程，则需要在初步设计完成后进行扩大初步设计(或技术设计)阶段，然后再进行施工图设计。增加扩大初步设计的目的是用来深入解决各个工种、各专业之间的协调等技术问题。

(五)施工前的准备、组织施工。

(六)施工验收，交付使用。

三、建筑工程的设计过程与各个设计阶段分述

(一)设计前的准备

设计是一项复杂而细致的工作，要涉及许多方面的问题，同时要受到许多条件的制约，为

了保证设计质量，动手做设计前必须做好充分准备。准备工作包括熟悉设计任务书，收集必要的设计基础资料，设计前的调查研究等。

1. 熟悉设计任务书

设计任务书包括以下内容：

(1)建筑项目总要求和建筑目的的说明；

(2)建筑物的具体使用要求，建筑面积以及各类用途房间之间的面积分配；

(3)建设项目的总投资和单方造价，并说明土建费用以及道路等室外设施费用情况；

(4)建设基地范围大小，原有建筑、道路、地段环境的描述，并附有地形测量图；

(5)供电、供水和采暖、空调等设备方面的要求并附有水源、电源接用许可文件；

(6)设计期限和项目的建设进程要求。

设计人员在着手进行设计之前，应按照国家有关定额指标，校核任务书中单方造价、房间使用面积等内容。在设计过程中必须严格掌握建筑标准，用地范围、面积指标等有关限额规定。同时，设计人员在深入调查和分析设计任务书以后，从合理解决使用功能、满足技术要求，节约投资等出发，或从建设基地的具体条件出发，也可对任务书中某些内容提出补充或修改，但须征得建设单位的同意；涉及用地、造价、使用面积的问题，还须经城建部门或主管部门批准。

2. 收集设计基础资料

通常建设单位提出的设计任务书，主要是从使用要求、建设规模、工程造价和进度等方面考虑较多。设计人员除熟悉任务书的要求之外，还需要收集必要的原始数据和设计资料，主要包括：

(1)气象资料：了解项目所在地区的气象资料，如温湿度、日照、雨雪、风向和风速以及冻土深度等。

(2)地形、地质水文资料：了解基地地形、标高、土壤种类及承载力、地下水位、地震烈度等。

(3)设备管线资料：了解水、电等设备管线资料。如基地地下的给排水、供热、煤气、通讯电缆等管线布置以及基地上空是否有架空线路等。

(4)设计项目的有关定额指标：国家或所在省市地区有关设计项目的定额指标。

3. 设计前的调查研究

(1)了解建设单位的使用要求，并走访了解已建同类建筑的实际使用情况，通过分析和总结，全面掌握所设计项目的特点和要求，做到“心中有数”。

(2)了解施工技术条件及建筑材料供应情况，如当地可能采用的施工技术、构件预制能力、起重运输设备等条件以及地方建筑材料的种类、性能、价格等。

(3)基地踏勘，了解基地和周围环境的现状，如地形、方位、面积以及原有建筑、道路、绿化等考虑拟建建筑物的位置和总平面布置的可能性。

(4)了解当地的文化传统、生活习惯、风土人情和建筑经验，用作设计中的素材和借鉴。

(二)初步设计阶段

1. 初步设计阶段的任务：初步设计是提供主管部门审批的文件，也是技术设计和施工图设计的依据。它的主要任务是提出设计方案，即根据设计任务书的要求和收集到的设计基础资料，结合基地环境，综合考虑技术经济条件和建筑艺术的要求，对建筑总体布置、空间组合进行可能与合理的安排，提出两个或多个方案供建设单位选择，并对确定的方案进行充实完善，综合成为较理想的方案，绘制出初步设计的图纸文件报主管部门审批。

2. 初步设计的内容：确定建筑物的组合方式；选定所用建筑材料和结构方案；确定建筑物在基地的位置；说明设计意图；分析设计方案在技术上、经济上的合理性；提出概算书。

3. 初步设计阶段形成的图纸和设计文件有：

(1)建筑总平面图[比例尺(1：500)～(1：2000)]。

确定建筑物在基地上的位置，标高，以及周围建筑物、道路、绿化及其他设施的位置、尺寸与拟建建筑物的关系，标注指北针或风向玫瑰图。

(2)各层平面图及主要剖面、立面图[比例尺(1：100)～(1：200)]。

确定建筑物的平面和空间组合方式，部分室内家具和设备的布置，结构方案与立面造型等。通常应标出建筑物各部分的主要尺寸、门窗位置、房间面积及名称等。

(3)设计说明书

建筑设计的依据、规模、性质、设计指导思想和设计特点；有关国家和地方法规的执行说明；方案整体构思及在平、立、剖面及构造、结构方案等方面的特点；建筑物的面积构成及主要技术经济指标等。

(4)建筑透视图或建筑模型

依据设计任务的需要确定。

(5)工程概算书

建筑物投资估算，主要材料用量及单位消耗量，用来进行技术经济分析，比较设计方案经济合理性，并为施工图设计和施工准备提供参考依据。

(三)技术设计阶段

对于较复杂的建筑，初步设计经建设单位同意和主管部门批准后，就可以进行技术设计。

技术设计是初步设计具体化的阶段，也是各种技术问题的定案阶段。其主要任务是在初步设计的基础上进一步解决各种技术问题，协调各工种之间技术上的矛盾。在技术设计阶段，各工种相互提供资料、要求，并共同研究和协调编制各专业的图纸和说明书，为进一步编制施工图打基础。经批准后的技术设计图纸和文件，是编制施工图、主要材料设备订货及工程拨款的依据。

技术设计的图纸和设计文件要求：建筑专业的图纸标明和其他技术专业有关的详细尺寸，并编制部分建筑部分的技术说明书；结构专业应有结构布置方案图，并附有初步计算说明；设备专业也提供相应的设备图纸及说明书。

(四)施工图设计阶段

施工图设计阶段是建筑设计的最后阶段，施工图设计必须根据上级主管部门审批同意的初步设计(或技术设计)进行，是提交施工单位进行施工的设计文件主要任务是满足施工要求。

1. 施工图设计的主要任务

是满足施工要求，即在初步设计或技术设计的基础上，综合建筑、结构、设备各工种，相互交底、核实核对，深入了解材料供应、施工技术、设备等条件，把满足工程施工的各项具体要求反映在图纸中，做到整套图纸齐全统一，明确无误。

2. 施工图设计的内容

确定全部工程尺寸和用料；绘制建筑、结构、设备等全部施工图纸；编制工程说明书、计算书和工程预算书。

3. 施工图设计形成的图纸和设计文件

(1)建筑总平面图：比例尺 1∶500(建筑基地范围较大时，也可采用 1∶1 000，1∶2 000)。

主要标注城市坐标网、场地坐标网，建筑红线内拟建建筑物、道路、场地、绿化设施等的位置、尺寸、标高。拟建建筑物与周围其他建筑物、道路、设施之间的关系，并标注指北针或风向玫瑰图。

(2)各层建筑平面图、各个方向的立面图及必要的剖面图：比例尺 1∶100～1∶200。在初步设计的基础上，详细注明各部分的尺寸、位置、标高，外装修材料、做法、颜色，详图索引，定位轴线及编号等。

(3)建筑构造节点详图：根据需要一般采用 1∶1、1∶5、1∶10、1∶20 等比例尺。构造节点详图是在平、立、剖面中未能清楚表达而需要放大绘制的建筑细部详图，它要求注明做法、尺寸、材料，如檐口、墙身、楼梯、门窗、平面节点等。

(4)各工种相应配套的施工图如结构给排水、电器照明以及暖气或空气调节等施工图。

(5)建筑、结构、设备等各专业的说明书。包括施工图设计依据、设计规模、面积、标高定位、用料说明等。

(6)建筑、结构、设备等各专业的计算书。建筑专业的计算书有热工、采光照明、隔声、音质设计等的设计计算。

(7)工程预算书。

第四节　建筑设计的要求和依据

一、建筑设计的要求与我国的建筑方针

(一)建筑设计的要求

1. 满足建筑功能的要求

采用合适的空间尺度，满足基本生活条件和使用顺序等建筑物的功能要求，并在技术上可行，为人们的工作和生活创造良好的环境。满足建筑功能的要求是建筑设计的首要任务。例如设计学校，首先要考虑满足教学活动的需要，教室设置应分班合理，采光通风良好。同时还要合理安排教师备课、办公、储藏和厕所等行政管理和辅助用房并配置体育场和室外活动场地等。

2. 采用合理的技术措施

房屋设计的使用要求和技术措施，要和相应的造价、建筑标准统一起来。正确选用建筑材料，选择合理的结构方案，采用合理的施工措施，使房屋坚固耐久、建造方便、节约投资。

3. 具有良好的经济效益

建造房屋是一个复杂的物质生产过程，需要投入大量的人力、物力和资金，在房屋的设计和建造中，因地制宜，就地取材，节省劳动力，节约建材和资金。

4. 建筑美观方面的要求

建筑物是社会的物质和文化财富，它在满足使用要求的同时，还需要考虑人们对建筑物在美观方面的要求，考虑建筑物所赋予人们精神上的感受。建筑设计既是技术工作，也是艺术创作。建筑物外部造型、内部空间、色彩、质感、细部修饰等应符合人们的审美情趣，成为具有时代精神的建筑。

5. 符合总体规划要求

单体建筑是总体规划中的组成部分，单体建筑应符合总体规划提出的要求。建筑物的设计，还要充分考虑和周围环境的关系，例如原有建筑、道路走向、基地状况、环境绿化等方面和拟建建筑物的关系。新设计的单体建筑除内部使用方便之外，建筑物在形式、色彩、外形、高度方面与外部环境相适应，与周围环境构成协调的室外空间组合，形成良好的室外空间环境，为所在环境增色。

(二)我国的建筑方针

建筑方针是我们进行建筑创作的指针，也是衡量建筑优劣的标准，必须认真贯彻执行。

1953 年，我国开始了发展国民经济的第一个五年计划，这时党提出了“适用、经济、在可能条件下注意美观”的建筑方针。1986 年建设部总结了以往建设的实际经验，结合我国实际情况，制定了新的建筑技术政策，明确指出建筑业的主要任务是“全面贯彻适用、安全、经济、美观”的方针。

1.“适用”是指恰当地确定建筑面积，合理的布局，必需的技术设备，良好的设施以及保温、隔热、隔声的环境。

2.“安全”是指结构的安全度，建筑物的耐火等级及防火设计、建筑物的耐久年限等。

3.“经济”主要是经济效益，它包括节约建筑造价，降低能源消耗，缩短建筑周期，降低运行、维护和管理费用等，既要注意建筑物本身的经济效益，又要注意建筑物的社会和环境的综合效益。

4.“美观”是在适用、安全、经济的前提下，把建筑美和环境美作为设计的重要内容，搞好室内外环境设计，创造良好的工作和生活条件。同时对于不同的建筑物，不同的环境有不同的美观要求。

二、设计依据

(一)人体尺度及人体活动所需的空间尺度

人体尺度及人体活动所需的空间尺度是建筑空间的基本依据之一。比如门窗、窗台以及栏杆的高度，走道、楼梯、踏步的高度，家具设备尺寸以及建筑物内部使用空间的尺度等，都与人体尺度以及人体活动所需的空间尺度直接或间接有关。我国成年男子身高1670 mm，(通行最低高度1800 mm)，成年女子身高

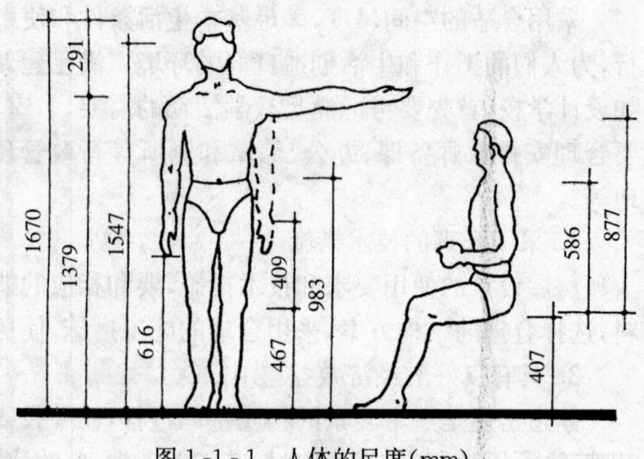

图 1-1-1　人体的尺度(mm)

1560 mm。人体尺度及人体活动所需的空间尺度(图 1-1-1、图 1-1-2)。

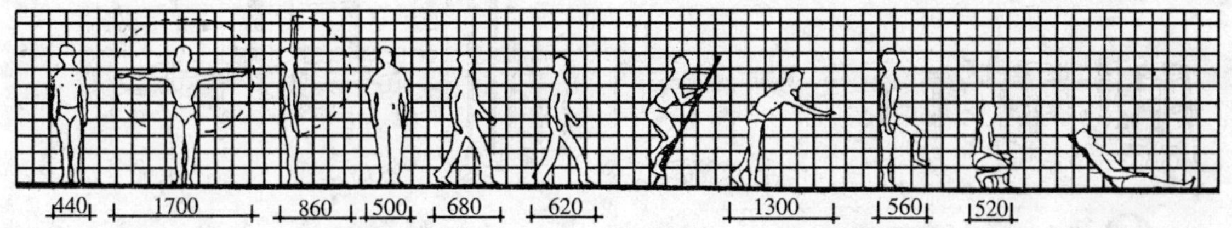

图 1-1-2　人体活动所需要的空间尺度(mm)

人体工程学是运用人体计测,生理心理计测和生物力学等研究方法,综合地进行人体结构、功能、心理等问题的研究,用以解决人与物,人与外界环境之间的协调关系并提高效能。因此,建筑设计中人体工程学的运用,将使确定空间范围,始终以人的生理、心理需要为研究中心;使空间范围的确定具有定量计测的科学依据。例:住宅净高≥2.4 m;楼梯下过人净高≥2.0 m,踏步高宽 $2h+b=600\sim620$ mm,都是以人体尺度,人体活动尺度为依据。

(二)家具、设备尺寸及使用它们所需空间尺寸

房间内家具设备的尺寸以及人们使用它们所需活动空间是确定房间内部面积的主要依据(图 1-1-3)。

(三)气象条件

建设地区的温度、湿度、日照、雨雪、风向、风速等气候条件是建筑设计的重要依据。例如湿热地区的建筑应考虑隔热、通风、遮阳,建筑处理较为开敞;寒冷地区应考虑防寒保温,建筑处理较封闭;雨量大的地区要特别注意屋顶形式、屋面排水方案的选择以及屋面防水构造的处理;在确定建筑物间距及朝向时,应考虑当地日照情况及主导风向等因素;高层建筑等还要考虑风速对结构布置和建筑体型的影响(图 1-1-4)。

(四)地形、地质条件和地震烈度

建筑基地地形的平缓起伏,基地的地质构成、土壤特性和地耐力的大小,对建筑的空间组合、结构布置和建筑体型都有影响。坡度较陡的地形,常会使房屋结合地形错层或前后错叠建造;复杂的地质条件,要求房屋的构成和基础的设计采取相应的结构及构造措施。

地震烈度表示地面及房屋建筑遭受地震的强烈程度。在烈度 6 度及 6 度以下地区,地震对建筑物的损坏较小,9 度以上的地区,由于地震过于强烈,从经济因素及耗用材料考虑,除特殊情况外,一般应尽可能避免在这些地区建设。建筑物抗震设防的重点是在 7、8、9 度地震烈度的地区。

(五)水文条件

水文条件是指地下水位的高低及地下水的性质,它会直接影响建筑物基础及地下室。通常应根据当地水文条件决定是否在该地建房或采取相应的技术对策,如防水、防腐等措施。

(六)建筑模数制

建筑模数在建筑中的应用由来已久,例如古希腊、古罗马柱式,建筑以柱径(柱身下部直径)作为基本模数;我国古代建筑中以“斗口”作为用料长短、大小的基本单位。近年来,世界各国广泛开展了模数制的研究工作。

图 1-1-3　家具的常用尺寸(mm)

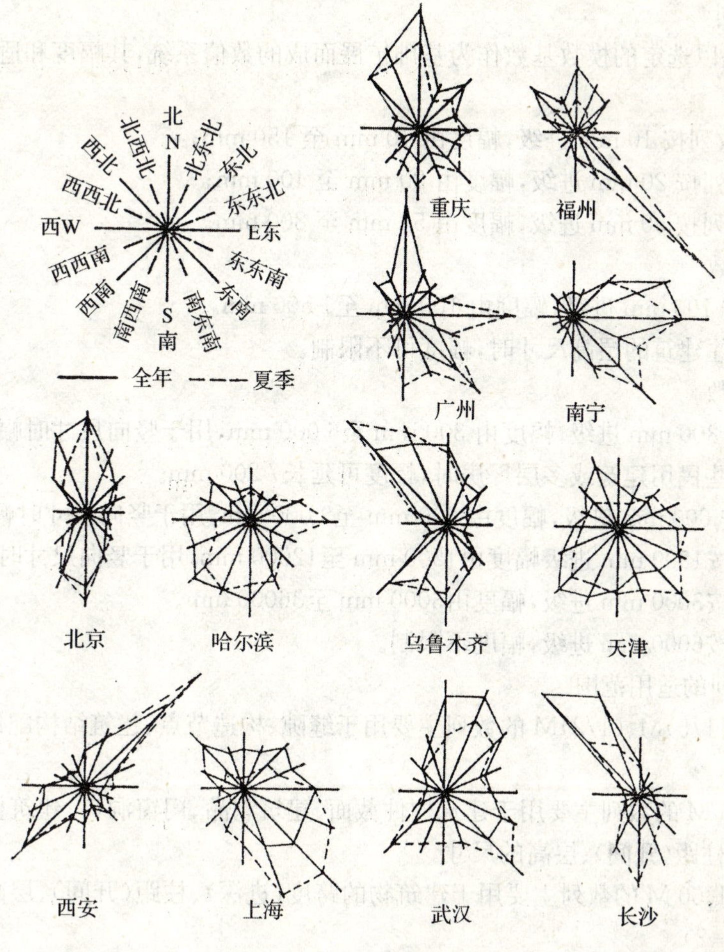

图 1-1-4　风向玫瑰图

为了使建筑制品、建筑构配件和组合件实现工业化大规模生产，使不同材料、不同形式和不同制式的建筑构配件、组合件具有较大的通用性和互换性，以及加快设计速度、提高施工质量和效率，降低建筑造价，我国制定了《建筑模数协调统一标准》(GBJ 2—86)。它规定以 100 mm 作为统一与协调建筑尺度的基本单位，称为基本模数，以 M 表示，并规定了模数数列。

1. 基本模数

目前我国和世界上大多数国家规定基本模数的数值为 100 mm，以 M 表示，即 1 M=100 mm。建筑物和建筑物部件以及建筑组合件的模数化尺寸，应是基本模数的倍数。

2. 导出模数

导出模数分为分模数和扩大模数。

分模数是基本模数的分数值，其基数为(1/10)M、(1/5)M、(1/2)M 共 3 个，相应尺寸分别为 10 mm、20 mm、50 mm。

扩大模数是基本模数的整倍数，其基数为 3 M、6 M、15 M、30 M、60 M 共 5 个，相应尺寸分别为 300 mm、600 mm、1500 mm、3000 mm、6000 mm。

3. 模数数列

模数数列是以选定的模数基数作为基础扩展而成的数值系统，其幅度和适用范围规定为：

(1)分模数

(1/10)M 数列按 10 mm 进级，幅度由 10 mm 至 150 mm；

(1/5)M 数列按 20 mm 进级，幅度由 20 mm 至 400 mm；

(1/2)M 数列按 50 mm 进级，幅度由 50 mm 至 800 mm。

(2)基本模数

1 M 数列按 100 mm 进级，幅度由 100 mm 至1 500 mm。

注：用于居住建筑的层高尺寸时，幅度可不限制。

(3)扩大模数

3M 数列按 300 mm 进级，幅度由 300 mm 至6 000 mm，用于竖向尺寸时幅度不限制。

注：用于某些民用建筑或多层厂房时，幅度可延长7 200 mm。

6 M 数列按 600 mm 进级，幅度由 600 mm 至9 000 mm，用于竖向尺寸时幅度不限制。

15 M 数列按1500 mm 进级幅度由1500 mm 至12000 mm，用于竖向尺寸时幅度不限制。

30 M 数列按3000 mm 进级，幅度由3000 mm 至36000 mm。

60 M 数列按6000 mm 进级，幅度不限制。

4. 模数数列的适用范围

(1/10)M、(1/5)M、(1/2)M 的数列主要用于缝隙、构造节点、建筑结构配件的截面及建筑制品的尺寸。

1 M、3 M、6 M 的数列主要用于建筑构件截面、建筑制品、门窗洞口、建筑构配件及建筑物的跨度(进深)、柱距(开间)、层高的尺寸。

15 M、30 M、60 M 的数列主要用于建筑物的跨度(进深)、柱距(开间)、层高及建筑构配件的尺寸(表 1-1-2)。

表 1-1-2　模　数　数　列　　(单位：mm)

基本模数	扩　大　模　数						分　模　数		
1 M	3 M	6 M	12 M	15 M	30 M	60 M	(1/10)M	(1/5)M	(1/2)M
100	300	600	1200	1500	3000	6000	10	20	50
100	300						10		
200	600	600					20	20	
300	900						30		
400	1200	1200	1200				40	40	
500	1500			1500			50		50
600	1800	1800					60	60	
700	2100						70		
800	2400	2400	2400				80	80	
900	2700						90		
1000	3000	3000		3000	3000		100	100	100
1100	3300						110		
1200	3600	3600	3600				120	120	
1300	3900						130		
1400	4200	4200					140	140	
1500	4500			4500			150		150

续表

基本模数	扩　大　模　数						分　模　数		
1 M	3 M	6 M	12 M	15 M	30 M	60 M	(1/10)M	(1/5)M	(1/2)M
1600	4800	4800	4800				160	160	
1700	5100						170		
1800	5400	5400					180	180	
1900	5700						190		
2000	6000	6000	6000	6000	6000	6000	200	200	200
2100	6300							220	
2200	6600	6600						240	
2300	6900								250
2400	7200	7200	7200					260	
2500	7500			7500				280	
2600		7800						300	300
2700		8400	8400					320	
2800		9000		9000	9000			340	
2900		9600	9600						350
3000				10500				360	
3100			10800					380	
3200			12000	12000	12000	12000	400	400	400
3300					15000				450
3400					18000	18000			500
3500					21000				550
3600					24000	24000			600
					27000				650
					30000	30000			700
					33000				750
					36000	36000			800
									850
									900
									950
									1000

小　　结

1. 建筑是技术与艺术的综合体，建筑是科学，同时建筑也是艺术。建筑是建筑物与构筑物的总称，是人工创造的空间环境，包括室内环境和室外环境。直接供人使用的建筑称为建筑物，不直接供人使用的称为构筑物。

2. 功能、技术和形式是构成建筑的三个基本要素，三者之间是相互促进、相互制约的辩证统一关系。

3. 建筑物按照使用性质可以分为民用建筑、工业建筑和农业建筑。民用建筑按照使用功能又可以分为居住建筑和公共建筑，按照层数可以分为低层、多层和高层。

4. 建筑物按照耐火等级可分为四级，确定的依据是建筑构件的耐火极限和燃烧性能。建筑的耐久年限同样分为四类，分级的依据是主体结构确定的耐久年限。

5.《建筑模数协调统一标准》(GBJ 2—86)是为了实现建筑大规模生产，推进建筑工业化的发展而制定出来的。主要内容包括建筑模数、基本模数、导出模数、分模数以及模数数列的适用范围。

6. 一个建筑设计一般包括建筑设计、结构设计和设备设计三部分。建筑设计由建筑师来完成，建筑专业是龙头专业，负责协调各专业之间的工作。

7. 建筑设计可以分为收集资料、方案设计、初步设计、技术设计、施工图设计几个阶段。具体应根据工程的难易程度来确定。

思考题

1. 如何理解建筑的含义以及建筑的构成要素？

2. 建筑的耐火等级和耐久年限是如何划分的？

3. 建筑的模数包括哪几种？分别的适用范围是什么？《建筑模数协调统一标准》具有什么意义？

4. 建筑设计包括几个方面的内容？

第二章 建筑平面设计

建筑物是由若干个单体空间有机地组合起来的整体空间，任何空间都具有三个方向的度量关系。因此，在进行建筑设计的过程中，人们常从平面、剖面、立面三个不同的方向来综合分析建筑物的各种特征，并通过相应的图纸来表达其设计意图。

建筑的平、立、剖面三者密切联系同时又相互制约，平面设计是关键，建筑平面表示建筑物在水平方向上房屋各部分的特征及其相互关系，反映建筑的功能和空间组合，同时还不同程度地反映了建筑空间艺术构思及结构布置关系。简单的民用建筑如：办公楼、单元式住宅等，其平面布置基本上能反映建筑的空间组合关系。因此，在进行方案设计时，设计者一般是先从平面入手，同时认真分析剖面及立面的可能性和合理性及其对平面设计的影响。只有综合考虑平面、剖面、立面三者的关系，按完整的三度空间概念进行设计，才能做出好的建筑设计。

各种类型的民用建筑，从组成平面各部分面积的使用性质分析，可将其分为：使用部分(包括主要使用房间和辅助使用房间)和交通联系部分。主要房间是指建筑物的基本空间，由于他们的使用要求不同，形成了不同类型的建筑物，如住宅中的起居室、卧室，教学楼中的教室、办公室，商业建筑中的营业厅，影剧院的观众厅等。辅助房间是为主要房间配套设置的，与主要房间相比，属于建筑的次要部分，如公共建筑中的卫生间、储藏兼及其他服务性房间；住宅建筑中的厨房、厕所；一些建筑物中的储藏室以及各种电气、给排水、采暖、空调通风、消防等设备用房。交通联系部分是各类建筑物中各房间之间、楼梯之间和室内外之间联系通行的空间，如门厅、走道、楼梯间、电梯间等。建筑物中的平面面积构成，除了使用部分和交通联系部分之外，还有房屋结构所占的面积，即房屋的承重系统、分割房间的墙体、柱以及隔断等构件所占的面积。

以上几个部分由于使用功能的不同，在建筑设计以及平面布置上均有所不同，设计过程中应根据不同要求区别对待，采用不同的方法，充分研究房屋各部分的特征和相互关系以及平面与周围环境的关系，在各种复杂的关系中找出平面设计的规律，使建筑能够满足人们各方面的要求。

第一节 主要使用部分的平面设计

一、房间的分类和设计要求

(一)房间的分类

按房间的功能要求来分类：

1. 生活用房：居住建筑中的起居室、卧室等；

2. 工作学习用房：各类建筑中的办公室、值班室，学校的教室、实验室等；

3. 公共活动用房：商场的营业厅，剧院及影院的观众厅、休息厅等；

一般说来，生活、工作和学习用房要求安静，少干扰，由于人们在其中停留时间相对较长，因此希望能有较好的朝向,公共活动用房的主要特点是人流比较集中,进出频繁,人们活动和通行的组织功能比较重要,特别是人流的疏散问题较为突出,对使用房间进行分类,有助于在平面组合中对不同房间进行分组和功能分区。

(二)对房间平面设计的要求主要有

1. 房间的面积、形状和尺寸要满足室内使用活动和家具、设备合理布置的要求;
2. 门窗的大小、形式和位置,应满足人及物品出入方便、疏散安全,采光通风良好;
3. 室内空间及顶棚、地面、各个墙面等构件细部,要考虑人们的使用和审美要求;
4. 房间结构布置合理、施工方便,所用材料满足功能要求并符合相应的建筑标准。

二、房间面积的确定

房间面积的大小,是由房间内部活动特点、使用人数的多少、家具设备的数量和布置方式等多种因素决定的。例如:住宅的起居室、卧室面积相对较小;而影剧院的观众厅,除了人数多、座椅多外,还要考虑人流迅速疏散的要求,所需的面积大;另外,室内的游泳池和健身房,由于使用活动的特点,要求有较大的面积。

(一)影响使用房间面积大小的因素

1. 房间内部活动特点

例如体育运动用的各种场地面积相对较大;理论课教室面积相对较小等。

2. 房间使用人数的多少

设计一个房间,首先要弄清房间设计的容量要求,如设计一个剧院的观众厅,首先要知道要求容纳多少观众、需设多少座椅,设计一间教室要知道需要容纳多少学生;设计一间书库要清楚需要藏多少万册书等。一般说来容量大的面积也需要大些,但是只要我们能精心设计,减少不必要的面积损失,在不增加面积的情况下,也可以找到既合理,容量又最大的设计方案。

3. 家具设备的大小、数量

房间面积不仅受容纳人数多少的影响,也受人们使用家具类型和布置方式的影响。例如一个大小相同的教室,前者的家具布置只能容 42 个座位,后者加了一行单人课桌,减少了一个纵向走道,使用不受影响,结果增加了 6 个座位,如图 1-2-1 教室平面(一)所示。

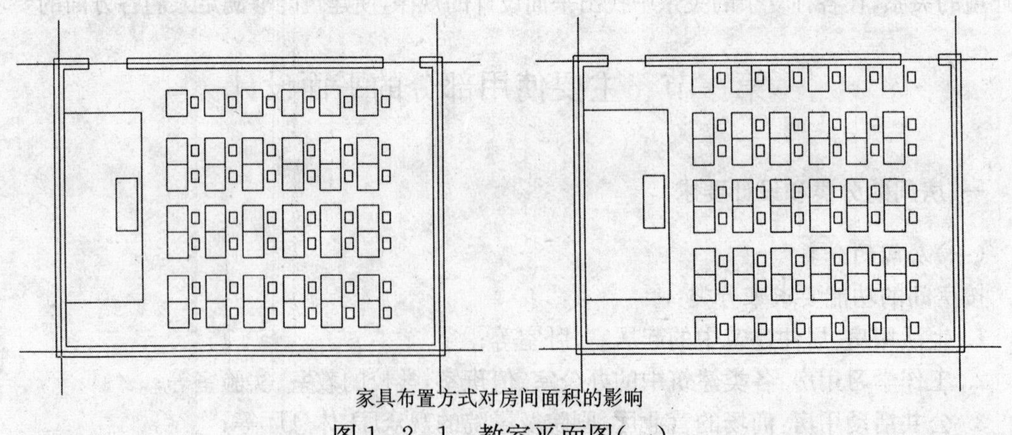

家具布置方式对房间面积的影响

图 1-2-1　教室平面图(一)

房间内设备的大小和多少对房间面积大小影响很大，特别是设备用房如锅炉房、卫生间、机器房等影响更为显著。

4. 经济条件

随着国家经济的不断发展、人民生活水平的不断提高，各类建筑的面积定额指标也不断有所提高。因此在设计工作中一定要严格遵守国家和各地区、部门的有关规定，不可随意提高或降低所规定的各项指标。

(二)房间内部的面积组成

根据它们的使用特点分为以下几点：

1. 家具或设备所占的面积。
2. 人们在使用活动中需要的面积，包括使用家具及设备时近旁所需的面积。
3. 房间内部的交通面积。

(三)房间面积的确定

考虑各因素对面积大小的影响，掌握各部分对面积的要求，根据有关“规范”规定，确定合理的房间面积。见表 1-2-1。

表 1-2-1　部分民用建筑面积定额参考指标

项目 / 建筑类型	房间名称	面积定额 (m^2/人)	备注
中小学	普通教室	1～1.2	小学按下课
办公室	一般办公室	3.5	不包括走道
	会议室	0.5	无会议桌
		2.3	有会议桌
铁路客运站	普通候车室	1.1～1.3	
图书馆	普通阅览室	1.8～2.5	4～6座双面阅览桌

三、房间平面形状及尺寸的确定

房间面积初步确定之后，采用什么样的形状才合理，是房间设计的另一个重要问题。选择房间形状主要应从使用功能、艺术效果以及结构施工的方便等方面的要求综合权衡，找出最合理的房间形状。

(一)确定房间平面形状及尺寸应考虑的因素

1. 满足家具设备布置及人们在室内使用活动的特点。使用要求对房间形状的影响，房间的使用要求各不相同，有的使用要求对房间形状影响较大，例如：要求能演马戏的观众大厅，由于表演场地在表演马技时跑马需走弧线，往往大厅平面呈圆形或椭圆形。

2. 建筑物理指标的要求，包括采光、通风、保温、隔热、隔声、音质等方面的要求。

(1)有良好的天然采光

民用建筑除少数特殊要求的房间如演播室、观众厅等以外，均要求有良好的天然采光，一般房间多采用单侧或双侧采光，因此，房间的深度常受到采光的限制。为保证室内采光的要求，一般单侧采光时进深不大于窗上口至地面距离的2倍，双侧采光时进深可较单侧采光时增大一倍。

(2)满足视听的要求

有的房间里如教室、会堂、观众厅等的平面设计除了应该满足家具设备布置及人们活动要求以外，还应该保证有良好的视听条件。为了使前排两侧的座位不能太偏，后面的座位不能太远，必须根据水平视角、视距、垂直视角的要求，充分研究座位的排列，确定合适的房间尺寸和形状。

从视听的功能考虑，教室的平面尺寸和形状应满足以下要求，(如见图1-2-1(二))：

①为防止第一排座位距黑板太近(垂直视角太小易造成学生近视)，第一排座位距黑板的距离必须≥2.00 m，以保证垂直视角大于45°。

②为防止最后一排座位距黑板太远(视距过大影响学生的视觉和听觉)，后排距黑板的距离不宜大于8.50 m。

③为避免学生过于斜视而影响视力，水平视角(即前排边座与黑板远端的视线夹角)应≥30°。

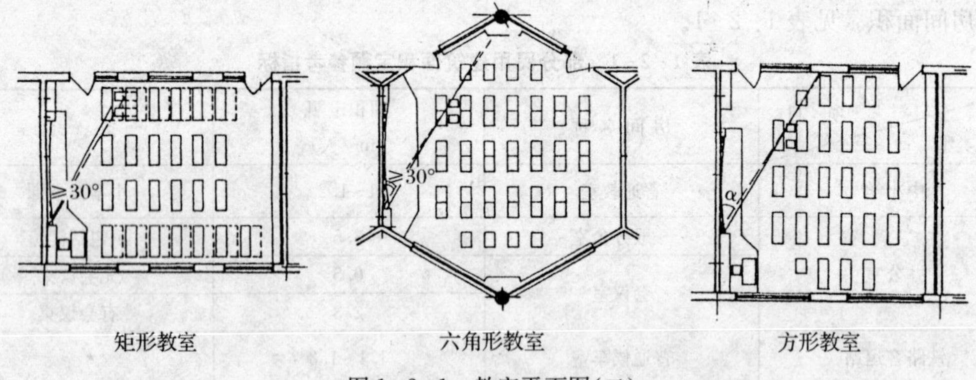

图1-2-1　教室平面图(二)

按照以上要求，并结合家具设备布置、学生活动要求，建筑模数协调统一标准的规定，中学教室平面尺寸常取6.30 m ×9.00 m、6.60×9.00 m、6.90 m×9.00 m等。

3. 有合适的比例，相同面积的房间，因面宽和进深尺寸的不同而形成的一定比例，比例得当的房间，常常是使用方便而且视觉观感好的，而比例失调，如面宽较小而进深过大的房间，则常常是既不好用也不美观的。一般说来，房间的比例在(1∶1)～(1∶2)为宜，能控制在1∶1.5左右为最好。

4. 结构布置的经济合理

一般民用建筑常采用墙体承重的梁板式结构和框架结构体系。房间的开间、进深尺寸应该尽量使构件标准化，同时使梁板构件符合经济跨度要求，所以较经济的开间尺寸是不大于9.00 m。对于有多个开间组成的大房间，如教室、会议室、餐厅等，应尽量统一开间尺寸、减少构件类型。

5. 其他：使用者的心理、建筑物的形象等，都是在确定房间平面形状及尺寸时应考虑的因素。

(二)房间平面形状及尺寸的确定

在考虑上述因素的前提下，尽量简化房间的平面形状。一般地，在相同的面积条件下，接近正方的矩形比较受欢迎。房间的长宽不宜大于 2.0。

四、房间中门窗的设计

房间门的作用是供人出入和联系各房间交通的，有时也兼采光和通风。窗的主要功能是采光、通风，同时门窗也是外围护结构的有机组成部分，因此门窗设计是一个综合性的问题，门窗的大小、数量、位置及开启方式直接影响房间的通风和采光、家具的布置、房间面积的有效利用、人流活动及交通疏散、建筑外观及经济合理等各个方面。

（一）门的设计（仅限于平面设计中涉及的问题）

1. 门的宽度的确定

房间中门的最小宽度，是通过人流多少及需要搬进房间的家具设备的大小决定。一般单股人流通行的最小宽度取 550～600 mm，一个人侧身通行需要 300 mm 宽。门的最小宽度一般为 700 mm，用于住宅中的厕所、浴室，住宅中的卧室门的宽度常取 900 mm，这样的宽度可以使一个携带物品的人方便地通过，也能搬进床、柜等较大的家具。厨房、阳台的门宽可以取 800 mm，这些较小的门开启时可以少占室内的使用面积，对于住宅这类平面要求紧凑的建筑，显得尤其重要。住宅入户门考虑家具尺寸增大的趋势，常取1000 mm，普通教室、办公室等的门应考虑一个人正在通行，另一个人侧身通行，常采用1000 mm（图 1-2-2）。

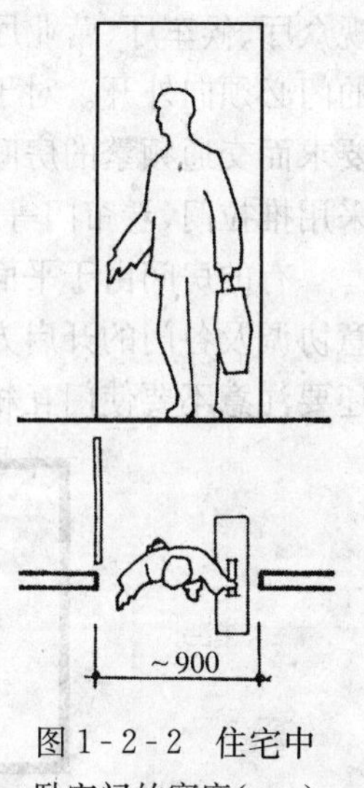

图 1-2-2 住宅中卧室门的宽度（mm）

当房间的面积较大时，使用人数较多，单扇门宽度小，不能满足通行要求，应相应增加门的宽度和数量。当门宽大于1000 mm 时，为了开启方便和少占用使用面积，应根据使用要求采用双扇门或多扇门。双扇门的宽度为1200～1800 mm，四扇门的宽度可为2400～3600 mm。

2. 门的数量的确定

按照《建筑设计防火规范》的要求，当房间使用人数超过 50 人，面积超过 60 m^2 时，至少需要两个门；人员密集的公共场，观众厅的入场门、太平门不应设置门槛，其宽度不应小于 1.40 m，紧靠门口 1.40 m 内不应设置踏步。

3. 门的位置的确定

可根据以下因素确定：

（1）交通路线简捷，尽量缩短室内交通路线。

（2）家具布置方便，充分利用室内使用面积，保证完整的墙面。

（3）有利于安全疏散，例如影剧院的门均匀分散布置。在人数较多的公共建筑中，为便于人流活动和紧急情况下人们能迅速、安全地疏散，门的位置必须与室内走道紧密配合，使通行线路便捷（图 1-2-3a）。

（4）合理组织通风。门与外窗结合，形成穿堂风，改善室内空气质量（图 1-2-3b、c）。

4. 门的开启方式的确定

根据房间内部的使用特点选择门的开启方式。大多数的门均采用内开方式，以防止门开启时影响室外的行人交通。对于公共建筑中面积超过 60 m^2，且容纳人数超过 50 人的房间，如

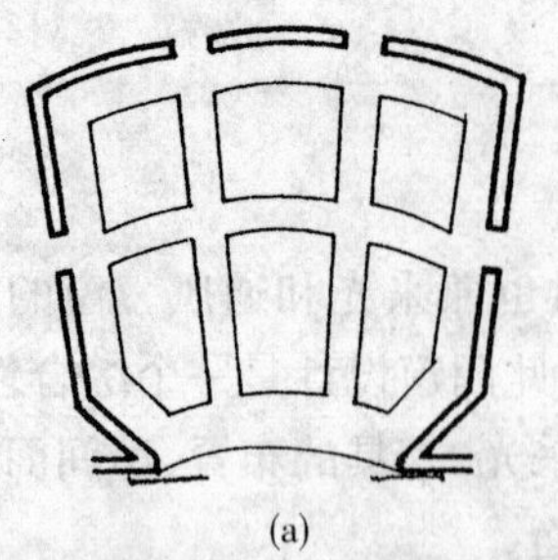
(a)

(b)

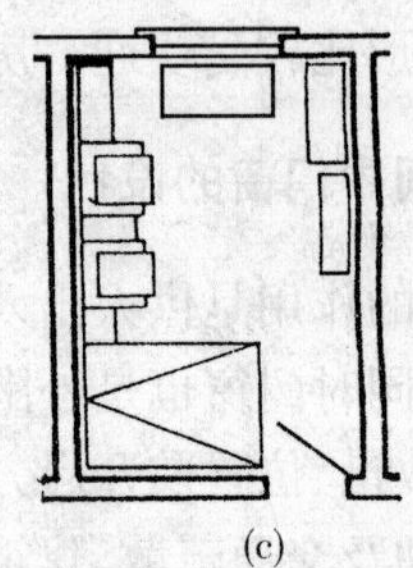
(c)

图 1-2-3　房间门的位置关系

(a)观众厅;(b)宿舍寝室;(c)卧室

观众厅、候车厅、营业厅、合班教室等,为了确保安全疏散,我国的建筑防火规范规定,这些房间的门必须向外开。对于幼儿园、中小学校,为了确保安全不宜采用弹簧门。对有防风沙、采暖要求而交通频繁的房间,可以采用弹簧门或转门。对容量大的公用房间进入观众厅的门不应采用推拉门、卷帘门等。

有的房间由于平面组合的需要,几个门的位置比较集中,并经常需要同时开启,这时要注意协调及各门的开启方向,防止门开启时相互碰撞和妨碍人们的通行。门的位置和开启方向还要注意不要使门互相"打架"(图 1-2-4)。

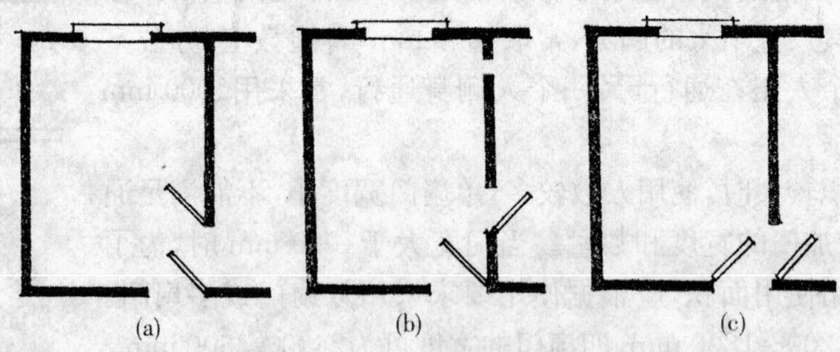
(a)　(b)　(c)

图 1-2-4　门的相互关系

(a)不好;(b)好;(c)较好

(二)房间中窗的设计

1. 窗的大小的确定

为获取良好的天然采光,保证房间有足够的照度值,房间必须开窗,窗户面积大小主要根据房间的使用要求、房间面积及当地日照情况等因素来考虑。不同使用要求的房间对采光要求不同,设计时可根据窗地面积比(窗洞口面积之和与房间地面面积之比)进行窗口面积的估算,也可先确定窗口面积,然后按表中规定的窗地面积比值进行验算(表 1-2-2)。

表 1-2-2　民用建筑采光等级表

采光等级	视觉工作特征		房间名称	窗地面积比
	工作或活动要求的精确程度	要求识别的最小尺寸(mm)		
Ⅰ	极精密	<0.2	绘图室、画廊、手术室	1/3～1/5
Ⅱ	精密	0.2～1	阅览室、医务室、健身房、专业实验室	1/4～1/6

续表

采光等级	视觉工作特征		房　间　名　称	窗地面积比
	工作或活动要求的精确程度	要求识别的最小尺寸(mm)		
Ⅲ	中精密	1～10	办公室、会议室、营业厅	1/6～1/8
Ⅳ	粗糙	＞10	观众厅、居室、盥洗室、厕所	1/8～1/10
Ⅴ	极粗糙	不作规定	储藏室、门厅、走廊、楼梯间	1/10以下

当然，采光要求也不是确定窗口面积的唯一因素，还应结合通风要求、朝向、建筑节能、立面设计、建筑经济等因素综合考虑。南方地区气候炎热，可适当增大窗口面积以及争取通风量，寒冷地区为防止冬季热量从窗口过多散失，可适当减小窗口面积。有时，为了取得一定立面效果，窗口面积可根据造型设计的要求统一考虑。

2. 窗的位置的确定

房间的门窗位置直接影响到家具布置、人流交通、采光、通风等，因此合理确定门窗位置是房间设计的又一重要环节。

(1)窗位置应尽量使墙面完整，便于家具设备布置。

(2)窗的位置应有利于采光、通风。

窗口在房间中的位置决定了光线的方向及室内采光的均匀性，使室内照度分布均匀，并避免炫光。

房间的自然通风由门窗来组织，门窗在房间中的位置决定了气流的走向，影响到室内通风效果。因此，窗的位置应尽量使气流通过活动区，加大通风范围，并应尽量使室内形成穿堂风(图1-2-5)。

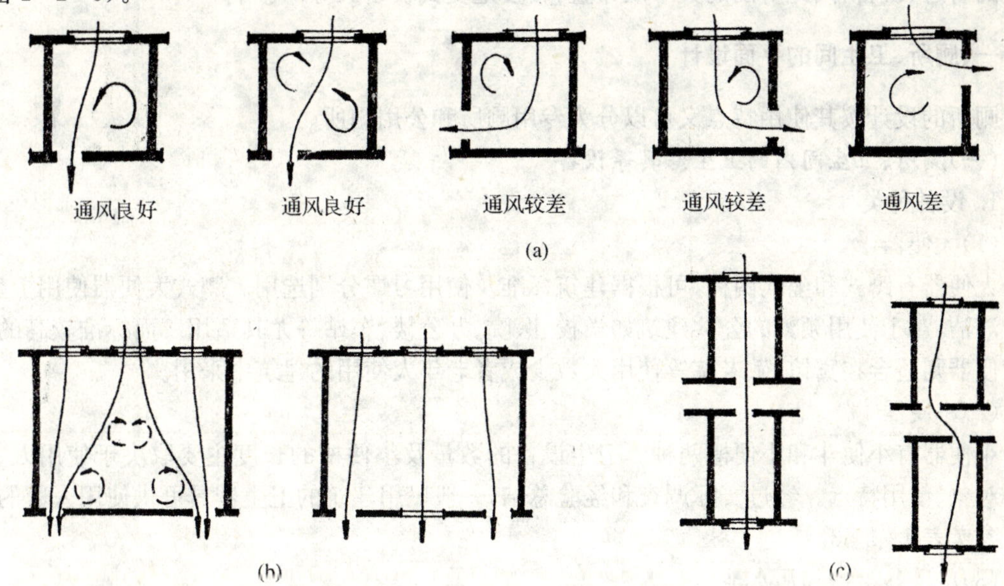

图1-2-5　门窗在房间中的位置决定了气流的走向

(a)一般房间门窗相互位置；(b)教室门窗相互位置；(c)内廊式平面房间门窗相互位置

(3)立面美观,立面虚实对比。

房间窗的大小、形状、位置除了考虑房间的使用功能以外,还与建筑的整个立面处理有关。当然我们不应该损害功能而片面的追求形式,但是为了立面处理的需要也可做一些调整,所以房间的天然采光设计与建筑的组合设计要统一加以考虑。

立面的虚实对比是建筑设计中常用的设计手法,一般窗户是作为虚的部分,而实体墙面则是作为实的部分,通过开窗的比例、大小、形状来达到虚实的效果,在立面的设计中虚与实是缺一不可的,没有实的部分整个建筑就会虚弱无力,没有虚的部分则会使人感到呆板、笨重、沉闷。

3. 窗的开启方式的确定

窗的开启方式一般有外开和内开,为了避免窗扇开启时占用室内空间,大多数的窗采用外开方式或推拉开启方式。确定开启方式要考虑以下几点:

(1)开启方便。

(2)满足通风要求,尽量增大洞口的有效采光面积。

(3)考虑室外天气的影响及室内使用不受影响。

(4)安全、擦窗方便、密闭。

第二节　辅助使用部分的平面设计

民用建筑除了主要用房以外,还有很多辅助性房间,不同类型的建筑有不同的辅助用房,而其中厕所、盥洗室、浴室、厨房是最为常见的。辅助用房设计往往不为人们所重视,而它们又是不可缺少的服务性房间,是建筑设计中不可忽视的一部分。

辅助用房的设计原理和方法与主要使用房间基本相同,但由于在这类房间中大都布置有较多的管道、设备,因此房间的大小及布置,较多地受到设备尺寸的影响。

一、厕所、卫生间的平面设计

厕所的设计按其使用特点又可以分为专用厕所和公用厕所。

(一)厕所、卫生间内的卫生洁具等设备

1. 设备种类

(1)大便器

大便器有蹲式和坐式两种,可根据建筑标准及使用习惯分别选用。蹲式大便器使用卫生,便于清洁,对于使用频繁的公共建筑如学校、医院、办公楼、车站等尤其适用。而标准较高的坐式大便器则适合在宾馆、敬老院等使用人数少或者老年人使用的建筑中采用。

(2)小便器

小便器有小便斗和小便槽两种。卫生设备的数量及小便槽的长度主要取决于使用人数、使用对象、使用特点。经过实际调查和经验总结,一般民用建筑的卫生器具可供使用人数的范围可参考表1-2-3。

(3)洗手盆(台)和污水池

它们也是厕所中常设的设备,供人们便后洗手或洗涤清洁工具之用。污水池的大小尺寸见图1-2-6,洗手盆一般为500~600 mm长,300~400 mm宽,高度为之距地面800 mm左右。

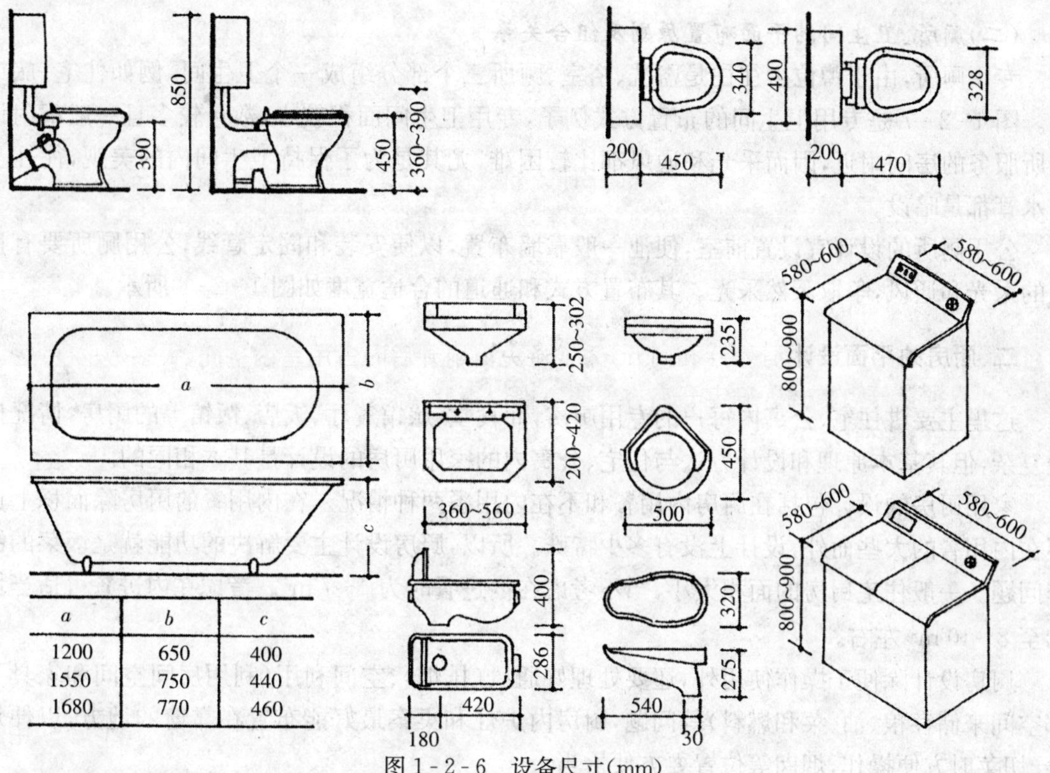

图 1-2-6　设备尺寸(mm)

(4)其他

暖风机、毛巾架、纸巾盒、洗浴设施、洗衣机等。

2. 设备尺寸见图 1-2-6

3. 设备数量

设备数量应根据建筑物使用特点和使用人数的多少确定。见表 1-2-3、表 1-2-4。

表 1-2-3　浴室、盥洗室设备个数参考表

建筑类型	男浴器 (人/个)	女浴器 (人/个)	洗脸盆或龙头 (人/个)	备　注
旅　馆	40	8	15	男女比例按设计
托　幼	每班 2 个		2~5	

表 1-2-4　公共服务性厕所、卫生间及卫生洁具数量参考值

建筑类别	男小便器 (人/个)	男大便器 (人/个)	女大便器 (人/个)	男女比例	洗手盆或龙头 (人/个)	备　注
托　幼		5~10	5~10	1∶1	2~5	小学的数量应稍多；男女的比例按实际情况；总人数按全日门诊人数计算；男旅客按旅客人数 2/3 计算
中小学	40	40	25	1∶1	100	
宿　舍	20	20	15	—	15	
门　诊	50	100	50	1∶1	150	
火车站	80	80	50	2∶1	150	
剧　院	35	75	50	3∶1	140	

(二)厕所、卫生间的平面布置原则及组合关系

专用厕所，由于蹲位少往往是盥洗、浴室、厕所三个部分组成一个卫生间，例如住宅、旅馆等。图1-2-7是专用卫生间的布置方式例子，专用卫生间面积较小，数量较多且一般都附设在所服务的房间附近，因而采光和通风都比较困难，尤其是为了保持卫生间内的美观，往往上下水管都是暗设。

公用厕所的设计宜设置前室，便池一般靠墙布置，以便安装和固定管线，公用厕所要有良好的采光和通风，争取天然采光。其布置方式和通道的合适宽度如图1-2-8所示。

二、厨房的平面设计

这里主要讲住宅、公寓内每户的专用厨房，而食堂、旅馆餐厅、饭店、饭馆等的厨房，情况比较复杂，但其基本原理和设计方法与住宅、公寓内的家用厨房的设计是基本相同的。

家用厨房的设计包括在厨房内用餐和不在内用餐两种情况。在内用餐的厨房除面积上比不在内用餐的大些而外，设计上没有多少特殊。所以，厨房设计主要解决的功能就是饭菜的制作问题。一般住宅厨房的面积大小，当不考虑在内进餐时为4~7 m^2。考虑在内进餐可适当增加至8~10 m^2 左右。

厨房设计除便于操作使用外，还要处理好通风(排烟)、空间利用(利用房间空间和家具下部空间来储存粮、油、菜和燃料)等问题，厨房内炉灶和桌案最好能布置在靠窗的地方，以便炒菜、切菜时方便操作，烟囱等位置要方便恰当。

厨房的设计应考虑良好的采光和通风条件。尽量利用厨房的有效空间布置足够的储藏设施，如：壁龛、吊柜等，厨房的墙面、地面应考虑防水、便于清洗。室内布置应符合操作流程，并保证必要的操作空间，为使用方便、提高效率、节约时间创造条件。

1. 设备种类，家用厨房内的主要设备有炉灶、橱柜、桌案、洗涤池等。

2. 设备尺寸，见图1-2-9。

3. 厨房的平面布置原则及组合关系。

厨房的布置形式有单排、双排、L形、U形等几种，如图1-2-10所示。

第三节　交通联系部分的平面设计

交通联系部分的设计要具有足够的通行宽度，联系便捷互不干扰，通风采光良好，此外在满足使用需要的前提下要尽量减少交通面积以提高平面的利用率。

建筑物内部的交通联系部分分为如下三类：

1. 水平交通联系部分，如过道、走廊等。

2. 垂直交通联系部分，如楼梯、电梯、自动扶梯、坡道等。

3. 交通联系枢纽部分，如门厅、过厅等。

建筑交通系统是由水平交通，如走道、门厅、过厅等组合而成，用来联系同层各个房间。使每层形成有机的整体，垂直交通是指楼梯、电梯等，用来联系建筑的各层，使整幢房屋连成一个完整的有机体。

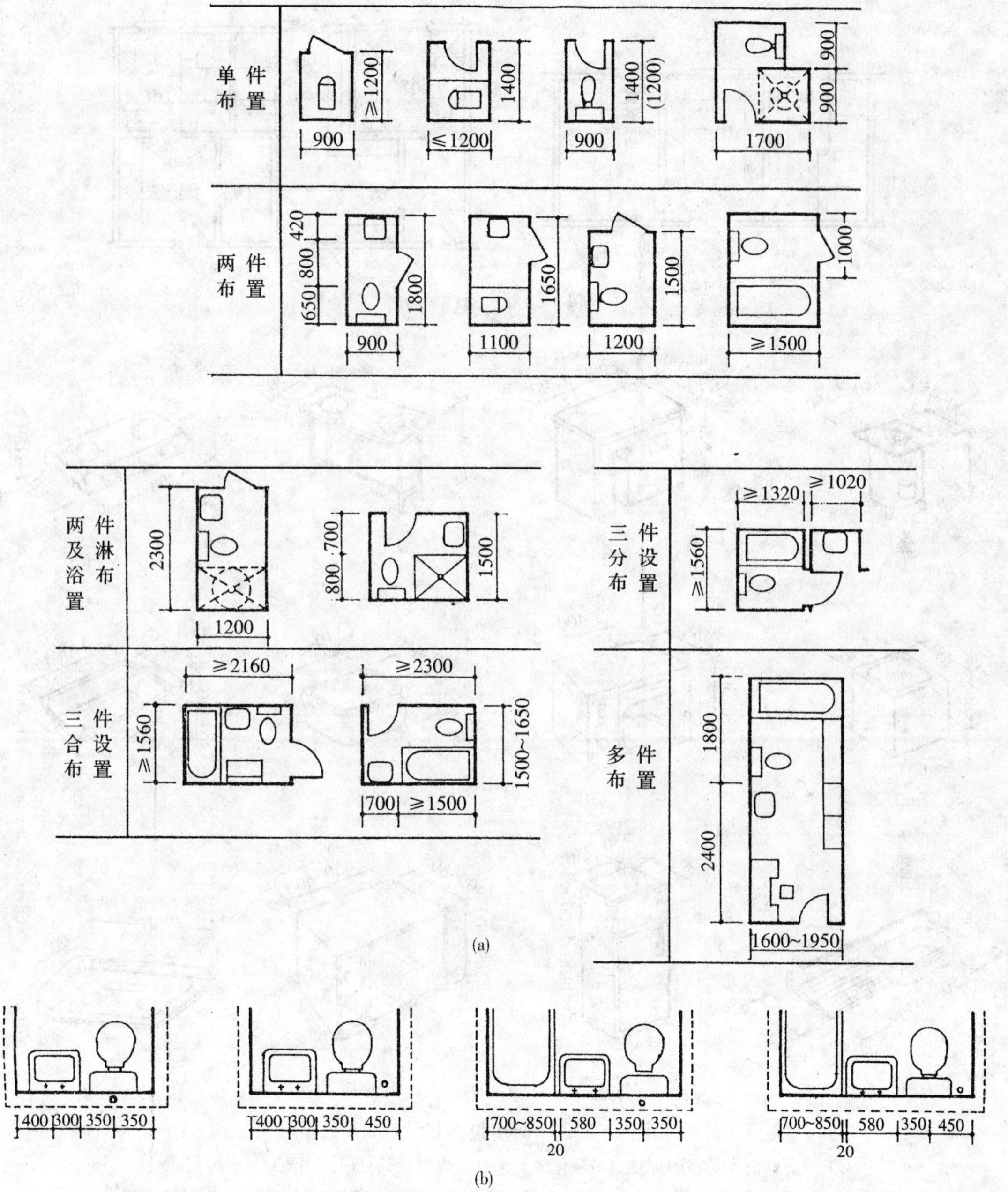

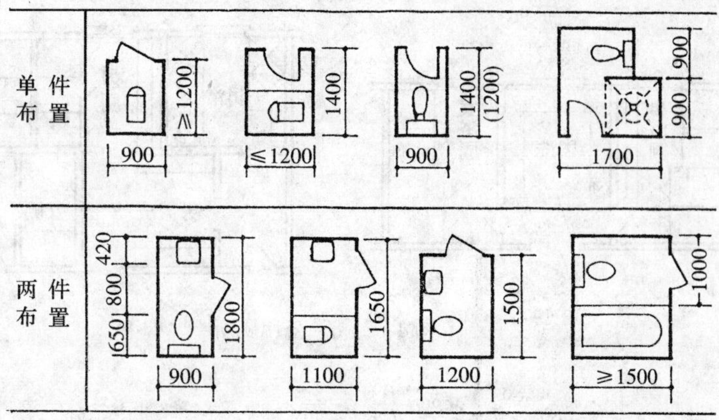

图 1-2-7　专用卫生间(mm)

(a)平面布置;(b)卫生设备及管道组合尺度

一、水平交通联系部分的平面设计(走道的平面设计)

(一)走道的作用

联系同层内各房间、楼梯、门厅等,兼有其他功能。走道宽度主要是满足正常使用状态下的人流通行和紧急状态下的安全疏散,以及搬运家具设备和某些建筑对走道的特殊使用需要。

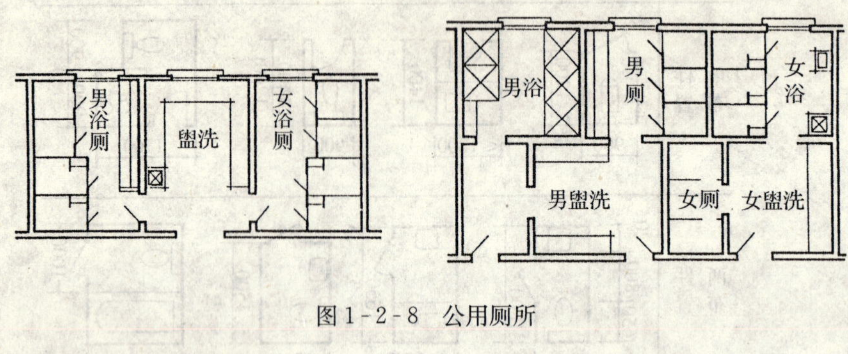

图 1-2-8　公用厕所

图 1-2-9　厨房设备尺寸(mm)

(a)蜂窝煤炉;(b)煤灶;(c)液化气炉架;(d)煤气灶具;(e)污水池;(f)电烤箱

(g)陶瓷洗菜盆;(h)不锈钢洗涤盆;(i)不锈钢洗涮台面;(j)电冰箱;(k)微波炉;(l)排油烟机

如医院门诊部走道,既有一般的交通和搬运家具的功能还要兼做候诊之用。又如学校的走道除交通需要外还兼做学生课后活动之用。

(二)走道的宽度

应满足人流通行及消防疏散的要求见表 1-2-5(a)楼梯门和走道的净宽度指标(m/百人),同时考虑其他功能的要求。

一般走道的常用宽度如下:

住宅:内走道 1.8~2.1 m,外走道 1.2~1.5 m。

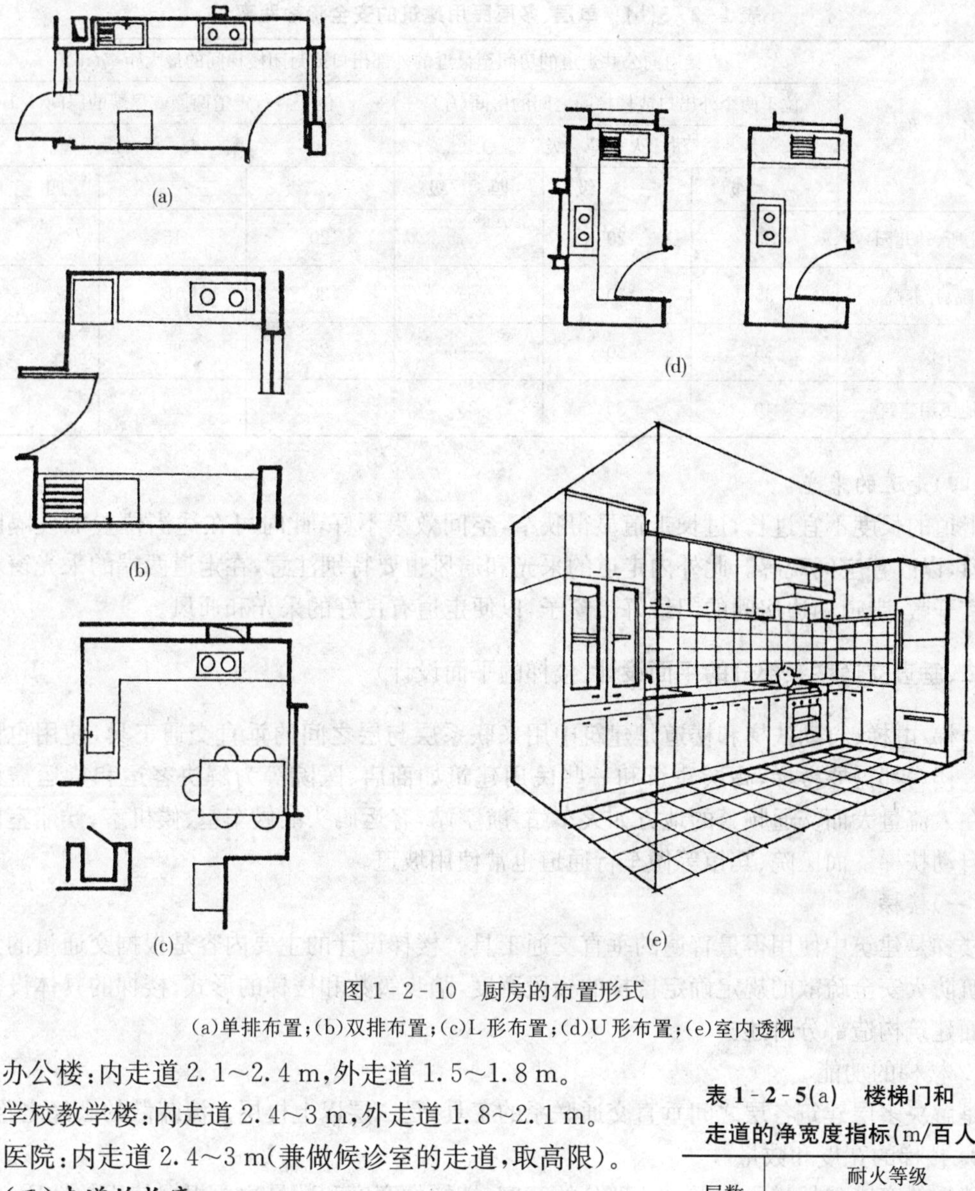

图 1-2-10　厨房的布置形式

(a)单排布置；(b)双排布置；(c)L 形布置；(d)U 形布置；(e)室内透视

办公楼：内走道 2.1～2.4 m，外走道 1.5～1.8 m。

学校教学楼：内走道 2.4～3 m，外走道 1.8～2.1 m。

医院：内走道 2.4～3 m(兼做候诊室的走道，取高限)。

(三)走道的长度

走道的长度应根据建筑的性质、耐火等级及防火规范来确定。按照《建筑防火设计规范》关于民用建筑安全疏散距离的要求，最远的房间出入口到楼梯间安全出入口的距离必须控制在一定的范围之内。见图 1-2-11 及表 1-2-5(b)。

表 1-2-5(a)　楼梯门和走道的净宽度指标(m/百人)

层数	耐火等级		
	一、二级	三级	四级
一、二层	0.65	0.75	1.00
三层	0.75	1.00	—
≥四层	1.00	1.25	—

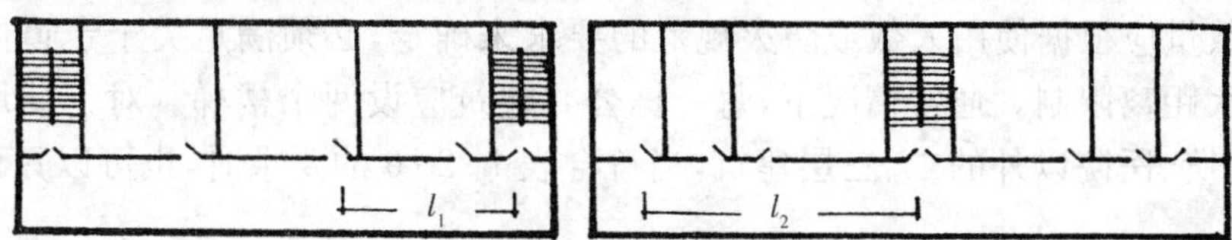

图 1-2-11　防火间距

表 1-2-5(b)　单层、多层民用建筑的安全疏散距离

名　称	直接通向公共走道的房间至最近的外部出口或封闭楼梯间的最大距离(m)					
	位于两个外出口或楼梯间之间的房间(l_1)			位于袋行走道两侧或尽端的房间(l_2)		
	耐　火　等　级			耐　火　等　级		
	一、二级	三　级	四　级	一、二级	三　级	四　级
托儿所、幼儿园	25	20	—	20	15	—
医院、疗养院	35	30	—	20	15	—
学校	35	30	—	22	20	—
其他民用建筑	40	35	25	22	20	15

(四)走道的采光

走道的长度不宜过长，过长走道显得狭窄，空间效果不好，此时可在适当位置加设隔断或玻璃窗，以改善空间观感。此外内走道的采光和通风也要特别注意，在走道两端的采光窗和楼梯间宜开敞、走道两边房间的门最好带窗子，以便走道有良好的采光和通风。

二、垂直交通联系部分的平面设计(楼梯的平面设计)

楼梯、电梯、自动扶梯和楼道是建筑中用来联系层与层之间的垂直交通工具，使用也比较广泛。楼房都需要楼梯，高层建筑和一些民用建筑如商店、医院等为解决客运和货运需设电梯。在人流量大而交通频繁的地方如火车站，航空站，客运码头的候车室、候机室、候船室内可设置自动扶梯。而医院、宾馆等做车行通道也常使用坡道。

(一)楼梯

楼梯是建筑中使用得最普遍的垂直交通工具。楼梯设计的主要内容是根据交通量的大小和建筑防火安全疏散的规定确定楼梯的梯段宽度，踏步级数和楼梯的形式；楼梯的具体设计将在后面建筑构造部分讲述。

1. 楼梯的功能

是解决多层建筑各层之间垂直交通联系的工具，是二层以上楼层人流疏散的必经之路。

2. 楼梯的宽度和数量

楼梯的宽度包括梯段和平台两部分的宽度，楼梯的宽度和数量主要根据使用的性质、使用的人数和防火规范来确定。一般供单人通行的楼梯宽度应不小于 900 mm，双人通行为1100～1200 mm。一般民用建筑楼梯的最小净宽度应满足两股人流疏散要求，但住宅内部楼梯可减少到 850 mm 到 900 mm。所有楼梯梯段的总和应按照《建筑防火设计规范》和《高层民用建筑防火设计规范》的最小宽度进行校核。

楼梯的数量应根据使用人数或防火规范的要求来确定，必须满足关于走道内房间门至楼梯间的最大距离限制。通常情况下，每一栋公共建筑应设两个楼梯。对于使用人数少或幼儿园、托儿所、医院以外的二、三层建筑，当符合表 1-2-6 的要求时，也可以只设一个疏散楼梯。

表 1-2-6　设置一个疏散楼梯的条件

耐火等级	层　数	每层最大建筑面积(m^2)	人　数
一、二级	二、三层	400	第二、三层人数之和不超过 100 人
三　级	二、三层	200	第二、三层人数之和不超过 50 人
四　级	二层	200	第二层人数不超过 30 人

3. 楼梯的位置

民用建筑的位置按其使用性质分为主要楼梯、次要楼梯以及消防楼梯等。

4. 楼梯的形式

楼梯的形式主要有直行跑梯、平行双跑梯、三跑梯等形式。直行跑梯方向单一，不转向，构造简单，常给人以严肃向上的感觉。除常用于层高较小的建筑外；大型公共建筑为解决人流疏散和加强大厅的气氛也常采用这种形式，如：北京人民大会堂宴会厅大楼梯。平行双跑梯是民用建筑中最为常用的一种形式，往往布置在单独的楼梯中，占用面积少，使用方便。三跑梯体态灵活，造型美观，但梯井较大，常布置在公共建筑门厅和过厅中，可取得较好的效果。此外楼梯还有弧形、螺旋形、剪刀式等多种形式。

(二)电梯

高层建筑的发展，使电梯成为不可缺少的垂直交通设施，高层建筑的垂直交通以电梯为主，其他有特殊功能要求的多层建筑，如大型宾馆、百货公司、医院等，除设置楼梯外，还需设置电梯以解决垂直交通的需要。除此以外，对高度超过 24 m 的重要建筑，12 层以上的住宅及高度超过 30 m 的其他建筑，还应设置消防电梯。

电梯按其使用性质可分为乘客电梯、载货电梯、消防电梯、客货两用电梯、杂物梯等几类。

确定电梯间的位置及布置方式，应充分考虑以下几点要求：

1. 电梯间应布置在人流集中的地方，如门厅、出入口等，位置要明显，电梯前面应有足够的等候面积，以免造成拥挤和堵塞。

2. 按防火规范的要求，设计电梯时应配置辅助楼梯，供电梯发生故障时使用，布置时可将两者靠近，以便灵活使用，并有利于安全疏散。

3. 电梯井道无天然采光要求，布置较为灵活，主要考虑人流交通方便，通畅。电梯等候厅由于人流集中，最好有天然采光及自然通风。

电梯的布置形式一般有单面式和对面式(图 1-2-12)。

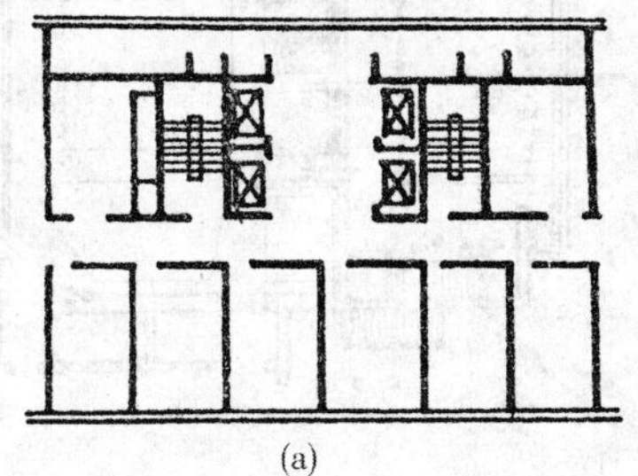

(a)

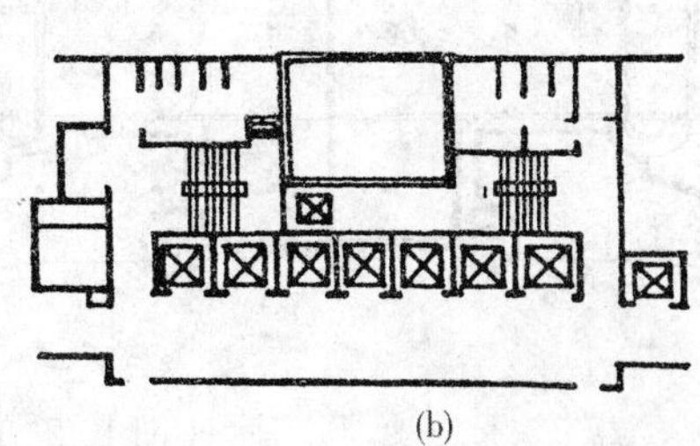

(b)

图 1-2-12　电梯的布置形式

(a)对面式；(b)单面式

(三)自动扶梯

自动扶梯是一种在一定方向上能大量、连续输送流动客流的装置。除了提供乘客一种既方便又舒适的上下楼层间的运输工具外，自动扶梯还可引导乘客走一些既定路线，以引导乘客和顾客游览、购物，并具有良好的装饰效果。在具有频繁而连续人流的大型公共建筑中，如百货大楼、展览馆、游乐场、火车站、地铁站、航空港等建筑将自动扶梯作为主要垂直交通工具考虑。

自动扶梯的驱动速度一般为 0.45～0.5 m/s，可正向、逆向运行。由于自动扶梯运行的人流都是单向，不存在侧身避让的问题，因此其梯段宽度较楼梯更小，通常为 600～1000 mm。

垂直交通联系部分除楼梯、电梯和自动扶梯外还有坡道。室内坡道的特点是上下比较省力（楼梯的坡度在 30°～40°左右，室内坡道的坡度通常小于 10°），通行人流的能力几乎和平地相当（人群密集时，楼梯由上往下人流通行速度为 10 m/min，坡道人流通行速度接近于平地的 16 m/min），但是坡道的最大缺点是所占面积比楼梯面积大得多。一些医院为了病人上下和手推车通行的方便，可采用坡道，为儿童上下的建筑物，也可采用坡道；有些人流量集中的公共建筑，如大型体育馆的部分疏散通道，也可用坡道来解决垂直交通联系。

三、交通联系枢纽部分的平面设计（主要介绍门厅的平面设计）

（一）门厅的功能

门厅作为交通枢纽，其主要作用是接纳、分配人流，室、内外空间过渡及各方面交通（过道、楼梯等）的衔接。同时，根据建筑物使用性质不同，门厅还兼有其他功能，如医院门厅常设挂号、收费、取药的房间，旅馆门厅兼有休息、会客、接待、登记、小卖等功能。除此以外，门厅作为建筑物的主要出入口，其不同空间处理可体现出不同的意境和形象，诸如庄严、雄伟与小巧、亲切等不同气氛。因此，民用建筑中门厅是建筑设计重点处理的部分。

（二）门厅的宽度及布局

门厅的布局可分为对称式与非对称式两种。对称式的布置常采用轴线的方法表示空间的方向感，将楼梯布置在主轴线上或对称布置在主轴线两侧，具有严肃的气氛，非对称式门厅布置没有明显的轴线，布置灵活，楼梯可根据人流交通布置在大厅中任意位置，室内空间富有变化。在建筑设计中，常常由于自然地形、布局特点、功能要求、建筑性格等各种因素的影响采用对称式门厅（图 1-2-13）和非对称式门厅（图 1-2-14）。

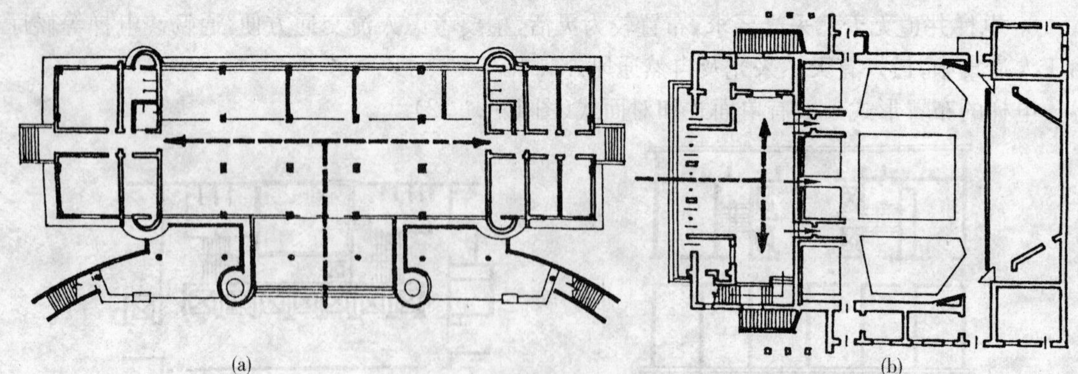

图 1-2-13　对称式门厅

(a)某办公楼门厅；(b)某电影院门厅

（三）门厅的面积

门厅的大小应根据各类建筑的使用性质、规模及质量标准等因素来确定，设计时可参考有关面积定额指标。表 1-2-7 为部分民用建筑门厅面积参考指标。

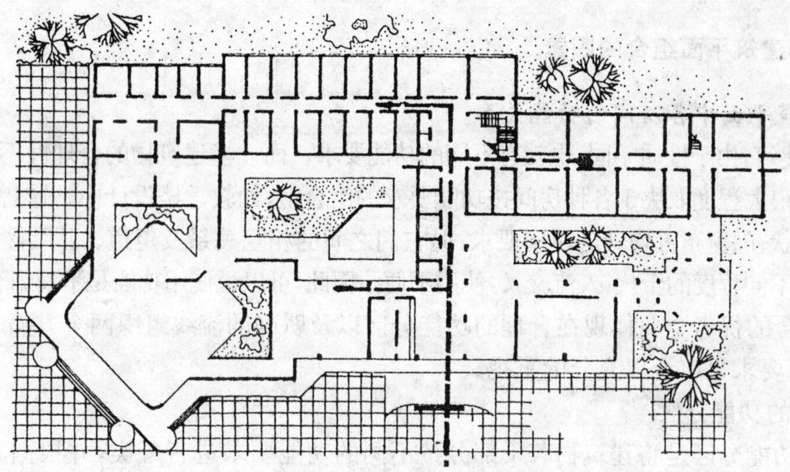

某中学教学楼平面

图 1-2-14　非对称式门厅

表 1-2-7　部分民用建筑门厅面积参考指标

建筑名称	面积定额	备　　注
中小学校	0.06～0.08 m^2/每人	
食　　堂	0.08～0.18 m^2/每座	包括洗手和小卖部
城市综合医院	11 m^2/每日百人次	包括衣帽和询问处
旅　　馆	0.2～0.5 m^2/床	
电影院	0.13 m^2/每位观众	

(四)其他

门厅设计还应注意:门厅应处于总平面中明显而突出的位置,一般应面向主干道,使人流出入方便,门厅内部设计要有明确的导向性,同时交通流线组织简明醒目,减少相互干扰或不知所以的现象,由于门厅是人们进入建筑物首先到达、经常停留的地方,因此门厅的设计,除了合理地解决好交通枢纽等功能要求外,门厅内的空间组合和建筑造型要求,也是公共建筑中重要的设计内容之一,门厅对外出口的宽度按防火规范的要求不得小于通向该门厅的走道、楼梯宽度的总和。外门的开启方向一般宜向外或采用弹簧门。

门厅一般在入口处设门廊或雨篷以防止雨雪飘入厅内,冬天可以防止风沙吹入室内,减少室内采暖的热损失。

第四节　建筑平面的组合设计

前一节仅仅叙述了单个空间的设计,还不能保证整幢建筑的使用功能合理,也不能满足整幢建筑内、外空间的美观要求。这是因为除极个别的建筑物外,绝大多数的建筑物都是由几个、几十个、甚至几百、几千个房间组合而成的。本节主要讲述如何将这些房间放置在适当的位置,处理好它们之间的相互关系,使它们有机地组合起来,组成一幢完整的建筑。

空间组合涉及的因素很多,主要有建筑功能、基地环境、建筑的美观、物质技术及经济条件等等,在组合时要求我们要抓住主要矛盾,综合各方面的因素,通过平面图、剖面图、立面图、总平面图等反映出来。在组合时还要特别注意进行综合分析,深入思考,反复推敲,多次修改,做出合理的设计方案。

一、影响建筑平面组合的因素

(一)建筑平面中各房间的功能关系

不同的建筑，由于性质不同，也就有不同的功能要求。而一幢建筑物的合理性不仅体现在单个房间上，而且很大程度取决于各种房间按功能要求的组合上，如教学楼设计中，虽然教室、办公室本身的大小、形状、门窗布置均满足使用要求，但它们之间的相互关系及走道、门厅、楼梯的布置不合理，就会造成不同程度的干扰，人流交叉，使用不便。因此，可以说使用功能是平面组合设计的核心。

平面组合的优劣主要体现在合理的功能分区以及明确的流线组织两个方面。当然，采光、通风、朝向等要求也应予以充分的重视。

1. 合理的功能分区

合理的功能分区是将建筑物若干部分按不同的功能要求进行分类，并根据它们之间的密切程度加以划分，使之区分明确，联系方便。在分析功能关系时，常借助于功能分析图来形象地表示各类建筑的功能关系及联系顺序。按照功能分析图将性质相同、联系密切的房间临近布置或组合在一起，将使用中有干扰的部分适当分隔。这样，既能满足联系的要求，又能创造出相对独立的使用环境。

我们在设计的过程中，应该从以下几个方面入手：

(1)各房间的主次关系

平面中各房间有相对的主次之分。例如住宅中，起居、卧室等是主要房间，厨房、厕所、储藏室等属于次要房间，平面组合中，应根据房间的使用要求，主次关系，合理安排它们在平面中的位置，将主要房间考虑布置在朝向好，采光、通风充足，安静的位置，次要房间布置在稍差的位置。

另需考虑房间的公共与私密，动与静的关系。仍以住宅为例，同为主要房间的起居室与卧室，起居室是大家公共活动的场所，应布置在靠近出入口，疏散方便，人流导向比较明确的部位，卧室则应尽量避开人流活动的区域，以满足其对私密性及安静的要求(图 1-2-15)。

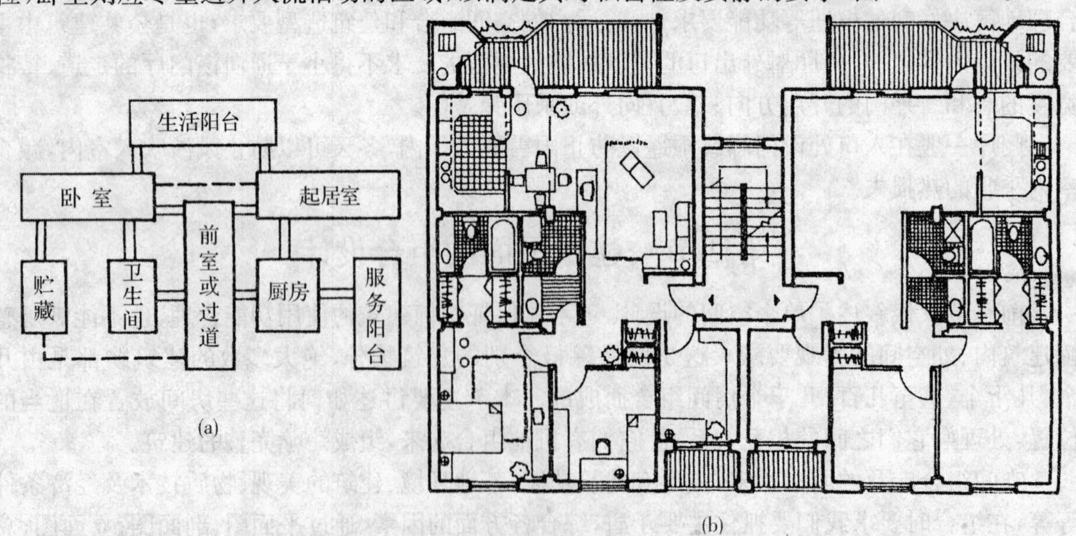

图 1-2-15　居住建筑房间的主次关系

(a)功能分析图；(b)平面图

(2)各房间的内外关系

有些建筑类型的房间在使用时有明显的内外之分。

商业建筑中营业厅对外来人流联系比较密切、频繁，它的位置就需要布置在靠近人流往来的部位或出入口，而行政办公、生活用房等供内部人员活动或工作之间的联系，这些房间的布置主要考虑内部使用及之间的联系，则可布置在远离外来人流的部位(图 1-2-16)。

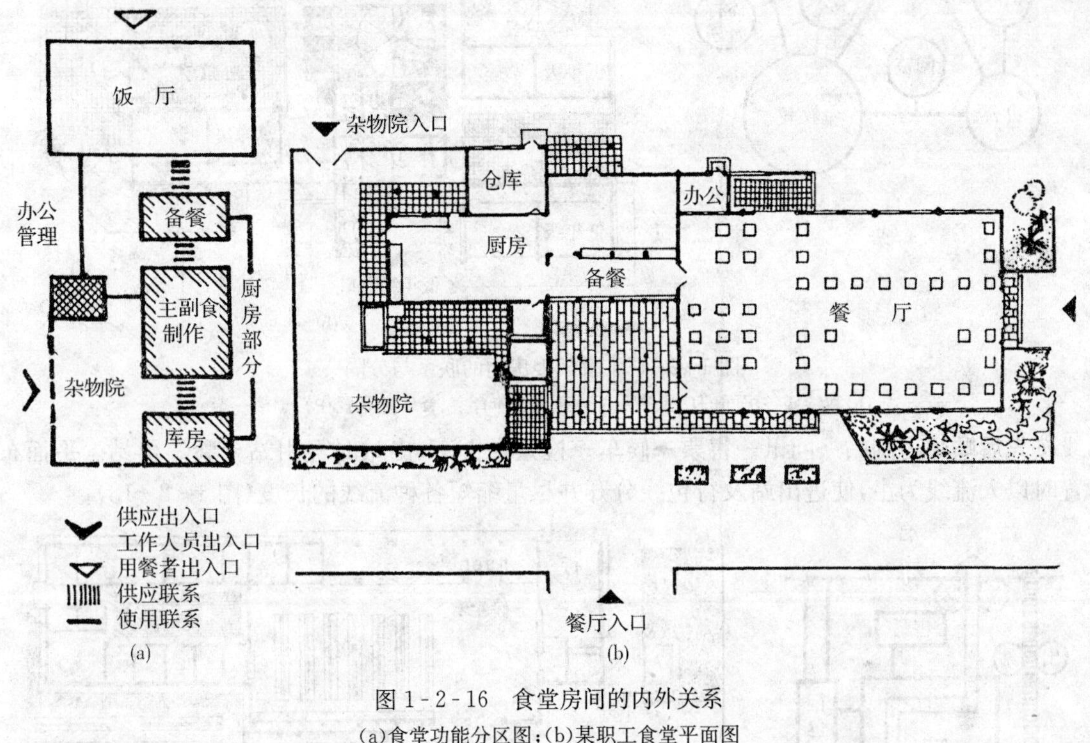

图 1-2-16　食堂房间的内外关系

(a)食堂功能分区图；(b)某职工食堂平面图

(3)建筑平面中的功能分区及各功能分区之间的联系与分隔

在平面组合中，将使用性质相同或联系紧密的房间组合在一起，将使用性质不同或关系较远的房间分成不同的功能区，使其既分开而互不干扰，且又有适当的联系。如教学楼中的普通教室和音乐教室同属于教室，它们之间联系密切，但是为了防止声音干扰，必须分开。教室与办公室之间的要求方便联系，但是为了避免学生影响教师的工作，须适当分开。因此，教学楼平面组合设计中，对以上三个不同要求部分的联系与分隔处理，是促使功能合理的重要问题(图 1-2-17)。

2. 各房间的使用顺序及交通路线的组织

各类民用建筑，因使用性质不同，在进行平面组合时，应很好地考虑人流活动的先后顺序，安排好室内人流的通行，尽量避免不必要的往返交叉或不同人流的相互干扰。

在建筑中往往存在着多种流线，归纳起来分为人流及货流两类。所谓流线组织明确，即是要使各种流线简捷、通畅，不迂回逆行，尽量避免相互交叉。

在建筑平面设计中，各房间一般是按使用流线的顺序关系有机地组合起来的。因此，流线组织合理与否，直接影响到平面组合是否紧凑、合理，平面利用是否经济等。如展览馆建筑，各展室常常是按人流参观路线的顺序连贯起来。火车站建筑有旅客进出站路线，行包线，人流路

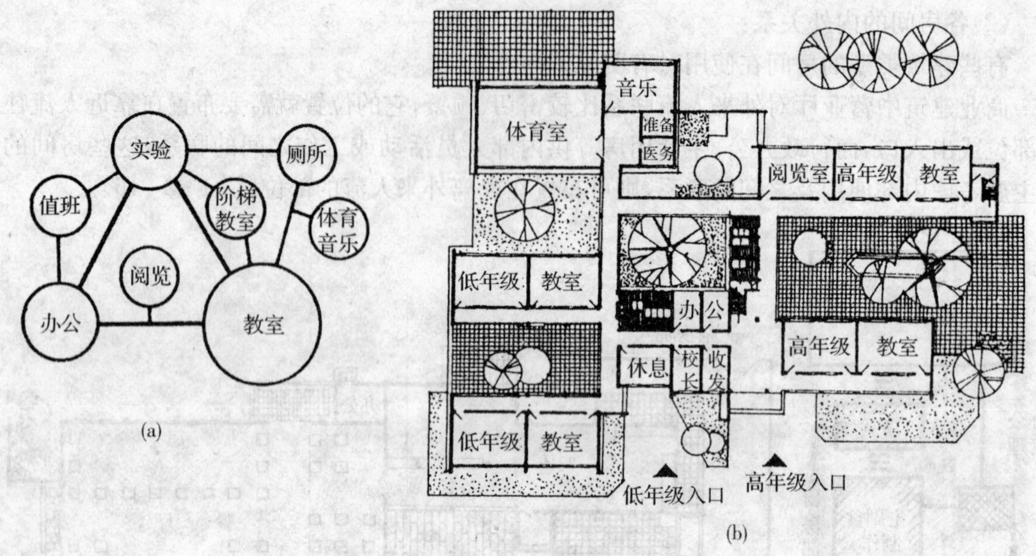

图 1-2-17　教学楼房间的联系与分隔

(a)教学楼各房间的功能关系；(b)某小学体育室、音乐室布置在教学楼一端

线按先后顺序为到站→问讯→售票→候车→检票→上车，出站时经由站台验票出站。平面布置时以人流线为主，使进出站及行包线分开并尽量缩短各种流线的长度(图 1-2-18)。

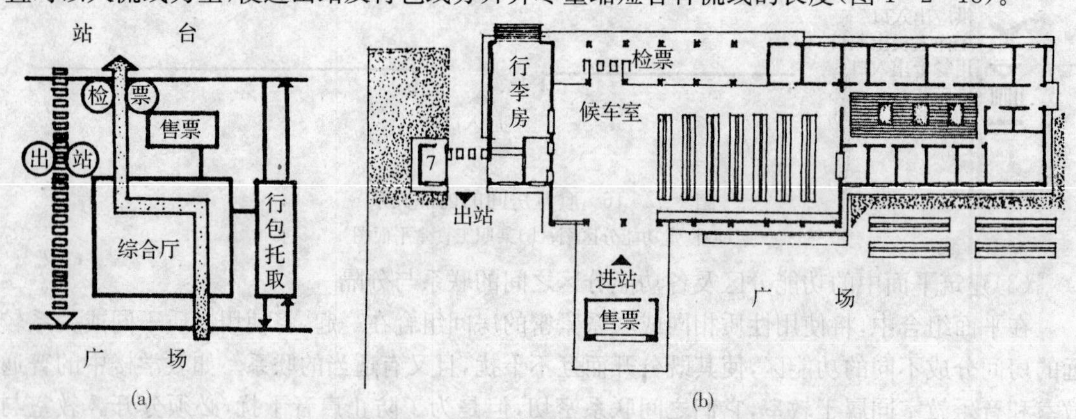

图 1-2-18　小型火车站的流线关系及平面图

(a)小型火车站流线关系示意；(b)小型火车站设计方案平面图

(二)建筑的结构布置对平面组合的影响

不同类型的结构形式适用于不同的平面组合形式。

建筑结构与材料是构成建筑物的物质基础，在很大程度上影响着建筑的平面组合。因此，平面组合在考虑满足使用功能要求的前提下，应选择经济合理的结构方案，并使平面组合与结构布置协调一致。

目前民用建筑常用的结构类型有三种，即混合结构、框架结构、空间结构。

1. 混合结构

建筑物的主要承重构件有墙、柱、梁板、基础等，以砖墙和钢筋混凝土梁板的混合结构为最普遍。这种结构形式的优点是构造简单、造价较低，其缺点是房间尺寸受钢筋混凝土梁板经济跨度的限制,室内空间小,开窗也受到限制,仅适用于房间开间和进深尺寸较小、层数不多的中小型民用建筑,如住宅、中小学校、医院及办公楼等。

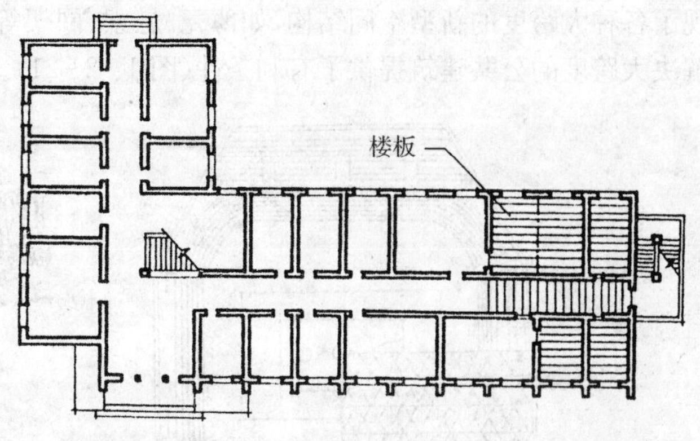

图 1-2-19　砖混结构门诊部平面

混合结构根据受力方式可分为横墙承重、纵墙承重、纵横墙承重等三种方式。对于房间开间尺寸部分相同,且符合钢筋混凝土板经济跨度的重复小间建筑,常采用横墙承重。当房间进深较统一,进深尺寸较大且符合钢筋混凝土板的经济跨度,但开间尺寸多样,要求布置灵活时,可采用纵墙承重,如要求开间较大的教学楼、办公楼等。图 1-2-19 所示为采用墙体承重的某门诊部平面图。

2. 框架结构

框架结构的主要特点是:承重系统与非承重系统有明确的分工,支承建筑空间的骨架如梁、柱是承重系统,而分隔室内外空间的围护结构和轻质隔墙是不承重的。这种结构形式强度高,整体性好,刚度大,抗震性好,平面布局灵活性大,开窗较自由,但钢材、水泥用量大,造价较高。适用于开间、进深较大的商店、教学楼、图书馆之类的公共建筑以及多、高层住宅、旅馆等(图 1-2-20)。

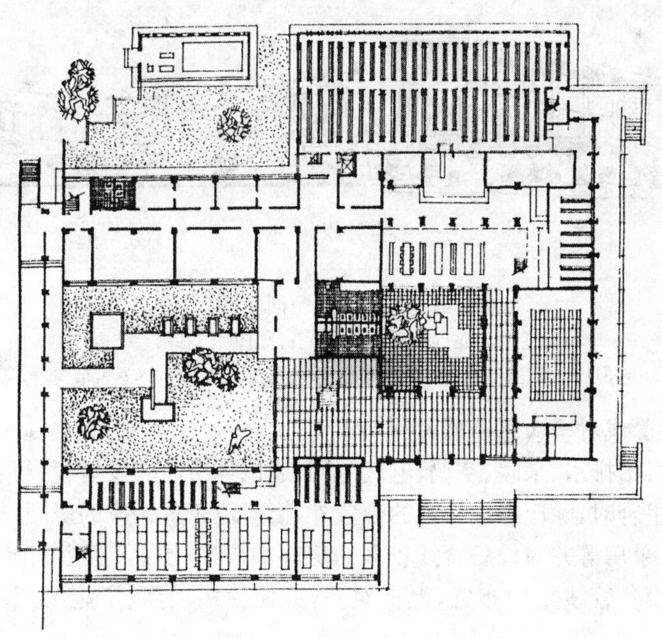
图 1-2-20　框架结构图书馆平面

3. 空间结构

随着建筑技术、建筑材料和结构理论的进步,新型高效的建筑结构也有了飞速的发展,出现了各种大跨度的新型空间结构，如薄壳、悬索、网架等。这类结构用材经济，受力合理，并为解决大跨度的公共建筑提供了有利条件(图 1-2-21)。

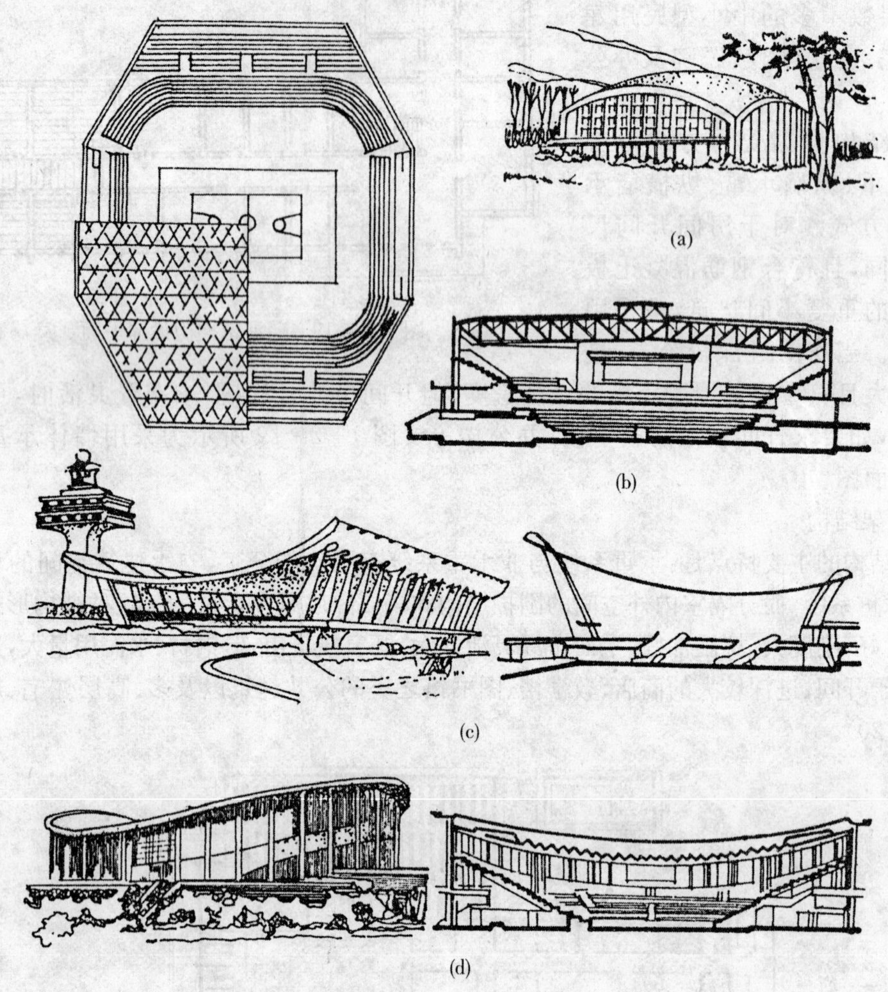

图 1-2-21　空间结构

(a)北京网球馆(薄壳结构)；(b)五台山体育馆(网架结构)

(c)杜勒斯国际航空站(悬索结构)；(d)浙江人民体育馆(悬索结构)

(三)建筑设备管线对平面组合的影响

设备管线包括：给排水、采暖、空调、电气照明、通讯等所需的设备管线，它们均占有一定的空间，在进行平面组合时，除应考虑一定的位置外，恰当地布置相应的房间，如厕所、盥洗室、配电房、空调机房、水泵房等并对设备管线较多的房间如厨房、厕所、卫生间等，在满足使用要求的同时，应尽量将设备管线集中布置，上下对齐，方便使用，有利于施工，节约管线(图 1-2-22)。

(四)基地环境对平面组合的影响

平面组合形式与地形、地段相结合，尤其是坡地、狭长地、三角地等，窄小紧张的地段则需

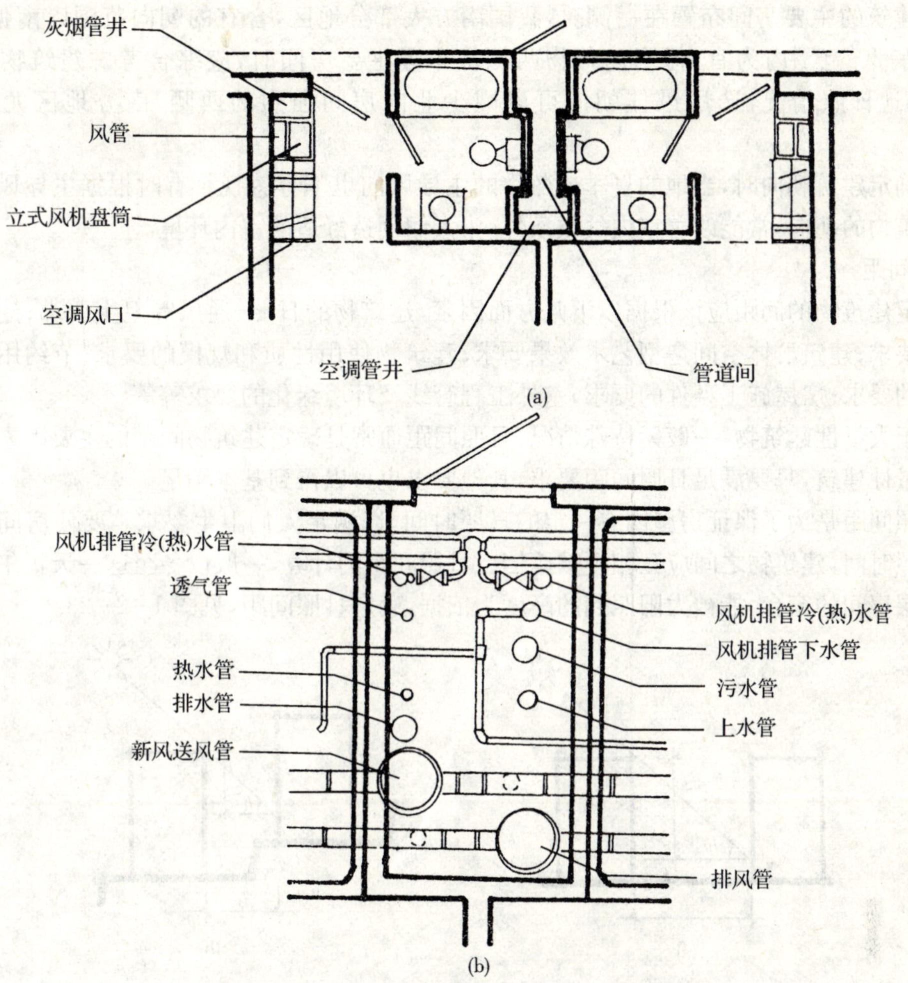

图 1-2-22　建筑设备管线对平面组合的影响

(a)旅馆卫生间集中设管道间；(b)管道间内管道系统示意

要精心设计，使建筑与用地紧密而有机地结合起来。

(五)建筑平面组合中卫生与安全方面的考虑

建筑的朝向及间距受多种因素的影响，在总平面设计时，必须结合当地气候条件、地形和建筑物使用性质等因素来确定。

1. 朝向

建筑物朝向主要由日辐射强度、当地主导风向、建筑物内部主要房间的使用要求和建筑周围道路以及环境状况等因素来确定。一般情况下，人们总希望建筑物能达到冬暖夏凉的要求。按照我国所处地理位置，南向是最受人们欢迎的朝向。根据太阳在一年中的运行规律；夏季太阳的高度角大，冬季较小，南向的房屋因夏季太阳的高度角大，从南向窗户照射到室内的阳光较少，反之，冬季南向射进的阳光较多，这就易于做到冬暖夏凉。

但是，在设计时不可能把房屋都安排在南向，因此可以根据当地的气候、地理条件，选择合理的朝向范围。

当建筑的主要房间布置在一侧时，我国南方大部分地区，合宜的朝向范围以南偏西 15°到南偏东 30°范围内为宜，但当建筑物两侧都布置主要房间时，应综合考虑建筑物日照状况，按当地日照情况，选用最佳朝向可以减少北向房间强烈的西晒，南方地区尤其应该如此。

在确定建筑朝向时，当地的夏季或冬季的主导风向也不容忽视。有时根据主导风向适当调整建筑物的朝向，常能改善室内气候条件，为人们创造舒适的室内环境。

2. 间距

确定建筑物的间距应该根据以下几方面因素，建筑物的日照、通风等卫生要求；建筑物防火安全要求；建筑群体空间造型艺术效果要求；建筑物使用性质和规模的要求；节约用地和建设投资的要求；房屋施工条件的要求，室外工程管线及环境绿化的要求等等。

对于大量性建筑物，一般无特殊情况，日照间距通常是确定建筑物间距的主要因素。因为一般大量性建筑，只要满足日照间距要求，其他要求也可以得到基本满足。

日照间距是为了保证房屋内有一定的日照时间，以满足人们卫生要求。要使房间得到一定的日照时间，建筑物之间应互相不被遮挡。日照间距的计算，一般以冬至这一天正午正南向房屋底层房间的窗台，能被太阳照到的高度为依据，确定日照间距，见图 1-2-23。

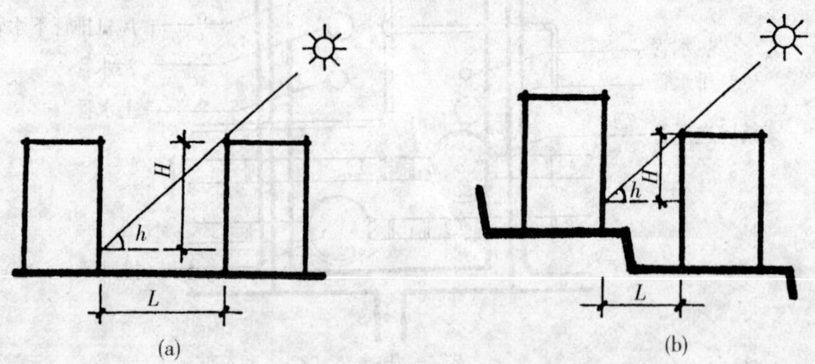

图 1-2-23　建筑物的日照间距

(a)平地；(b)向阳坡

日照间距计算式为：$L=H/\tan h$，式中：L 为建筑物间距，H 为南向前排房屋檐口和后排房屋底层窗台的高度，h 为冬至日正午的太阳高度角（当房屋正南时）。在实际工作中，一般房屋间距通常是用房屋间距 L 和前排房屋高度 H 的比值来控制。如 $L=1.2H$、$1.5H$、$1.7H$ 等等。

我国大部分城市日照间距为 $1\sim1.7H$。越偏南日照间距值越小，越偏北日照间距值越大。某些类型的建筑物，从使用功能、卫生要求等的不同，对房屋间距有不同的要求。例如学校建筑，为了保证良好的采光要求，间距应不小于 $2.5H$。而最小间距不小于 12 m。又如医院建筑，考虑卫生要求，房屋间距应大于 $2H$，对于一、二层病房，间距不小于 25 m；三、四层病房，间距不小于 30 m；对于传染病房与非传染病房的间距，应不小于 40 m。

二、几种典型的平面组合方式

各类建筑由于使用功能不同，房间之间的相互关系也不同。有的建筑由一个个大小相同的重复空间组合而成，它们彼此之间没有一定的使用顺序关系，各房间形成既联系又相对独立的封闭形房间，如学校、办公楼，有的建筑主要有一个大房间，其他均为从属房间，环绕着这个大房间布置，如电影院、体育馆；有的建筑，房间按一定序列排列而成，即排列顺序完全按使用联系顺序而定，如展览馆、火车站等。平面组合就是根据使用功能特点及交通路线的组织，将不同房间组合起来。这些平面组合大致可以归纳为如下几种形式：

（一）走道式组合

走道式组合的特点是使用房间与交通联系部分明确分开，各房间沿走道（走廊）一侧或两侧并列布置，房间门直接开向走道，通过走道相互联系，各房间基本上不被交通穿越，能较好地保持相对独立性。走道式组合的优点是：各房间有直接的天然采光和通风，结构简单，施工方便等。因此，这种形式广泛应用于一般性的民用建筑，特别适用于房间面积不大、数量较多的重复空间组合，如学校、宿舍、医院、旅馆等（图 1-2-24）。归纳如下：

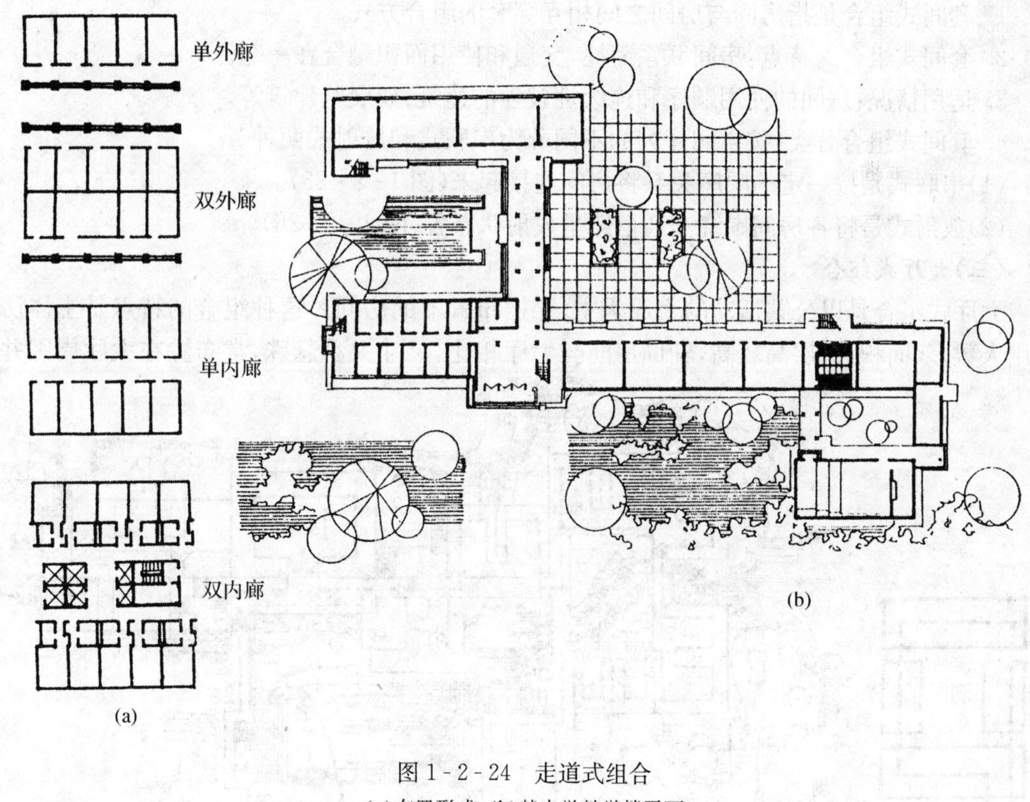

图 1-2-24　走道式组合

（a）布置形式；（b）某中学教学楼平面

1. 走道式组合是以走道为一纵轴，在走道的一侧或两侧布置房间的组合方式。

2. 走道式组合特点：使用房间与交通联系部分明确分开，房间向走道开门，通过走道相互联系，各房间基本上不被交通穿越，能较好地保持相对独立性。适用于房间平面形态接近，使用功能相似的建筑。如教学楼、宿舍、办公、旅馆、医院等。

3. 走道式组合类型：内廊式和外廊式。

内廊式是在走道两侧布置房间，走道居中。优点是平面紧凑，走道占用面积小，房间进深大，节约用地。缺点是其中一侧的房间朝向差，走道的采光通风条件差，常需设高侧窗或人工照明以改善这种状况。

外廊式是在走道的一侧布置房间。优点是保证了房间的朝向、采光、通风，但房间进深小，辅助交通面积大，不够经济。外廊的布置可根据建筑的使用要求和当地的气候条件确定，一般南方地区多将外廊布置在南向以遮阳，北方则多做封闭的北外廊以避寒保暖并使主要使用房间取得良好的朝向及采光、通风。

(二)套间式组合

套间式组合的特点是用穿套的方式按一定的序列组织空间。房间与房间之间相互穿套，不再通过走道联系。这种形式通常适用于房间的使用顺序和连续性较强，使用房间不需要单独分隔的情况下形成的组合方式，如展览馆、火车站、浴室等建筑类型。套间式组合按其空间序列的不同又可分为串联式和放射式两种。串联式是按一定的顺序关系将房间连接起来，放射式是将各房间围绕交通枢纽呈放射状布置。归纳如下：

1. 套间式组合是指房间与房间之间相互穿套的组合方式。

2. 套间式组合的特点：房间联系简捷，交通和使用面积融合在一起。

3. 适用情况：房间的使用顺序和连续性较强的建筑，如展览建筑等。

4. 套间式组合分类：按空间序列的不同分为串联式和放射式两种。

(1)串联式是按一定的顺序关系将房间连接起来(图 1-2-25)。

(2)放射式是将各房间围绕交通枢纽呈放射状布置(图 1-2-26)。

(三)大厅式组合

大厅式组合是以公共活动的大厅为主，穿插布置辅助房间。这种组合的特点是主体房间使用人数多、面积大、层高较高，辅助房间与大厅相比，尺寸大小悬殊，常布置在大厅周围并与

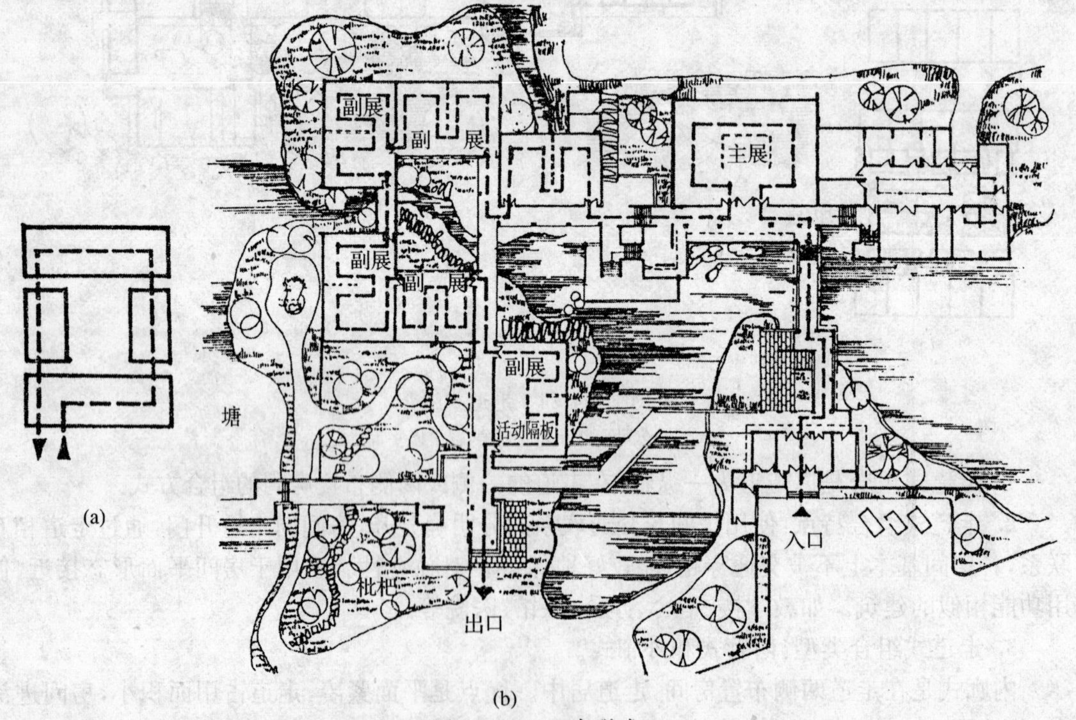

图 1-2-25　串联式

(a)串联式空间组合示意；(b)某展览馆方案设计平面图

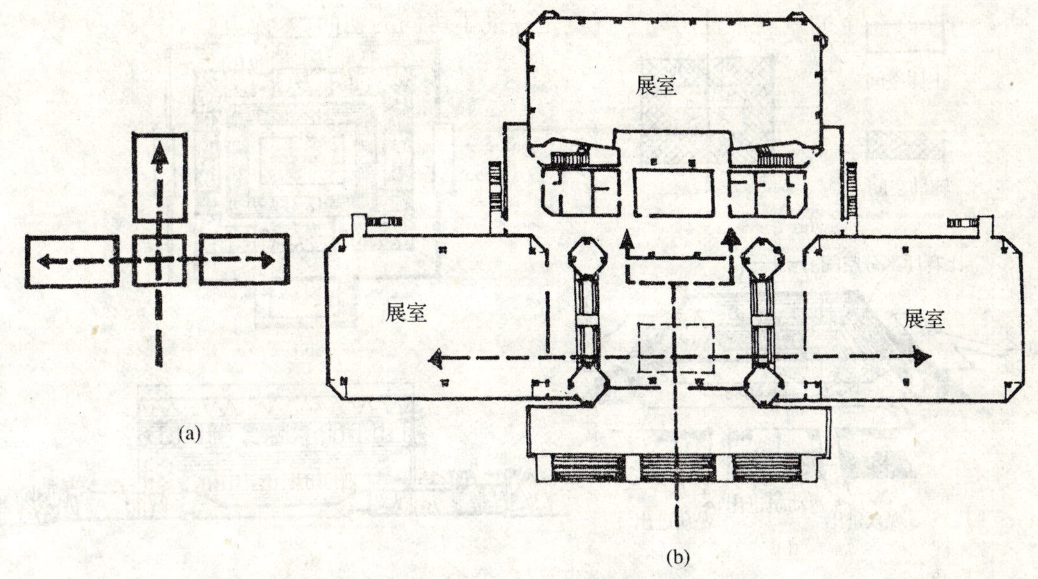

图1-2-26　放射式

(a)放射式空间组合示意;(b)北京中国人民抗日战争纪念馆

主体房间保持一定的联系。见图1-2-27。大厅式组合其交通组织问题比较突出,应使人流的通行通畅安全,导向明确,同时合理选择覆盖和围护大厅的结构布置方式。

大厅式组合的适用情况:人流集中,大厅内具有一定活动特点并需要较大的空间的建筑。例如观演、体育建筑等。

(四)单元式组合

将关系密切的房间组合在一起成为一个相对独立的整体,称为单元。将一种或多种单元按地形和环境情况在水平或垂直方向重复组合起来成为一幢建筑,这种组合方式称为单元式组合。

单元式组合的优点是能提高建筑标准化,节省设计工作量,简化施工,同时功能分区明确,平面布置紧凑,单元与单元之间相对独立,互不干扰。除此以外,单元式组合布局灵活,能适应不同的地形,形成多种不同组合形式,因此广泛用于大量的民用建筑,如住宅、学校、医院等(图1-2-28)。

单元式组合适用于:平面相似或相近的单元重复建造,并且在使用时相对独立或要求避免相互干扰的建筑类型。

在各类建筑物中,结合房屋各部分功能分区的特点,也经常形成以一种组合方式为主,局部结合其它组合方式的布置。

以上是民用建筑常用的平面组合形式,随着时代的前进,人们对建筑的使用功能也必然会发生变化,加上新结构、新材料、新设备的不断出现,新的形式将会层出不穷,如自由灵活的大空间分隔形式及庭院式空间组合形式等。

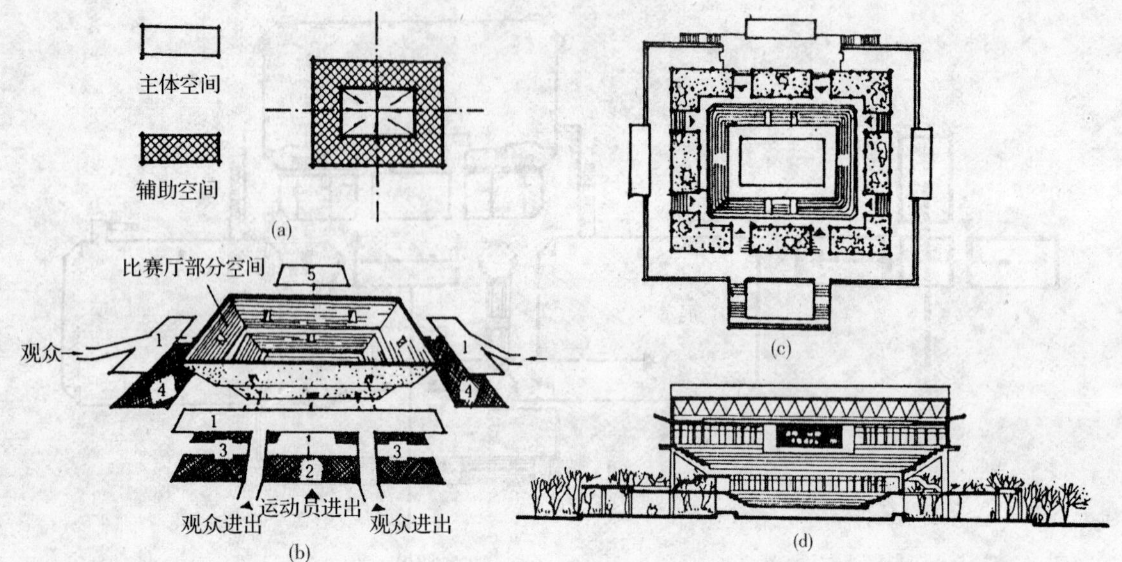

图 1-2-27　大厅式组合

(a)大厅式组合示意

(b)体育馆空间组合分析示意

1—门厅、休息厅；2—运动员活动区；3—淋浴；4—辅助、管理用房；5—贵宾

(c)某体育馆二层平面；(d)某体育馆剖面

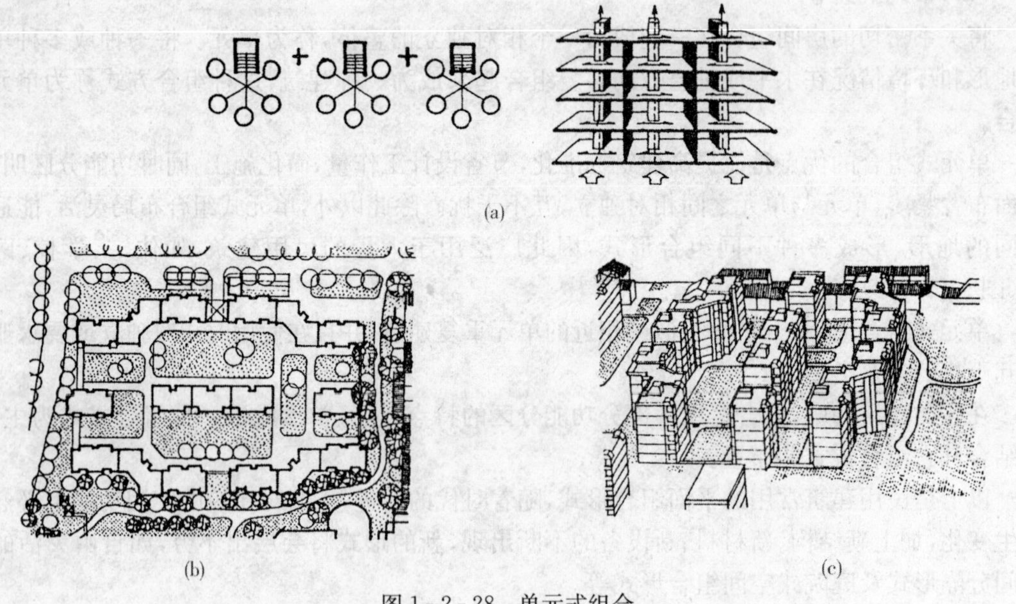

图 1-2-28　单元式组合

(a)单元组合及交通组织示意；(b)单元拼接方式；(c)透视图

小　结

1. 民用建筑的平面设计包括房间设计和平面组合设计两部分。平面组合部分可归纳为使用部分和交通联系部分。

2. 房间设计涉及到房间面积、形状、比例、朝向、采光、通风及疏散等问题，同时还应该符合《建筑模数协调统一标准》的要求，保证经济合理的结构布置等。

3. 交通联系部分在满足疏散和消防要求的前提下，应具有足够的尺寸，流线简捷、明确，有足够的导向性、有足够的高度和舒适感。

4. 民用建筑平面组合常用的方式有走道式、套间式、大厅式、单元式。但是，随着社会的发展，必然会产生出新的形式。

5. 建筑组合设计必须密切结合环境，做到因地制宜，地形、气象、道路和城市规划等是制约建筑组合设计的重要因素。

6. 建筑组合设计时，日照通风条件、防火安全、噪声、污染等，对确定建筑物之间的距离有很大影响，对于一般性的建筑而言，日照间距是确定建筑物之间间距的主要依据。

思　考　题

1. 主要房间设计时应考虑哪些方面？
2. 交通联系部分包括哪些内容？如何确定楼梯的数量、宽度和选择楼梯的形式？
3. 影响平面组合的因素有哪些？如何确定楼梯的数量、宽度和选择楼梯的形式？
4. 走道式、套间式、大厅式、单元式等组合形式的特点和适用范围是什么？
5. 基地环境对平面组合有什么影响？举例说明。
6. 建筑物之间的间距如何确定？建筑物如何争取好的朝向？

第三章 建筑剖面设计

建筑剖面设计是建筑设计的重要组成部分，它的任务是根据建筑物的用途、规模、环境条件及人们的使用要求，解决建筑物在高度方向的布置问题。具体内容包括：确定建筑物的层数，决定建筑各部分在高度方向应有的尺寸，进行建筑空间组合，处理室内空间并加以利用等。此外，对其他工程技术问题，如结构选型、建筑构造也要予以合理解决。

第一节 房屋的剖面形状

房间的剖面形状分为矩形和非矩形两大类，大多数民用建筑均采用矩形。这是因为矩形剖面简单、规整，便于竖向空间的组合，容易获得简洁而完整的体型，同时结构简单，施工方便。非矩形剖面常用于有特殊要求的房间。

房间的剖面形状主要是根据房间使用功能要求来确定的，同时建筑材料、建筑结构、建筑技术以及造型等对剖面的形状也有很大的影响。

一、使用要求对剖面的影响

建筑的剖面形状一般是由使用功能确定的。由于人的活动行为以及家具和设备的布置，要求地面和顶棚均以水平的平面形状最为有利，所以一般的建筑如住宅、宿舍、学校、办公室、商店等剖面形状均采用矩形形状。有些对剖面形状有特殊要求的建筑，如影剧院的观众厅、体育馆比赛厅、阶梯教室和报告厅等，由于其对视听质量有特殊的要求，因此这些房间除了平面形状、大小要满足视距和视角的要求外，在剖面设计时也要考虑视线的遮挡和音质要求。

（一）可视性

有视线要求的房间主要是指影剧院的观众厅、体育馆的比赛大厅、教学楼中阶梯教室等。这类房间除平面形状、大小满足一定的视距、视角要求外，地面应有一定的坡度，以保证良好的视线，即舒适、无遮挡地看清对象。

地面的升起坡度与设计视点的选择、座位的排列方式、排距、视线升高值等因素有关系。

设计视点是指按设计要求所能看到的极限位置。由于使用功能的不同，观看行为不同，设计视点的选择高度也不相同。电影院的视点高度选在银幕底边中心点，这样就可以保证人的视线能够看到银幕的全画面，体育馆场要进行多种比赛，视点选择多以较不利观看的篮球比赛为依据，视点高度选择在篮球场边线或边线上空 300～500 mm 处，阶梯教室视点高度常选在讲台桌面，大约距地面1100 mm 处。剧院视点的高度一般定于大幕在舞台面上水平投影的中心点（图 1 - 3 - 1）。一般视点选择越低，地面升起坡度越大，视点选择越高，地面升起坡度就越小，设计视点要选择观看对象最不利的部位，以满足人的视线不受遮挡。

设计视点确定后，就要进行地面起坡计算。首先要确定每排视线升高值 C，C 值为后排观

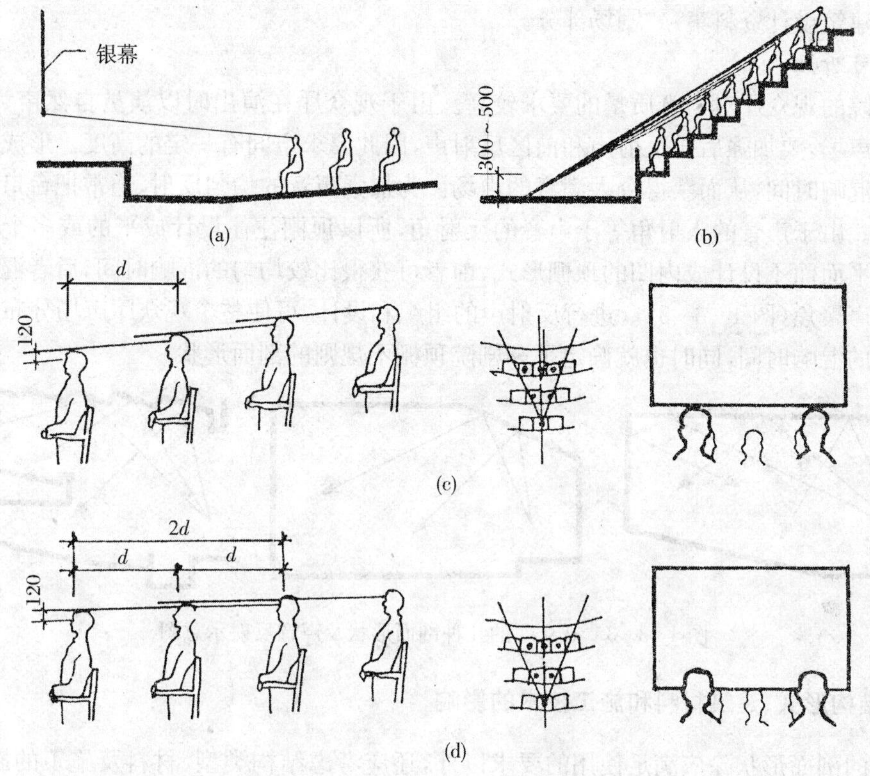

图 1-3-1　设计视点与地面起坡的关系

(a)电院院；(b)体育馆；(c)对位排列；(d)错位排列

众的视线与前排观众眼睛之间的视高差，一般定为 120 mm，当座位错位排列时，C 值为 60 mm，这样可以保证人的视线不被遮挡。显然错位排列布置要比对位排列布置地面起坡要缓一些(图 1-3-2)。

地面起坡计算通常采用“图解法”“分阶递加法”“相似三角形法”等，具体计算可参考其他

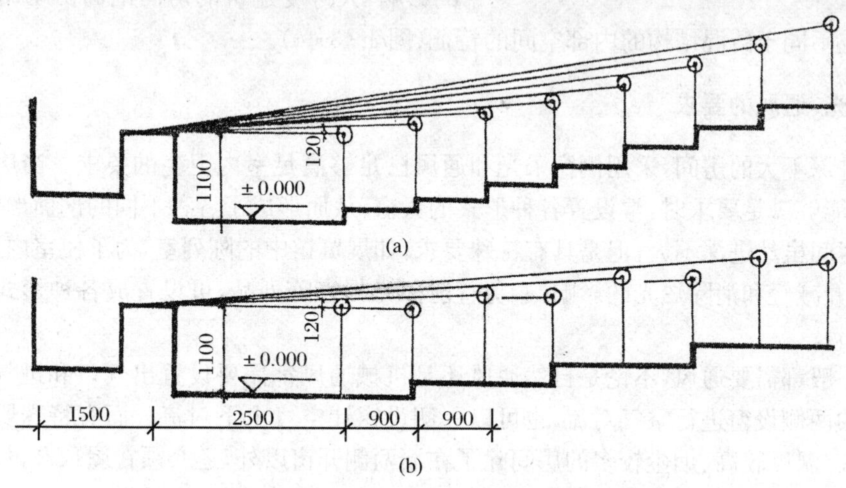

图 1-3-2　视觉标准与地面升起的关系

(a)每排升高 120 mm；(b)隔排升高 120 mm

书籍，如《建筑设计资料集》4“剧场部分。”

（二）可听性

影剧院的观众厅对声音质量的要求较高。由于观众厅在演出时以演员自然声为主，为获得良好的声场，要加强后排反射声和前区反射声，因此要求空间有一定的高度。形成一定的容积来增加混响时间，从而获得令人满意的声场。为加强声音的均匀反射，通常把台口和顶棚做成反射面。由于声音的入射角等于声音的反射角，所以顶棚往往设计成平的或多个倾斜于舞台方向的平面而不设计成内凹的顶棚形式，前者可获得比较均匀的混响时间，后者混响时间不均匀且有声聚焦（图 1-3-3）。进行反射声的组织和设计，可使整个观众厅声场分布均匀并能获得足够的混响时间，同时也就确定了影剧院顶棚不规则的剖面形状。

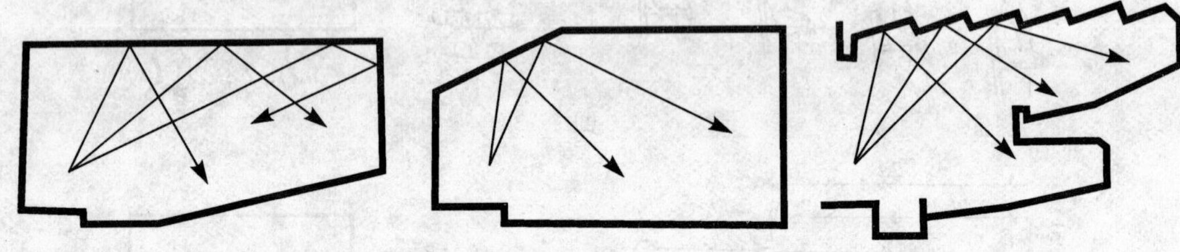

图 1-3-3　观众厅的几种剖面形状及声音反射示意图

二、结构形式、建筑材料和施工技术的影响

房间的剖面形状除应满足使用的要求以外，还应考虑结构类型、材料及施工的影响，长方形的剖面形状规整、简洁，有利于梁板式结构的布置，同时施工也较为简单。即使有特殊要求的房间，在能满足使用要求的前提下，也以优先考虑采用矩形剖面为佳。

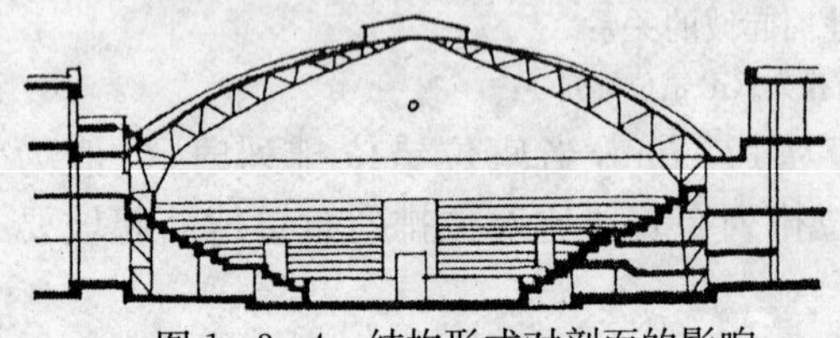

图 1-3-4　结构形式对剖面的影响

不同的结构类型对房间的剖面形状起着一定的影响，大跨度建筑的房间剖面由于结构形式的不同而形成不同于砖混结构的内部空间的特征（图 1-3-4）。

三、采光、通风的要求

一般进深不大的房间，采用侧窗采光和通风已足够满足室内卫生的要求。当房间进深较大，侧窗不能够满足要求时，常设置各种形式的天窗，从而形成了各种不同的剖面形状。

有的房间虽然进深不大，但是具有特殊要求，如展览馆中的陈列室，为了使室内照度均匀、稳定、柔和并减轻和消除炫光的影响，避免直射阳光损害陈列品，可设置成各种形式的采光窗（图 1-3-5）。

房间一般都需要通风，不论是自然通风还是机械通风都需要设置出气口和进气口。一般房间在墙的两侧设窗进行空气对流，也可以一侧设窗让空气上下对流。而有特殊要求的房间或湿度较大、温度较高、烟尘较多的房间除了在墙两侧开窗以外，还必须在屋顶开设出气孔，一般又以天窗的形式增加空气压差（图 1-3-6）。

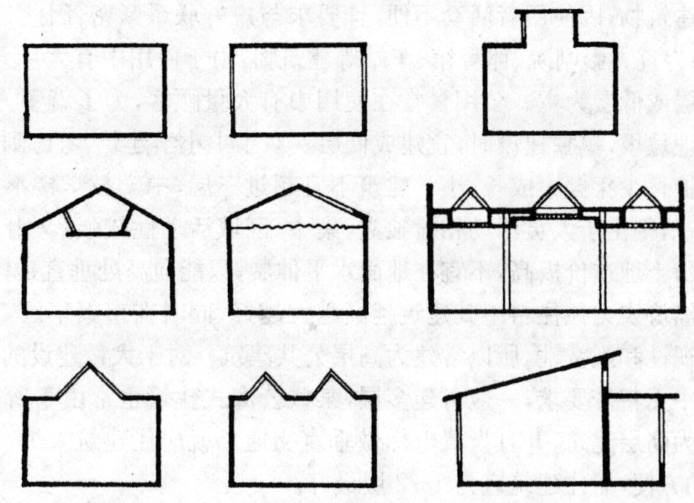

图 1-3-5　不同采光方式对剖面的影响

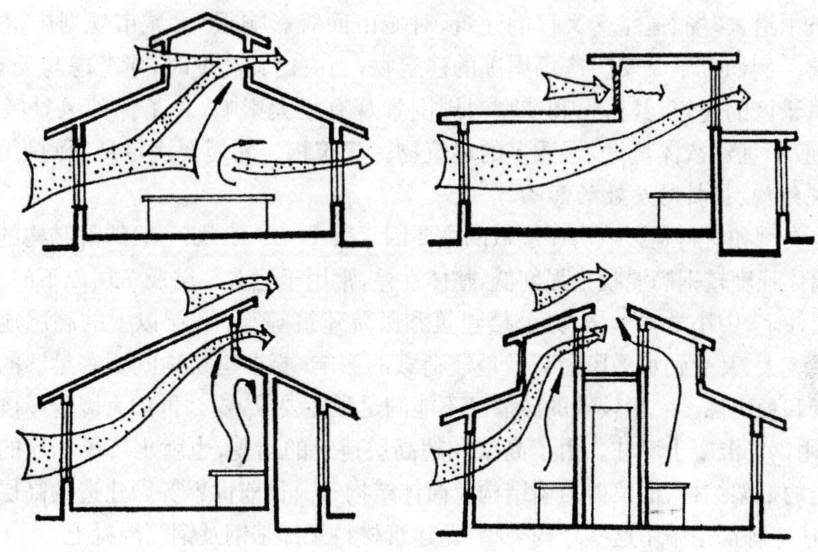

图 1-3-6　不同通风方式对剖面形状的影响

第二节　建筑层数的确定

建筑层数在方案阶段就需要初步确定，如果层数不确定，建筑各层平面就无法布置，剖面、立面高度也无法确定。

建筑层数类型有低层、多层、高层之分。

一、影响建筑层数的因素

（一）建筑使用要求

由于建筑用途不同，使用对象不同，往往对建筑层数有不同要求。如医院门诊部、幼儿园、疗养院、养老院等建筑物，因使用者活动不便，且要求与户外联系紧密，因此，建筑层数不应太多，一般以1～3层为宜。影剧院、体育馆、车站等建筑物，由于使用中有大量人流，考虑人流集散方便，也应以一层或低层为主。公用食堂在使用中有大量顾客，为了就餐方便，便于排除油烟，便于供煤和清理垃圾，单独建设时，宜建成低层。对于中小学建筑，考虑到学生正在发育阶段，为了安全及保护青少年健康成长，小学建筑不宜超过三层，中学教学楼不宜超过四层。宾馆、贸易大厦等建筑，则由于人员活动相对独立、集中，区域活动性较强，又由于此类建筑多建造于市区繁华地段，土地造价极高，不宜在地面水平伸展，只能向高处垂直延伸，且经济实力较强的业主，为显示经济实力往往希望其建筑越高越大越好，同时在市繁华区，高度又有中心的导向性，良好的可视性和观赏性，所以常建为高层公共建筑。对于大量建设的住宅、宿舍、办公楼等建筑，因使用中无特殊要求，一般可建多层，某些公寓式建筑也常由于所在地点和允许占地面积受限，而建为高层建筑，并且设置电梯做垂直交通。就居住建筑来讲，由于人对自然的向往和室内外活动方便，居住建筑宜为1～2层最好。

（二）城市规划要求

位于城市干道、广场、道路交叉口的建筑，对城市面貌影响很大，城市规划中，往往对层数有严格的要求。例如位于天安门广场周围的建筑物，当决定其高度时，应考虑与天安门高度相协调。位于风景区的建筑，其体量和造型对周围景观有很大影响，为了保护风景区，使建筑与环境协调，一般不宜建造体量大、层数多的建筑物。建筑物之间还要满足日照间距的问题。

（三）建筑结构、材料对层数的影响

建筑结构类型和材料是影响房屋层数的主要因素表1-3-1。如一般砖混结构的建筑，由于墙身自重大墙体强度较钢筋混凝土强度低，整体性差，常用于建造7层及7层以下的大量性民用建筑。如多层住宅、中小学教学楼、办公楼建筑和医院建筑等等。8层以上的高层建筑，由于自身的垂直荷载较大，又受到水平风荷载及地震荷载的影响，要求建筑物既要有足够的强度，又要有较大的刚度和稳定性。一般较薄的砖墙已不能满足强度要求，要么再加大墙身厚度，减少使用面积，要么采用钢筋混凝土墙柱。由于高层和超高层建筑的出现，也就出现了相应的结构形式，如钢筋混凝土的框架结构、框架剪力墙结构及筒体结构等。目前世界各国建造的高层宾馆、高层办公楼、高层住宅等都是采用这些结构类型，而建筑材料又都是钢及钢筋混凝土。

表1-3-1 钢筋混凝土结构体系的许可高度(m)

结构体系		设计列度		
		7°	8°	9°
框架	现浇	50	40	
	装配	35	25	
剪力墙	无框支	140	110	70
	有框支	100	80	50
框架-剪力墙		120	90	50
筒体	单筒	120	90	50
	筒中筒、多筒	150	120	70

钢及钢筋混凝土这种材料以及由这些材料构成的结构类型不仅解决了高层建筑的结构体系和建筑材料，同时也突破了难以解决的大空间、大跨度的难题。悬索结构和空间网架声体、

折板结构等是大空间、大跨度屋盖的主要结构体系,这种结构体系适用于单层、低层大跨度建筑,如影剧院、体育馆等。

综上所述,在确定房屋层数时,要综合考虑各方面的影响因素,满足建筑物的使用要求,确定经济、合理、安全、可靠的结构类型及层数。

(四)防火要求

房屋的耐火等级不同,允许建造的层数不同。当建筑物耐火等级为一、二级时,建筑层数不限;三级时,最多允许建5层;四级时,仅允许建2层。

(五)经济条件

建筑层数直接影响到建筑造价。大量性民用建筑,如住宅,在多层建筑范围内,增加房屋层数,可以降低造价。以砖混结构为例,在建筑平面不变的情况下,占地面积不变,随着层数的增加,建筑面积将成倍地增加,而土地、基础、屋盖等的费用相对减少,单方造价就明显降低。如以6层时的直接造价作为100%,5层则为101%,4层为102%,3层为106%,2层为110%。原因是5层、6层建筑的基础及屋面工程一般均小。但到了一定层数以上,由于荷载较大,结构的受力发生很大变化,设备要求也提高了,建筑材料用量增多,层数的增加使建筑单方造价明显上升。一般砖混结构建造3~6层比较经济。

多层建筑与高层建筑相比,12层中等标准的住宅建筑,单方造价约比5层、6层高出一倍,钢材、水泥用量约增加一倍半,这是因为高层建筑的结构费用和电梯、供水加压等设备费用均比多层砖混结构房屋高得多。

以上分析表明,5层、6层砖混结构的房屋造价是比较经济的。但对建筑经济问题,应考虑综合经济效果,即除房屋本身造价外,尚需考虑征地、搬迁、小区建设及市政设施等投资费用。综合考虑以上费用,即可推断出10~12层住宅也是比较经济合理的层数。

(六)节约土地

建筑层数与节约土地的关系密切。据武汉调查资料,建平房时,每公顷土地仅能建4400 m^2 建筑面积的房屋,如建5层住宅楼,可达13000 m^2。这说明,当建筑面积相等时,单层住宅占地面积要比5层住宅约多两倍。可见增加层数是减少建筑用地面积的主要途径。为了节约土地,建筑顶层采用北侧退台的办法,能收到增加层数与建筑面积的效果,而日照间距不增加,从而更节约土地。

二、建筑层数的确定

以上阐明的影响层数的因素不都是等同的,具体确定建筑层数时,应根据实际情况进行分析。

当城市规划对建筑层数有明确要求时,要局部服从整体,按规划要求层数进行建设。如规划与使用要求有矛盾时,也应在符合城市规划要求的前提下,或另行选址,或几个单位合建,或削减层数。

当城市规划对建筑层数无特殊要求时,应以使用要求为主选择层数。一般情况下,当建设办公、住宅、宿舍等大量性建筑时,应以5层、6层为主。经济条件允许,或基地限制需向高空发展,也可建高层。

至于材料、结构技术条件及防火要求,可在满足使用与城市规划条件下,选择与层数相适应的结构形式与建筑耐火等级。

第三节　房屋各部分高度的确定

一、房间净高与楼层层高

房间各部分高度包括层高、净高、窗台高度、室内外地面高差和建筑总高度。房间净高是指首层室内地面或楼面到顶棚突出物下表面之间的垂直距离。如果房间顶棚下有暴露的大梁，则净高应算至梁底面。楼层层高是指首层室内地面或楼面到相邻上一层楼面之间的垂直距离。顶层层高是指首层室内地面或楼面到屋顶结构层上表面之间的距离（平屋顶）；或到屋顶结构支承点之间的距离（坡屋顶），如图 1-3-7 所示。

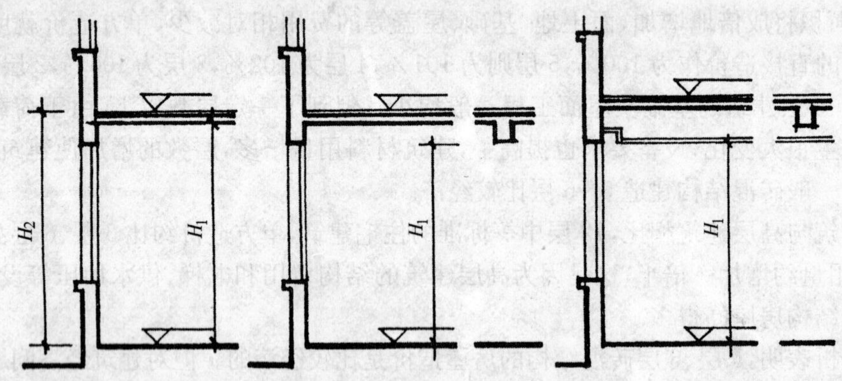

图 1-3-7　建筑的层高与净高

H_1：净高；H_2：层高

（一）影响建筑层高的因素

房间高度恰当与否直接影响房间的使用经济和空间效果，由于房间使用要求各不相同，面积大小各异，因而对房间的高度要求也不一样，影响房间的高度因素很多，但主要有以下几个方面：

1. 室内使用性质和活动特点及家具设备

房间的使用活动和家具设备，房间高度与人体高度有很大关系，从人体活动和家具设备在高度方向的布置考虑，净高 2.4 m 已能满足正常的使用要求。通常房间设计的最小高度，可考虑人进入室内举手不致触到顶棚为宜，故房间净高不宜低于 2.2 m，如图 1-3-8。

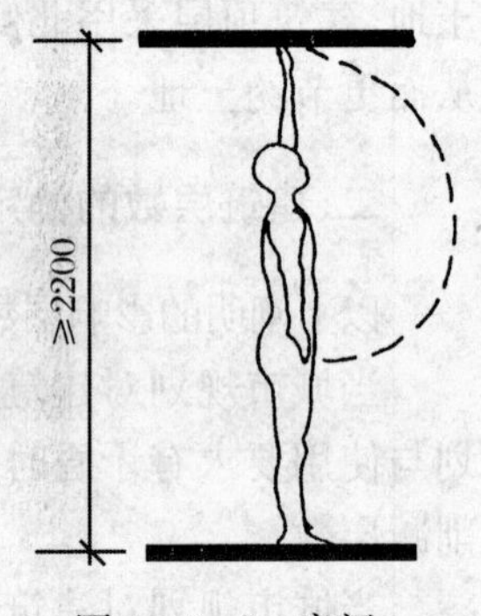

图 1-3-8　房间最小净高（mm）

集体宿舍由于居住人数较多，净高可适当加大。特别是当设双层床时，为了保证上、下铺居住者的正常活动需要，屋高≮3.6 m，净高≮3.4 m。

有的房间高度主要受室内设备高度的影响，因使用需要，常在房间顶棚上设置某些设备，如吊灯、手术室的无影灯、剧院舞台的顶棚及天桥等。确定这些房间高度尺寸，应考虑到设备所占尺寸。

如游泳池比赛厅的高度，主要决定于跳台高度。其他如锅炉房、电影院（取决于银幕高度）等，有时为了节约空间，只在房间安放设备的部位，局部提高建筑层高以满足设备需要，而其他部分仍按一般要求处理。把顶棚做成斜顶棚以减少不必要的空间损失。

此外一些室内容纳人数较多的公共用房的高度还受卫生要求的影响，如中小学的教室按卫生标准规定，每个学生的气容量应为 3～5 m^3/人。教室面积一定，教室净高不能低于卫生标准要求的气容量值。

对于影剧院观众厅，决定其净高时考虑的因素比较多，涉及到观众厅容纳人数的多少及视线、音响等要求，另外由于房间体积的大小，对房间的音质设计影响很大，因此要确保音质要求的房间，如电影院、歌剧院、音乐厅等有一个合理的容积，以达到较为理想的音质效果(图 1-3-9)。

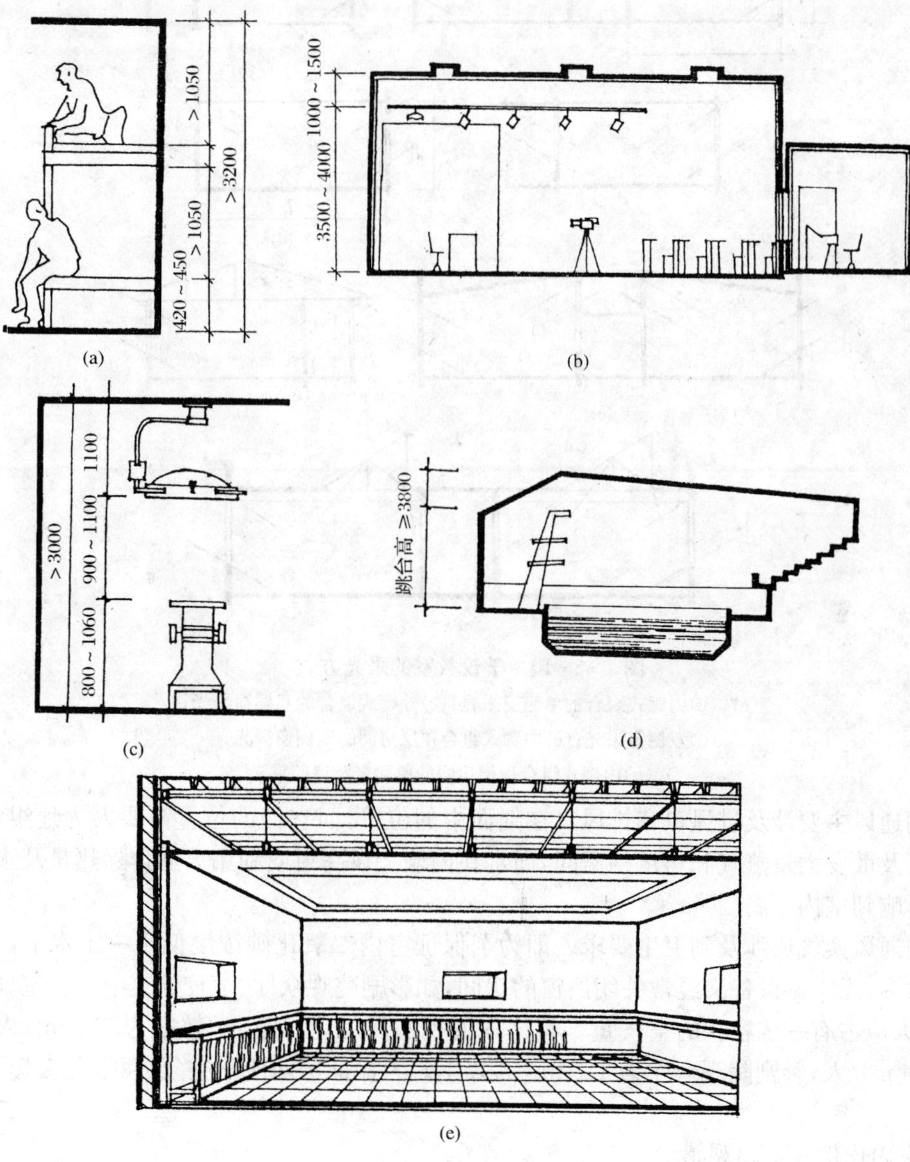

图 1-3-9　房间的使用活动及家具设备对净高的影响(mm)

(a)宿舍；(b)多媒体演播室；(c)手术室；(d)游泳馆；(e)恒温恒湿实验室

2. 采光、通风等卫生要求

室内天然采光度是否均匀，除与窗平面位置有关，窗开启的高度影响也很大。如图1-3-10所示，为了保证室内具有适宜的天然光线，侧窗的面积应满足采光要求。理论和实践证明，当窗户面积不变时，侧窗上缘的高度越高，对室内远窗点的采光越有利。为了室内采光均匀需要，窗的上口有一定的高度，一般宜大于房间进深的一半。因此，房间进深越大，为保证采光要求，窗高相应需作得越高些，室内净高也应增大。

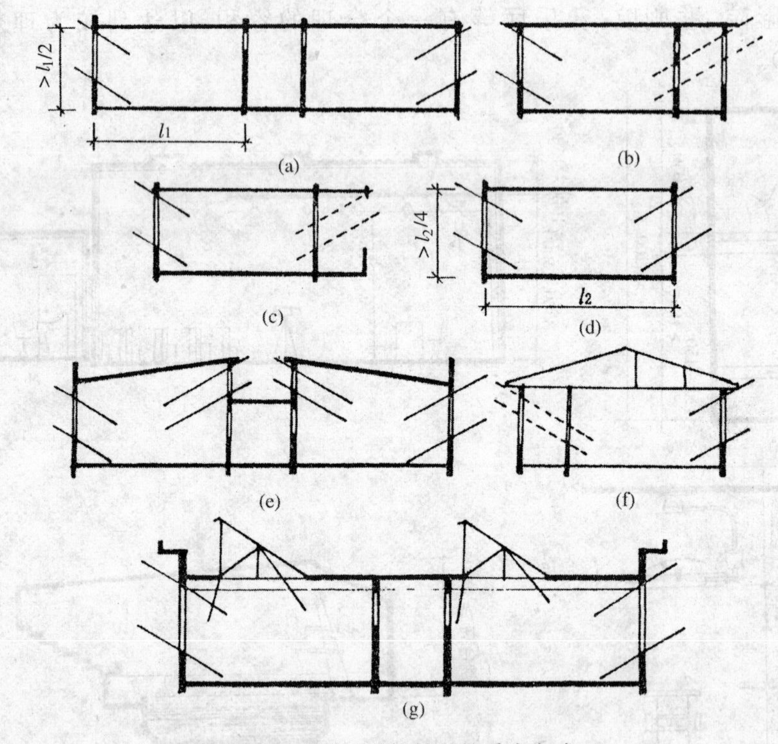

图1-3-10　学校教室的采光方式

(a)、(b)内廊式组合的单侧窗采光；(c)外廊式组合的双侧窗采光；

(d)双侧窗采光；(e)中廊式组合顶层房间的双侧窗采光；

(f)、(g)内廊式组合顶层房间的单侧窗及顶部采光

房间通风主要涉及进风口和排风口在剖面中的位置，而它们的位置需要人为地组织。在湿热地区及散发大量蒸气和热量的房间，通常在内墙上设高窗或利用天窗排除热量及水蒸气，这样会影响到室内净高。

室内通风换气还涉及到卫生要求。即为了保证室内二氧化碳浓度低于一定水平，对一些使用人数多、无空调设备又经常关闭门窗的房间，如影剧院观众厅、学校建筑中的教室、电化教室等，每人应占有一定容积的空气量。具体取值视房间用途，如小学教室为3.5 m^3/人，中学为3.5～4 m^3/人，影剧院观众厅为4.5 m^3/人以上。为保证房间所需空气容积，也会影响到室内净高。

3. 室内比例及空间观感

房间的空间高度，除受功能使用要求约束之外，还要注意空间高度对人所产生的精神感受。如住宅居室空间过高过大，就不能给人以亲切、宁静的感觉；对于一些公共用房如果空间

高度过低，就会使人感到压抑。如何选择一个恰当的空间高度，既能满足使用功能需要，又能使空间尺度比例协调，给人们美的感受，是室内空间设计的一个主要问题。

一般说来，当空间高度一定，房间面积过大，房间就显得低矮，反之当房间面积一定，空间高度过高，房间就会显得狭小，所以应使其保持一个合适的比例，即其高宽比（高跨比）为(1∶1)～(1∶3)为好。当然对于一些纪念性建筑和宗教建筑，如纪念堂、大会堂、教室等，为了使人感到雄伟庄严、振奋、自豪而有意加大空间高度者例外。相反为了显示其亲切、开阔、博大、宁静，又应使空间高度降低(图1-3-11)。

(a)

(b)

图1-3-11　空间的比例不同给人以不同的感受

(a)高而较窄的空间比例；(b)宽而较矮的空间比例

总之，我们可以在满足使用功能的前提下，利用变换空间尺度、比例给人以不同的视觉感受来创造出各类不同个性的室内空间，以满足人们精神功能的需要。

(二)层高的确定

层高是剖面设计的重要数据，是工程常用的控制尺寸。确定层高时，除考虑室内净高与楼板结构构造尺寸外，必须使层高符合建筑模数，并注意力求节约。

层高的模数数值是在大量的民用建筑中，当层高在4.2 m以内时，可用100 mm作级差；当层高大于等于4.2 m时，则按300 mm作级差。

为了力求节约，在满足使用、采光通风、室内观感和模数制的前提下，应尽可能地降低层高。这是因为层高对建筑造价及节约用地影响较大。一般住宅层高每减少100 mm，土建投资可节约1%左右。层高降低又导致建筑总高度降低，从而可缩小建筑间距、节约土地。此外，层高降低还能减轻建筑物的自重，减少围护结构面积，节约材料，有利于结构受力，并能降低能耗。

一般的民用建筑的层高取值：住宅为2.7～2.8 m；宿舍为2.7～2.8 m(单层床时)和3.3～3.6 m(双层床时)；中学教室取3.6～3.9 m，小学教室取3.3～3.6 m；中小学行政办公用房为3.0 m，一般办公室取3.0～3.6 m。

二、建筑各部分标高的确定

(一)室内外地面的高差

为了防止室外雨水流入室内,防止建筑物因沉降而使室内地面标高过低,为了满足建筑使用及增强建筑美观要求,室内外地面应有一定高差。

室内外地面高差要适当,高差过小难以保证基本要求,高差过大又会增加建筑高度和土方工程量。对于大量的民用建筑,室内外高差常取 450～600 mm。对于影剧院的观众厅,为了满足视线要求,地面应有一定坡度,这就导致入口门厅处的地面与室外地面高差加大。在纪念性及大型公共建筑中,从建筑造型考虑,常加大室内外高差,增多室外的踏步,以获得庄重、宏伟的效果。

(二)窗台高度的确定

室内采光能否均匀与窗的竖向位置有很大关系,为了确保靠窗布置的桌子表面能有充足的光线,不能把窗台做的过高,一般窗台宜高出桌面 100～150 mm,因此室内窗台高度由房间用途及立面需要确定。一般民用建筑中生活、学习或办公用房,窗台高度宜采用 900 mm,这样的尺寸和桌子的高度(约 780 mm)、人坐着时的视平线高度(约1200 mm)配合的比较恰当。幼儿园建筑中,为了幼儿观看室外方便,活动室窗台常取 600～700 mm。对疗养类和风景区的一些建筑物,为了室内阳光充足或为了扩大视野,便于观察室外景色,常降低窗台高度以至于做成落地窗。展览建筑,由于室内墙面要布置展品,常将窗台提高到1800 mm 以上,形成了高侧窗,这样对展品的采光有利并避免炫光。商店建筑若临外墙周边布置货架,窗台高也应在1800 mm 以上。以上由房间用途确定的窗台高度,如与立面处理矛盾时,可根据立面需要,对窗台高度做适当调整。

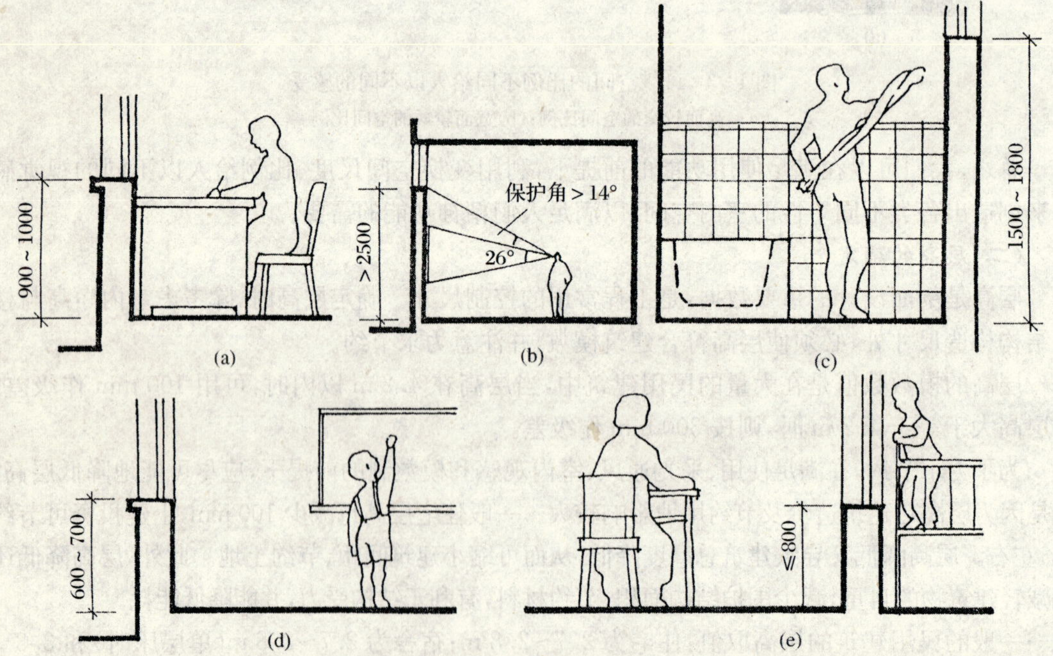

图 1-3-12　窗台的高度(mm)

(a)一般民用建筑;(b)展览馆陈列室;(c)卫生间;(d)托儿所、幼儿园;(e)儿童病房窗的上口高度与房间进深大小有关，窗上口距楼地面的距离为进深的一半，这样才能保证室内远离窗的地方有充足的光线。当房间进深(跨度)过大，如食堂饭厅、大会议室等，为使厅、堂高度不超出合适范围，当房间进深大于 8 m 时最好采用双面采光，一方面高度仅为进深的 1/4；另一方面，双面采光照度比单面采光照度均匀(图 1-3-12)。

第四节　建筑空间组合

建筑空间组合是在平面组合的基础上进行的，它的主要任务是根据房屋在空间的使用特征与建筑造型的需要，重点考虑层高、层数及在高度方向的安排方式。因此，建筑空间组合是平面组合在高度方向的具体实施，是对平面设计中两度空间的补充和继续深入。空间组合中，主要房间的层高是影响建筑高度的主要因素，为保证使用、结构合理、构造简单，应结合建筑规模、建筑层数、用地条件和建筑造型，进行妥善地处理。

一、单层建筑的空间组合

(一)层高相同或相近的单层建筑空间组合

层高相同的单层建筑要做等高处理。层高相近的单层建筑，因层高高差小，通常为简化结构、构造和便于施工，可按主要房间需要高度确定该建筑高度，从而也形成为等高的单层建筑。

(二)层高差别大的单层建筑

对于层高差别较大的单层建筑，为避免等高处理后造成浪费，可按具体情况进行不同的空间组合。

按实际需要高度形成不等高组合时，当建筑物各组成部分高差较大时，可按各部分实际需要的高度设置，形成不等高的剖面形式(图 1-3-13)。

对于平面设计中采用大厅式组合的建筑，如影剧院等，因主要房间与其他辅助用房高差较大，按其平面组合形式，可将辅助用房毗连层高要求较大的主要房间周围，这样既可满足主要房间的高度要求，又方便使用，但必须妥善解决大厅的通风、采光和交通疏散问题(图 1-3-14、图 1-3-15)。

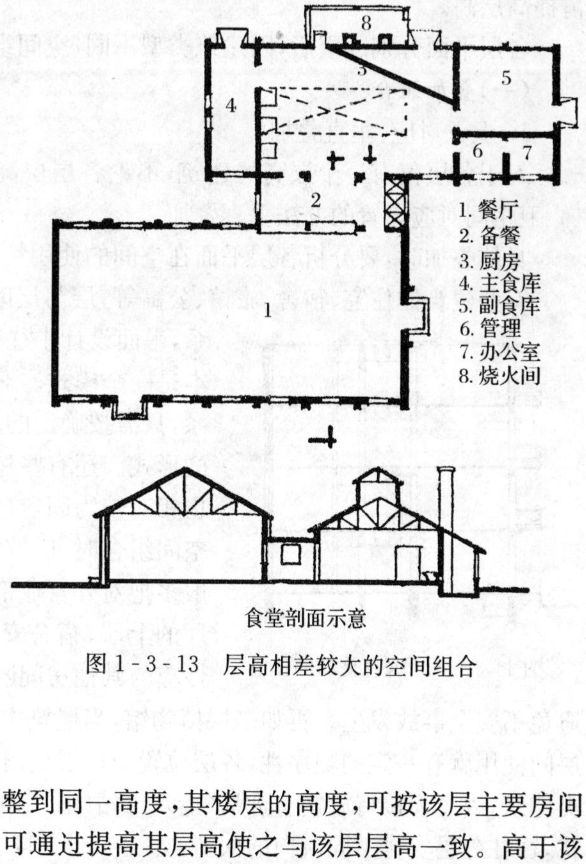

1. 餐厅
2. 备餐
3. 厨房
4. 主食库
5. 副食库
6. 管理
7. 办公室
8. 烧火间

食堂剖面示意

图 1-3-13　层高相差较大的空间组合

二、多层建筑物的空间组合

多层建筑物的空间组合，首先是把各个体部中的同一层平面所有房间的层高，调整到同一高度，其楼层的高度，可按该层主要房间需要高度确定。低于该层层高的辅助房间，可通过提高其层高使之与该层层高一致。高于该

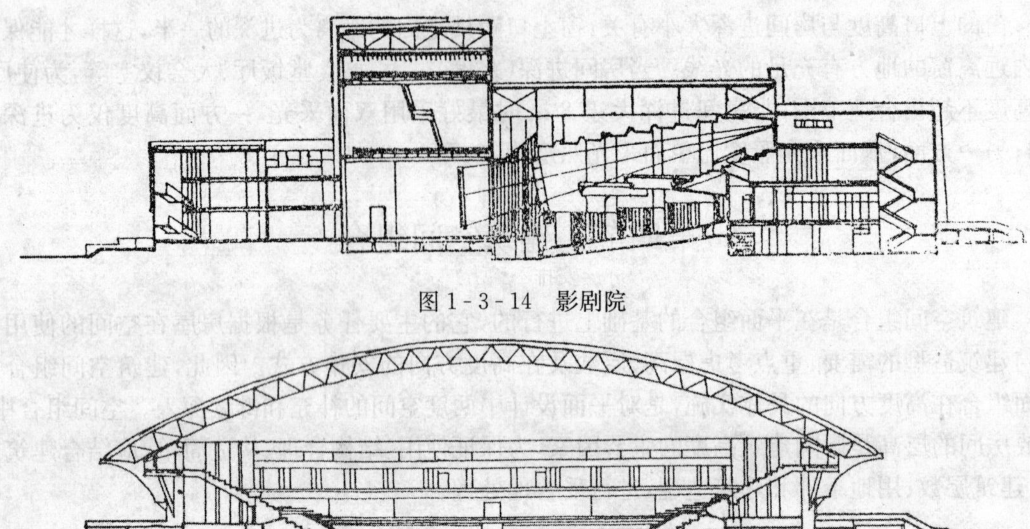

图 1-3-14　影剧院

图 1-3-15　体育馆

层高的房间，一般都在平面设计中作了调整。有些单独成为单层体部，并与多层毗连，形成单层与多层组合的剖面形式，有些可设于顶层，按其需要层高处理。对于必须设于同层的，可酌情提高层高。

各层平面分别成层后，因建筑类型不同，空间组合的方式也不一样。

(一)叠加组合

1. 上下对应，垂直叠加

对于各层仅有一个层高的建筑，不论各层层高是否相等，均可采用上下房间、纵横墙、楼梯、卫生间对应布置的办法垂直叠加。

具体叠加时，要分析各层平面在空间的使用特征。

有些建筑如住宅、宿舍、旅馆、公寓等，层与层间没有使用先后顺序要求，各层间是并列关系，平面设计中往往用标准层来代替中间层以上各层，各层基本是一个模式。对这种建筑，各层的位置没有严格的顺序关系，只需按确定的层数，垂直叠加即可形成如图 1-3-16 所示的形式。还有些建筑，层与层间的关系比较严谨，各层的位置也相对较为固定，如商店建筑，因使用上有对外、对内两部分，空间组合时，应按内、外有别的要求，合理安排建筑层次。一般多把对外营业部分设于下层，仓库设于地下室或紧靠营业厅的上层，宿舍安排在顶层，而且从垂直交通方面考虑，营业厅应与其他房间隔离，楼梯等垂直交通亦应与营业厅隔离，以避免不安全事故发生。再如多层博物馆，当展览内容在一层安排不完时，为了连贯展出内容，层间使用就有一定的顺序性，各层位置应以展出需要顺序依次叠加。还有车站、航空港等交通类建筑，因每天接待旅客有进站(港)、出站(港)、中转之分，为了减少旅客间不必要的交叉、干扰，往往分层安排不同流向的人流，如图 1-3-17 所示，层间叠加要适应空间使用中分层分流

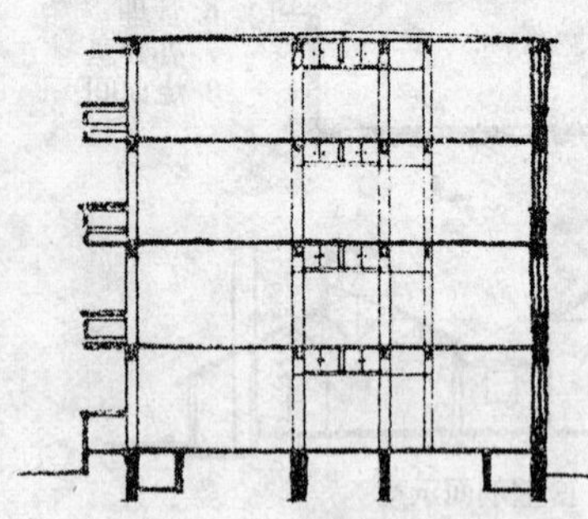

图 1-3-16　垂直叠加的住宅

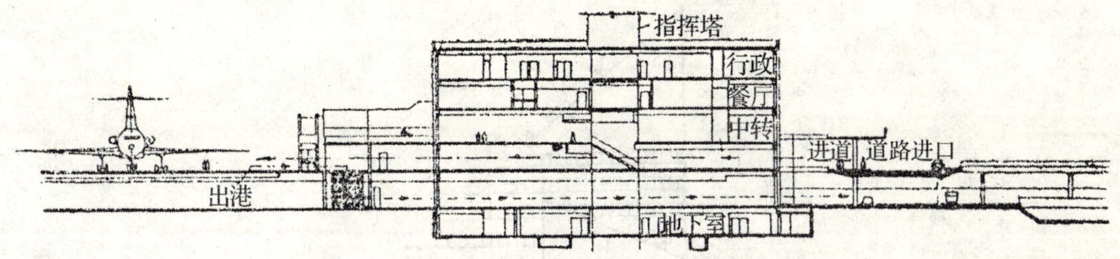

图 1-3-17　分层安排不同方向人流的某航空港

的安排。

2. 上下错位叠加

有些建筑或因造型需要，或适应坡地建设环境，或满足使用方面要求，建筑物各层采用上下错位叠加的办法，使建筑物获得较为丰富的建筑体型如图 1-3-18 所示，或使坡地得到了很好的利用，或为人们提供较大的使用平台，以满足居住者渴望得到楼层露天场地的要求，并为其提供休息、活动、眺望、日照、种植等条件。

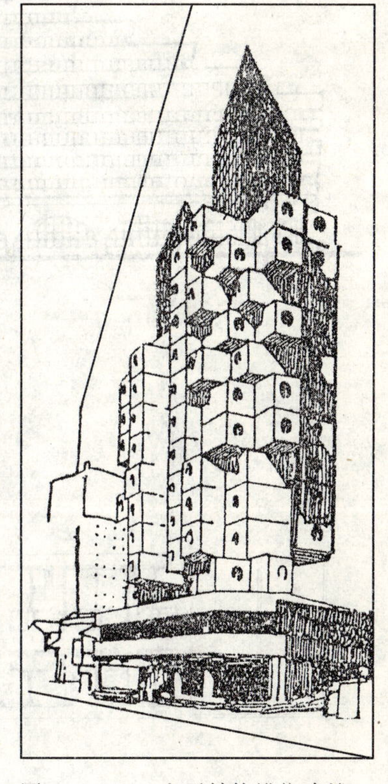

图 1-3-18　盒子结构错位建筑

错位叠加中，通常采用横向上下对应，纵向上下错位的布置，可获得台阶形图如图 1-3-19a 所示的“A”字形等建筑体型。也可采用纵向对应、横向错位的办法，可使建筑形成展翼而飞的三角形体型，如图 1-3-20(a)、图 1-3-20(b)所示，它是不同方向采用不同错位叠加的美国达拉斯市政厅。

需要注意的是：上下错位叠加应保证建筑物的平衡稳定、结构合理和有利于建筑采光通风。为此，采用悬挑的台阶形建筑，每次出挑应控制在 1.5 m 以内，而且叠加层数也不宜太多，如图 1-3-20 所示；采用“A”字形、山形、梯形等建筑体形时，当底层房间进深过大，则会影响中间房间的自然通风和采光。

(二)错层组合

当建筑物各组成部分在使用中联系紧密，而楼层高度不同或受地形条件限制时，为使建筑经济合理，可采用错层的办法进行组合。错层组合通常是在体部衔接处设置高差，并用以下办法处理。

1. 用踏步来解决错层层间高差

对于层间高差小、层数少的建筑，可在较低标高的走廊设少量踏步的办法来解决。如底层层高有高差，高差在 600 mm 以内，且上面各层层高均一致的建筑，其层间高差及累计高差均为 600 mm，可通过在二层以上走廊处设少量踏步来解决。对于中学教学楼，当教室与办公部分相连时，层间累计高差随层数的增多而变化，当办公部分层数为三层时，用踏步解决层间高差必须保证空间净高不小于2000 mm，为此可采用局部抬高办公部分屋面，在办公与教室走廊处分别设踏步或将二层做成同一标高等办法来解决层间高差，如图 1-3-21 所示。

2. 用楼梯来解决错层层间高差

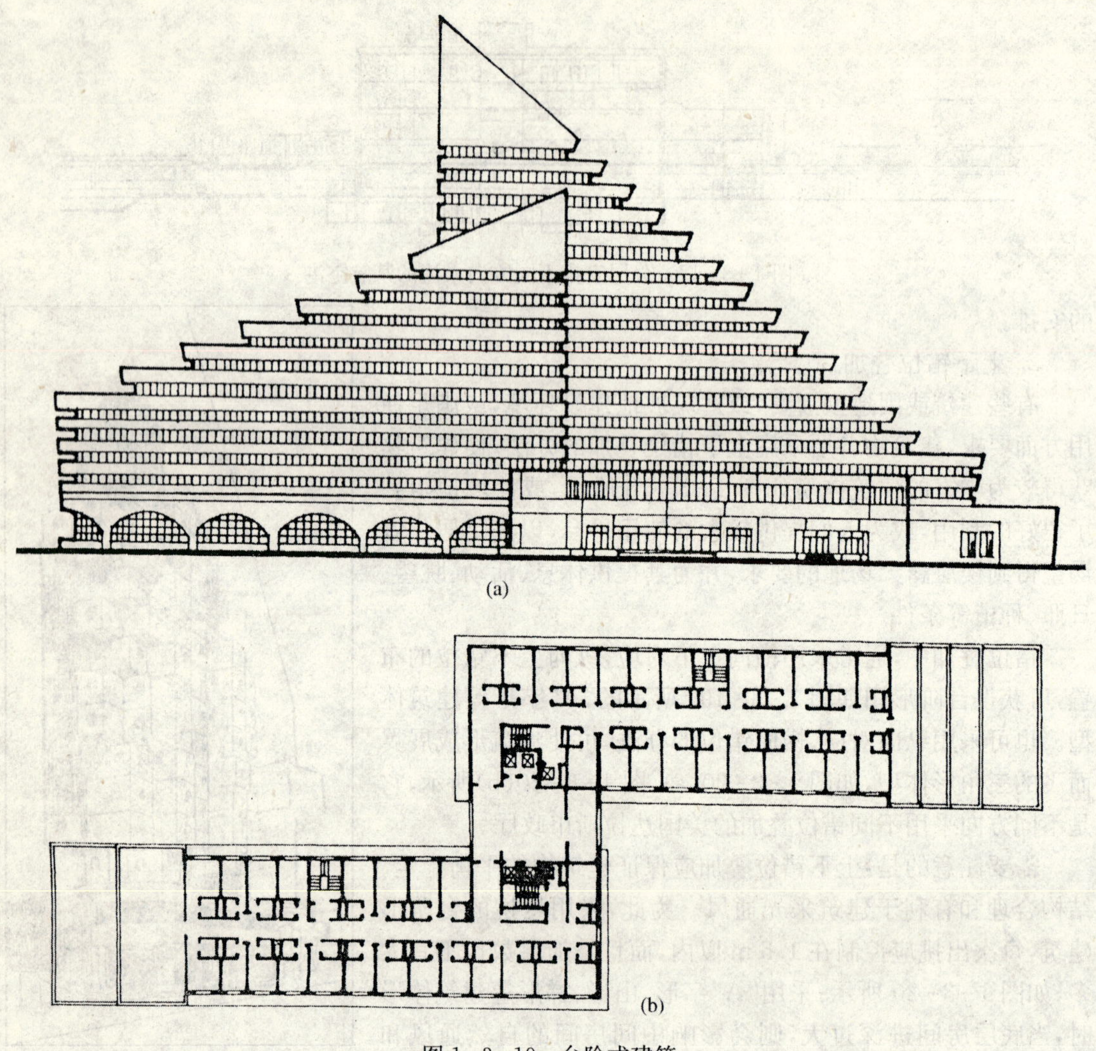

图 1-3-19　台阶式建筑

(a)立面；(b)平面

当层间高差与累计高差相同并为一固定值时，可用楼梯的两个平台分别连接不同标高的走廊来解决错层层间高差，形成跃半层或错几步的剖面形式(图 1-3-22)。当层间高差随着层数加多而增大时，同样可用楼梯来解决层间高差。此时，每跑踏步需作详细计算，使楼梯两个平台的标高分别与楼层的标高相适应。

3. 坡地建设中的高差处理

山地、丘陵地区处理高差的原则是：依山就势，适应地形标高变化；有利于结构安全稳定，尽量减少土石方量和方便使用。具体处理要随现场情况而定。一般情况多通过在室外设坡道、台阶来解决层间高差或地形高差(图 1-3-23)。

此外，有些建筑层数的划分因位置不同而有所不同，其空间特征是利用坡道或少量踏步形成的立体通道，使空间具有延续性、流动性；如古根海姆美术馆，通过逐层对应层层悬挑，使展室围绕中庭，沿螺旋形坡道，形成一个连续的参观路线(图 1-3-24)。

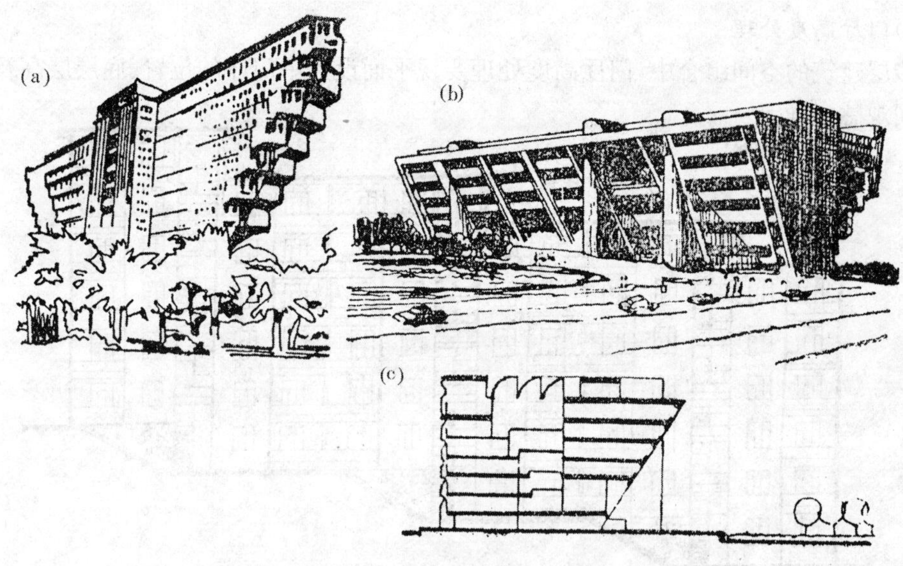

图 1-3-20　横向错位建筑

(a)突尼斯鸟翼旅馆；(b)美国达拉斯市政厅；(c)市政厅横剖面

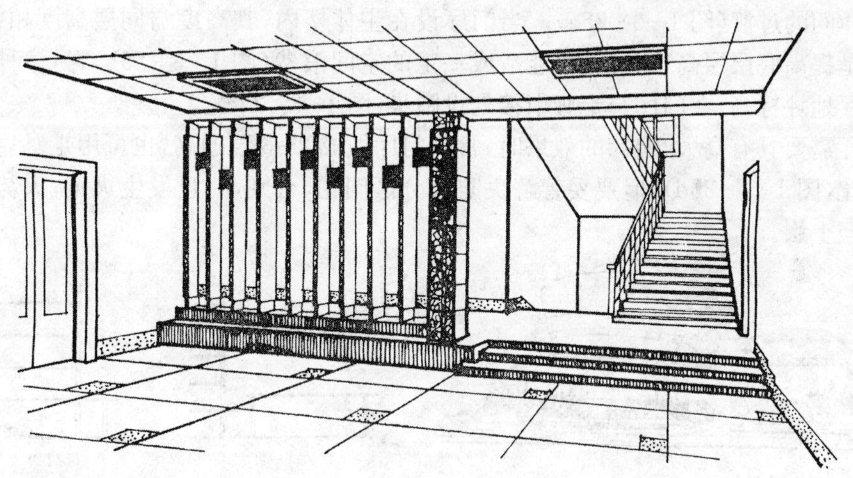

图 1-3-21　用踏步解决层间的高差

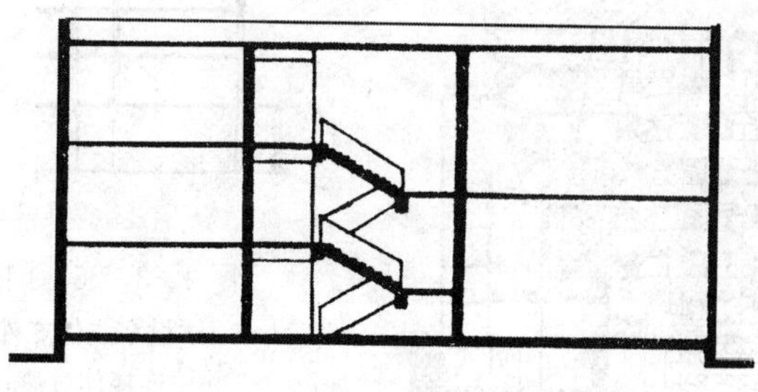

图 1-3-22　以楼梯间解决错层高差

(三)门厅高度处理

在多层建筑的空间组合中,门厅高度处理要视平面设计中门厅的位置、底层层高及门厅需要的空间观感来确定。

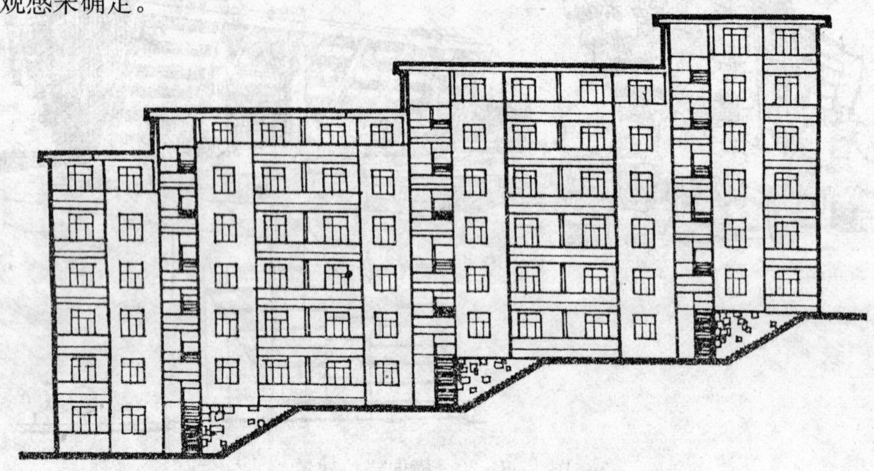

图 1-3-23 以室外台阶解决层间的高差和地形高差

当门厅设在主体之外,单独成一体部时,可按门厅需要高度确定其层高,并用连接体作为门厅与主体间的过渡(图 1-3-25a)。当门厅设在主体楼内,其高度与同层高度相差不大时,一种处理是提高底层层高,这样做可能造成一定的空间浪费(图 1-3-25b),另一种处理是局部降低门厅地坪标高,在门厅与走廊衔接处设踏步(图 1-3-25c)。

当门厅需要具有高大、宏伟的效果时,常将门厅做成 2~3 层通高,也可用走马廊使门厅形成空间对比(图 1-3-25d),但要妥善解决防火分区问题,否则,一旦发生火灾,火势将沿通高部分蔓延至上层。

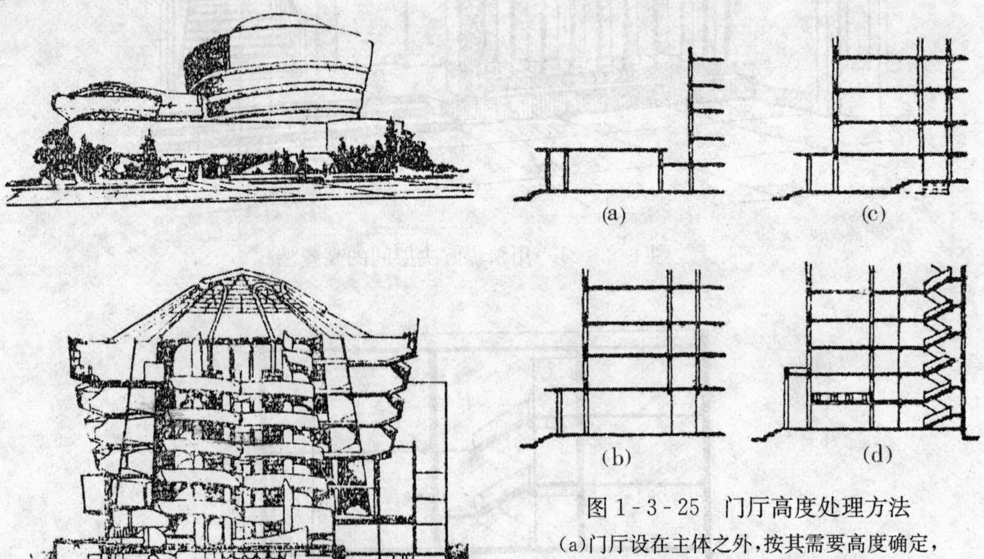

图 1-3-24 古根海姆美术馆

图 1-3-25 门厅高度处理方法

(a)门厅设在主体之外,按其需要高度确定,并用连接体过渡;(b)抬高底层层高
(c)降低门厅地坪标高;(d)做成二层通高

第五节　室内空间处理和空间利用

一、建筑室内空间处理

建筑室内空间由墙壁、顶棚、地面等构件围成。室内空间处理就是在满足物质功能和精神功能的前提下，对室内空间尺度、形状、内部装修、细部处理等通过人为地安排，形成一个较为理想舒适的供人们生活、工作、学习等需要的室内环境。

室内空间处理的内容很丰富，以下主要从改善空间观感为出发点，介绍一些常见的处理方法。其中一些内容已超出了剖面设计的范围，考虑到建筑空间的整体性，还是合并在一起讲述。

(一)二次划分空间，改变原有尺度

当室内空间的长、宽、高三个方向的尺度关系配合不当时，在空间观感方面会给人以压抑、拘谨等不舒服的感受。为了克服这种缺点，可对原有空间进行二次划分，以改变原有尺度。如对窄而高的空间，可采用加设吊顶的方法以降低房间高度(图 1-3-26)。

有些房间由于使用上兼有几种功能，如住宅中卧室兼起居室，需要有休息与起居活动两个功能；公共建筑中的门厅有交通活动及休息等候等使用要求。为了方便使用，使各部分功能分区合理，常使用隔断、部分隔墙(图 1-3-27)、博古架、家具等隔而不死的手段把不同的功能区域分隔成几个相对独立的部分，使空间适用、完整、丰富而有变化。图 1-3-28 是利用多用柜把居室分隔为起居室和卧室的具体处理实例。

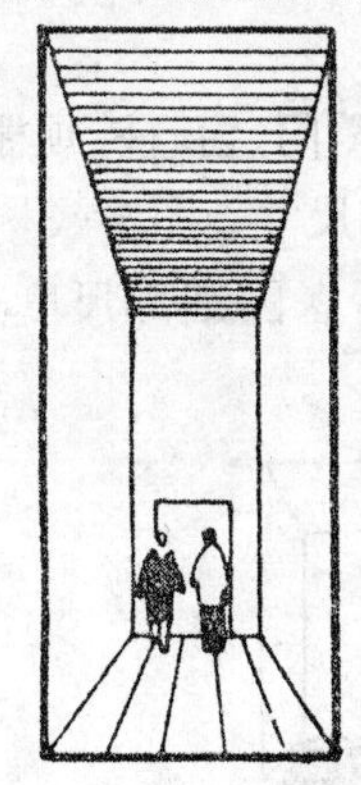

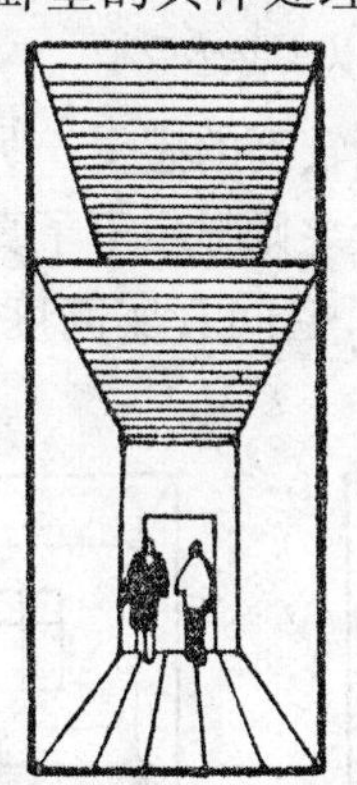

图 1-3-26　加吊顶可以改变窄而高的空间尺度和比例

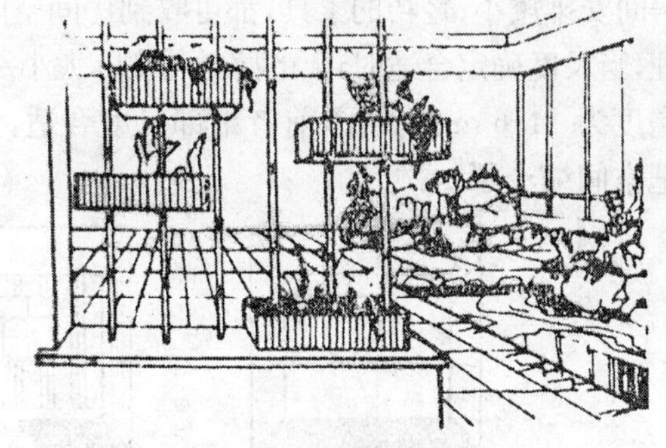

图 1-3-27　用隔断划分室内空间

(二)利用空间对比以改善感受

当室内空间面积大而层高低时，常利用对比手法，降低局部顶棚高度(图 1-3-29)或将顶棚做成高低错落，使需要表现的空间具有重点突出与主次分明的对比效果。

(三)恰当利用细部处理，使室内尺度合宜

由于使用及装修上的需要，室内需要做一定细部处理，而空间尺度给人的感受是否合适，还要看细部处理是否得当。如住宅墙面用踢脚线、墙裙、挂镜线等水平划分时，墙裙作得过高，就使房间感到矮小(图 1-3-30a)，反之，作竖向划分或适当降低踢脚线、窗台高度(图 1-3-30b、c)

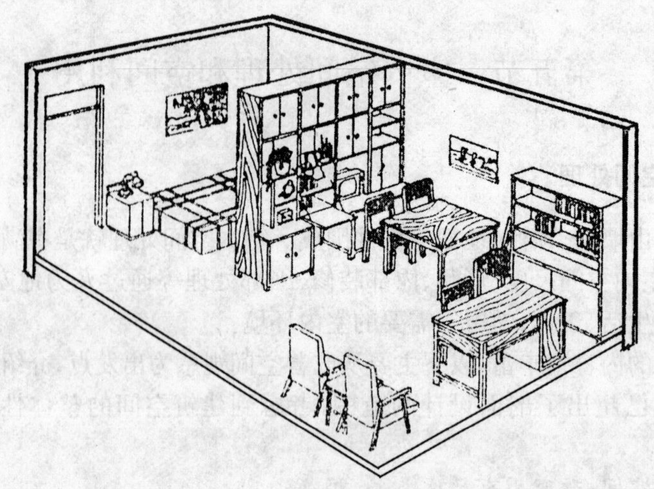

图 1-3-28　用家具分隔空间

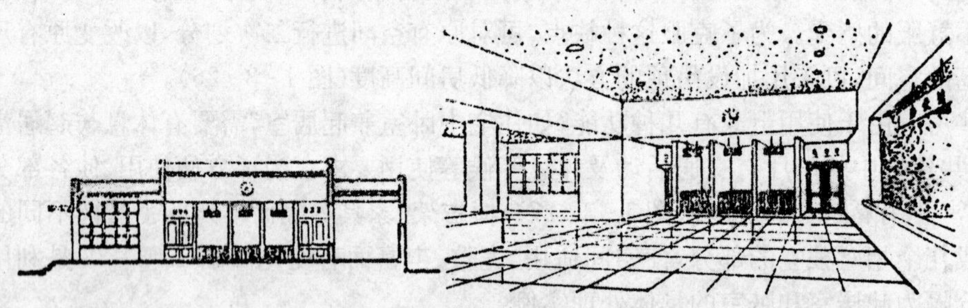

图 1-3-29　利用空间对比以改善感受

或在房间安排矮小、轻巧的家具，都可收到房间空间观感较高的感受。另外，门、窗、柱、顶棚等细部处理，当尺度确定合适时，人的感觉与实际大小一致，反之则显示不了真实尺寸。图 1-3-30d、e 都是高度为 14.6 m 的大厅，前者细部尺度合适，显示了空间真实高度，后者因细部尺度过大，等于把空间缩小了。

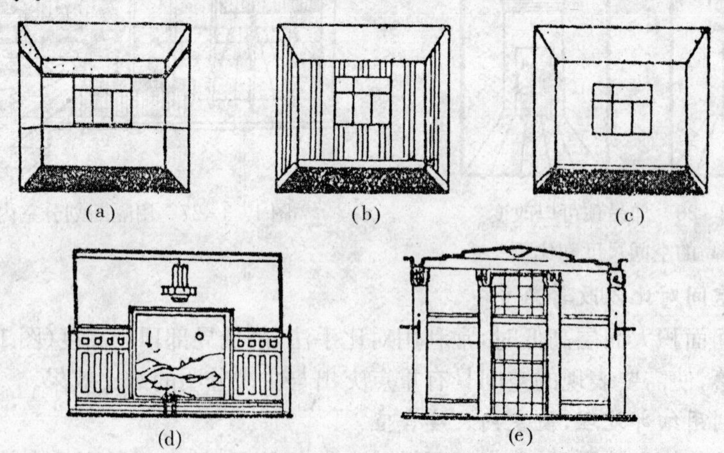

图 1-3-30　不同细部处理对空间高度感受的影响

二、建筑空间利用

建筑物内部局部空间利用是在建筑占地面积和平面布局基本不变的情况下，以少量投资，获得扩大房屋使用面积和充分发挥房屋投资效益的有效途径。

(一)房间内的空间利用

房间内可供利用的空间主要有位于房间上部的多余空间及部分结构空间。图 1-3-31 是住宅中利用居室或过道 2 m 以上净空吊柜的实例。图 1-3-32 是利用局部阳台作壁柜、利用墙体作壁龛和在住宅厨房中设搁板和储物柜的设置方式。图 1-3-33 是利用阅览室层高较高及书库层高较低的特点，在阅览室一侧设夹层书库的情况，它增加了书库的使用面积。

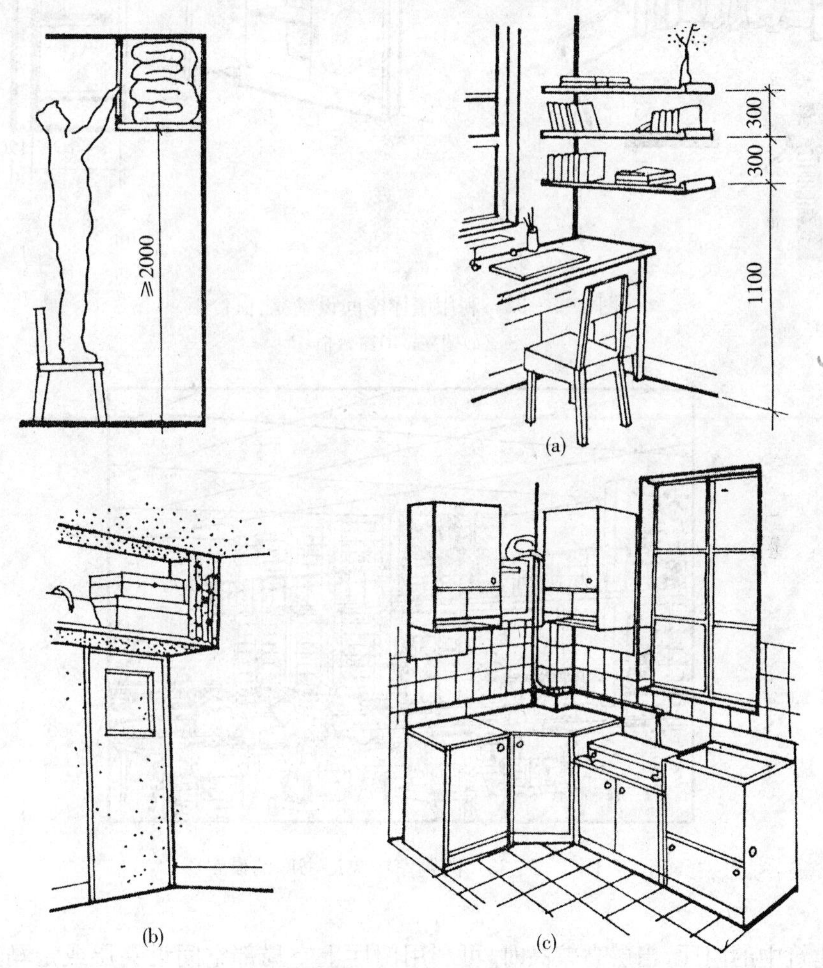

图 1-3-31　上空的利用

(a)居室设悬挑搁板；(b)居室设吊柜；(d)厨房设吊柜

(二)走廊、门厅和楼梯间空间利用

由于建筑整体布置需要，房屋中的走廊通常和层高要求较高的房间高度相同，为了隐藏管道及照明设备，常设置吊顶，这不仅有利于管线布置，而且改善了走廊观感，使走廊得到充分

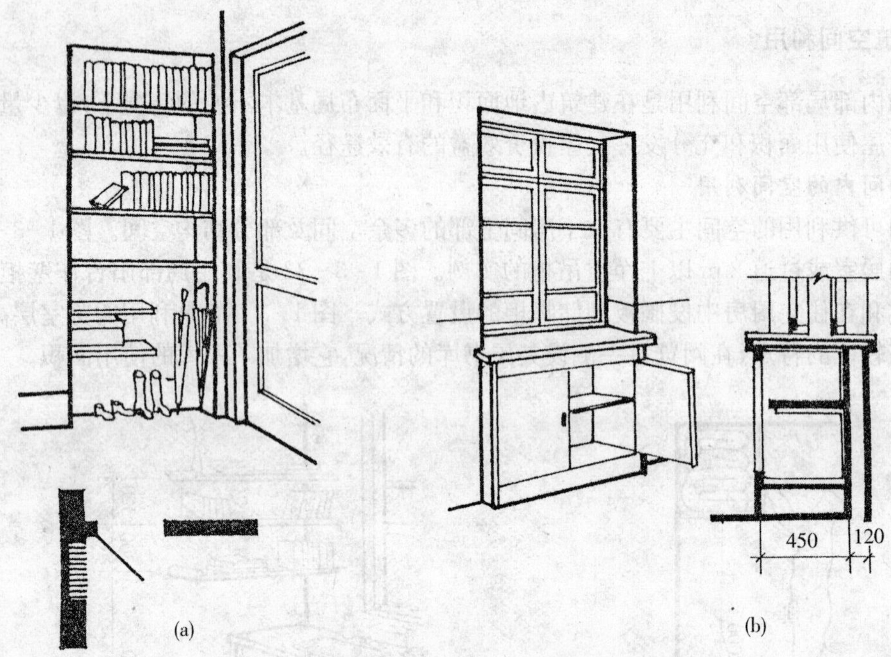

图 1-3-32　利用墙体空间设壁龛、窗台柜

(a)壁龛；(b)窗台柜

图 1-3-33　阅览室中央层书库的设置

利用。

公共建筑中的门厅，当层高较高时，可利用门厅上空局部空间设夹层或走马廊(图 1-3-34)，这样不仅改善了门厅观感，增加了空间层次，而且方便了使用，增加了门厅内休息及交通活动面积。

底层楼梯间平台下空间，具有相当的高度，稍作处理就是一个很好的储藏空间。楼梯间顶层中间休息平台上部一般有一层半的空间高度，加几块楼板和墙，也可以成为一个很好利用的空间(图 1-3-35)。但是，在利用楼梯间时，顶层休息平台以上空间作储藏室时，一定要保证

图 1-3-34　走马廊的利用

通行所需的净空高度。

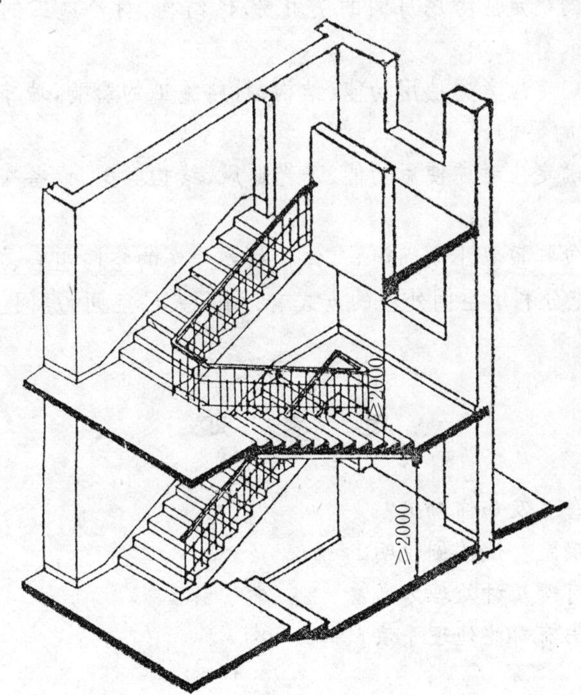

图 1-3-35　楼梯间平台下空间的利用

(三)看台下的空间利用

对于体育馆建筑,因观众厅看台下空间高大,应充分利用,以节约投资。利用方法是:把为观众厅服务的房间如小卖部、观众休息厅、厕所等和为比赛服务的内部用房如灯光控制室、运动员赛前活动室、体育器材储存等房间组织成几层,设在观众厅看台下部(图 1-3-36)。此处安排房间的层数要视看台下的空间高度和房间需要的层高来确定。具体安排时,应使休息厅及其他房间与大厅的通道等联系紧密,以便于交通疏散和方便使用。

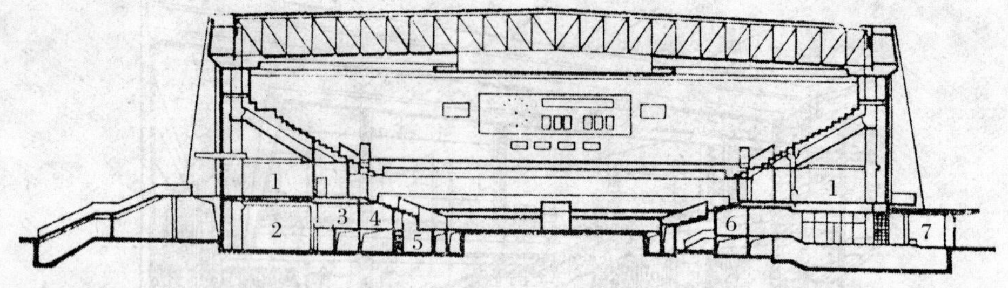

图 1-3-36　看台下的空间利用

1—观众休息厅；2—赛前活动室；3—走廊；4—裁判员休息
5—中央分线室；6—休息室；7—首长、贵宾入口

小　结

1. 房间剖面形状的确定应考虑房间的使用要求、结构、材料施工的影响及采光通风等因素的影响。

2. 建筑物层数的确定应考虑使用功能、结构、材料施工的影响，城市规划及基地环境的影响，建筑防火及经济等的要求。

3. 层高与净高的确定应考虑使用功能、采光通风、结构类型、设备布置、空间比例、经济等因素的影响。

4. 剖面空间组合包括重复小空间组合，体量相差悬殊的空间组合、综合性空间组合、错层式空间组合等方式。充分利用空间处理的方式有：利用夹层空间、房间上部空间、楼梯间及走道空间、墙体空间等。

思 考 题

1. 层高与净高的含义及如何确定？
2. 房间窗台如何确定？试举例说明。
3. 建筑空间组合有哪几种处理方式？
4. 建筑空间的利用有哪些处理手法？

第四章　建筑体型与立面设计

建筑体型及立面设计贯穿于整个建筑设计始终。建筑的外部形象既不是内部空间被动地直接反映，也不是简单地在形式上进行表面加工，更不是建筑设计完成后的外形处理。建筑体型及立面设计，是在内部空间及功能合理的基础上，在物质技术条件的制约下并考虑到其所处地位及环境的协调，对外部形象从总的体型到各个立面及细部，按照一定的美学规律加以处理，以求得完美的建筑形象，这就是建筑体型及立面设计的任务。

建筑以它的功能满足人们各种社会活动和使用需要，并以它的体型、立面及内外空间给人以精神上的各种不同感受。如住宅建筑通过它本身空间组合及窗户、阳台的成组排列和与人体相关的栏杆尺度，给人以亲切、朴素及简洁的感受(图 1-4-1)。人民大会堂以其宏大的规

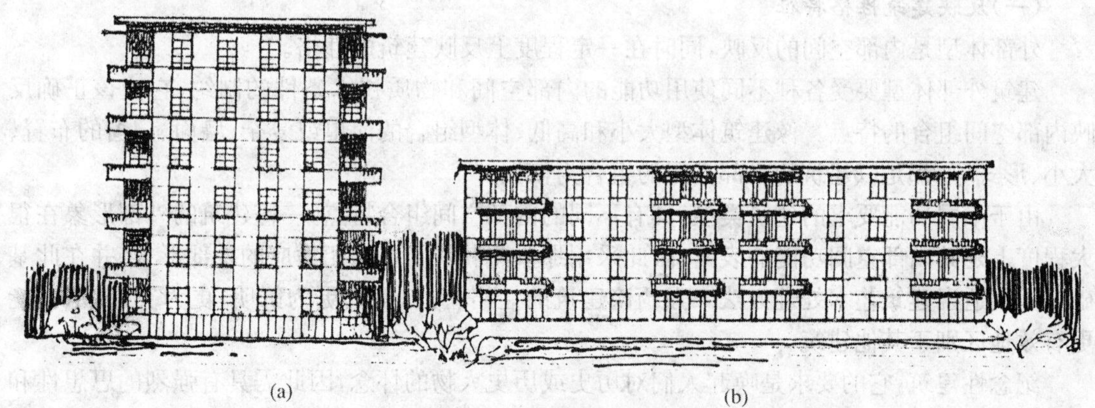

(a)　　(b)

图 1-4-1　住宅建筑

(a)点式住宅；(b)单元条式住宅

(a)　　(b)

图 1-4-2　园林建筑

(a)苏州拙政园小沧浪；(b)北京北海静心斋

模、完美的轮廓、高大的柱廊和精巧的细部处理，给人以庄严雄伟的感受。园林建筑又以其通透灵活的不同造型，使人们感到轻巧、活泼，心旷神怡(图1-4-2)。

各类建筑之所以能给人们不同的精神感受，主要取决于设计者的建筑艺术修养、艺术构思以及对物质手段的应用情况。其中包括对形式美的规律(如比例与尺度、均衡与稳定……)的应用，建筑与周围环境的配合与谐调，以及对材料、色彩、质感、光影和各种装修的巧妙处理的程度。

以上说明，建筑本身除了满足功能使用要求外，还要满足精神要求和建筑形象的美观要求。而建筑的美观问题，在一定程度上又反映了时代文化生活水平、民族特点、地区的自然条件、社会的精神面貌及经济基础等。

第一节　建筑体型及立面设计应遵循的原则

一、建筑体型及立面设计的影响因素

(一)反映建筑性格特征

外部体型是内部空间的反映，同时在一定程度上反映建筑的性格。

建筑外部体型要受各种不同使用功能的内部空间和物质技术条件的制约，它应该正确反映内部空间组合的特点。像建筑体型大小和高低、体型组合的简单或复杂、墙面、门窗的布置、大小、形式等，都是以建筑物内部空间的组合为依据。

由于不同功能要求的建筑类型，具有不同的内部空间组合特点，一幢建筑的外部形象在很大程度上是其内部空间功能的表露，因此采用那些与其功能要求相适应的外部形式，并在此基础上采用适当建筑艺术处理方法来强调该建筑的性格特征，使其更为鲜明、更为突出，从而能更有效地区别于其他建筑。

纪念性建筑，它的要求是唤起人们对历史或历史人物的怀念，因此需具有强烈的思想性和艺术感染力，它的性格特征是由设计者根据一定的表现意图赋予的。一般说来它的平面和体型应力求简单、严谨、厚重、稳固，以期形成庄严、雄伟、崇高、肃穆气氛(图1-4-3)。

园林建筑的房间组成和功能要求一般都比较简单，然而观赏方面的要求较高。它的空间、体型组合主要是出于观赏方面的考虑(图1-4-2)。

图1-4-3　纪念性建筑

近代国外建筑也有运用具体的象征手段来表现一定的艺术构思，并以此来突出建筑物的性格特征。例如纽约肯尼迪机场候机楼建筑（图 1-4-4），设计者使其外部形象表现为一只展翅欲飞的大鸟形式，这种体量虽然不是出自功能要求，但对表现航空港建筑的性格却十分贴切。

又如澳大利亚的悉尼歌剧院，建造在风光旖旎的悉尼班尼朗岛上，由于它的三组白色的尖拱形屋顶的覆盖，整个剧院像一艘迎风扬帆破浪前进的帆船（图 1-4-5）。它背弃了“形式因循功能”的准则，结构不合理，造价惊人，形式与内容不一致，但它充满浪漫色彩，富有诗意，是班尼朗岛这个特定环境下的杰出建筑艺术品。

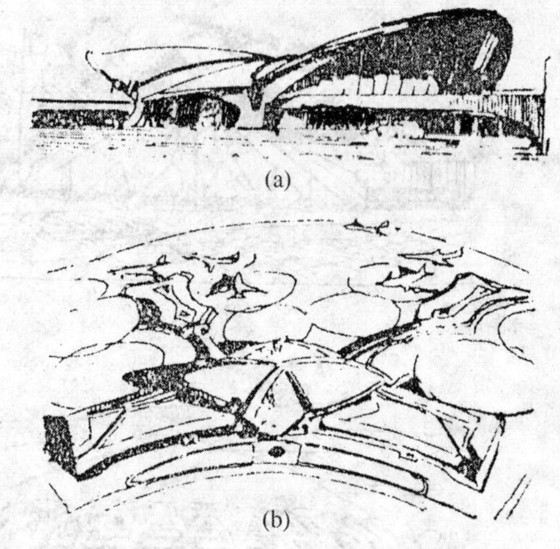
(a)
(b)

图 1-4-4　肯尼迪机场候机楼
(a)候机楼立面；(b)机场俯视图

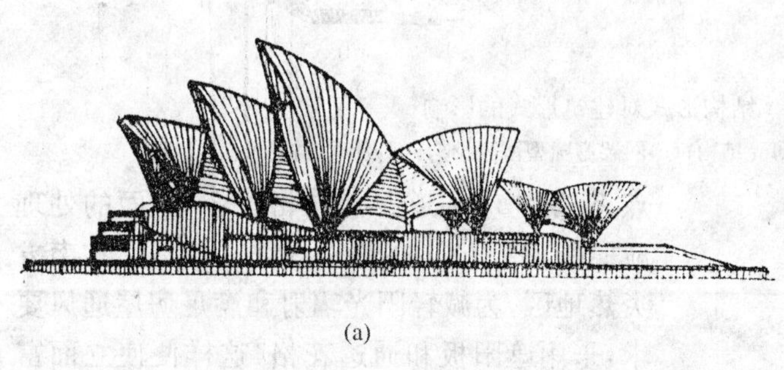
(a)

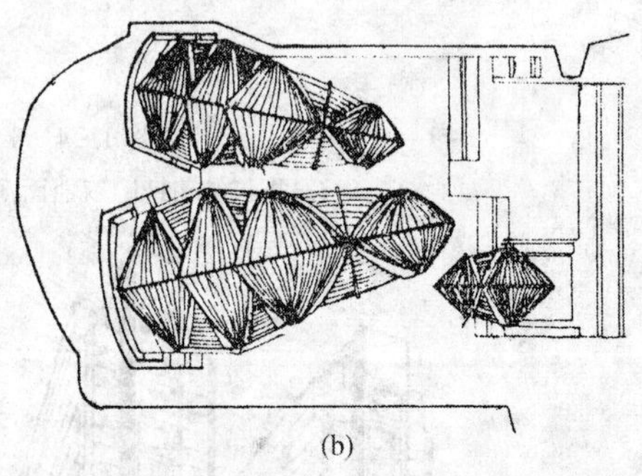
(b)

图 1-4-5　悉尼歌剧院
(a)西立面；(b)拱壳俯视图

(二)善于利用结构、施工技术的特点

建筑体型及立面设计必须与材料、结构、设备和施工等物质技术条件紧密结合。也只有通过上述手段才能构成建筑的内部空间和外部形体。

建筑物内部空间组合和外部体型的构成，要以一定的结构支承体系来实现，古今建筑无一例外。在现代建筑中随着科学技术的飞速发展，结构更是构成建筑体型、立面设计的重要支柱。凡属优秀的建筑作品，除了使用功能和建筑风格上的完美之外，也是合乎某种结构理论体系的必然结果。同样用途的房屋，由于结构形式不同，会产生不同的建筑风格（图 1-4-6），因此，在设计工作中，要善于利用结构本身具有的美学表现力这一因素，根据结构和材料的特点，因势利导地把结构形式与建筑造型有机地结合起来。

(三)适应基地环境和群体规划要求

任何建筑总是处于一定的外部空间（像街道、广场，庭院等）之中，而外部空间主要依靠每个建筑体型及建筑群的布局所形成。因此，建筑体型也不可避免地要受外部空间的制约。单体建筑是群体布局中的一个组成部分，其建筑体型、立面色彩、内外空间组合及建筑风格等要同周围建筑相协调，和规划中建筑群形成整体。建筑物所在地区的气候、地形、道路及原有建筑物以及绿化等基地环境，也是影响建筑体型和立面设计的重要因素。如建在城市道路交叉

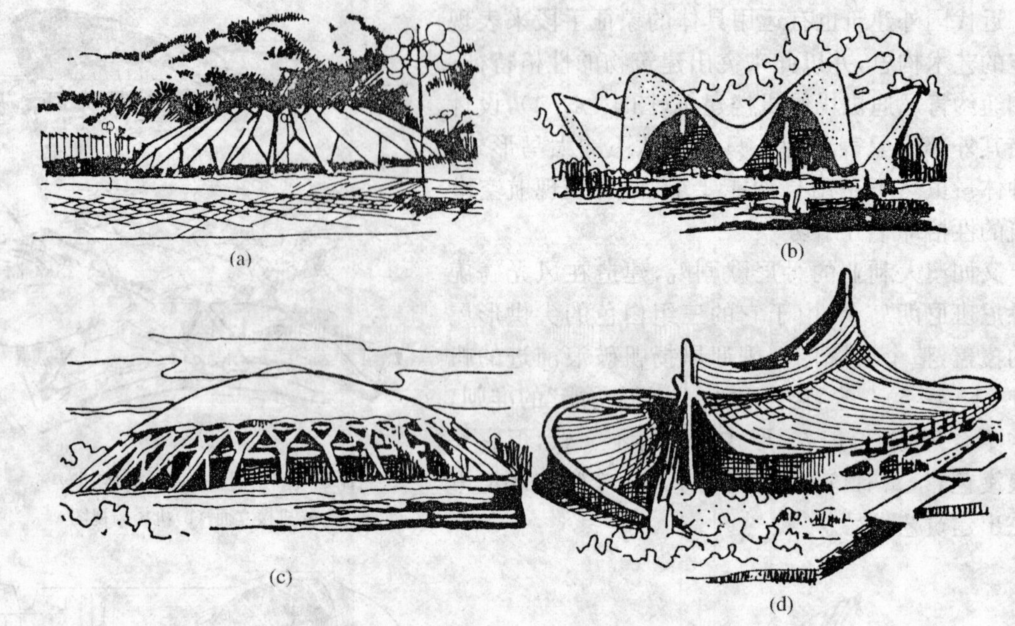

图 1-4-6　结构形式对建筑形式的影响

(a)折板结构；(b)双曲面薄壳结构；(c)网架穹隆型薄壳结构；(d)悬索结构

图 1-4-7　道路对建筑造型的影响

结合基地朝向，采用建筑端部朝外的布置方式，保证了办公楼有良好的通风和朝向，并打破了街道一侧屏风式的处理手法，建筑物高低错落，丰富了城市的面貌

点，建筑物应和道路走向相配合，立面的处理应照顾几个方向的观感(图 1-4-7)。在南方炎热地区，为减轻阳光辐射和满足房屋通风要求，采用遮阳板和通透花格，这样便使立面富有节奏感和通透感(图 1-4-8)；在山区或丘陵地区，常因地形的高差采用错层，从而产生多变的体型；在风景区，建筑体型和立面应同周围建筑景物相协调，不应破坏风景区景色。在建筑群中既要使每一单纯建筑具有不同的性格特征，又要使所有建筑共同地体现出一种共性特征。

(四)符合建筑美学原则

在建筑体型及立面设计中，一定要遵循美学规律和有关构图法则。绘画是通过颜色和线条来表现形象；音乐形象是通过音阶和旋律形成；而建筑则是通过建筑空间和实体所表现出的形状、大小的不同变化，线条和形体的不同组合，各种材料的不同色泽和质感以及建筑空间实体起伏凹凸形成的光影、阴暗、虚实变化等综合地形成艺术感染力。如何巧妙地运用这些构成建筑形象的基本要素来创造完美的建筑形象，就必须遵循建筑美学的一些构图法则。

建筑体型和立面设计中的美学原则，也就是指建筑构图的一些基本规律。例如均衡与稳定，主从与重点，对比与协调，比例与尺度，韵律与节奏及虚实对比等等。这些有关造型和立面设计的美学基本原则，不仅适用于单体建筑的外部，而且同样适用于建筑内部空间处理和建筑总体布置中。

图 1-4-8　气候、地形对建筑的影响

(a)北方建筑；(b)南方建筑；(c)山地建筑

建筑作为社会物质文化的组成部分，它的外部形象和立面的创作设计，将受到社会思想及民族的、地区的传统风格影响，也将受到国外建筑思潮的影响。为了创造具有我国民族风格的社会主义的现代新型建筑，这就要求建筑设计者有批判有分析地吸取古今中外优秀的建筑设计手法和创作经验。

(五)与一定的经济条件相适应

房屋建筑在实现我国基本建设投资中占很大比例，为了加速实现我国社会主义“四化”建设，积累资金，在房屋的设计和建造中，始终应坚持“勤俭建国”的方针。

设计者对建筑体型和立面设计，应该按国家对建筑的设计原则，并根据各类房屋的使用性质和规模，应严格掌握国家规定的建筑定额标准和相应的经济指标。在建筑标准、选用结构材料、造型要求和内外装饰等方面，应区别对待。例如是属于国家级的建筑，还是属于地方级的建筑；是纪念性的还是非纪念性的；是重要建筑，还是一般建筑；是位于大城市，还是位于小城市等。在同一城市中因建筑物所在地区不同，以及少数大型公共建筑和大量建造的中小型民用建筑之间，在造型和立面设计上也应区别对待。对建筑外形设计，应该在合理满足使用的情况下，以较少的投资建造起简洁、明朗、朴素、新颖、大方以及同周围环境相协调的建筑物。

二、体型与立面设计中形式美的规律

(一)均衡与稳定

均衡是指建筑体型的左右、前后之间保持平衡的一种美学特征。稳定是指建筑上下之间体量、形状的大小、轻重关系。像山一样上小下大；像树木那样下粗上细，并向四周出杈；像人体、动物那样具有左右对称的体形，在静态或动态中给人产生一种均衡、舒展而稳定的感觉。

均衡可分为对称的均衡与不对称的均衡两种形式。对称的均衡是建筑物沿中轴线的两边对等布置，并注意对中轴线处加以某些强调，以形成均衡中心。建筑物越是复杂，越需要明确地强调这个中心(图 1-4-9)。

图 1-4-9　对称均衡

(a)对称均衡示意；(b)天津大学建筑系馆

不对称的均衡虽然相互之间的制约不像对称形式那样明显和严格，但要保持均衡的本身就是一种制约关系。不对称的均衡轻巧活泼，现代建筑越来越大胆地运用不对称组合的生动有韵律的均衡形式，更能引人入胜。在不对称的均衡中，要比对称的构图还要强调均衡中心，否则会招致散漫和混乱，所以对均衡中心要特别加以强调，这就是不对称的均衡的首要原则。其次，在处理不对称的均衡中，要善于利用杠杆平衡原理，即将较低、较小、较轻的次要体部放置在远离均衡中心的部位，将较高、较大、较重的主要体部，放置在靠近均衡中心的部位，使建筑形象美观动人（图 1-4-10）。

图 1-4-10　不对称的均衡

(a)不对称均衡示意；(b)日本山梨县中心医院

以上所述的均衡属于静态均衡的范围，古典建筑和砖石结构的建筑多是这样处理。均衡的另一种表现形式为动态均衡，就如同奔驰的动物、旋转的陀螺一样，在运动中保持平衡。随着建筑材料和新型结构的发展，动态平衡的观点也进入建筑领域，使一些著名的建筑取得了很好的造型效果(图 1-4-11)。

图 1-4-11　体型组合的稳定构图

(a)稳定构图手法举例；(b)北京中国美术馆

此外，现代建筑理论非常强调时间和运动这两方面因素，也就是说在连续运动的过程中观赏建筑，必须从各个角度来考虑建筑体形的均衡问题，特别是从连续的进程中来看建筑体形和外轮廓线的变化(图 1-4-12)。

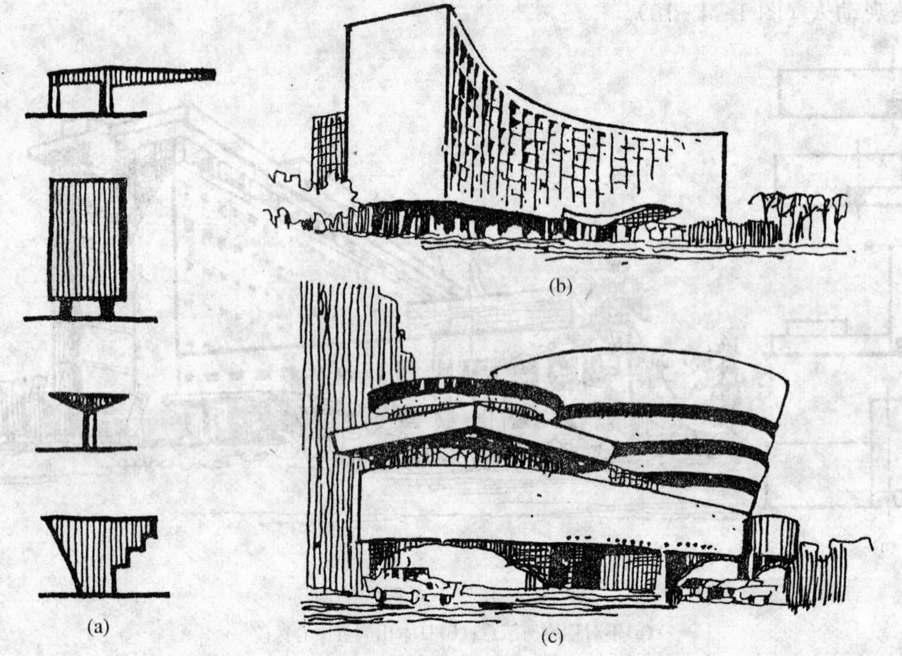

图 1-4-12　动态平衡建筑

(a)稳定构图手法举例;(b)架空式建筑;(c)美国古根哈姆美术馆

图 1-4-13　建筑的稳定感

稳定所涉及的是整体建筑上下之间的轻重关系处理，埃及的金字塔、西安的大雁塔等上轻下重，上小下大的体型显示了强烈的稳定感。随着现代建筑技术的成就，传统的稳定概念正在改变，许多底层透空，或上大下小、上重下轻的形式，只要处理得当也能显出稳定感（图1-4-13）。

（二）主从与重点

主从与重点是指主要与从属、重点与一般的差别。对一个复杂的建筑体型，在组合中要使各个体部之间有主有次，主次分明、重点突出，并形成有机的统一体。如果没有主次，对各个单体平均对待，即使排列很整齐，很有秩序，也会呈现散乱、松弛单调感，从而削弱了建筑的统一性。

在对称式建筑体型中，主体部分两侧布置附体部分的形式，即一主两从的组合形式，易于取得主次分明的效果，在不对称的建筑体型中，仍可采用突出主体的方法来体现主从关系。为了突出主体，可以使各部分体量之间的大小、高低、宽窄、形状等形成对比，对平面相对位置的前后予以变化，或用突出入口等手法来强调主体部分，为了使建筑形成有机的统一体，各组合体之间必须交接明确、结构合理（图1-4-14）。

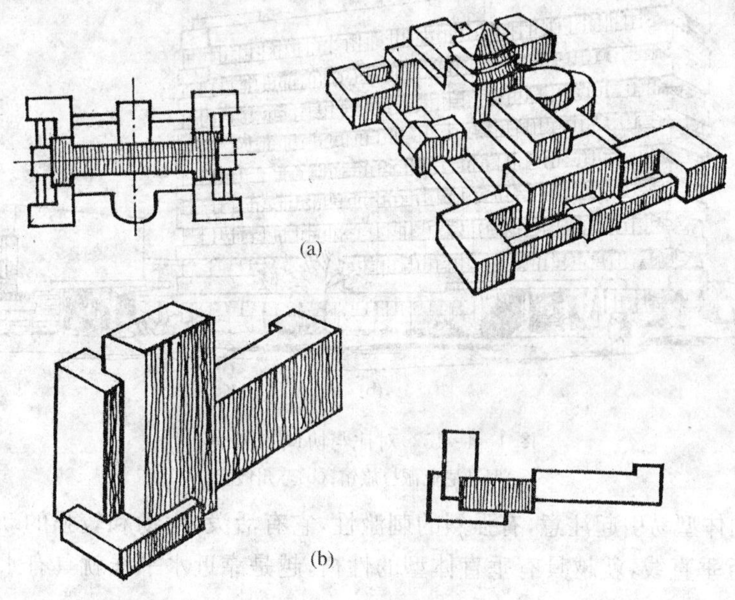

图1-4-14　主从与重点

(a)对称式；(b)不对称式

（三）对比与协调

建筑设计中的对比，是指各构成部分在设计中的区别与变化。艺术上的对比手法可以达到强调和夸张作用，建筑设计中通过对比可以使建筑造型千姿百态、丰富多彩，并达到突出重点的效果，从而更好地表现建筑的美和“趣味”。

体型组合中的对比手法主要表现在四个方面，即方向性的对比，形状的对比，体量的对比，直线与曲线的对比。对建筑造型来说，方向的对比对建筑设计的成败往往具有决定性意义，并起着举足轻重的作用。

以水平方向为主的体型具有保持重力的均衡，因而具有安定感，使人感到开阔、舒展、平静和久远。

垂直的体型暗示平衡和强有力的支柱，具有庄严、崇高、向上的表情(图1-4-15)，另一方面也具有傲慢、硬直、呆板和孤独的感觉。

(a)

(b)

图1-4-15　对比与协调的统一

(a)罗马尼亚派拉旅馆；(b)苏州饭店

倾斜方向的体型易引起注意，有强烈的刺激性，它有活泼、生动和较强的动感。斜向的角度如果越是靠近垂直线，就越具有垂直体型的性格，越是靠近水平线就具有水平体型的性格(图1-4-16)。

因此，设计者按建筑各部分功能要求的不同，巧妙地运用垂直、水平、前后等方向的体型对比与变化，能极大地丰富体型的组合。

由不同形状和体量组合而成的建筑体型进行对比以求得变化，也很引人注目。这是因为人们比较习惯于正方形和直线所组成的建筑体型，一旦看见特殊形状和曲线所组成的建筑体型总不免有新奇感。但对这一类体型组合，必须更加认真地研究各部分体型之间的连接和交接处理关系(图1-4-17、图1-4-18)。

对比的反面是协调。对比的手法在于突出相互之间的差异，协调的手法在于利用相互之间的共性，以达到相互呼应、调和统一。没有对比易于产生单调呆板，只强调对比而无协调又可能形成杂乱无章。因此，必须将两者很好地结合起来才能收到多样统一的艺术效果。

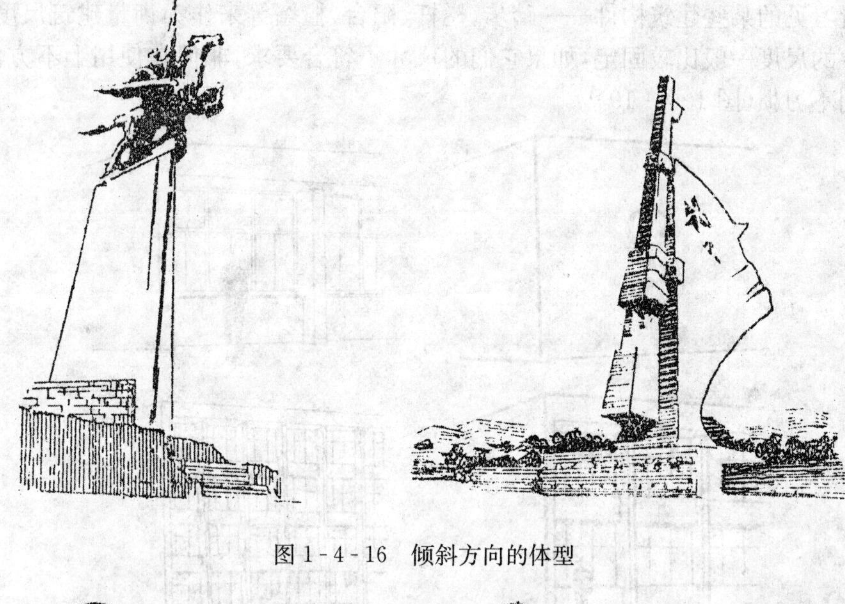

图 1-4-16　倾斜方向的体型

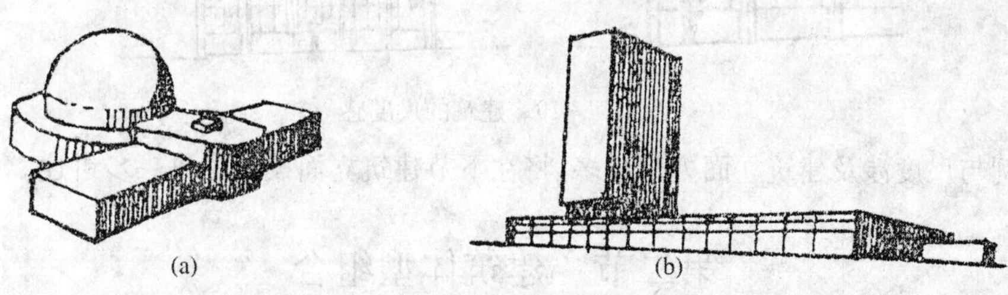

(a)　(b)

图 1-4-17　建筑形状和体量组合的对比

(a)北京天文馆;(b)罗马尼亚派拉旅馆

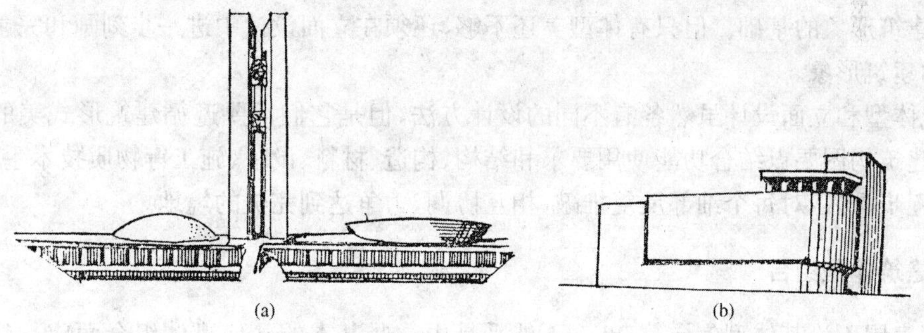

(a)　(b)

图 1-4-18　曲线与直线的体型对比

(a)巴西利亚国会大厦;(b)某百货公司

(四)比例与尺度

在建筑设计过程中,几乎处处都涉及到比例与尺度。比例是指建筑整体、各体部及细部之间的相对尺寸关系。而尺度是指建筑整体及组成构件在使用上应有的尺寸大小。因此,必须处理好建筑整体的比例关系(即建筑物基本体型长、宽、高三方面的比例关系)、各部分相互间的比例关系及墙面分割到每一个细部的比例关系。

建筑物能否正确表现出真实的大小,取决于尺度处理是否适当。在建筑设计中,通常可以用人或人所习见的某些建筑构件——踏步、栏杆、阳台、槛墙等来作为衡量建筑尺度标准。因为这些部件的尺度一般比较固定，如果它们的尺寸不符合要求，非但在使用上不方便，在视觉上也会感到不习惯(图 1-4-19)。

图 1-4-19　建筑的尺度感

因比例与尺度涉及建筑立面处理较多，将在下节建筑立面设计中进一步讲述。

第二节　建筑体型组合

建筑体型及立面是不可分割的。体型设计反映建筑外形总的体量、形状、组合、尺度等大效果，是建筑形象的基础。但只有体型美还不够，还须在立面设计中进一步刻画和完善才能获得完美的建筑形象。

建筑体型和立面设计虽然各有不同的设计方法，但是它们都要遵循建筑形式美的基本规律，按照建筑构图要点结合功能使用要求和结构、构造、材料、设备、施工等物质技术手段，从大处着眼，逐步深入，对每个细部反复推敲，相互协调，力争达到完美的境地。

一、建筑体型组合

一幢房屋不论其体型怎样复杂，都不外乎是由一些基本的几何型体组合而成。建筑体型设计，要在使用功能要求下，在物质技术条件的基础上，运用建筑构图法则，使建筑各部分体量能巧妙地结合成一个有机整体。

(一)不同体型特点和处理方法

1. 单一体型

其特点是平面和体型都较为单一完整，如正方形、矩形、三角形、圆形、Y 形等单一几何形体，采用了等高的处理手法，没有明显的主从关系。单一体型的建筑，很容易给人以统一、完整、简洁、大方、轮廓鲜明和印象强烈的效果。图 1-4-20 所示的单一体型是建筑体型设计中较为常用的方法。

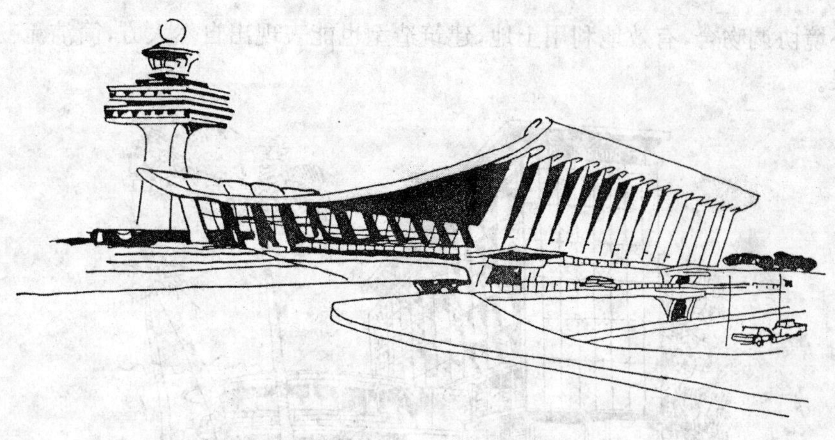

图 1-4-20　单一体型

2. 单元组合体型

一些按单元设计的建筑，如住宅、学校、医院等，按一定的方法或沿着一定的道路或地形走向形成阶梯式、错落式或错层式的组合。这种组合方式由于体型连续的重复，形成强烈的韵律感。由于没有明显的均衡中心及体型的主从对比关系，因而给人以自然、平静、亲切、和谐的印象。这种方式也较易顺应自然环境和地形，因此广泛用于山地、丘陵地带以及不规则地段的单元式建筑组合中。这类建筑的处理特点是要求单元本身要有良好的造型及一定数量的重复，形成较强烈的韵律感。图 1-4-21 为某住宅单元组合体型。

图 1-4-21　单元组合体型

3. 复杂体型

体量较大而又不能按上述两种方式组合，则应运用构图要点进行体型组合处理。一般是将其主要部分和次要部分分别形成主体与附体，有中心，突出重点，主次分明，并将各部分巧妙连接，使紧密有序而不是杂乱无章，一盘散沙，勉强生硬地凑合在一起。图 1-4-22 就是运用构图要点处理体型组合的例子。

(二)体型的转折与转角处理

在特定的基地位置及地形条件下，强调建筑的整体性，建筑体型需作转折、转角处理，使之与地形及环境协调吻合，有效地利用土地，建筑造型也能表现出自然大方，简洁流畅，统一完整的造型效果。

图1-4-22　复杂体型

一般矩形平面的体型，可以用简单的变形和延伸，以等高的方法处理，也可以用主体、附体相结合或局部升高形成塔楼的形式。转角处理可以使道路交叉口突出醒目，控制广场并作为强调入口的一种处理方式。图1-4-23为体型转折转角处理。

(三)体量间的联系和交接

由不同大小、高低、形状、方向的体量组成的建筑都存在着体量之间的联系和交接处理。这个问题不仅直接影响体型的完整性，同时和建筑物的结构构造、地区的气候条件、地震烈度以及基地环境等密切相关。

各体量之间的联系和交接主要有直接连接或咬接，如图1-4-24a、b所示；以廊或连接体连接如图1-4-24c、d所示。直接连接给人以联系紧密、整体性强的效果；而以廊或连接体连接，常给人以轻快、舒展、空透的效果，并可以保持被连接体各自独立完整的建筑造型。

体型之间的连接方式和建筑的结构布置、地区的气候条件、地震烈度及基地的环境关系相当密切。在寒冷地区或基地面积受限制的条件下，考虑到室内采暖和占地面积的因素，体型连接应紧凑。地震区要求房屋尽可能采用简单的整体封闭的几何体型，避免采取咬接连接。在热带南方地区，建筑和风景建筑又常采用空透的柱廊连接，使建筑更为活泼有轻巧感。

二、体型组合与环境

建筑是不能孤立存在的，必须处于一定的环境之中，这就要求在建筑体型组合设计时，必须周密考虑到建筑物与环境之间的关系问题，即建筑与其所处的基地地形、绿化、山水等自然环境统一和谐，把人工美与自然美巧妙地结合在一起，收到虽由人做，宛自天开的效果。建筑与环境结合的效果，对人的心理方面有很大的影响，要想使建筑与环境有机地融合在一起，使建筑为环境增光添色，而不致喧宾夺主破坏环境，就要求建筑物在基地环境中显得完整统一，配置得当。尤其建在风景区的山村住宅、园林建筑和旅游别墅、疗养建筑等更应如此。众所周知的“流水别墅”是莱特为考夫曼所设计的住宅，位于一条幽静峡谷中，峡谷两侧是一片美丽的树林，底部是一条曲折婉转的溪流，因山石高差叠流而形成一条奔泻直下的瀑布，整个建筑的

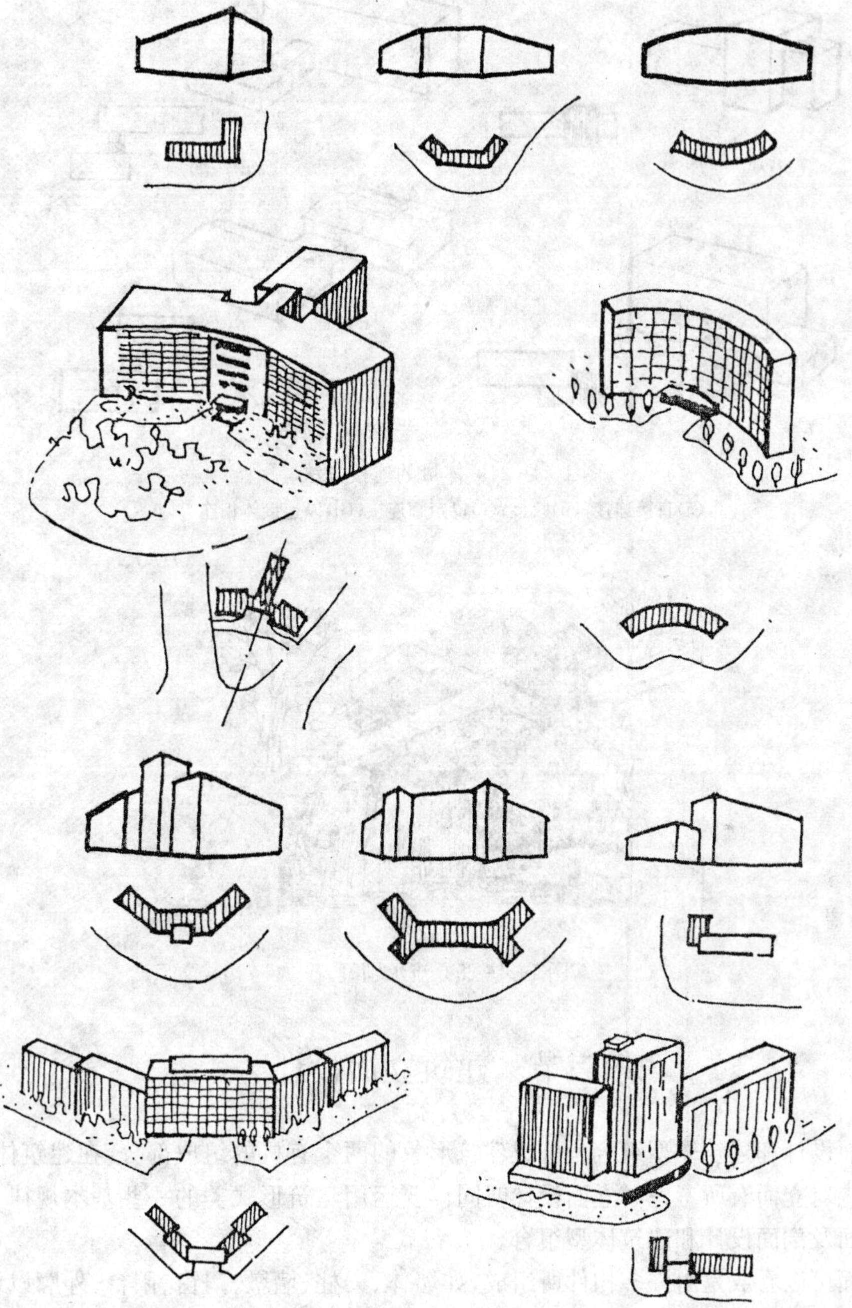

图 1 - 4 - 23　体型转折转角处理

基本构图，以水平穿插和延伸为主，以取得同瀑布的对比，并同两岸基本上是水平向巨大的山石取得和谐，整个建筑似乎是从山石中生长出来，又跃居溪流瀑布之上(图 1 - 4 - 25)。

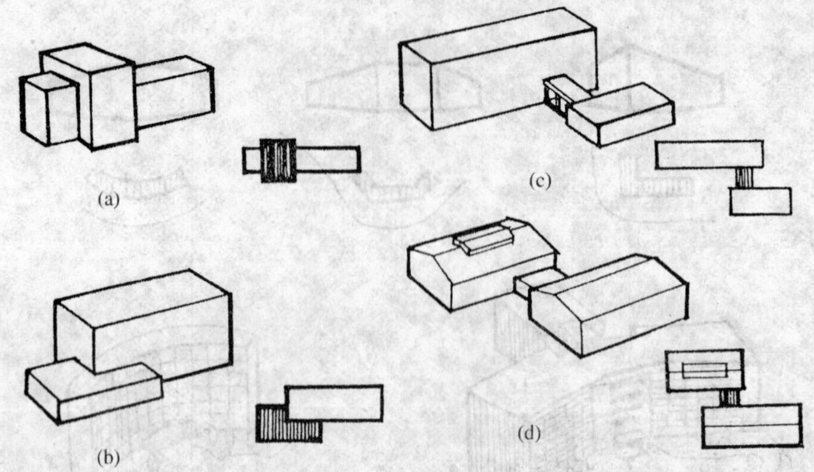

图 1-4-24　体量的连接方法

(a)直接连接；(b)咬接；(c)以走廊连接；(d)以连接体相连

图 1-4-25　流水别墅

第三节　建筑立面设计

建筑立面设计和建筑体型组合是构成建筑形象的两个有机的组成部分，在建筑体型组合的同时也就应对立面有所考虑。立面设计时同样要运用建筑形式美的一些基本规律，并密切联系建筑平面及剖面设计和建筑体型组合。

建筑立面可以看成是由许多构件所组成，如墙体、梁柱、墙墩、门窗、阳台、外廊以及台阶、勒脚、檐口等。恰当地确定立面中这些构件的比例和尺度，运用节奏韵律、虚实对比等规律，以达到体型完整、形式和内容的统一，是建筑立面设计的主要任务。

建筑立面设计的步骤，通常根据初步确定的房屋平剖面设计的关系，例如房屋的大小、高低、门窗位置、构部件的排列方式等，描绘出房屋各个立面的基本轮廓，作为进行立面设计的基础。设计时首先应该推敲立面各部分总的比例关系，考虑建筑整体的几个立面之间的统一，相邻立面之间的连接和协调，然后着重分析各个立面上墙面处理、门窗的调整安排，最后对入口、门廊、建筑装饰等进一步作重点及细部处理。

完整的立面设计，并不只是美观问题，它和平、剖面的设计一样，同样也有使用要求、结构构造等功能和技术方面的问题。但是，在一般情况下，立面设计中涉及的造型和美观问题较为突出，本节重点叙述与这方面有关的问题。

一、比例适当、尺度正确

比例适当和尺度正确，是使立面完整统一的重要方面。两者都涉及到建筑要素之间的量度关系，所不同的是比例反映的是各要素之间相对的度量关系，而尺度反映的是各要素之间的绝对度量关系。

在建筑设计过程中，几乎处处都存在着比例关系的处理问题。对于外部体型，首先必须处理好建筑物整体的比例关系；其次，还要处理好建筑物整体的比例关系和墙面分割的比例关系。

基本体型的比例关系和内部空间的组织关系十分密切，墙面分割的比例关系则更多地涉及到开门和开窗的问题(图 1-4-26)。

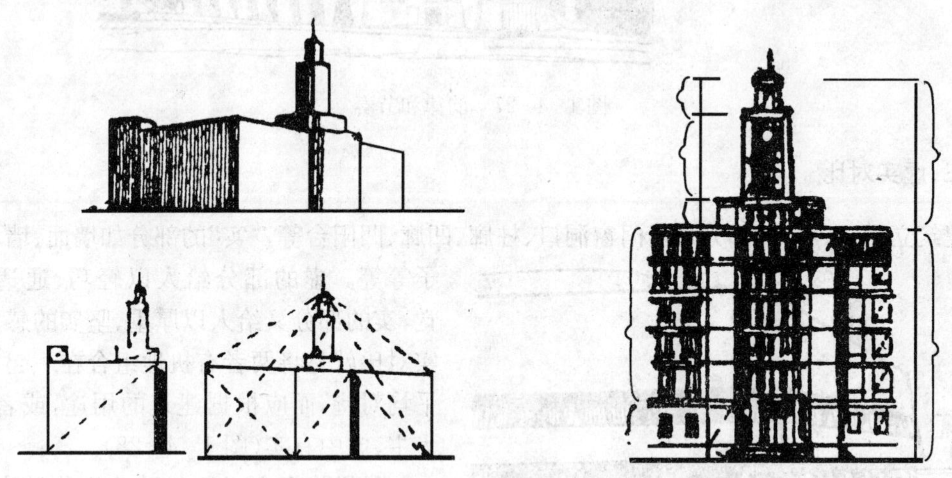

图 1-4-26　建筑的比例关系(北京电报大楼整体及各部分比例关系)

如上所述，从整体到细部都具有良好的比例关系，那么整个建筑必然具有统一和谐的效果。

建筑物应正确表现出真实的大小，如果这种感觉与其实际大小相一致，则表明它的尺度是合适的，如果不一致，则表明它的尺度不合适。在建筑设计过程中，通常可以用人的尺度或某些具有固定尺度的建筑构件(如踏步、栏杆等)作为衡量建筑物尺度的标准。

二、韵律与节奏

韵律与节奏和均衡与稳定、主从与重点、对比与协调、比例与尺度一样，都是建筑形式美的规律组合部分。建筑中的韵律是指有组织的变化和有规律的重复。由于这种变化和重复像音乐中的节奏一样，是有秩序有规律的，因此形成了有节奏的韵律感。在建筑立面设计时，处理好形状的重复与尺寸的重复是获得韵律感的必要条件。使墙面、柱、门窗洞口等各种要素有机地组织在一起，并形成有条理、有秩序、有变化、有重复的各种形式的韵律感。尺寸的重复，如柱间和墙身——沿纵、横两个方向作等距离或有规律的布置，也会产生一定的韵律感。但是，有规律的重复，均匀地排列门窗洞口，有时会显得单调而缺乏节奏感。为了克服这种缺点，在满足不同的内部使用要求的前提下，对窗户进行分组排列、大小组合等方式，使窗在立面上既整齐统一又富有变化，使立面外观既不琐碎零乱又不过于单调呆板，从而形成优美的韵律节奏感(图 1-4-27)。

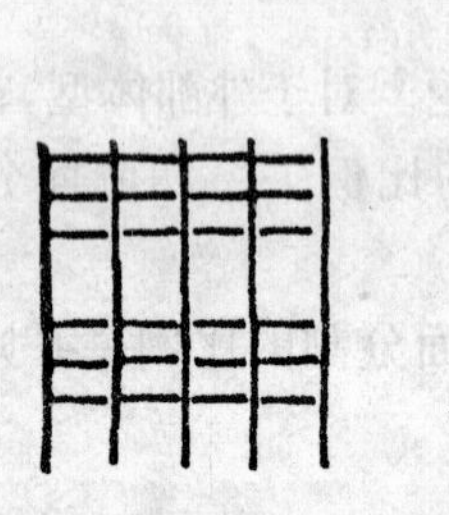

图 1-4-27　韵律和节奏

三、虚实对比

建筑立面上“虚”的部分是指门窗洞口、柱廊、凹廊、凹阳台等，“实”的部分如墙面、墙垛、柱子等等。虚的部分给人以轻巧、通透的感觉，实的部分又给人以厚重、坚实的感觉，虚实对比就是将两者有机地组合在一起，不是平均对待，而应根据建筑的用途，或者以虚为主，虚中有实(图 1-4-28)。

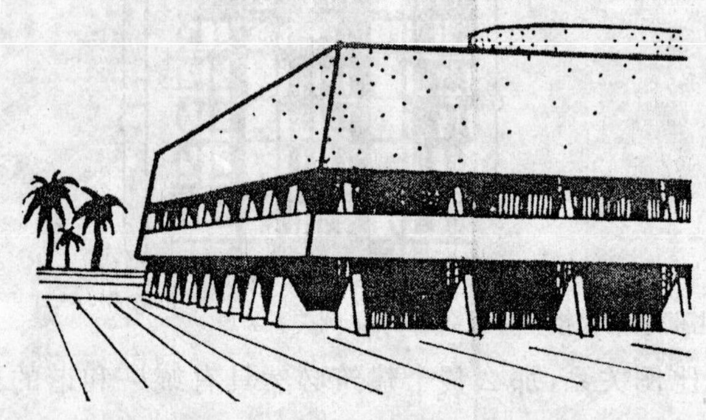

图 1-4-28　虚实对比效果

如果将虚实对比与凹凸变化结合在一起，使建筑立画上形成凹凸光影效果，就能产生比较强烈的明暗对比变化(图 1-4-29)。立面凹凸关系的处理，可以丰富立面效果，加强光影变化，组织韵律，突出重点，较大的凹凸变化给人以强烈的起伏感，小的凹凸变化使人感到柔和平静。现代建筑结构所提供的有利条件，能造成丰富的立面变化。例如，通过墙面实体和门窗洞口对比、栏板和凹廊对比、柱子和柱廊的对比，尤其空透的门廊和雨篷的光影凹凸效果，能给建筑以突出表现力。

四、材料质感和色彩配置

建筑形象的感染力，主要取决于形、色、质三方面。三者都不可偏废，而如何正确运用色彩和质感的特点来加强建筑的表现力乃是建筑立面设计中的重要课题。

一般来说，处理建筑色彩主要包括两个方面的问题：一是基本色调的选择，二是建筑色彩构图，即色彩的配置。基本色调的选择主要考虑如下因素：

(一)色彩要适应气候条件

寒冷地区多用暖色，炎热地区多用冷色，这也符合人们对色彩的心理作用。“暖”色使人感觉温暖，“冷”色使人感觉凉爽。另外，应当根据常年最长时间的天空色彩作为建筑物的衬底来考虑。

(二)色彩应与四周环境相协调

我国古代许多寺庙和园林建筑，常处于重山叠翠的绿阴深处，故不论是红垣金顶或粉墙朱栏，在自然景色的相互对比、衬映下，显得格外明朗艳丽。又如海边的建筑常用灰白、浅黄等明亮色调，在无际的蓝天和碧波万顷的大海衬托下，显得更加晶莹清澈。

(三)建筑的性质及类型对色彩有不同的要求

图 1-4-29　凹凸变化产生的韵律

如行政办公建筑和纪念性建筑要求有庄严肃穆的气氛，其所用色彩与娱乐场所、商业建筑的繁华、刺激对色彩的要求大不相同。医院、学校、图书馆要求使用让人感觉宁静、安详的色调。

(四)色彩处理尚应充分考虑到民族文化传统和地方特色

我国的宫殿、寺庙建筑色彩浓艳而富丽堂皇，而园林、居民建筑色彩则较朴素、淡雅。

当建筑的基本色调确定以后，色彩构图就显得十分重要了，色彩构图应该有利于实现总的调子和气氛，同时又要统筹兼顾，全面计划，弥补基调的某些不足。色彩构图也离不开建筑构图要点，不过色彩构图主要是强调对比或是调和。对比可以使人感到兴奋，过分强调对比又使人感到刺激；调和则使人有淡雅之感，但过于淡雅又使人感到单调乏味。

总的说来，建筑色调的确定和色彩构图均不能一概而论，也不是一成不变的，没有固定的章法，应根据建筑的性格、环境、气候、地方特点等各种因素来综合决定。

建筑立面设计中，材料的运用，质感的处理也是不容忽视的。

材料的表面，根据纹理结构的粗和细、光亮和暗淡的不同组合，产生以下四种典型的质地效果：

1. 粗而无光的表面：有笨重、坚固、大胆和粗犷的感觉；
2. 细而光的表面：有轻快、平易、高贵、富丽和柔弱的感觉；
3. 粗而光的表面：有粗壮而亲切的感觉；
4. 细而无光的表面：有朴素而高贵的感觉。

粗糙的混凝土和毛石表面显得厚重坚实，平整光滑的面砖、金属材料及玻璃表面则令人有轻巧细腻之感。设计时应充分利用材料质感的属性，巧妙处理，有机组合，有助于加强和丰富建筑的表现力(图 1-4-30)。

图 1-4-30　材料质感的处理

图 1-4-31　入口重点处理

色彩和质感都是材料表面的属性，在很多情况下两者合为一体，很难把它们分开。一些住宅的外墙常采用浅色抹面与红砖，由于两种不同色彩，不同质感的材料之间互相对比和衬托而收到悦目和生动明快的效果。

五、重点装饰和细部的处理

在建筑立面中突出重点，既是建筑造型的设计手法，也是房屋使用功能的需要。建筑物的主要出入口和楼梯间等部分，是人经常经过和接触的地方，平面设计中要求这些部分的位置明显、易于找到，在建筑立面设计中，相应的也应该对出入口和楼梯间的立面适当进行重点处理（图 1-4-31a、b）。

建筑立面上有些部位的细部构造，如勒脚、窗台、遮阳、雨篷以及檐口等的线角处理，也是不可忽视的，处理的好坏对建筑立面会有一定的影响。

细部装饰要适当，不可过分，以免提高建筑造价。在考虑装饰问题时，一定要从全局出发，使装饰隶属于整体，并成为整体的一个有机组成部分，为了求得整体的和谐统一，必须认真地安排好在什么部位作装饰处理，并合理地确定装饰形式：是浮雕、壁画，还是纹样、线条，纹样、花饰的构造隆起、粗细的程度，色彩、质感的选择等一系列问题。装饰纹样图案的题材，可以结合建筑功能性质及性格特征而使之具有某种象征意义。

小　结

1. 建筑体型和立面设计不能脱离物质技术发展的水平和特定的功能、环境而任意塑造，它在很大程度上要受到使用功能、材料、结构、施工技术、经济条件及周围环境的制约。

2. 建筑的整体及立面设计应遵循一定的规律，这些规律包括有建筑构图中的统一与变化，均衡与稳定，韵律、对比、比例、尺度等法则。

3. 建筑体型的造型组合包括单一体型、单元组合体型、复杂体型等不同的组合方式。

4. 体量的组合设计常采用直接咬接，以走廊或连接体相连的连接方式。

5. 立面设计中应注意：立面比例尺度的处理，立面虚实与凹凸变化处理，立面的线条处理、色彩处理等。

思　考　题

1. 影响体型及立面设计的因素有哪些？
2. 建筑构图中的统一与变化，均衡与稳定，韵律、对比、比例、尺度等法则的含义是什么？
3. 简要说明建筑立面的具体处理手法。
4. 体量的联系与咬接有哪几种处理方式？

第二篇

民用建筑构造

第一章　民用建筑构造概论

一、建筑构造研究的对象及其任务

建筑构造是研究建筑物各组成部分的构造原理和构造方法的学科，是建筑设计不可分割的一部分。它具有实践性强和综合性强的特点，在内容上是对实践经验的高度概括，并且涉及建筑材料、建筑物理、建筑力学、建筑结构、建筑施工以及建筑经济等有关方面的知识。因此研究的主要任务是根据建筑物的功能要求，提供符合适用、安全、经济、美观的构造方案，以作为建筑设计中综合解决技术问题及进行施工图设计、绘制大样图等的依据。

一座建筑物是由许多部分所构成，而这些构成部分在建筑工程上被称为构件或配件。

建筑构造原理就是综合多方面的技术知识，根据多种客观因素，以选材、选型、工艺、安装为依据，研究各种构、配件及其细部构造的合理性（包括适用、安全、经济、美观）以及能更有效地满足建筑使用功能的理论。

构造方法则是在理论指导下，进一步研究如何运用各种材料，有机地组合各种构件、配件，并提出解决各构、配件之间相互连接的方法和这些构、配件在使用过程中的各种防范措施。

二、建筑物的组成及其作用

一栋民用建筑一般是由基础、墙体（柱）、楼地层、楼梯、屋顶和门窗等几大部分构成的，如图 2-1-1 所示。它们在不同的部位发挥着各自的作用。

基础：基础是位于建筑物最下部的承重构件。承受着建筑物的全部荷载，并将这些荷载传给地基。因此，作为基础，必须具有足够的强度，并能抵御地下各种因素的侵蚀。

墙：墙是建筑物的承重构件和围护构件。作为承重构件，承受着建筑物由屋顶或楼板层传来的荷载，并将这些荷载再传给基础。作为围护构件，外墙起着抵御自然界各种因素对室内侵袭的作用；内墙起着分隔房间、创造室内舒适环境的作用。为此，要求墙体根据功能的不同，分别要有足够的强度、稳定性、保温、隔热、隔声、防水、防火等能力以及具有一定的经济性和耐久性。

楼板层：楼板层是楼房建筑中水平方向的承重构件，按房间层高将整幢建筑物沿水平方向分为若干部分。楼板层承受着家具、设备和人体的荷载以及本身自重，并将这些荷载传给墙，同时还对墙身起着水平支撑的作用。作为楼板层，要求具有足够的抗弯强度、刚度和隔声能力。同时，对有水侵蚀的房间，则要求楼板层具有防潮、防水的能力。

地层：地层是底层房间与土层相接触的部分，它承受底层房间内的荷载。不同地层，要求又有耐磨、防潮、防水和保温等不同的性能。

楼梯：楼梯是楼房建筑的垂直交通设施，供人们上下楼层和紧急疏散之用。故要求楼梯具有足够的通行能力以及防水、防滑的功能。

屋顶：屋顶是建筑物顶部的外围护构件和承重构件。抵御着自然界雨、雪及太阳热辐射等对顶层房间的影响；承受着建筑物顶部荷载，并将这些荷载传给垂直方向的承重构件。作为屋顶必须具有足够的强度、刚度以及防水、保温、隔热等的能力。

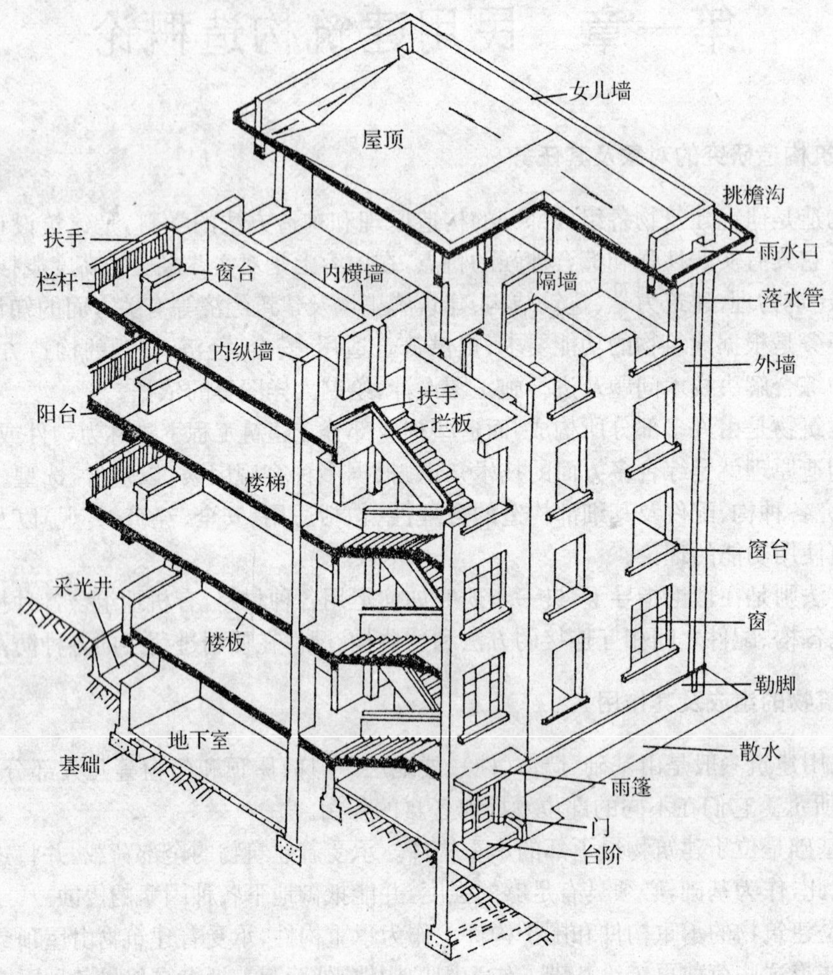

图 2-1-1　建筑物的基本组成

门窗：门主要供人们内外交通和隔离房间之用；窗则主要是采光和通风，同时也起分隔和围护作用。门和窗均属非承重构件。对某些有特殊要求的房间，则要求门、窗具有保温、隔热、隔声的能力。

一座建筑物除上述基本组成构件外，对不同使用功能的建筑，还有各种不同的构件和配件，如阳台、雨篷、烟囱、散水等。有关构件的具体构造将在以后各章详述。

三、影响建筑构造的因素

一座建筑物建成并投入使用后，要经受着自然界各种因素的检验。为了提高建筑物对外界各种影响的抵御能力，延长建筑物的使用寿命，以便更好地满足使用功能的要求，在进行建筑构造设计时，必须充分考虑到各种因素对它的影响，以便根据影响程度，来提供合理的构造方案。影响建筑构造的因素很多，归纳起来大致可分为以下几方面(图 2-1-2)。

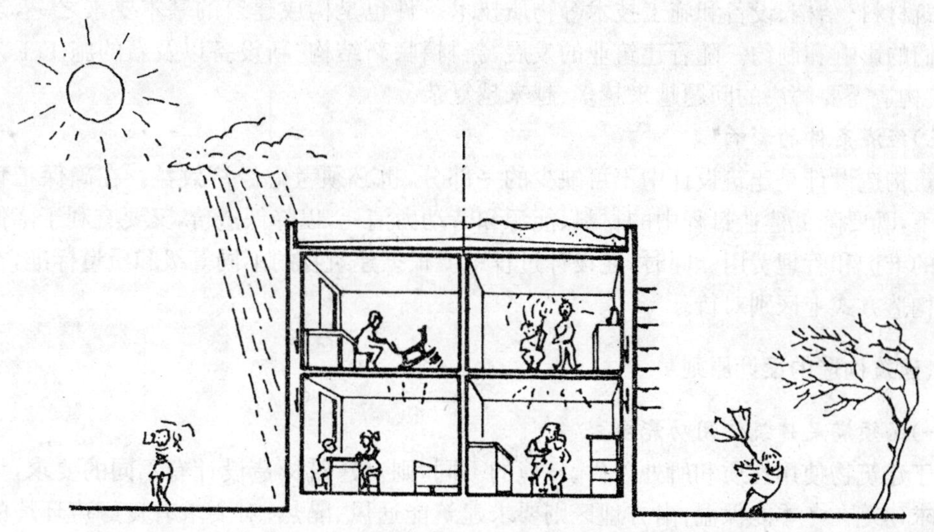

图 2-1-2　自然环境与人为环境对建筑物的影响

(一)外力作用的影响

作用到建筑物上的外力称为荷载；荷载有静荷载(如建筑物的自重)和动荷载之分。动荷载又称活荷载，如人流、家具、设备、风、雪以及地震荷载等。荷载的大小是结构设计的主要依据，也是结构选型的重要基础。它决定着构件的尺度和用料。而构件的选材、尺寸、形状等又与构造密切相关，所以在确定建筑构造方案时，必须考虑外力的影响。

在外荷载中，风力的影响不可忽视，风力往往是高层建筑水平荷载的主要因素，特别是沿海地区，影响更大。此外，地震力是目前自然界中对建筑物影响最大也最严重的一种因素。我国是多地震国家之一，地震分布也相当广，因此必须引起重视。在构造设计中，应该根据各地区的实际情况，予以设防。

(二)自然气候的影响

我国幅员辽阔，各地区地理环境不同，大自然的条件也多有差异。由于南北纬度相差较大。从炎热的南方到寒冷的北方，气候差别悬殊。因此，气温变化，太阳的热辐射，自然界的风、霜、雨、雪等均构成了影响建筑物使用功能和建筑构件使用质量的因素，有的因材料热胀冷缩而开裂，严重的遭到破坏；有的出现渗、漏水现象；还有的因室内过冷或过热而影响工作等，总之均影响到建筑物的正常使用。为防止由于大自然条件的变化而造成建筑物构件的破坏，保证建筑物的正常使用，往往在建筑构造设计时，针对所受影响的性质与程度，对各有关部位采取必要的防范措施，如防潮、防水、保温、隔热、设变形缝、设隔蒸汽层等等，以防患于未然。

(三)人为因素和其他因素的影响

人们所从事的生产和生活的活动，往往会对建筑物产生影响，如机械振动、化学腐蚀、战争、爆炸、火灾、噪声等，都属于人为因素的影响。因此，在进行建筑构造设计时，必须针对各种可能的因素，从构造上采取隔振、防腐、防爆、防火、隔声等相应的措施，以避免建筑物和使用功能遭受不应有的损失和影响。

(四)物质技术条件的影响

建筑材料、结构、设备和施工技术等物质技术条件也是构成建筑的基本要素之一,建筑构造受它们的影响和制约。随着建筑业的发展,新材料、新结构、新设备以及新的施工工艺的出现,建筑构造需要解决的问题越来越多、越来越复杂。

(五)经济条件的影响

建筑构造设计是建筑设计中不可缺少的一部分,也必须考虑经济效益。在确保工程质量的前提下,既要降低建造过程中的材料、能源和劳动力消耗,以降低造价,又要有利于降低使用过程中的维护和管理费用。同时,在设计过程中要根据建筑物的不同等级和质量标准,在材料选择和构造方式上区别对待。

四、建筑构造的设计原则

(一)必须满足建筑使用功能要求

由于建筑物使用性质和所处条件、环境的不同,则对建筑构造设计有不同的要求,如北方地区要求建筑在冬季能保温;南方地区则要求建筑能通风、隔热;对要求有良好声环境的建筑物则要考虑吸声、隔声等要求。总之为了满足使用功能需要,在构造设计时,必须综合有关技术知识,进行合理的设计,以便选择、确定最经济合理的构造方案。

(二)必须有利于结构安全

建筑物除根据荷载大小、结构的要求确定构件的必须尺度外,对一些零部件的设计,如阳台、楼梯的栏杆;顶棚、墙面、地面的装修;门、窗与墙体的结合以及抗震加固等,都必须在构造上采取必要的措施,以确保建筑物在使用时的安全。

(三)必须适应建筑工业化的需要

为了提高建设速度,改善劳动条件,保证施工质量,在构造设计时,应大力推广先进技术,选用各种新型建筑材料,采用标准设计和定型构件,为构、配件的生产工厂化、现场施工机械化创造有利条件,以适应建筑工业化的需要。

(四)必须讲求建筑经济的综合效益

在构造设计中,应该注意整体建筑物的经济效益问题,既要注意降低建筑造价,减少材料的能源消耗;又要有利于降低经济运行,维修和管理的费用;考虑其综合的经济效益。另外,在提倡节约、降低造价的同时,还必须保证工程质量,绝不可为了追求效益而偷工减料,粗制滥造。

(五)必须注意美观

构造方案的处理还要考虑其造型、尺度、质感、色彩等艺术和美观问题。如有不当往往会影响建筑物的整体设计的效果。因此,亦需事先周密考虑。

总之,在构造设计中,全面考虑坚固适用,技术先进,经济合理,美观大方,是最基本的原则。

小　结

1. 建筑构造是研究组成建筑各种构、配件的组合原理和构造方法的学科,是建筑设计不可分割的一部分。学习建筑构造的目的,在于建筑设计时能综合各种因素,正确地选用建筑材料，提出符合坚固、经济、合理的最佳构造方案，从而提高建筑物抵御自然界各种影响的能力，保证建筑物的使用质量，延长建筑物的使用年限。

2. 一幢建筑物主要是由基础、墙或柱、楼梯、楼板层及地坪层、屋顶及门窗等六大部分组成。它们处在不同的部位，发挥着各自的作用。但是，一座建筑物建成后，它的使用质量和耐久性能，经受着各种因素的检验。影响建筑构造的因素包括外界环境因素、物质技术条件以及建筑标准等。

3. 为使建筑物满足适用、经济、美观的要求，在进行建筑构造设计时，必须注意满足使用功能要求，确保结构坚固、安全，适应建筑工业化需要，考虑建筑的经济、社会和环境的综合效益以及美观要求等构造设计的原则。

思考题

1. 学习建筑构造的意义是什么？
2. 建筑物的基本组成有哪些？它们的主要作用是什么？
3. 影响建筑构造的主要因素有哪些？
4. 建筑构造设计应遵循哪些原则？

第二章 地基与基础

第一节 地基、基础设计原理

一、地基、基础的概念

基础与地基具有不可分割的联系，但又是两个不同的概念。

基础是建筑物最下部埋在土中的扩大构件，是建筑物的一部分。基础与土层直接接触并承受建筑物的全部荷载，把它们传给地基。

地基则是承受由基础传来的荷载而产生应力和应变的土层。直接承受建筑荷载的土层为持力层，持力层以下的土层为下卧层。地基不是建筑物的组成部分，而是基础下面的土层，承受由基础传来的整个建筑物的荷载。

地基与基础的区别与联系：基础是建筑物的一部分，地基则是建筑物下的土层（图 2-2-1）。

二、地基、基础的基本设计要求

（一）满足强度和稳定性的要求

满足强度要求就是保证地基、基础的安全使用，使作用于地基、基础的荷载不超过地基、基础的允许承载力，使地基在防止整体性破坏方面具有足够的安全储备。

满足稳定性要求是指使作用于地基、基础上的荷载不超过其所能承受的临界荷载，防止发生失稳现象，即控制地基的沉降。

（二）满足耐久性的要求

基础的耐久性应和上部结构的耐久性相一致，既不先于上部结构而破坏，也不要在上部结构废弃时仍完好无损。

基础与上部结构所处的环境不同，基础与土壤接触，易受地潮、地下水、冰冻等影响，在设计时应考虑这些因素的影响，作到坚固耐久，同时防止无限制地加强基础，使其耐久性大大超过上部结构而造成不必要的浪费。

（三）满足经济指标的要求

地基设计应采用良好的天然地基，避开墓穴、枯井、旧河道等；基础设计应选择合理的基础方案，如相应地采用条基、点基、箱基等，使其既能满足强度要求，又不造成材料浪费。

三、地基、基础与荷载的关系

地基、基础与荷载的关系应符合以下表达式

$$F \geqslant N/[R]$$

其中 F——基础底面积；

N——建筑物总荷载；

$[R]$——地基容许承载力或称地耐力，是指地基在稳定条件下，每平方米所能承受的最大垂直压力。

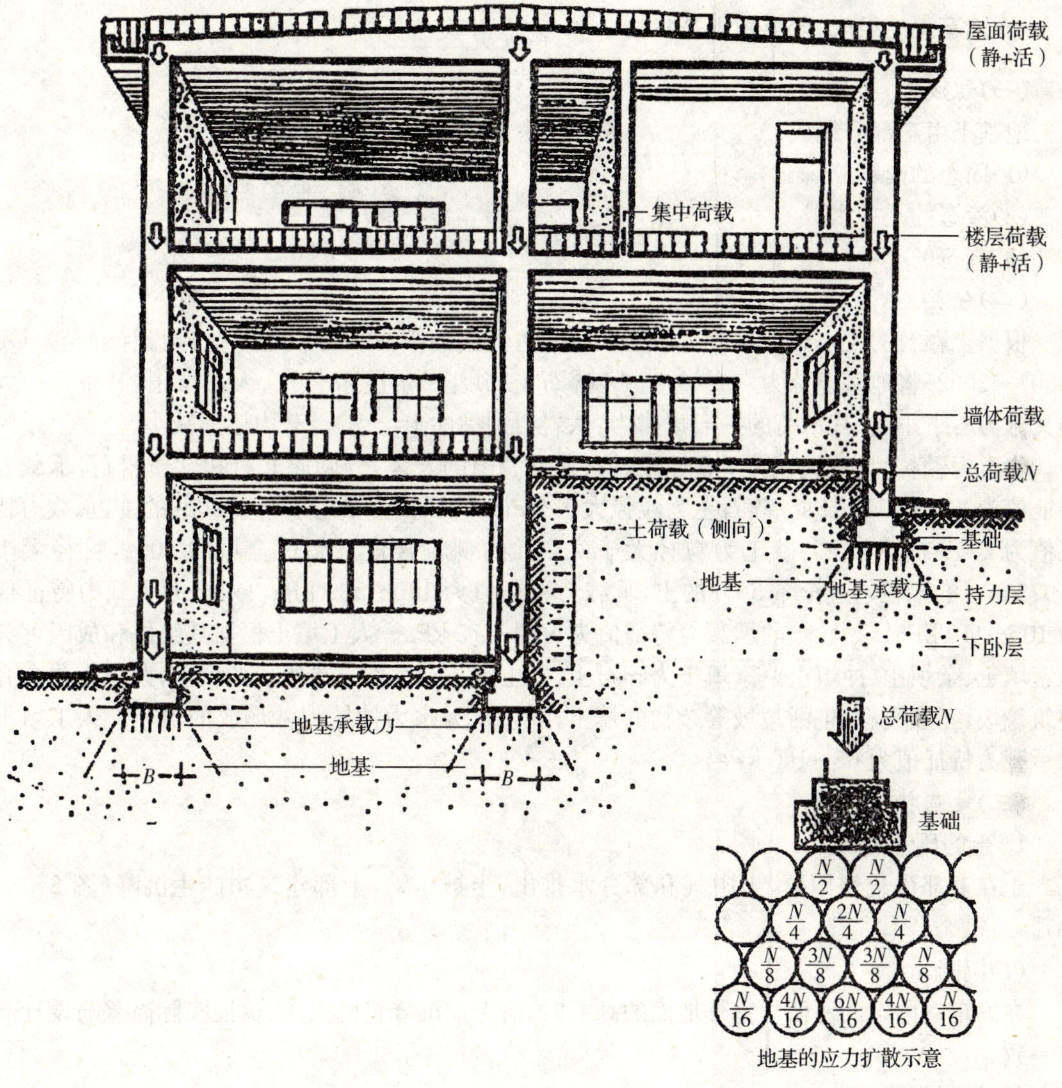

图 2-2-1　地基、基础与荷载的关系

由以上公式可知，要使地基满足承载力要求，可采取以下措施：

(1)增大基础底面积；

(2)降低上部结构的荷载；

(3)采取人工方法，提高地基承载力。

第二节　地　　基

一、地基土的组成、分类和地基特性

(一)组成

地基土由三部分组成：

(1)固态的土颗粒；

(2)液态的土中水；

(3)气态的土中气。

(二)分类

根据土颗粒的大小和各种粒径的土颗粒所占比例的多少，《建筑地基基础设计规范》(GB 50007—2002)将地基土分为六大类：岩石、碎石土、砂土、粉土、黏性土、人工填土，其中每一大类又分为若干小类，其承荷的一般规律为：从岩石到黏性土，土的承载力逐渐减小。

岩石为颗粒间牢固联结，呈整体或具有节理裂隙的岩体，分硬质岩石和软质岩石，承载力特征值为 200～4000 kPa。碎石土为粒径大于 2 mm 的颗粒含量超过全重 50％的土，承载力特征值为 200～1000 kPa。砂土为粒径大于 2 mm 的颗粒含量不超过全重的 50％，粒径大于 0.075 mm 的颗粒超过全重 50％的土，承载力特征值为 140～500 kPa。粉土的承载力特征值为 105～410 kPa。黏性土的承载力特征值为 105～475 kPa。人工填土根据其组成和成因可分为素填土、杂填土、冲填土。素填土为碎石土、砂土、粉土、黏性土等组成的填土；杂填土为含有建筑垃圾、工业废料、生活垃圾等杂物的填土；冲填土为水力冲填泥沙形成的填土。人工填土的承载力特征值为 65～160 kPa。

(三)地基特性

1. 土的压缩和沉降

土在上部荷载作用下，土中气和部分水排出，土被压缩，上部建筑物产生沉降(图 2-2-2a)。

(1)沉降量

在确定室内设计地面与室外地面的高差时，需考虑沉降量的大小，保证实际高差与设计高差一致。

(2)沉降的均匀性

当土的结构不均匀(例如一部分土质好，一部分土质差，即承载力不同的土)，或者上部结构不同时，可能造成建筑物随地基土的不均匀沉降，如结构倾斜(比萨斜塔)。当不均匀沉降引起的建筑内部附加应力超过建筑构件的最大允许承载力时，还会造成结构的破坏如结构开裂等。

防止不均匀沉降引起建筑结构破坏的措施：增加上部结构的刚度，改善土质结构，设沉降缝。

(3)沉降达到稳定的时间

沉降达到稳定的时间与地基土的性质有关。砂土、碎石土等土中水容易排出，施工期间沉降可达到基本稳定。黏性土和其他高压缩性土等施工结束后较长时间内建筑物随地基土继续沉降。

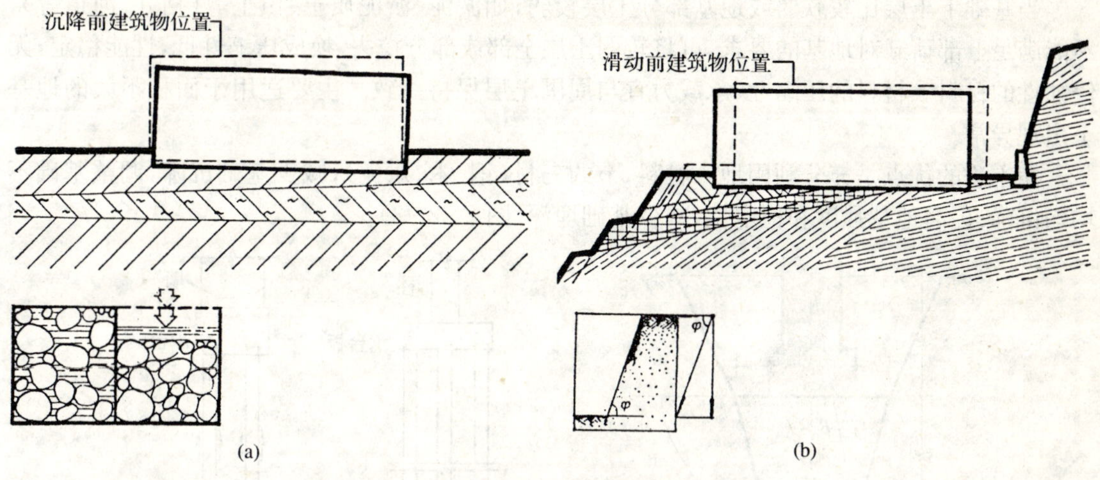

图 2-2-2　地基的变形

(a)压缩与沉降；(b)抗剪与滑坡

2. 土的抗剪与滑坡

指土的以水平位移为主的变形现象。建筑物上部荷载过大，超过地基土的抗剪强度时，地基失稳，出现滑坡(图 2-2-2b)。

3. 土中水

土中水以气、液、固三相存在，液相水是土中水的主要成分，有自由水和有压水两种。

(1)自由水：在重力、毛细作用下能自由移动的水，针对自由水应采取建筑防潮措施。

(2)有压水：有水头压力的水。如水管中的水，水塔中的水，地下水位线以下的水，针对有压水应采取建筑防水措施。

二、地基的分类

(一)天然地基

凡天然土层具有足够的承载力，不需要经过人工改良和加固，可直接在上面建造房屋的称天然地基。

(二)人工地基

凡是土层自身承载能力较弱或建筑物整体荷载较大，需对该土壤层进行人工处理或加固后才能承受建筑整体荷载的地基称为人工地基。常用的人工加固地基的方法有：

1. 压实法

压实法是用各种机械对土层进行夯打、碾压、振动来压实松散土的方法。此方法简单易行，且提高地基承载能力效果较好，分为两类：

(1)土的表面压实：选用轻便工具如蛙式打夯机对土的表面进行压实。其影响深度仅200～300 mm，并不提高地基承载力，仅使土的表面平整，起到改善持力层表面松散状况的作用。

(2)机械压实法：采用重锤法、碾压法、振动法等方法，使土压缩。其影响深度大，可以提高土层的承载力，具有不需添加建材便可提高地基承载力的优点。

2. 换土法

当基础下土层比较软弱或地基部分土层较弱，如淤泥、淤泥质土、填土等(枯井、河道等)，不能满足上部荷载对地基的要求，可将较弱土层全部或部分挖去，换成压缩性低，性能稳定，无侵蚀性的材料。材料的压缩性、承载力宜与周围土层保持一致。主要适用于面积不大的地基土出现异常。

换土法的优点是充分利用地方材料，节约三材(钢、木、水泥)；减少基础沉降，调整基础不均匀沉降；提高地基强度和稳定性，减少基础埋深(图 2-2-3)。

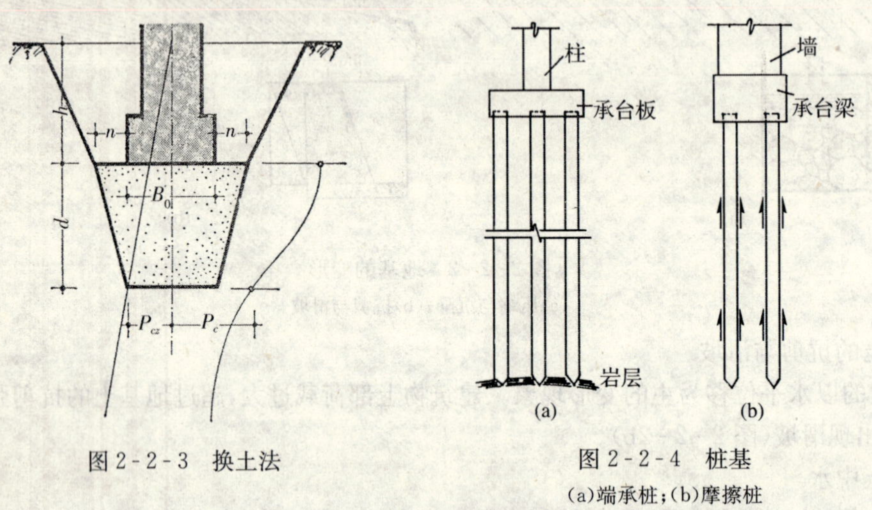

图 2-2-3　换土法

图 2-2-4　桩基

(a)端承桩；(b)摩擦桩

3. 桩基

当建筑物层数多且荷载大而地基土比较松软时，一般采用打桩做成桩基。桩基由承台和桩柱两部分组成。常见的桩基有以下几种：

(1)按桩承受荷载的方式不同分：端承桩和摩擦桩(图 2-2-4)。

端承桩：桩柱的端头伸到土质坚硬的土层，例如岩石，由岩石来支撑上部结构的荷载。

摩擦桩：靠桩柱与土层之间的摩阻力承荷。

(2)按桩柱的材料不同分：混凝土桩、钢筋混凝土桩、土桩、砂桩等，其中应用最广泛的是钢筋混凝土桩。

(3)按桩柱的施工方法分：预制桩、灌注桩、爆扩桩等三种。

桩基的优点是承载力高，沉降量小，能承受垂直荷载、水平荷载、上拔力及机器振动和各种动力作用。但桩基不适于上部为坚实土层，下部为软弱土层的情况。

4. 其他人工处理地基的方法

借助各种化学溶液，注入土中，使产生新的化合物与土颗粒胶结在一起，由此而提高地基的承载力称为胶结法。水泥法、硅化法、沥青法都属于胶结法加固地基。

第三节　基　　础

一、基础的埋深

基础的埋深是指从室外设计地面至基础底面的垂直距离。基础埋深≤5 m时为浅基础，>5 m时为深基础(图 2-2-5)。

在建筑工程的设计中，基础埋深的确定受到以下多种因素的制约。

(一)基础的埋深与地基的地质构造有关

基础底面希望设在地基的地耐力较高的土层上，故所选持力层在整个土层中的位置决定了基础的埋深。地基土质的好坏直接影响基础的埋深，如上层土质好且有足够厚度，基础埋在上层土范围内为宜；反之，则以埋置下层好土范围内为宜。总之，必须对地基土的性质综合分析，求得最佳埋深(图 2-2-6)。

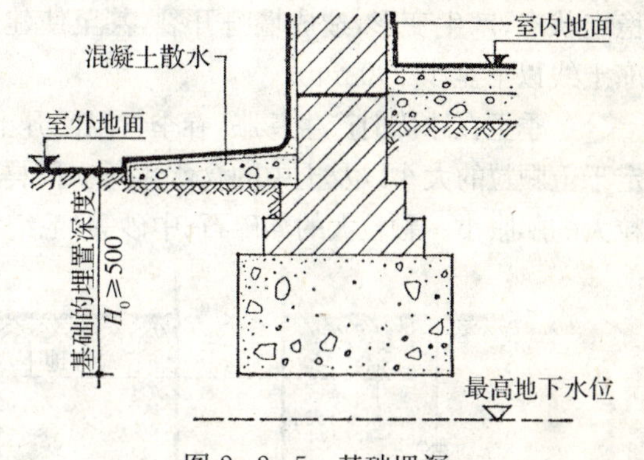

图 2-2-5　基础埋深

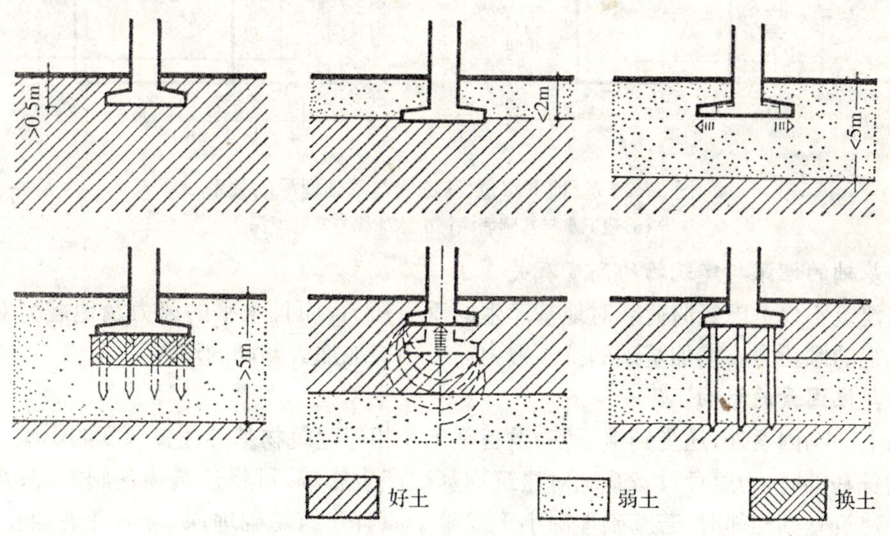

图 2-2-6　地质构造与埋深的关系

(二)基础的埋深与地下水位有关

地下水位随季节、降雨量等因素不断地改变，变化范围在最高和最低地下水位之间。

地下水对某些土层及基础的承载能力有很大影响，如黏性土在地下水上升时，将因含水量增加而膨胀，使土的强度降低，当地下水下降时，基础将产生下沉；土中水有腐蚀性时，还会影响基础的耐久性；另外为方便施工起见，一般基础争取埋在最高地下水位以上至少 200 mm。

当地下水位较高或建筑的功能要求有地下室或其他情况要求基础的埋深较大时，基础底面宜埋在最低地下水位以下至少 200 mm。

注意任何时候都不应将基础底面埋设在最高地下水位与最低地下水位之间(图 2-2-7a)。

(三)基础的埋深与土的冰冻深度有关

冻结土和非冻结土的分界线称为冻土线,冻土线到地面的距离为土的冰冻深度。各地区温度不同,低温持续时间不同,冰冻深度亦不相同。如北京地区为 0.85 m,兰州地区为 1.03 m,天津地区在 0.69 m 左右,哈尔滨为 2.05 m。地基土冻结后若产生冻胀,会向上拱起房屋(冻胀向上的力会超过地基承载力)。土层解冻,房屋随之下沉。这种冻融交替,使房屋处于不稳定状态,产生变形,造成墙身开裂,甚至使建筑物结构也遭到破坏等。故基础底面应埋置在冻土线以下至少 200 mm。

冬季土在冰冻时产生膨胀,春季气温回升土层解冻,发生回缩,即为冻胀现象。土的冻胀决定于土颗粒的大小以及土中的含水率等。同样颗粒的土,含水率低则膨胀小;同样的含水率,颗粒大的膨胀小。颗粒大的如碎石、中砂等,毛细水作用不显著,所以冻而不胀(图 2-2-7b)。

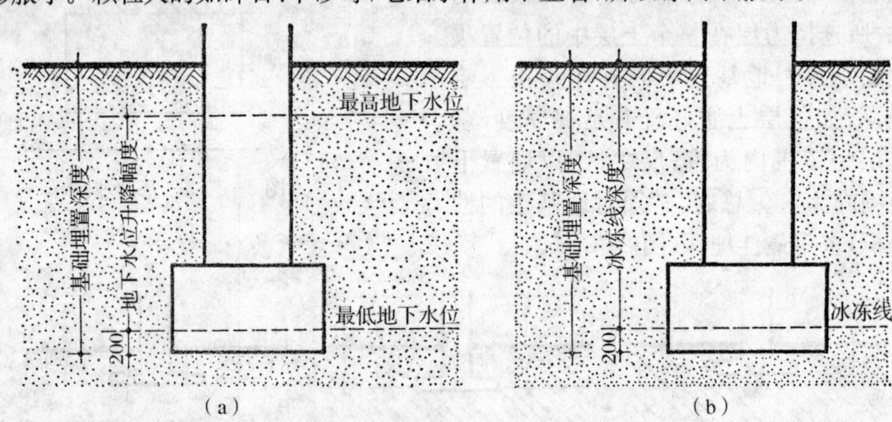

图 2-2-7　地下水位、冰冻线与基础埋深的关系

(a)地下水与基础埋深;(b)冰冻线与基础埋深

(四)基础的埋深与建筑物的高度有关

高层建筑不仅考虑竖向荷载对地基产生的垂直压力,而且水平的风力及地震力对地基产生不可忽视的倾覆力。增加基础的抗倾覆力需要相应地加大基础的埋深。

(五)其他因素的影响

除以上影响因素外,还受到地下室、设备基础及相邻建筑物基础埋置深度的影响。当基础附近有设备基础时,为避免设备基础对建筑物基础产生影响,可将建筑物基础深埋;当新建建筑与原有建筑基础相邻时,若基础埋深小于或等于原有建筑基础埋深,可不考虑相互影响;当基础埋深大于原有建筑基础埋深时,其应满足下列条件:$L \geqslant 2.0H_0$。

基础若没有足够的土层包围,基础底面持力层受到的压力会把基础四周的土挤出,使基础产生滑移而失稳。同时基础埋深过浅,易受外界的影响而损坏,故基础埋深一般不应<500 mm。

二、基础的类型

基础类型的确定是随建筑物上部结构形式、载荷大小及土质情况而异。一般可按所用材料、受力和外形形式分类。

(一)按基础的形式分类

1. 独立式基础(又叫点式基础)

一般有台阶形、锥形、杯形等,呈独立块状(图 2-2-8a)。可分为:

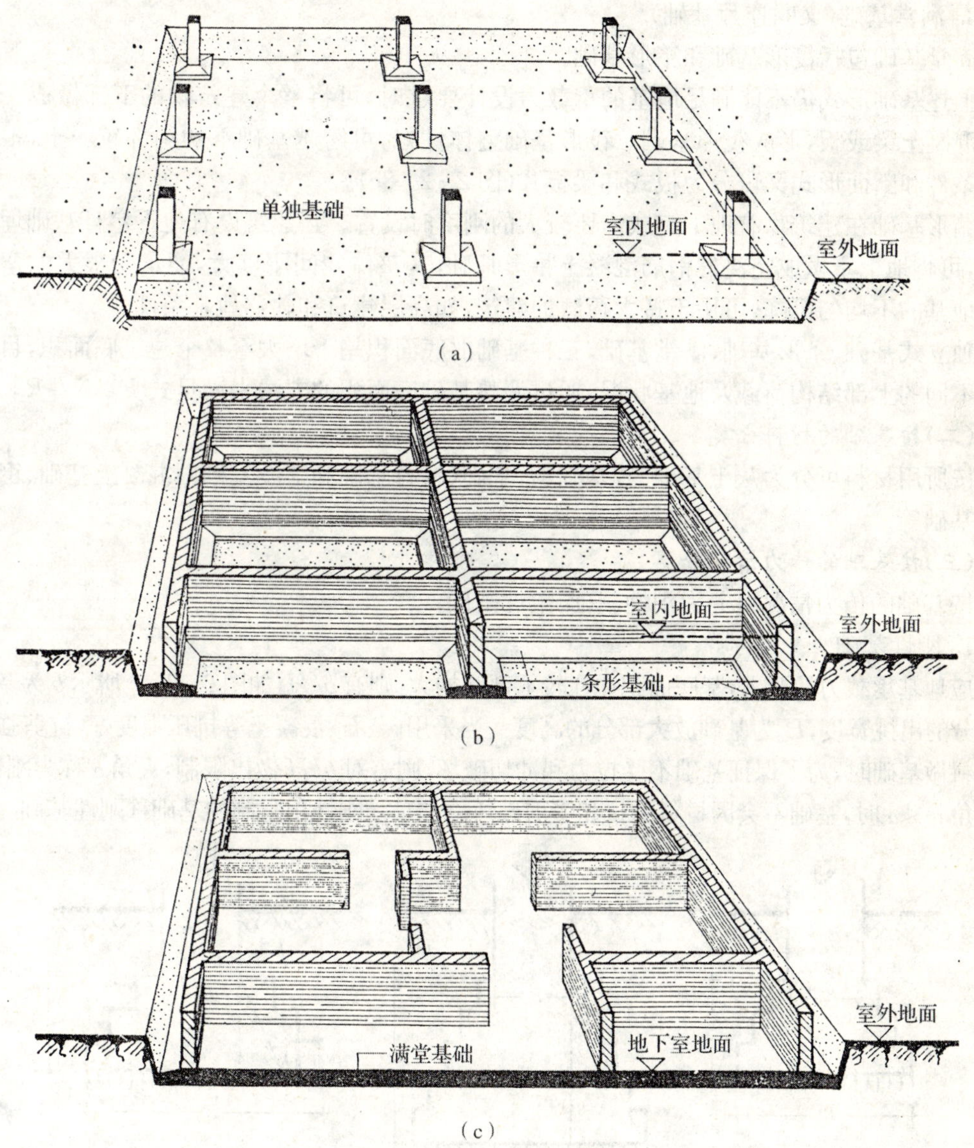

图 2-2-8　基础的基本类型

(a)单独基础;(b)条形基础;(c)满堂基础

(1)柱下独立式基础:与上部柱的形式相一致,当建筑物上部结构采用框架结构、单层排架或门架结构时,基础常采用独立基础。

(2)墙下独立式基础:又称柱墩或井柱式基础,其上需设梁等连续构件支承上部墙体,适用于地基承载力弱或埋深较大时。节约材料,减少土方。

2. 条形基础(又叫带形基础)

当建筑物上部结构以墙体承重时,为方便传递连续的条形荷载,基础沿墙身设置,做成连续带形,称为墙下条形基础或带形基础,多用于地基条件较好、浅基础的砖混结构建筑中。另外,还可设柱下条形基础、井格式基础等(图 2-2-8b)。

3. 满堂基础(又叫连片基础)

满堂基础包括筏形基础和箱形基础。

上述基础形式仍不能满足地基的承载力设计要求时,可将整个建筑物的下部做成一整块钢筋混凝土梁或板,形成筏形基础。筏形基础整体性好,可跨越基础下的局部较弱土,根据使用的条件和断面形式又可分为板式和梁板式(图 2-2-8c)。

箱形基础在建筑物有地下室或需要较大的刚度时设置。当建筑设有地下室且基础埋深较大时,可将地下室做成整浇的钢筋混凝土箱形基础,其整体空间刚度大,能承受很大的弯矩和抵抗地基的不均匀沉降,可用于特大荷载的建筑,如高层建筑和软弱地基条件。

独立式基础、条形基础、满堂基础,三种基础的底面积趋于增大至整个建筑底面积,目的是针对不同的上部结构荷载及地基状况,通过调整基础底面积的方法来满足式 $F \geqslant N/[R]$。

(二)按基础的材料分类

按所用材料可分为灰土基础、砖基础、石基础(料石基础和毛石基础)、混凝土基础、钢筋混凝土基础等。

(三)按基础的传力情况分类

按基础的传力情况可分为刚性基础、柔性基础。

1. 刚性基础

应地基承载力的要求,基底面积往往较上部结构大,则有 b/H,如图 2-2-9 所示 b 为基础放大部分的出挑宽度,H 为基础放大部分的高度。当采用砖、石、混凝土等抗压强度好,抗剪强度低的材料做基础时,为了保证基础不受拉力和冲切破坏,则需对 b/H 做出限制,夹角 α 称为刚性角,当夹角 $\alpha' < \alpha$ 时,基础不会因材料受拉和受剪破坏。凡是受刚性角限制的基础称刚性基础。

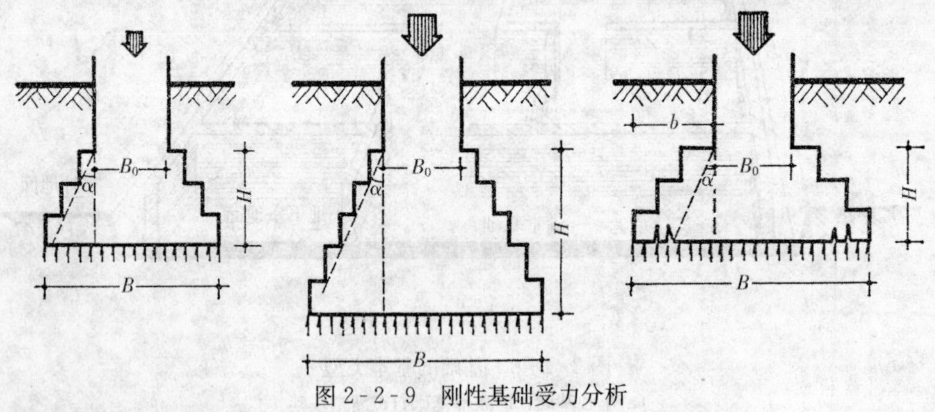

图 2-2-9　刚性基础受力分析

几种常用的刚性基础:

(1)砖基础(主要介绍砖条形基础)

特点:取材容易,价格低廉,施工简便。但强度、耐久性差,抗冻性较差。

断面形式:由于受刚性角的限制(砖基础的刚性角在 $\alpha = 30° \sim 32°$)并考虑砌筑方便,常采用以下两种断面做法。二皮一收：$\alpha=26°50'$，每隔二皮砖厚收进 60 mm(1/4 砖的长度)。二一间收：$\alpha=33°50'$，二皮一级与一皮一级间隔收进。注意最底面一级必须做二皮砖厚。砖基础的这种逐步放阶的形式称为大放脚。

砖基础下一般需加设垫层，北方地区多用 300 mm 或 450 mm 厚 3∶7 灰土(石灰∶黄土体积比为 3∶7)，南方潮湿地区多采用 1∶3∶6 三合土(石灰∶炉渣∶碎石或碎砖)厚度不小于 300 mm(图 2-2-10)。

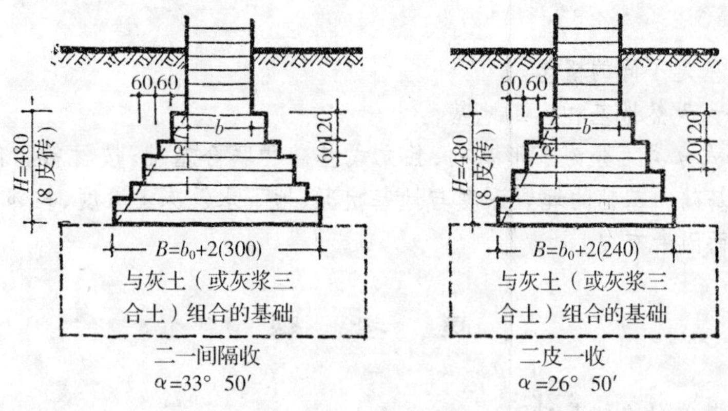

图 2-2-10　砖基础

(2)混凝土基础

特点：坚固，耐久，刚性角大，$\alpha=45°$，即 $b/H=1∶1$，防水性好。

材料：用水泥、石子、砂子加水拌合浇筑而成。强度 C7.5～C15。

断面形式：有矩形、阶梯形、锥形等。其断面形式除受刚性角的限制外，不受材料规格限制(图 2-2-11)。

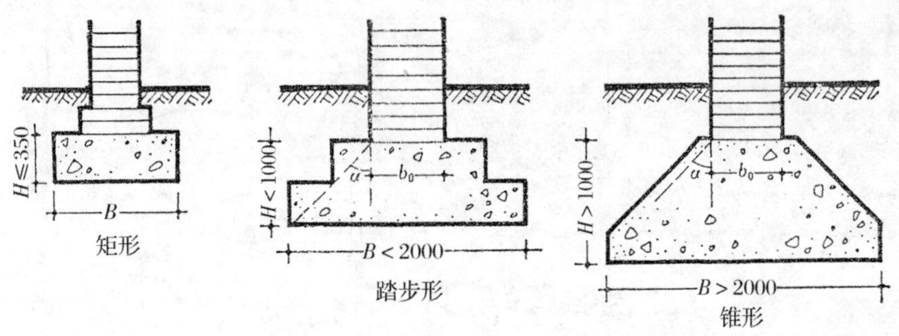

图 2-2-11　混凝土基础

2. 柔性基础

刚性基础随基础宽度增加，基础高度也要相应地增高，从而增加了材料用量及施工的土方量，同时持力层厚度一定时，基础底面到达下层软弱土，有时可能到达地下水位线等。因此，刚性基础常用于地基承载力好，压缩性小的中小型民用建筑中。

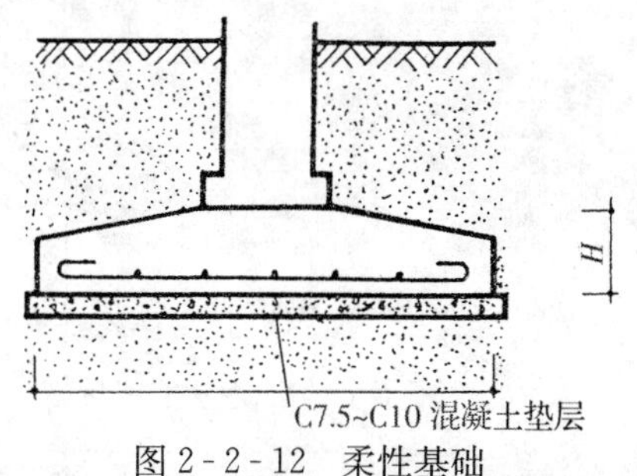

图 2-2-12　柔性基础

当建筑荷载较大或地基承载力较差时，可采用钢筋混凝土基础，即在混凝土基础的底部配以钢筋，利用钢筋来承受拉力，使基础底部能够承受较大弯矩(图 2-2-12)。这时基础不仅能承受压力，而且受拉性能良好，基础宽度的加大不受刚性角的限制，从而克服了宽基础要求大埋深的因果关系，故也称钢筋混凝土基础为柔性基础。在同样条件下，采用钢筋混凝土与混凝土基础可节省大量的混凝土材料和挖土工作量。

小　结

1. 基础与地基是不同的概念。

2. 地基可分为天然地基和人工地基。

3. 基础按形式分类可分为条形基础、独立式基础和联合基础；按材料和传力情况可分为刚性基础和柔性基础。基础的埋置深度与地基状况、地下水及冻土深度、相邻基础的位置以及设备布置等各方面因素有关。

思　考　题

1. 什么叫地基？什么叫基础？

2. 人工加固地基的方法有哪些？桩基础的分类、特点及适用情况。

3. 简述常用基础的分类。

4. 简述刚性基础和柔性基础的特点。

第三章　墙体的构造

第一节　墙体构造概论

墙体是建筑物的重要组成构件，占建筑物总重量的30％～45％，造价比重大，因而在工程设计中，合理地选择墙体材料、结构方案及构造做法十分重要。

一、墙的类型

建筑物的墙体因其所在位置、材料组成、受力情况及施工方法不同，一般有以下几种分类方式：

（一）按墙体在平面中所处的位置分类：可分为外墙和内墙

外墙位于建筑物周边，是建筑物的外围护结构，起着挡风、阻雨、保温、隔热等作用，使内部空间不受自然界因素的侵袭；内墙位于建筑物内部，起着分隔内部空间的作用。任何墙上，窗与窗或门与窗之间的墙称为窗间墙，窗洞下部的墙为窗下墙或窗槛墙。

（二）按墙体本身的方向分类：可分为横墙和纵墙

横墙是指沿建筑物短轴方向布置的墙，有内横墙和外横墙，一般地，外横墙又称山墙。纵墙是指沿建筑物长轴方向布置的墙，有外纵墙和内纵墙，其中外纵墙又称外檐墙。

（三）按墙体的受力情况分类：可分为承重墙和非承重墙

承重墙直接承受由楼板或屋顶等上部结构传来的荷载，反之不承受由楼板或屋顶等上部结构传来荷载的墙为非承重墙。非承重墙又分为自承重墙、隔墙、幕墙、填充墙等。自承重墙仅承受自身重量，并把自重传至基础；隔墙把自重传给梁或楼板，起分隔空间作用；填充墙是指填充于框架结构梁柱之间的墙；悬挂于建筑物外部骨架或楼板间的轻质外墙称为幕墙，有金属、玻璃及复合材料幕墙。

（四）按墙体的施工方法分类：可分为叠砌墙、板筑墙和板材墙

叠砌墙是各种材料制作的块材（如黏土砖、空心砖、灰砂砖、石块、小型砌块等），用砂浆等胶结材料砌筑而成，也叫块材墙；板筑墙则是在施工现场立模板现浇而成的墙，例如现浇混凝土墙等；板材墙是预先制成墙板，施工现场安装而成的墙，例如预制装配的钢筋混凝土大板墙，各种轻质条板内隔墙等。

（五）按墙体的材料分类：可分为砖墙、石墙、土墙、钢筋混凝土墙等

用砖和砂浆砌筑的墙为砖墙；用石块和砂浆砌筑的墙为石墙；用土坯和黏土、砂浆砌筑的墙或模板内填充黏土夯实而成的墙为土墙；用钢筋混凝土现浇或预制的墙为钢筋混凝土板材墙。

（六）按墙体的构造方式分类：可分为实体墙、空体墙和组合墙三种

实体墙是指由单一材料组成的实心墙体，如普通黏土砖及其他实体砌块砌成的墙。空体墙也是由单一材料组成的但内部有空腔的墙体，如空斗墙（内部为空腔）、空心砌块墙、空心板墙等；组合墙是指由两种以上材料组合而成的墙，其主体一般为黏土砖或钢筋混凝土，在内外侧复合保温、防水等材料，以更好地满足墙体的各种功能要求。例如轻质保温材料，常用的有充气石膏板水泥聚苯板、黏土珍珠岩、石膏聚苯板、纸面石膏岩棉板、石膏玻璃丝复合板等，这些组合墙体质轻、热阻大，按《民用建筑节能设计标准》的要求，均满足节能要求（图 2-3-1）。

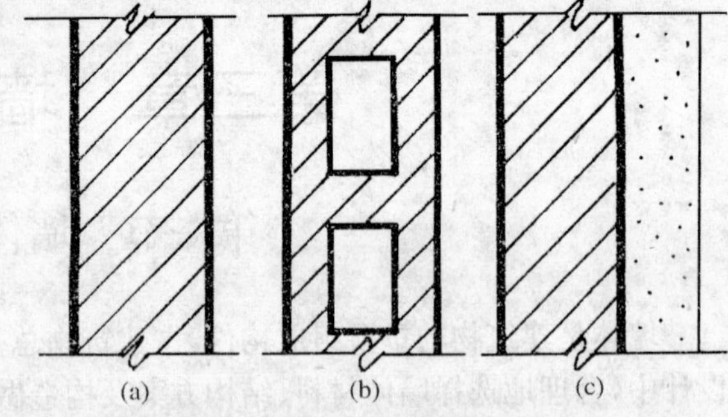

图 2-3-1　墙体的构造方式

(a)实体墙；(b)空体墙；(c)组合墙

二、墙体的设计要求

（一）结构方面的要求

1. 墙体必须具有足够的强度和稳定性

强度指墙体足以承受楼板或屋顶传来的荷载，使外荷载不超过墙体的承载力限值。稳定性指墙体在荷载作用下抵抗平面外失稳的能力，与墙体的高厚比有关。高厚比越大，构件越细长，稳定性越差。稳定性要求墙体的高厚比必须控制在允许范围内，或者采取其他的墙体加固措施。

2. 结构布置方面的要求

（1）结构布置原则

①整齐划一、上下对齐：对于使用功能相近或相似的房间在平面设计中，尽量作到平面大小、形状一致，结构相同，以便承重构件上下对齐，受力合理。

②上大下小、上轻下重：面积大的房间布置在上层，面积小的布置在下层，楼层荷载小的放在上面，反之设在下面，以避免楼板承受过重的集中荷载，使结构受力合理。

③按类集中：把功能相同的房间集中布置，便于设备管线的处理，例如公建中上下楼层的厕所对应布置。

（2）结构布置方案（见图 2-3-2）

①横墙承重

按房间的开间设横墙，楼板的两端搁置在横墙上，由横墙承受外来荷载，纵墙仅起围护或分隔作用。例如宿舍、旅馆、医院住院部等小开间建筑。

横墙承重方案房屋的横向刚度大，抗震性好；板的跨度小，房间内没有梁，提高了房间的净高或降低了层高，节省投资；可加大房屋的进深，节能节地；纵墙开窗不受限制，立面处理灵活，施工方便；楼板可做成连续板，受力合理。但不适合大空间要求；结构占地面积大，相应地减少了房间的有效使用面积；大进深房间采光、通风不良。

②纵墙承重

将楼板搁置在内外纵墙上，由纵墙承受楼板荷载及自重，横墙不承重。

纵墙承重方案房间平面布置灵活，能满足对大空间的要求；横墙数量少，节省结构占地，减轻结构自重。但横墙数量少，结构的横向刚度差，不宜用于高烈度地震区；软弱地基土的情况不宜采用，防止较大荷载作用下的不均匀沉降引起纵墙开裂；由于受强度要求的限制，纵墙开窗受到限制。

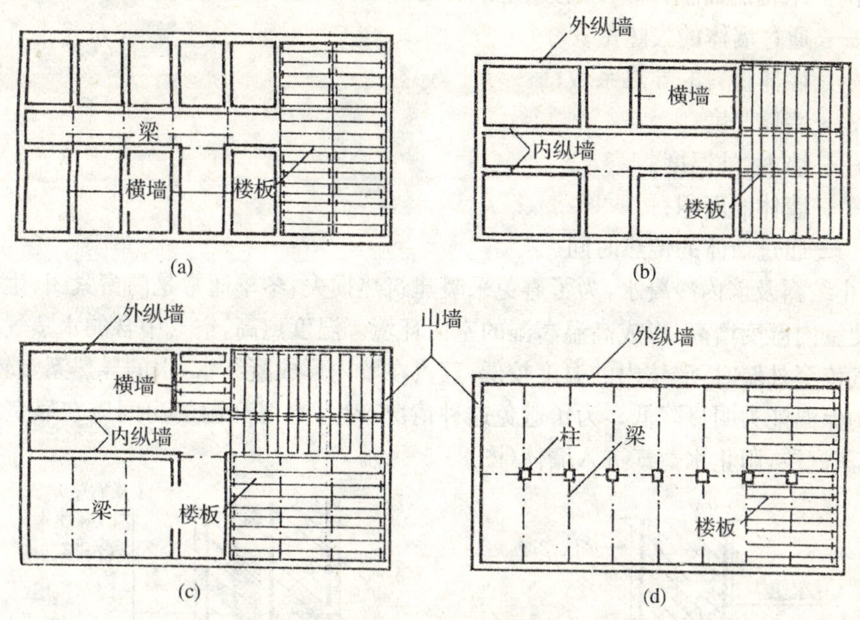

图 2-3-2　墙体结构布置方案

(a)横墙承重；(b)纵墙承重；(c)纵横墙承重；(d)半框架承重

③纵横墙混合承重

房间中一部分采用横墙承重，另一部分采用纵墙承重，一般以横墙承重为主，部分使用纵墙承重为辅。

纵横墙混合承重优点是建筑空间组合灵活，平面随功能而变。缺点是楼板规格多，施工不便；不同规格的楼板厚度不同时，顶棚不整齐美观；结构的质量中心和刚度中心不重合，结构刚度不均匀，在地震作用时房屋可能产生扭转破坏。

④部分框架体系

当建筑物需要大空间时，如商店、综合楼等，采用内部框架承重体系，四周为承重墙。楼板自重及活荷载传给梁、柱或墙。房屋的刚度主要有框架保证，因此水泥及钢材用量较多。还可以采用下框架上砖混，用于下部需要大空间，上部空间较小的情况，例如商住楼等。

(二)功能方面的要求

1. 保温要求

寒冷季节，室外温度低，而室内为了满足人的生理卫生的需要，同时提供一个舒适、温暖的室内工作、生活环境，需要保持一个较高的相对稳定的温度和湿度。例如：天津地区，冬季室外平均气温为－1.2℃，室内设计温度 18℃。则热量由温度高的部位向温度低的部位传递。在建筑中，表现为热量通过外围护结构从室内向室外的迁移。为了维持室内设计温度不变，则必须由采暖或空调设备补给室内失去的热量。所以，外墙需要保温以减少供热，保持室内的热舒适环境(图 2-3-3)。可采取的方法有：

(1)提高外墙保温能力，减少由热传导引起的热损失。

由 $Q_{失}=\dfrac{\lambda}{d}\times(t_i-t_e)\times F\times Z$ 知：增加墙体厚度，采用导热系数 λ 值小的材料做内外保温

层，减小外围护结构的面积，都可以有效地减少由外墙热传导引起的热损失。

式中　$Q_{失}$——通过墙体的失热量；

λ——墙体材料的导热系数；

d——墙体厚度；

t_i，t_e——墙内、外温度；

F——墙体的面积；

Z——通过墙体的传热时间。

(2)防止结露及墙内冷凝水：为了避免采暖建筑热损失，冬季通常是门窗紧闭，生活用水及人的呼吸使室内湿度增高，形成高温高湿的室内环境。温度愈高，空气中含的水蒸气愈多。当室内热空气传至外墙时，墙体内的温度较低，蒸汽在墙内形成凝结水，水的导热系数较大，因此就使外墙的保温能力明显降低。为了避免这种情况产生，高温高湿的房间应在靠室内高温一侧，设置隔蒸汽层，阻止水蒸气进入墙体（图 2-3-4）。

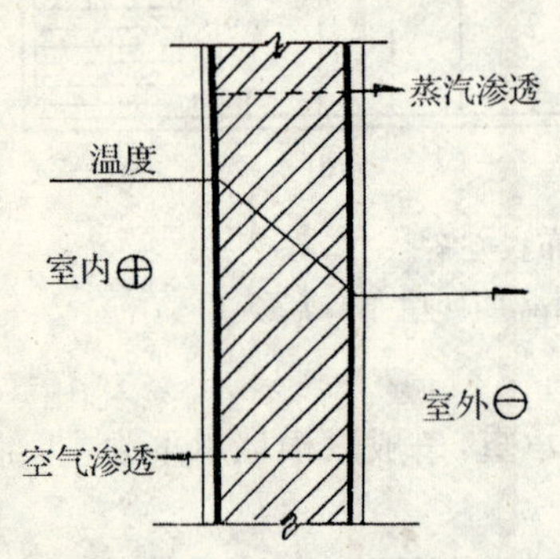

图 2-3-3　外墙冬季传热过程

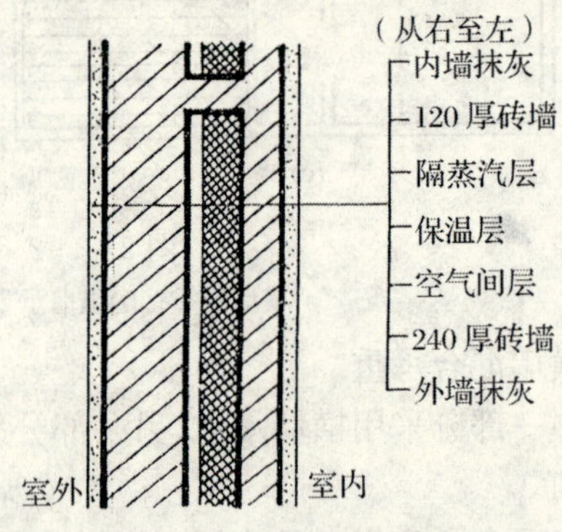

图 2-3-4　隔蒸汽层的设置

(3)冷风渗透：由于墙体材料不够密实，有很多微孔存在，同时门窗关闭不严等，使在风压作用下，冷空气从迎风面墙向室内渗透，造成热损失，对保温不利。防止冷风渗透的措施是选用密实的墙体材料，保证墙体的砌筑质量及门窗的加工质量等。

2. 隔热要求

炎热地区夏季太阳辐射强烈，室外热量通过外墙传入室内，使室内温度升高，产生过热现象，影响人们工作和生活，甚至损害人的健康，所以外墙应具有足够的隔热能力，使室内保持舒适稳定的热环境。外墙可以选用热阻大、重量大的材料，如砖墙、土墙等；也可以选用光滑、平整、浅色的材料，以增加对太阳的反射能力，还可以采取必要的遮阳、绿化等措施起降温隔热作用。

3. 隔声要求

为保证建筑室内使用的要求，不同类型的建筑具有相应的噪声控制标准，墙体主要隔绝由空气直接传播的噪声。空气声在墙体中的传播途径有两种：一是通过墙体的缝隙和微孔传播；二是在声波作用下墙体受到振动，声音透过墙体而传播。所以提高墙体隔声性能一般采取以下措施：

(1)加强墙体的密缝处理。

(2)增加墙体密实性及厚度。墙体越密实，隔绝空气传声的能力越好。

(3)采用有空气间层或多孔性材料的夹层墙，提高墙体的减振和吸声能力。

(4)在条件允许的情况下，利用垂直绿化降噪。

4. 其他要求

(1)防火要求：选择符合《建筑设计防火规范》规定的燃烧性能、耐火极限的材料，在较大的建筑中应设置防火墙，划分防火分区。

(2)防水、防潮要求：在卫生间、厨房等有水的房间及地下室墙体应采取防水、防潮措施。选择良好的防水材料以及恰当的构造做法，保证墙体的坚固耐久性，使室内有良好的卫生环境。

(三)建筑材料、施工、经济方面的要求

在大量性的民用建筑中，墙体工程量占着相当的比重，劳动力消耗大，施工工期长。因此，墙体设计应合理选材，方便施工，提高机械化施工程度，提高工效、降低劳动强度，并应采用轻质高强的墙体材料，以减轻自重、降低成本，逐步实现建筑工业化。同时墙体设计应解决好结构、热工、隔声之间的矛盾。

第二节　砖墙的构造

在我国，砖墙的应用历时已久，主要原因是其自身优点很多：取材容易，制造简便；施工简单，不需大型设备；有一定的保温、隔热、隔声、防火、防冻效果；有一定的承载能力。但存在施工速度慢，工人劳动强度大；自重大，占面积多，尤其是大量使用的黏土砖与农田争地等缺点。有鉴于此，为保护农田，克服黏土砖资源不足，减轻建筑荷重，降低成本，走建筑工业化道路，砖墙材料的改革势在必行。

一、砖墙材料

砖墙包括砖和砂浆两种材料，是由砂浆胶结材料将砖块砌筑而成为砖砌体。

(一)砖

砖的类型很多，有黏土砖、灰砂砖、页岩砖、煤矸石砖、水泥砖及各种工业废料砖，如粉煤灰砖、炉渣砖等(图 2-3-5)。

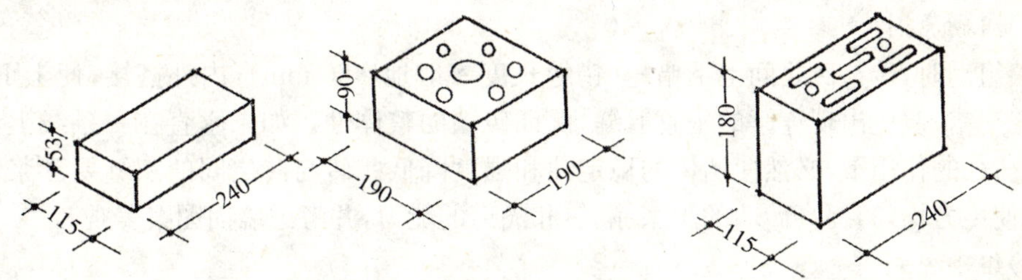

图 2-3-5　标准砖的规格

标准砖的规格全国统一，尺寸为 240 mm×115 mm×53 mm，512 块/m^3，以 10 mm 灰缝组合时，长宽厚之比为 4∶2∶1，砌筑时以砖的宽度加灰缝的倍数为模数，即 115 mm+10 mm=125 mm，容重为 1.8 t/m^3。

砖的强度等级是根据标准试验方法所测得的抗压强度(单位为 N/mm²)分为 6 级,分别是 MU7.5、MU10、MU15、MU20、MU25、MU30。砖的抗冻融能力以砖在冻融循环 15 次,重量损失<2%为合格。

其中普通黏土砖保温、隔热、隔声效果较好,有较好的防火、抗冻能力,能满足一定的承载力要求。但施工速度慢,工人劳动强度大,自重大,浪费土地资源,不利于工业化生产。

(二)砂浆

砂浆是砌体的胶结材料,砖块经砂浆砌筑成墙;砂浆应将砖之间的缝隙填平、密实,便于砖块承受的荷载能逐层均匀传递,并提高砖墙的防寒、隔热和隔声的能力。砌筑砂浆除要有一定强度外,还应具备适当稠度和保水性,即有良好的和易性,方便施工。

1. 砂浆的种类

常用砌筑砂浆有水泥砂浆、水泥石灰砂浆、石灰砂浆三种。

(1)水泥砂浆:由水泥、砂子加水拌合而成。属于水硬性材料,强度高,适合于砌筑潮湿环境下的砌体。例如地下室、基础等有水情况下的砌体部分由水泥砂浆砌筑,砌体仍能达到要求的强度。

(2)石灰砂浆:由石灰膏、砂子加水拌合而成,属于气硬性材料。强度和防潮性均不及水泥砂浆,但和易性好,适用于砌筑次要建筑中地面以上的部分。

(3)混合砂浆:由水泥、石灰膏、砂子加水拌合而成。强度较高,和易性、保水性较好,适用于砌筑一般建筑中地面以上的部分。

2. 砂浆的强度

砂浆的强度等级是用龄期为 28 d 的标准立方块,以 N/mm² 为单位的抗压强度来划分的,强度等级分为 7 等:M0.4、M1、M2.5、M5、M7.5、M10、M15。

3. 砖墙的强度

一般砌体结构的砂浆强度等级不宜低于 M2.5,砖的强度等级不宜低于 MU7.5,地面以下式防潮层以下砌体砂浆不得低于 M5,砖不得低于 MU10。砖砌体的强度随砖和砂浆强度的提高而提交,但不等于二者的均值。

二、砖墙的组砌

(一)组砌原则

砖墙组砌时,砖与砖之间上下错缝(错缝长度一般地≥60 mm),内外搭接,使上下每皮砖的垂直缝交错,避免出现连续的垂直通缝,保证砖墙的整体性。如果垂直在一条线上,即形成通缝,在荷载的作用下,必然使墙体的稳定性和强度降低。砖与砖之间的灰缝要砂浆饱满,薄厚均匀,使传力均匀,提高砖墙的防寒、隔热和隔声的能力,并考虑墙面图案美观。

(二)组砌方式

在砖墙的组砌中,把砖的长向垂直于墙面砌筑的砖叫做丁砖,把砖的长度平行墙面砌筑的砖叫做顺砖。上下皮砖之间的水平灰缝叫做横缝,左右两块砖之间的垂直缝叫做竖缝(图2-3-6)。砖墙常见的砌筑方式有以下几种:

1. 全顺式:每皮均为顺砖组砌。上下皮左右搭接为半砖,适用于“12 墙”。

2. 上下皮一顺一丁式(满丁满条式):一层砌顺砖,一层砌丁砖,相间排列、重复组合。在

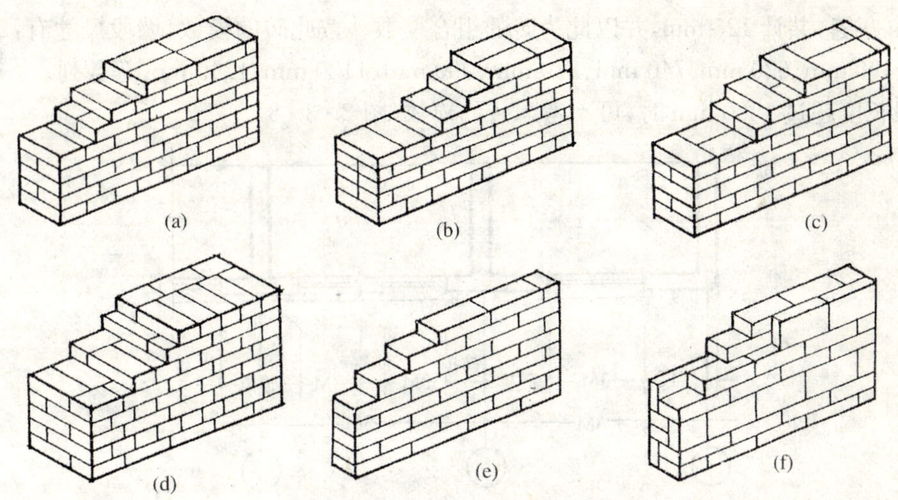

图 2-3-6 砖墙的组砌方式

(a)上下皮一顺一丁式(24 墙);(b)多顺一丁式(24 墙);(c)梅花丁式(24 墙);
(d)上下皮一顺一丁式(37 墙);(e)全顺式(12 墙);(f)18 墙

转角部位要加设 3/4 砖(俗称七分头),进行过渡,特点是搭接好、无通缝、整体性强,因而应用较广。适用于"24 墙"及以上的墙体。

3. 梅花丁式(十字式):由顺砖和丁砖相间铺砌而成。整体性好,同时墙面美观,适用于"24 墙"及以上的墙体。

4. 多顺一丁式:通常有三顺一丁和五顺一丁两种,其做法是每隔三皮顺砖或五皮顺砖加砌一皮丁砖相间叠砌而成。缺点是多皮顺砖之间存在通缝,整体性差。适用于"24 墙"及以上的墙体。

(三)砖墙的尺度

砖墙的尺度是指墙厚和墙段两个方向的尺寸。除应满足结构和功能设计要求外,砖墙的尺度还必须符合砖的规格。

1. 墙厚

用砖的长、宽、高作为砖墙厚度的基数,按灰缝 10 mm 进行组砌。常用的有半砖墙、一砖墙、一砖半墙、两砖墙等,相应的实际尺寸为 115 mm、240 mm、365 mm、490 mm 等,习惯上称"12 墙"、"24 墙"、"37 墙"、"49 墙"。墙厚与砖的规格关系见图 2-3-7。

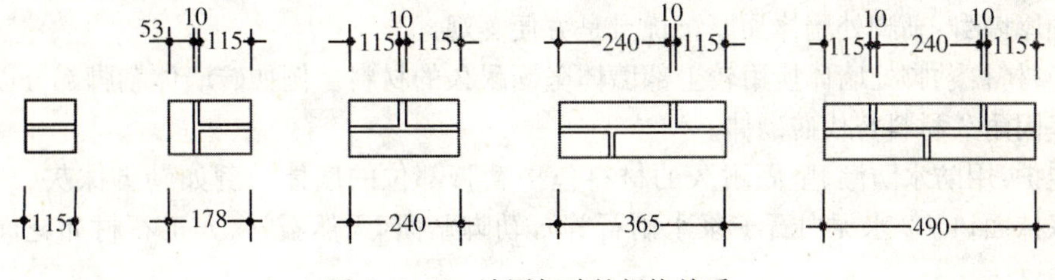

图 2-3-7 墙厚与砖的规格关系

2. 墙段长度

墙段尺寸是指窗间墙、转角墙等部位墙体长度。普通黏土砖最小单位为 115 mm,砖宽加上 10 mm 灰缝，共计 125 mm，并以此为砖的组合模数。按此砖的模数，墙段尺寸有：240 mm、370 mm、490 mm、620 mm、740 mm、870 mm、990 mm、1120 mm、1240 mm 等数列。

墙段长度超过 1500 mm 时，可不考虑砖的模数（图 2-3-8）。

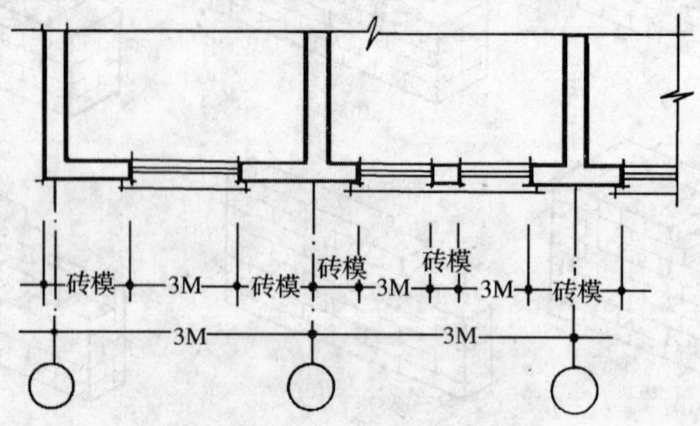

图 2-3-8　砖墙的洞口与墙段尺寸

三、砖墙细部构造

为了保证砖墙的耐久性和墙体与其他构件的连接，应在相应的位置进行构造处理。砖墙的细部构造包括：墙脚、门窗洞口、墙身加固措施等。

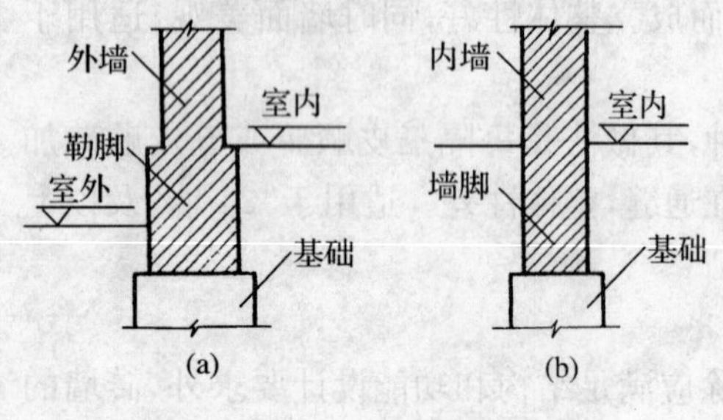

图 2-3-9　墙脚位置

(a)外墙；(b)内墙

(一)墙脚处的构造

墙脚是指室内地面以下，基础以上的这段墙体，内外墙都有墙脚，外墙的墙脚又称勒脚（图 2-3-9）。

1. 勒脚

外墙与室外地面接近的部分称为勒脚。它的作用是防止地面水、屋檐滴下的雨水对墙体的侵蚀，保护外墙墙脚免受土壤中水分影响及地表水（雨、雪）侵蚀而遭破坏，保护外墙墙脚抵抗机械力如人、物、车辆等的碰损，同时还起美化建筑立面的作用。因此，勒脚处墙体要求坚固、耐久、防水、防潮、美观等。

(1)勒脚的做法

①加厚墙身：勒脚处墙体加厚。优点是方便美观。

②换材料：勒脚处墙体换用较上部墙体坚固耐久的材料。例如砖墙体勒脚部分以条石、混凝土等坚固耐久材料替代砖砌体。

③包护：用防水防潮、坚固耐久的材料包护勒脚部位的墙体。例如勒脚抹灰（20 厚 1∶3 水泥砂浆抹面；1∶2 水泥白石子浆水刷石等），勒脚贴面（天然石材、人工石材如花岗岩、水磨石等）。

(2)勒脚的高度

①从室外设计地面到±0.000（一般情况下）。

②从室外设计地面到一层窗台处（立面处理的需要）。

③从室外设计地面向上做一层或几层楼高(立面处理的需要),如图 2-3-10 所示。

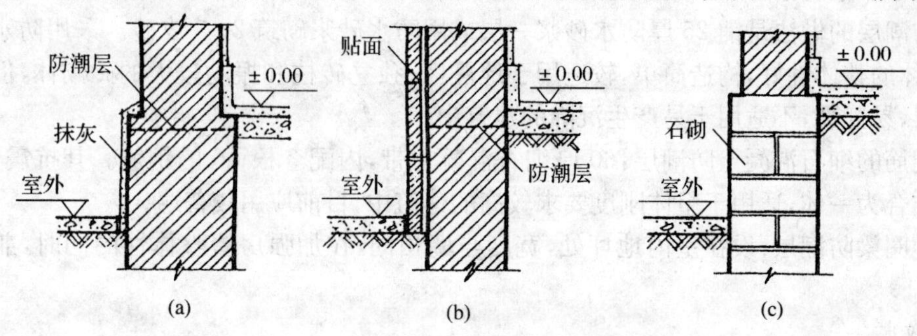

图 2-3-10 勒脚构造做法

(a)抹灰;(b)贴面;(c)石材

2. 防潮层

在墙身中设置防潮层的目的是防止土壤中的水分沿基础墙上升和勒脚部位的地面水影响墙身。它的作用是提高墙体的耐久性,保持室内干燥卫生。因此,需采取适当措施保护墙体免受土中水的影响。

(1)位置

水平防潮层在墙体内的位置,视室内地面做法不同而定。

①室内地面垫层为不透水材料时(混凝土),水平防潮层的位置应设在不透水垫层范围内,低于室内地坪 60 mm 处。

②室内地面垫层为透水材料时(如炉渣、碎石、黏土砖铺地等),防潮层的位置提高到高于室内地坪 60 mm 处。

③室内地面存在高差时,即不同房间的室内地坪标高有异时,需在 2 个标高不同的室内地面处分别设水平防潮层,并在两地坪之间的墙体做垂直防潮层(图 2-3-11)。

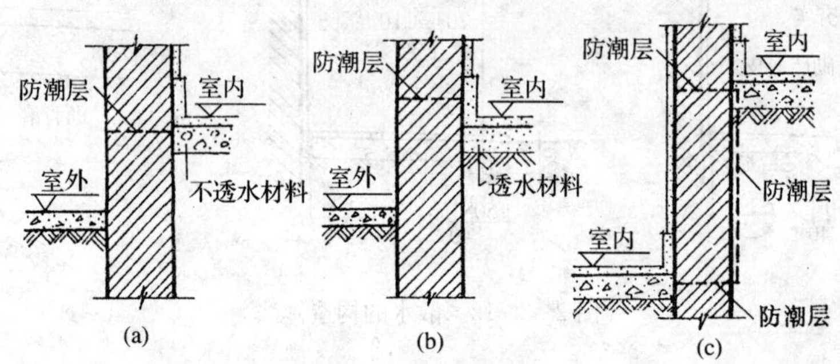

图 2-3-11 墙身防潮层的位置

(a)地面垫层为密实材料;(b)地面垫层为透水材料;(c)室内地面有高差

水平防潮层至少高于室外地面 150 mm,防止雨水溅湿墙面受潮。

(2)做法

①油毡防潮层:1∶3 水泥砂浆找平层上铺一毡二油。油毡防潮层具有一定的韧性、延伸性,良好的防潮性能;但降低砖墙的整体性,削弱了上下砖砌体之间的粘结,且油毡易老化,耐久年限短。油毡防潮层不适用于地震区和下部作为固定端的墙体,如单片墙。

②防水砂浆防潮层：防水砂浆是在1∶2水泥砂浆加水泥质量3%～5%的防水剂制成。防水砂浆防潮层的做法是铺25厚防水砂浆一层或用防水砂浆砌筑2～3皮砖。采用防水砂浆防潮层，砌体的整体性好，构造简单，较适用于地震区、独立砖柱和振动较大的砖砌体，但砂浆属脆性材料，易开裂，不适用于易产生沉降的建筑中。

③配筋的细石混凝土防潮层：60厚细石混凝土带，内配3根$\phi6$的钢筋。其抗震性好，能与砌体结合为一体，适用于整体刚度要求较高的建筑中，目前应用较普遍。

④地圈梁防潮层：设在室内地坪处，宽度与墙相同，在加强房屋整体性的同时，兼起防潮作用。

3. 散水

为了迅速排除从屋檐下滴的雨水，防止因积水渗入地基而造成建筑物的下沉，通常在建筑物勒脚与室外地坪相接处设散水（北方）或明沟（南方）。

散水是设在外墙勒脚四周地面上的倾斜护坡，坡度为2%～5%；宽度为一般建筑700～1000 mm，高层1000～1200 mm。有挑檐无组织排水的建筑，散水较屋顶挑檐宽200 mm左右。散水一般用素混凝土现浇，随打随抹光或外抹水泥砂浆，或用砖石砌筑再抹水泥砂浆而成。

散水沿长度方向每隔一定间距设分格缝，以适应材料收缩，温度变化，土壤不均匀变形的影响，防止因此而遭破坏。

散水与外墙交接处设分格缝，防止散水与主体结构沉降不均而遭破坏。另外，在施工顺序上，可先主体后散水，以便主体建筑沉降稳定后，再做散水施工，减小二者之间的沉降差。

散水施工结束后，用沥青砂浆等弹性材料嵌缝。勒脚处墙面抹灰应向下做到散水下的垫层处（图2-3-12）。

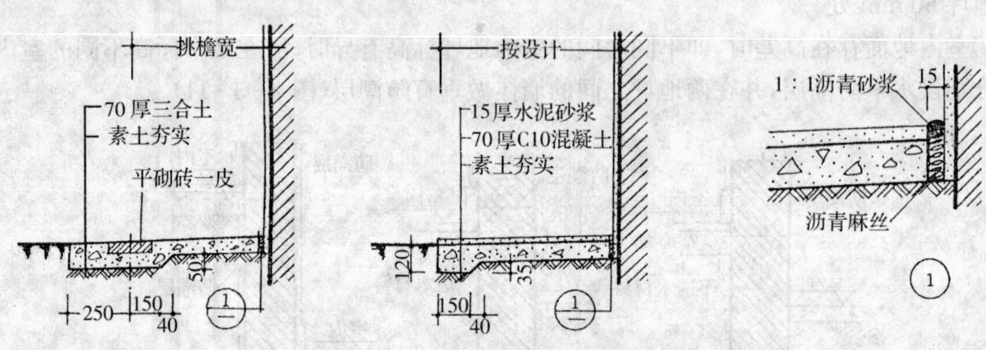

图2-3-12　散水的构造做法

（二）门窗过梁

为承受门窗洞口上部的荷载，并把它传到门窗两侧的墙上，以免压坏门窗框，所以在其上部加设过梁。门窗洞口上部的荷载包括：门窗洞口上部三角形墙体的重量；承重墙上的门窗洞口过梁还承受楼板传来的荷载；墙上有梁时，还承受由大梁传来的部分集中荷载。门窗洞口上部的荷载一般不大，因而过梁的断面不大，梁内配筋也较少。

常见的过梁有砖砌平拱、钢筋砖过梁、钢筋混凝土过梁等几种。

(1)砖砌过梁

砖砌过梁有平拱和弧拱两种，是我国传统做法。将立砖和侧砖相间砌筑，使灰缝上宽下窄相互挤压便形成了拱的作用。砖砌过梁节约钢材和水泥，但施工麻烦，整体性较差，不宜用于上部有集中荷载、振动较大、地基承载力不均匀以及地震区的建筑。

砖砌平拱过梁适用于跨度不大于 1.2 m 的洞口（图 2-3-13）。

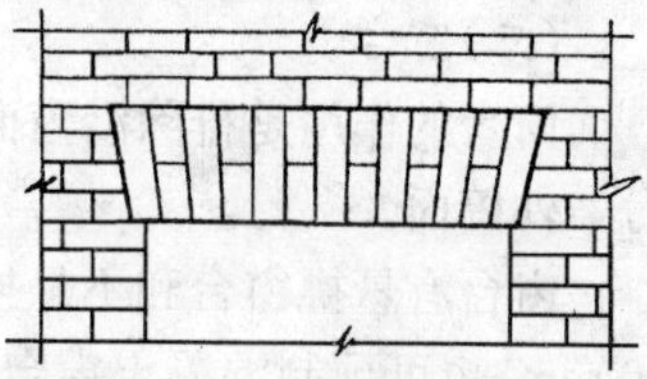

图 2-3-13　砖砌平拱过梁

(2)钢筋砖过梁

钢筋砖过梁是在洞口顶部配置钢筋，形成可以承受弯矩的加筋砖砌体。做法是将 $\phi 6$ 的钢筋埋于过梁底面厚度为 30 mm 砂浆层内，根数不少于 3 根，间距不大于 120 mm；砂浆强度≮M5的砂浆砌筑洞口上 $\frac{1}{4}L$（L 为洞口宽度），一般为 5～7 皮砖；钢筋伸入洞口两侧不小于 240 mm，且钢筋端部应起弯钩。优点是施工方便，应用于清水砖墙不需做立面处理。

钢筋砖过梁适用于跨度不超过 2 m 的洞口（图 2-3-14）。

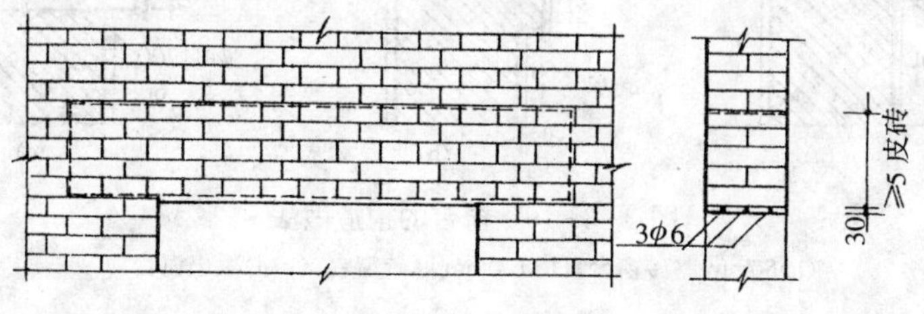

图 2-3-14　钢筋砖过梁

(3)钢筋混凝土过梁

当门窗洞口较大或洞口上部有集中荷载时，常采用钢筋混凝土过梁，它坚固耐用，施工简便，可以预制或现浇，对房屋不均匀沉降或振动有一定的适应性。

为了施工方便，梁高应与砖皮数相适应，以方便墙体连续砌筑，故常见梁高为 60 mm、120 mm、180 mm、240 mm，即 60 mm 的倍数。梁的宽度一般同墙的厚度，梁的两端支承在墙上的长度每边不少于 240 mm，以保证足够的承压面积。

在立面中往往有不同形式的窗，过梁的形式应配合使用。一般过梁的断面形式有矩形和 L 形，矩形多用于内墙和混水墙，L 形多用于外墙和清水墙。在寒冷地区，为了防止过梁内壁产生冷凝水，可采用 L 形过梁或组合式过梁（图 2-3-15）。

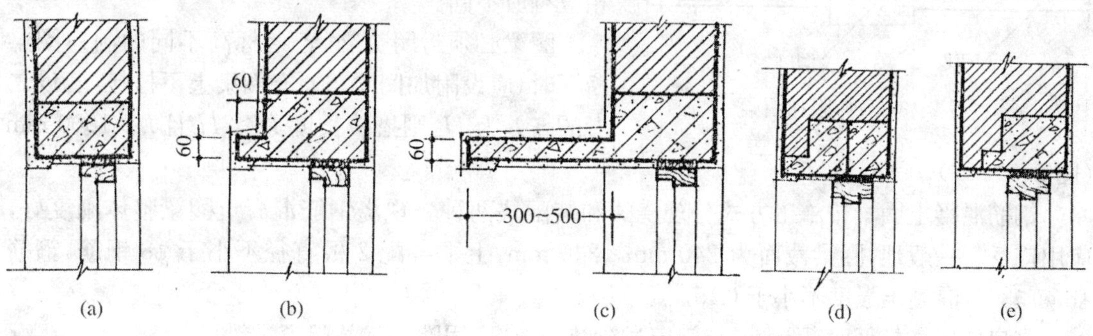

图 2-3-15　钢筋混凝土过梁

(三)窗台

窗台的作用是排除沿窗面流下的雨水,防止其渗入墙身,同时沿窗缝渗入室内,避免雨水污染外墙面。

窗台有悬挑窗台和不悬挑窗台两种,悬挑窗台常采用顶砌一皮砖或将一皮砖侧砌并悬挑60 mm,也可预制混凝土窗台。窗台表面用1∶3水泥砂浆抹面做出坡度,挑砖下缘用抹灰粉滴水线,以利雨水沿滴水槽下落。

窗台应向外形成一定坡度,以利排水。并应注意抹灰与窗下槛的交接处理,抹灰嵌入窗下槛的裁口内或嵌在裁口下,防止雨水向室内渗入(图2-3-16)。

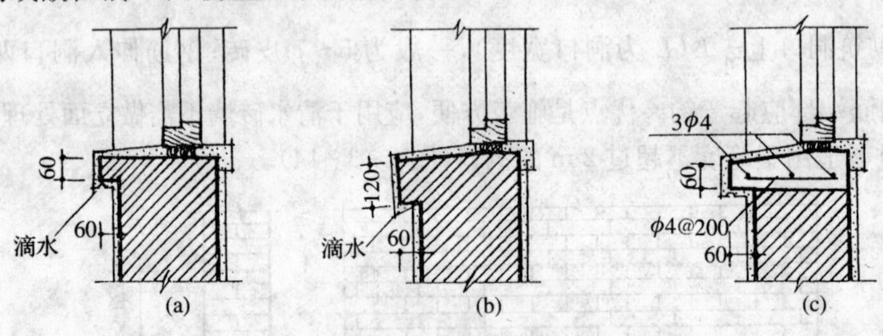

图2-3-16　窗台的构造做法

(a)60mm厚砖窗台;(b)120mm厚砖窗台;(c)混凝土窗台

(四)圈梁

圈梁是沿墙体布置的钢筋混凝土卧梁,截面不小于120 mm×240 mm,作用是增加房屋的整体刚度和稳定性,减轻地基不均匀沉降对房屋的破坏,抵抗地震力的影响。圈梁设在房屋四周外墙及部分内墙中,并处于同一水平高度,像箍一样把墙箍住。

房屋在屋盖处必须设置圈梁,楼板处隔层设置,当地基条件较差时在基础顶面也应设置圈梁。一般地,单层建筑高度 H 小于8 m,可于檐口处设一道圈梁,当高度 H 大于8 m,屋盖和窗过梁或基础处各设置一道圈梁。多层建筑高度小于3层时,设一道;大于3层时,隔层设或每层设,根据地震烈度和地基情况确定。

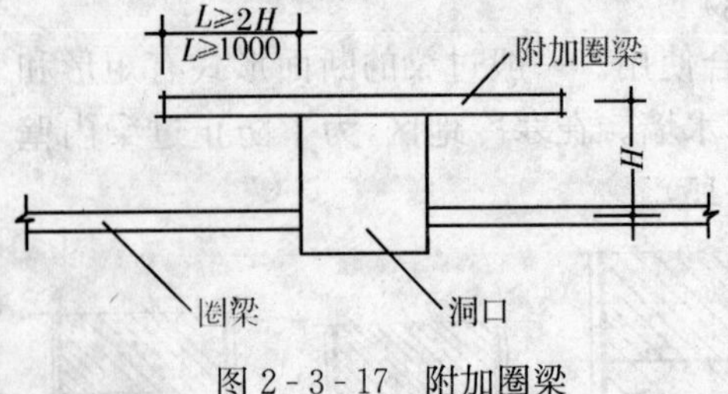

图2-3-17　附加圈梁

圈梁主要沿纵墙设置,内横墙大约10~15 m设置一道。当抗震设防要求不同时,圈梁的设置要求相应有所不同。

圈梁必须封闭交圈,若遇标高不同的洞口圈梁断开时,应设附加圈梁与原有圈梁上下搭接,若设二者的高差为 H,则搭接长度 $L \geqslant 2H$ 且 $L \geqslant 1000$ mm(图2-3-17)。

钢筋混凝土圈梁按施工方式分现浇式和装配式两种。现浇钢筋混凝土圈梁整体刚度好,应用广泛。一般地,圈梁截面为240 mm×240 mm,上下各配2根直径不小于ϕ8钢筋,箍筋ϕ6@≤300,混凝土强度不小于C15。

当房屋层高较低时,圈梁可与门窗过梁统一考虑,用圈梁代替门窗过梁。

(五)墙体的加固

如果墙体受到集中荷载、开洞、过长以及地震等因素影响,致使墙体稳定性有所下降,这时须考虑对墙体采取加固措施。

(1)增设门垛和壁柱

当墙体的窗间墙上出现集中荷载，并超过墙体本身的承载力；或当墙体的长度和高度超过一定限度并影响墙体稳定性时，通常在墙体局部适当位置增设突出墙面的壁柱来提高墙体刚度，壁柱尺寸一般为 120 mm×370 mm、240 mm×370 mm，240 mm×490 mm 等，以砖模为准(图2-3-18)。

当洞口开在两墙转角处或丁字墙交接处时，为了便于门框的安装和增强墙体的稳定性，往往在门洞靠墙转角部位或丁字交接的一边设置门垛，门垛的宽度同墙的厚度，长度一般为120 mm或 240 mm(图2-3-19)。

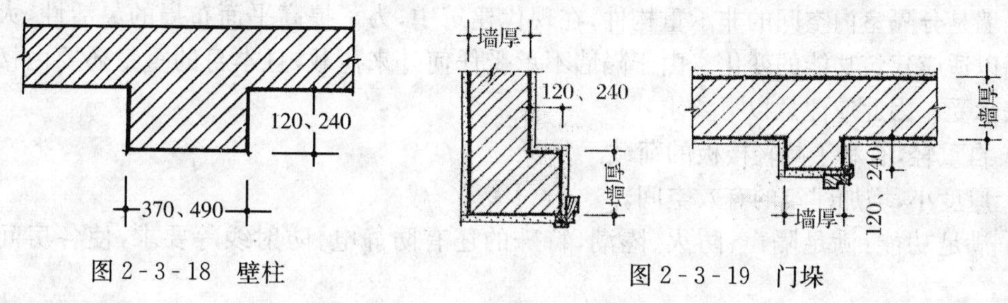

图 2-3-18　壁柱　　　图 2-3-19　门垛

(2)构造柱

构造柱的作用是与圈梁一起形成骨架，提高砌体结构的抗震能力。

构造柱的加设原则是：8 度设防时构造柱一般加设在以下 3 个位置上，即外墙转角、内外墙交接处(包括内横外纵及内纵外横两部分)及楼梯间的内墙处，构造柱的加设原则见表 2-3-1。

表 2-3-1　构造柱的加设原则

房屋层数				设置位置	
6度	7度	8度	9度		
四、五	三、四	二、三		外墙四角，错层部位横墙或外纵墙交接处，大洞口两侧，大房间内外墙交接处	7、8 度时，楼、电梯间四角
六～八	五、六	四	二		隔开间横墙(轴线)与外墙交接处，山墙与内纵墙交接处，7～9 度时，楼、电梯间四角
	七	五、六	三、四		内墙(轴线)与外墙交接处，内墙局部较小墙垛处；7～9 度时，楼、电梯间四角；9 度时，内纵墙与横墙(轴线)交接处

(3)圈梁(详见 6. 圈梁)

四、其他墙

(一)空体砖墙

空体墙在我国北方民间流传很久，这种砖墙的材料是普通黏土砖，它的砌筑方法分为斗砖与眠转，砖竖放叫斗砖，平放的叫眠砖。

在抗震设防地区中禁止使用。

(二)复合墙

多用于居住建筑,也可用于托儿所、幼儿园、医疗等小型公共建筑,以提高建筑墙体的保温性能。这种墙体的主体结构为黏土砖或钢筋混凝土,其内侧或外侧复合轻质保温板材,常用的材料有充气石膏板、水泥聚苯板、黏土珍珠岩、纸面石膏聚苯复合板、纸面石膏岩棉复合板、纸面石膏玻璃棉复合板、无纸石膏聚苯复合板、纸面石膏聚苯板。

第三节　隔墙的构造

隔墙是分隔室内空间的非承重构件,在现代建筑中,为了提高平面布局的灵活性,大量采用隔墙以适应建筑功能的变化。由于隔墙不承受任何外来荷载,且本身的重量还要由楼板或小梁来承受。因此应注意以下要求:

1. 自重轻,有利于减轻楼板的荷载。

2. 厚度小,增加建筑的有效空间。

3. 满足功能:满足隔声、防火、隔潮,特殊的还有防静电、防射线等要求,使各房间互不干扰。

4. 便于拆装而不损害建筑结构。使建筑空间能随使用要求的改变而调整。例如写字楼租给不同的公司,可能有不同空间划分要求,需要适时地设置或拆除某些隔墙。

一、隔墙的种类及构造做法

(一)立筋式隔墙(有骨架隔墙)

1. 组成

立筋式隔墙由骨架和面层两部分组成,是先立墙筋(骨架)后再做面层,也称为有骨架隔墙。其中骨架由上、下槛,边框,立筋,斜撑或横挡组成,包括木骨架和金属骨架。面层材料包括板条抹灰,钢丝网抹灰,人造面板如胶合板、纤维板、石膏板、纸面石膏板(石膏板属脆性材料,抗拉能力较低,加纸可以增强其抗拉性能)。

2. 种类

(1)板条抹灰隔墙

①特点:构造简单,便于拆除;防火、防水、隔声差,价格高,湿作业。

②料头尺寸:骨架:50 mm×100 mm 或 50 mm×70 mm。灰板条:1 200mm×24 mm×6 mm(骨架间距 400 mm)或1 200 mm×38 mm×9 mm(骨架间距 600 mm)。

③技术要求:

板条间距 7~10 mm,目的是便于灰与板条粘结并适应板条膨胀。板条吸水膨胀,干燥后收缩,砂浆易脱落,故在灰浆中掺入适量的麻刀或玻璃纤维等起加筋作用,并在操作时将灰浆挤入板条间的缝内,以加强拉结。且每隔 500 mm 高,板条间的接缝应错开设,避免过长的通缝,防止抹灰开裂和脱落。

隔墙转角部位,钉钢丝网抹灰,防止转角开裂。隔墙与地面相接处,砌 2 皮砖以防潮(图 2-3-20)。

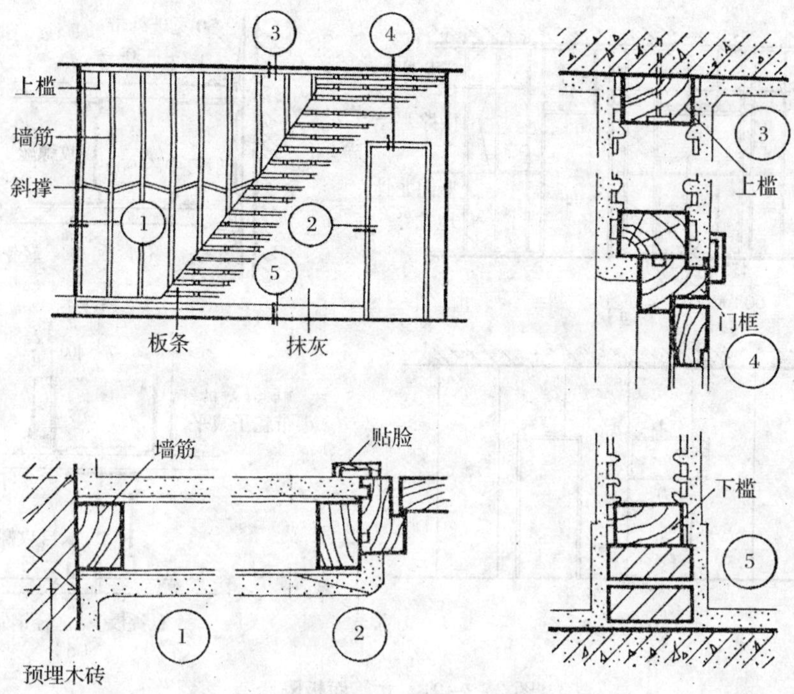

图 2-3-20　板条抹灰隔墙

(2)钢丝网抹灰隔墙

①骨架:50 mm×100 mm 或 50 mm×70 mm。

②面层:灰板条间距 10～20 mm,灰板条1200 mm×24 mm×6 mm(骨架间距 400 mm)或1200 mm×38 mm×9 mm(骨架间距 600 mm);或直接在骨架上钉钢丝网,然后抹灰。

(3)立筋面板隔墙

①特点:干作业,工业化程度高;但纸面石膏板厚度小,约 10 mm,两边面层共约 20 mm,隔声差。

②构造:骨架采用薄壁轻钢镀锌,铝合金骨架。面板采用人造面板如胶合板、纤维板、石膏板、纸面石膏板。

人造板和骨架的连接关系有两种:一种是在骨架的两面或一面,用压条压缝或不用压条压缝,即贴面式;另一种是将板材置于骨架中间,四周用压条压住,称为镶板式(图 2-3-21)。

(二)砌筑式隔墙(无骨架隔墙)

砌筑式隔墙是用普通砖、空心砖、加气混凝土等块材砌筑而成。常用的有普通砖隔墙和砌块隔墙。

1. 普通砖隔墙

普通砖隔墙有半砖(120 mm)和 1/4 砖(60 mm)两种。它的特点是耐久性好,但施工麻烦,湿作业多,自重较大。

(1)半砖隔墙(12 墙)

半砖隔墙是用普通砖顺砌而成,砌筑时砂浆宜用大于 M5.0,长度大于 5 m 时,稳定性不足,需加固,方法是每砌 8～10 皮砖,砖墙内加 $\phi4$ 的通长钢筋,隔墙与楼板交接处砖斜砌,填塞墙与楼板间的空隙。隔墙上有门时,要预埋铁件或将带有木楔的混凝土预制块砌入隔墙中以固定门框。地面垫层在墙下部分局部加厚(图 2-3-22)。

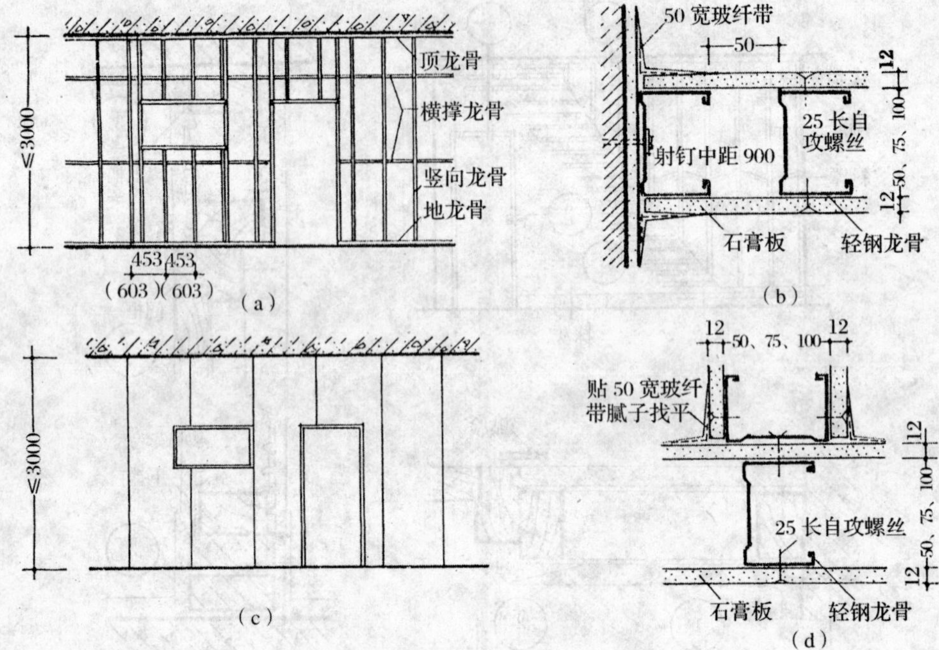

图 2-3-21　立筋面板隔墙

(a)龙骨排列；(b)石膏板排列；(c)靠墙节点；(d)丁字隔墙节点

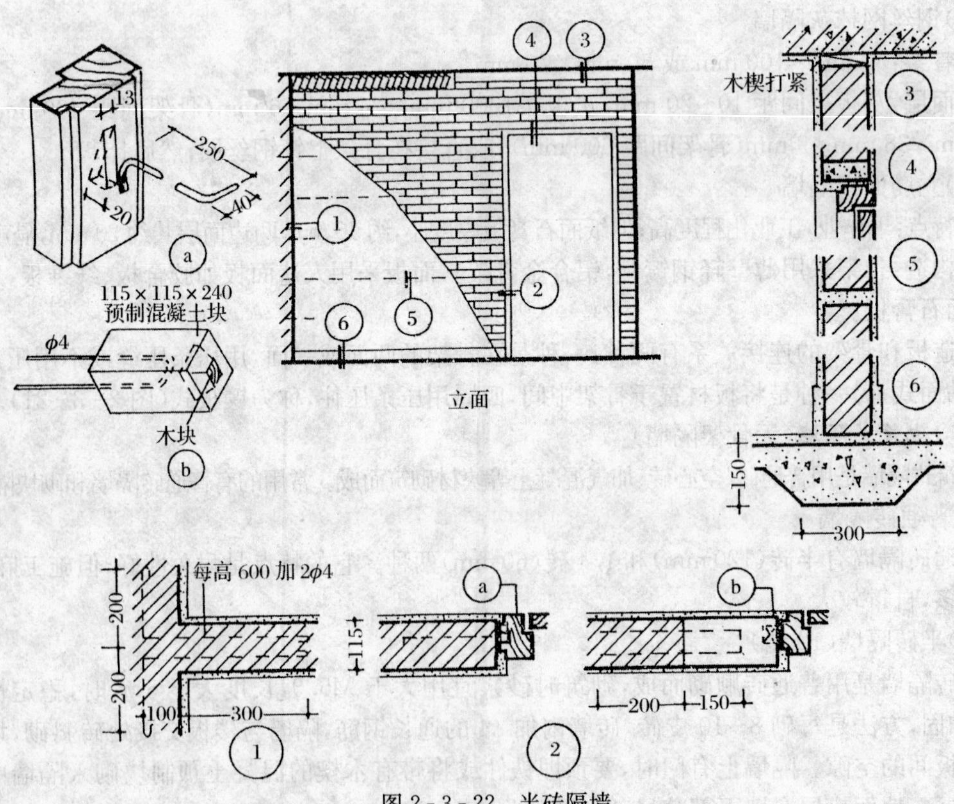

图 2-3-22　半砖隔墙

(2)1/4 砖隔墙

1/4 砖隔墙是由普通砖侧砌而成，由于厚度较薄、稳定性差、对砌筑砂浆强度要求较高，一般不低于 M5。隔墙的高度和长度不宜过大，且常用于不设门窗洞的部位，如厨房与卫生间之间的隔墙。若面积大又需开设门窗洞时，须采取加固措施。常用方法是在高度方向每隔 500 mm砌入 ϕ4 钢筋 2 根，或在水平方向每隔1200 mm 立 200 号细石混凝土柱一根并沿垂直方向每隔 7 皮砖砌入 ϕ6 钢筋 1 根，使之与两端墙连接(图 2-3-23)。

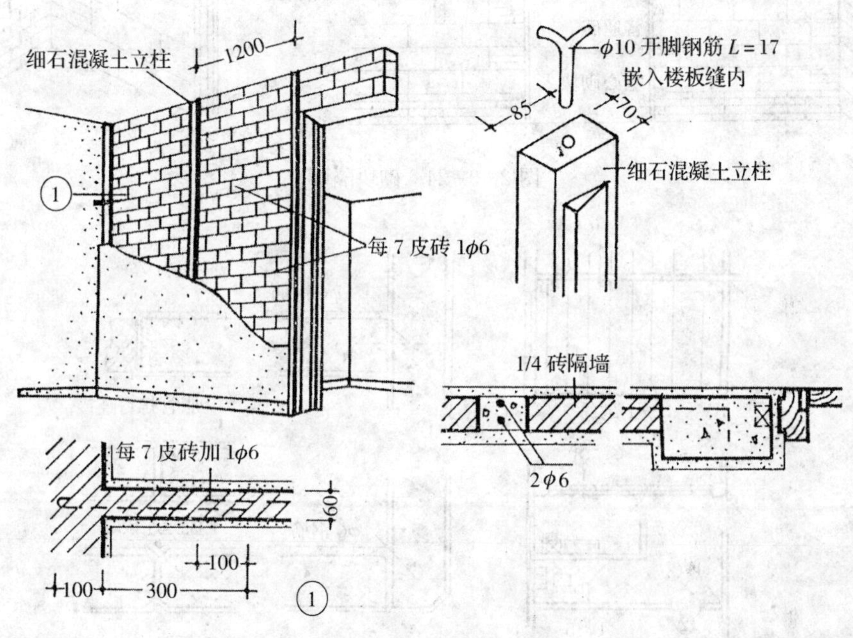

图 2-3-23　1/4 砖隔墙

(3)砌块隔墙

为了减少隔墙的重量，可采用质轻块大的各种砌块，目前最常用的是加气混凝土块、粉煤灰硅酸盐砌块、水泥炉渣空心砖等砌筑的隔墙，隔墙厚度由砌块尺寸而定，一般为 90～120 mm。砌块大多具有质轻、孔隙率大、隔热性能较好等优点，但吸水性强，因此砌筑时应在墙下先砌 3～5 皮黏土砖。

砌块隔墙厚度较薄，也需采取加强稳定性的措施，其方法与砖隔墙类似(图 2-3-24)。

(三)条板式隔墙(人造板隔墙)

板材隔墙是指单板高度相当于房间净高，面积较大且不依赖骨架直接装配而成的隔墙。

1. 特点：自重轻，安装方便，施工速度快，工业化程度高。

2. 材料：加气混凝土条板、石膏条板、碳化石灰板、蜂窝纸板、水泥刨花板等。

3. 规格：长度同建筑物室内净高，宽约 600 mm，厚度根据材料而不同，约≤100 mm。

4. 安装：竖向排列，上下用对口木楔与楼板连接，左右相互用胶结材料如水玻璃等粘结。

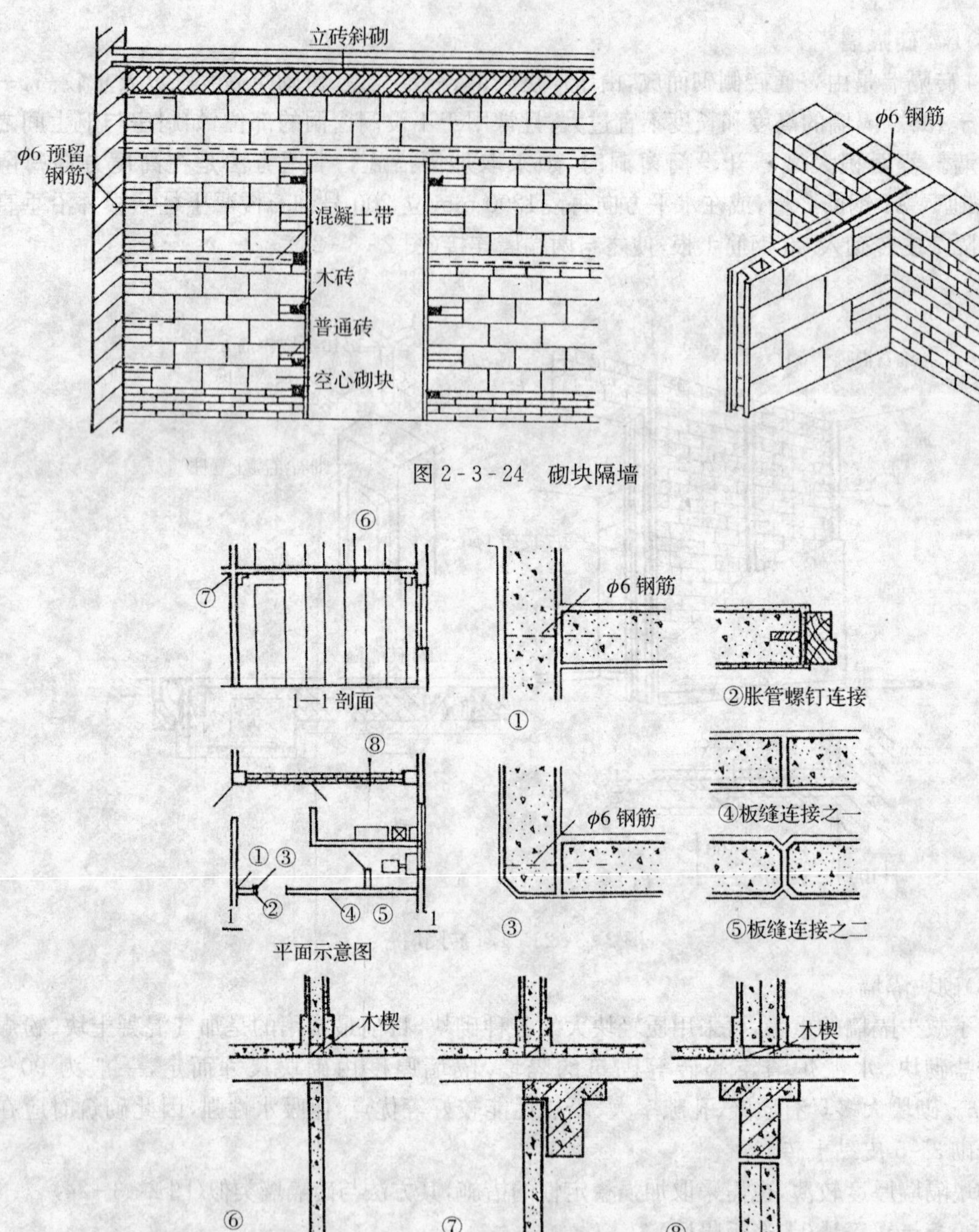

图 2-3-24　砌块隔墙

图 2-3-25　加气混凝土条板隔墙

5. 常用条板式隔墙：

(1)加气混凝土条板隔墙

加气混凝土由水泥、石灰、砂、矿渣等加发泡剂(铝粉)，经过原料处理、配料浇筑、切割、蒸压养护工序制成，干密度 5～7 kg/m³，抗压强度 300～500 N/cm²。

加气混凝土条板具有自重轻，节省水泥，运输方便，施工简单，可锯、可刨、可钉等优点，但加气混凝土吸水性大、耐腐蚀性差、强度较低，运输、施工过程中易损坏，不宜用于具有高温、高湿或有化学、有害空气介质的建筑中。

加气混凝土条板规格为长2700～3000 mm，宽600～800 mm，厚80～100 mm(图2-3-25)，隔墙板之间用水玻璃砂浆或108胶砂浆粘结。水玻璃砂浆的配比是水玻璃：磨细矿砂：细砂=1：1：2，108胶砂浆的配比是108胶：珍珠岩粉：水=100：15：2.5。条板安装一般是在地面上用一对对口木楔在板底将板楔紧。

(2)碳化石灰板隔墙

碳化石灰板是以磨细的石灰为主要原料，掺3%～4%(重量比)的短玻璃纤维，加水搅拌，振动成型，利用石灰窑的废气碳化而成的空心板。碳化石灰板材料来源广泛，生产工艺简易，成本低廉，施工方便，容重轻，隔音效果好。

碳化石灰板的规格一般为长2700～3000 mm，宽500～800 mm，厚90～120 mm，板的安装同加气混凝土条板隔墙(图2-3-26)。

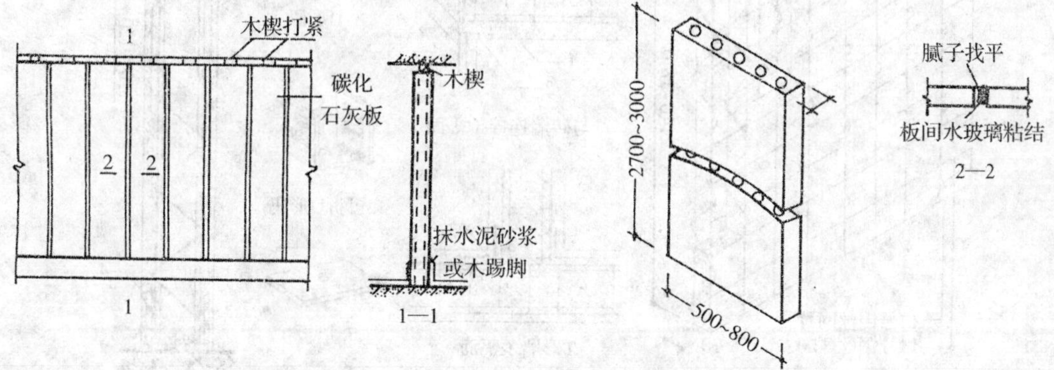

图2-3-26　碳化石灰板隔墙

(3)增强石膏空心板

增强石膏空心板分为普通条板、钢木窗体条板及防水条板三种，在建筑中按各种功能要求配套使用。石膏空心板规格为600 mm宽，60 mm厚，2400～3000 mm长，9个孔。孔径为38 mm，空隙率28%，能满足防火、隔声及抗撞击的能力(图2-3-27)。

(4)泰柏板

泰柏板又称为钢丝网泡沫塑料水泥砂浆复合墙板，它是以焊接钢丝2 mm网笼为构架，填

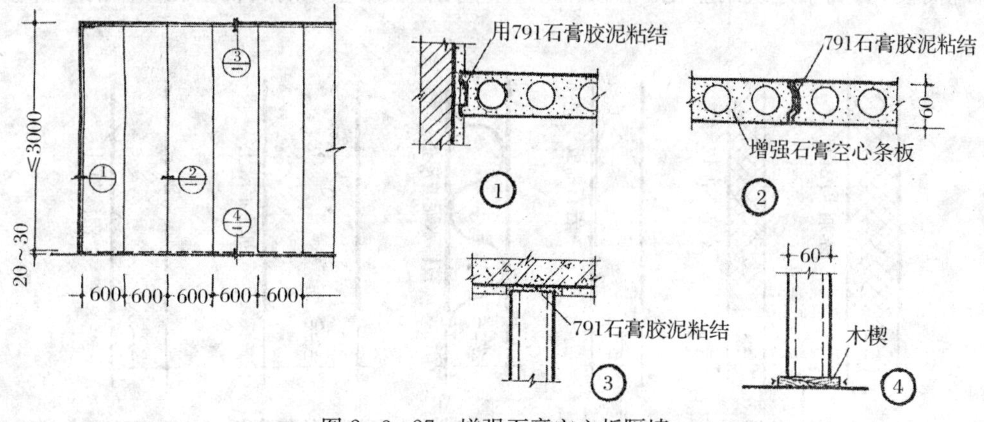

图2-3-27　增强石膏空心板隔墙

充泡沫塑料芯层，面层经喷涂或抹水泥砂浆而成的轻质板材。板的特点是重量轻、强度高、防火、隔声、不腐烂等。其产品规格为2440 mm×1220 mm×75 mm（长×宽×厚），抹灰后的厚度为100 mm。

泰柏板与顶板、底板的连接固定见图 2-3-28。

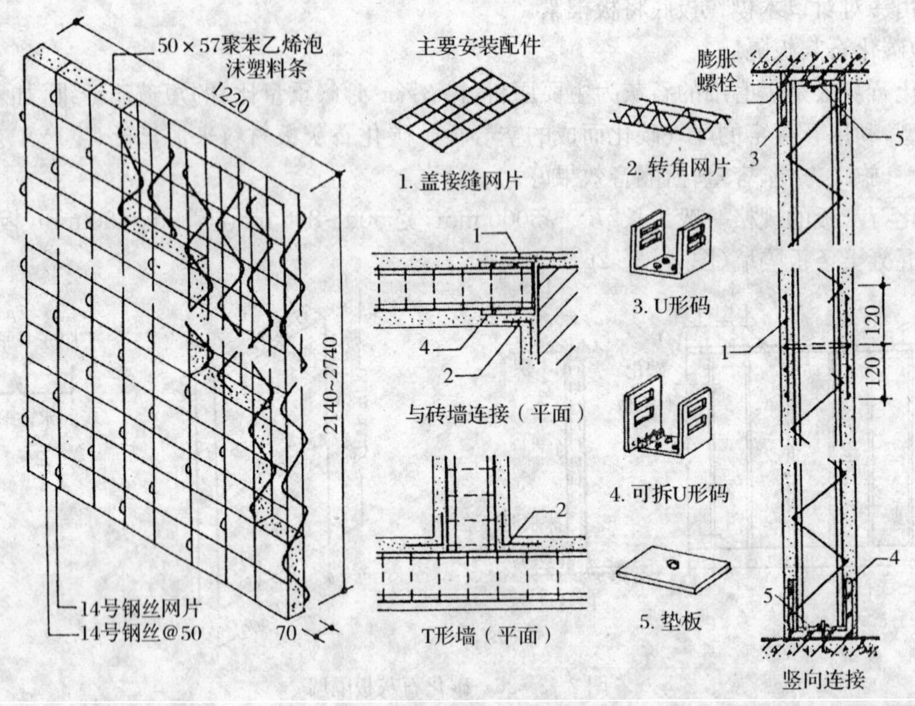

图 2-3-28　泰柏板

(5)复合板隔墙

用几种材料制成的多层板为复合板。复合板的面层有石棉水泥板、石膏板、铝板、树脂板、硬质纤维板、压型钢板等。夹心材料可用矿棉、木质纤维、泡沫塑料和蜂窝状材料等。

复合板充分利用材料的性能，大多具有强度高、耐久性、防水性、隔声性能好的优点，且安装、拆卸简便，有利于建筑工业化。图 2-3-29 为几种日本生产的石棉水泥板面的复合板。

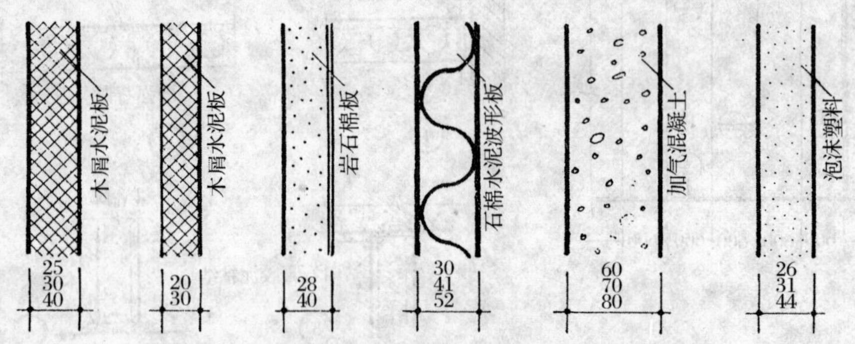

图 2-3-29　几种日本生产的石棉水泥板面的复合板

第四节 墙面装修

一、墙面装修的作用、种类及要求

(一)作用

内墙面装修的作用是整洁室内、便于清扫、美观、保温、隔声等。外墙面装修则具有保护、增加耐久性、美观等作用。

1. 保护作用

建筑结构构件长期暴露在大气中,在风、霜、雨、雪和太阳辐射等的作用下,混凝土可能变得疏松、炭化;构件可能因热胀冷缩导致结构节点被拉裂,影响牢固与安全;钢、铁制品由于氧化而锈蚀。建筑上如果通过抹灰、油漆等墙面装修进行处理,不仅可以提高构件、建筑物对外界各种不利因素,如水、火、酸、碱、氧化、风化等的抵抗能力,还可以保护建筑构件不直接受到外力的磨损、碰撞和破坏,从而提高结构构件的耐久性,延长其使用年限。

2. 改善环境条件,满足房屋的使用功能要求

为了创造良好的生产、生活和工作环境,无论何种建筑物,一般都须进行装修,通过对建筑物表面装修,不仅改善了室内外清洁、卫生条件,同时还能增强建筑物的采光、保温、隔热、隔声性能。如砖砌体抹灰后不但能提高建筑物室内及环境照度,而且能防止冬天砖缝可能引起的空气渗透。在一定程度上,内墙装修可调节室内湿度——当室内温度较高时,抹灰层吸收空气中的一部分水蒸气,使墙面不致出现凝结水;当空气过于干燥时,抹灰层能释放一部分水分,使室内保持较为舒适的环境。有一定厚度和重量的抹灰能提高隔墙的隔声能力,有噪声的房间,通过墙面吸声控制噪声。由此可见,饰面装修对满足房屋的使用要求起重要作用。

3. 美观作用

装修不仅具有使用功能和保护作用,还有美化和装饰作用。建筑师根据室内外空间环境的特点,正确、合理运用建筑材料以及不同饰面材料的质地和色彩给人以不同的感受。同时,通过巧妙组合,还创造出优美、和谐、统一而又丰富的空间环境,以满足人们在精神方面对美的要求。当然,一栋建筑的艺术效果,除了装修是一个重要的影响因素外,主要还取决于建筑师对空间、体形、比例、尺度、色彩等设计手法的正确使用。

(二)种类

墙面装修分为外墙面装修和内墙面装修,内墙面装修做法有抹灰、贴面、喷涂、裱糊等。外墙面装修做法有抹灰、贴面、喷涂、勾挂等。随着科技的发展装修材料的种类也层出不穷,质量更有保证。

根据墙面装饰所用材料的特性、品种和装饰施工特点,墙面装饰做法大致可分为以下几种:

(1)抹灰类饰面

包括一般抹灰和装饰性抹灰,如斩假石、假面砖、水磨石、水刷石等构造做法,所用材料有水泥砂浆、混合砂浆、聚合物水泥砂浆等。

一般性抹灰是装饰工程中最普通最基本的做法,往往是装饰工程的基层。装饰性抹灰有

些是传统做法，不必详述，有些已被操作简单的新做法、干做法所替代，如雕刻性花纹或线条抹灰等，均可采用安装预制玻璃钢压制成仿雕刻花纹或装饰线、SPS塑料装饰线的方法所替代，表面再涂上相应的涂料，这种做法花纹精细丰富，其装饰效果是抹灰做法难以达到的。

(2)涂料类饰面

包括各类涂料的饰面做法。所用材料有各种溶剂型、乳液型、水溶型、无机涂料以及油质涂料等。

(3)贴面类饰面

包括贴面砖、贴锦砖、贴大理石、贴花岗岩等做法。所用材料有陶瓷面砖、陶瓷锦砖、天然石材、人造石材、人造板材、水磨石等制品。

(4)镶嵌板材类饰面

它包括金属和塑料装饰板、玻璃镶嵌等做法。所用材料有铝合金装饰板、塑料装饰板、其他金属装饰板、水泥花格、大型混凝土装饰板、镜面板等。

(5)幕墙饰面

它包括玻璃幕墙和铝合金幕墙做法。所用材料有钢骨架、不锈钢骨架、铝合金骨架、各种镀膜玻璃、中空玻璃、铝合金装饰板等。

(6)裱糊墙面

裱糊墙面多用于内墙面。裱糊用的材料有纸面纸基壁纸、塑料壁纸、玻璃纤维胎墙布、无纺布胎墙布、锦缎等，使用胶结材料将上述墙纸(墙布)粘贴到基层上。

(三)墙面装饰设计的要求

1. 根据使用功能，确定装修的质量标准

不同等级和功能的建筑除在平面空间组合中满足其要求外，还应采用不同装修的质量标准，如高级公寓和普通住宅就不能等同对待，应为之选择相应的装修材料、构造方案和施工措施。就是同等级建筑，由于位置不同，如是否临城市主要干道、广场，还是在街道里，装修的要求也不能视为一样。就是同一栋建筑的不同部位，如正、背立面、首层与上层，一般房间与主要门厅、走道，重要房间与次要房间，均可按不同标准进行处理。另外，有特殊要求的，如声学要求较高的录音室、广播室除了选择声学性能良好的饰面材料外，还应采用相应的构造措施和施工方案。

不同建筑由于装修质量标准不同，采用的材料、构造方案和施工方法不同而造成造价的差别是很大的。一般民用建筑装修费用占土建造价25%左右，标准较高的工程可达40%~50%。例如石灰砂浆墙面与塑料壁纸或木护板墙面单方造价相差几十倍，与镜面、光面花岗石饰面相差100倍以上。一般地讲，高档装修材料能取得较好的艺术效果，但单纯追求艺术效果、片面提高工程质量标准，也是不合理的。反之，片面节约造成不合理使用，甚至影响建筑物的耐久性也是不对的，故应该根据不同等级建筑的不同经济条件，选择、确定与之适应的装修材料、构造方案和施工方法。

2. 正确合理的选用材料

建筑装修材料是装饰工程的重要物质基础，在装修费用中一般占70%左右，装修工程所用材料，量大面广，品种繁多。从黏土砖到大理石、花岗岩，从普通砂、石到黄金、锦缎，价格相差巨大。能否正确选择和合理的利用材料，直接关系到工程质量、效果、造价、做法。而材料的物理、化学性能及其使用性能是装修用料选择的依据。

除大城市重要的公共建筑可采用较高级装修材料外，对大量性建筑来讲，因造价不高，装修用料尽可能因地制宜，就地取材，不要舍近求远，舍内求外。只要合理利用材料，就既能达到经济节约的目的，又能保证良好的装饰效果。如北京香山“独一居”就是利用价格不贵的地方材料——海带草做装修材料，取得了一致公认的效果，如果一味追求高档、异地材料，施工中一旦供应不上，中途变更设计，反而影响原设计意图。

二、墙面抹灰的种类及做法

(一)墙面抹灰的组成和作用

为使抹灰牢固、平整、不开裂，便于操作，抹灰应分层施工。

1. 底层抹灰：与基层粘结和初步找平，砂浆类型根据基层类型选定，不同的墙体底层抹灰所用材料及配比不同，一般选用 1∶(3～2.5)水泥砂浆或混合水泥砂浆，墙体表面必须洒水湿润。

2. 中层抹灰：起进一步找平的作用，弥补底层因灰浆干燥后收缩出现裂缝。中层抹灰是保证装饰质量的关键层，材料一般同底层抹灰。

3. 面层抹灰：为装饰层，要求美观、平整、均匀、无裂痕，按设计要求施工，如拉毛、水刷石、干粘石、斩假石、假面砖等装饰效果。大多数情况下采用石灰膏，厚 2～3 mm，内加纸筋，以防止石灰膏干缩开裂剥落(图 2-3-30)。

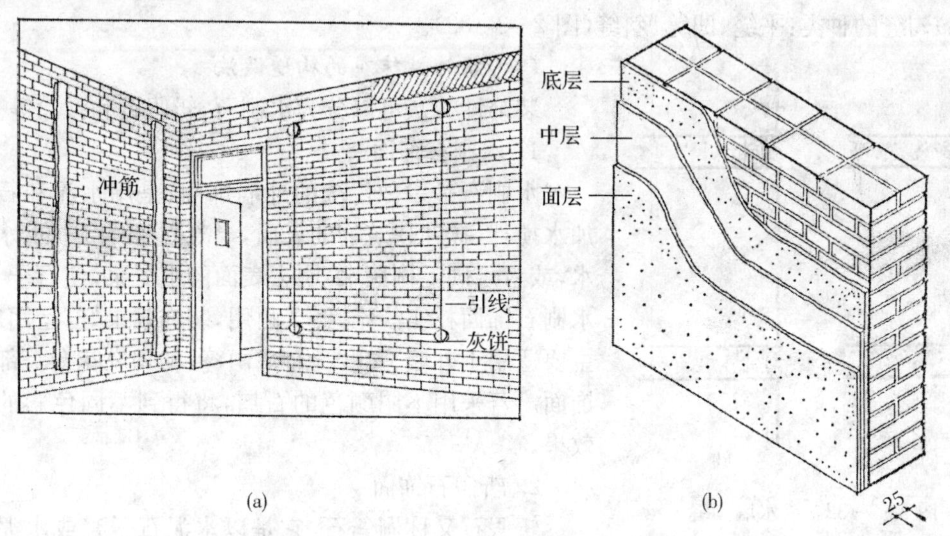

图 2-3-30　墙面抹灰的组成

(a)抹灰操作中灰饼与冲筋作法；(b)抹灰的组成

(二)墙面抹灰的质量等级标准

根据抹灰要求的精度不同，抹灰层数不同，可以分为：

1. 普通抹灰：底层抹灰＋面层抹灰或底层抹灰＋中层抹灰＋面层抹灰。用于一般性建筑如一般住宅、学校、商店等。

2. 高级抹灰：底层抹灰＋若干中层抹灰＋面层抹灰。用于平整度要求较高的高级建筑中。

（三）墙面抹灰的厚度

一般情况下，外墙面的厚度为平均15～25 mm，内墙面为15～20 mm，顶棚为12～15 mm。

（四）墙面抹灰的种类

按照面层的材料及做法，墙面抹灰的种类可以分为一般抹灰和装饰性抹灰两大类。一般抹灰包括外墙面水泥砂浆抹面，内墙面石灰砂浆、纸筋灰罩面等。装饰性抹灰包括外墙面水刷石、干粘石、斩假石、内墙面拉毛等。

（五）墙面抹灰的细部构造

1. 冲筋和做灰饼

作用是为了保证抹灰平整，控制抹灰厚度。

2. 护角

在内墙的阳角门洞转角，柱子四角等部，先抹1∶1∶4水泥石灰砂浆，然后抹1∶1水泥砂浆或预埋角钢做成护角，然后抹灰。目的是为了保护阳角，以免碰坏（图2-3-31）。

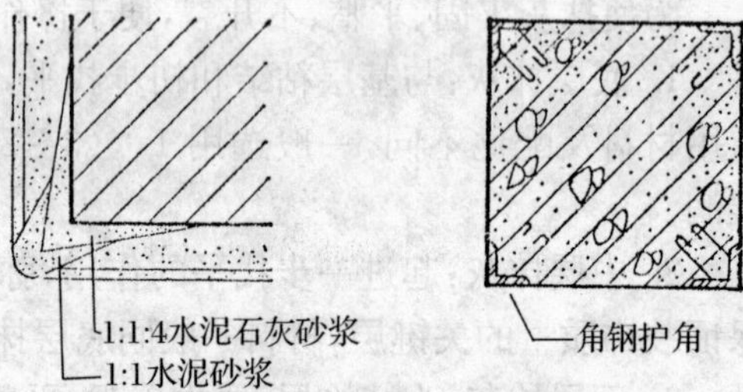

图2-3-31　护角示意图

3. 清水墙勾缝

砖墙外墙面如不抹灰时，则须勾缝称清水砖墙，作用是整齐美观及防止雨水浸入。

（1）使用材料：1∶1或1∶2水泥细砂浆勾缝或原浆勾缝，随砌随勾。

（2）勾缝的种类：平缝、凹缝、斜缝（图2-3-32）。

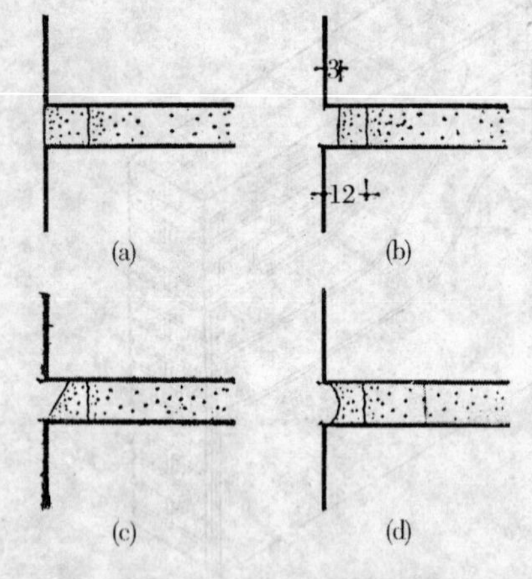

图2-3-32　清水墙勾缝

（a）平缝；（b）平凹缝；（c）斜缝；（d）弧形缝

（六）装饰性抹灰的构造做法

装饰性抹灰可以分为水刷石、斩假石和弹涂等。

1. 水刷石饰面

水刷石是一种传统的外墙饰面，是用水泥和石子等加水搅拌，抹在建筑物的表面，半凝固后，用喷枪、水壶喷水，或者用硬毛刷蘸水，刷去表面的水泥浆，使石子半露。水刷石饰面朴实淡雅，经久耐用，装饰效果好，运用广泛，主要适用于外墙、窗套、阳台、雨篷、勒脚及花台等部位的饰面。若采用不同颜色的石屑，将得到不同色彩的装饰效果。

2. 斩假石饰面

斩假石又称剁斧石，它是以水泥石子浆或水泥石屑浆，涂抹在水泥砂浆基层上，待凝结硬化具有一定强度，用斧子和各种凿子等工具，在面层上剁斩出具有石材经雕琢后的纹理效果的一种人造石料装饰方法。斩假石饰面装饰的效果类似毛面的天然花岗岩，质朴素雅，美观大方，有真实感，装饰效果好。但因手工操作，工效低，劳动强度大，造价高，故一般用于公共建筑重点装饰部位，如外墙面、勒脚、室外台阶等（图2-3-33）。

3. 弹涂饰面

水泥浆弹涂饰面是在墙体表面刷一道聚合物水泥色浆后，用弹涂器分几遍将不同色彩的

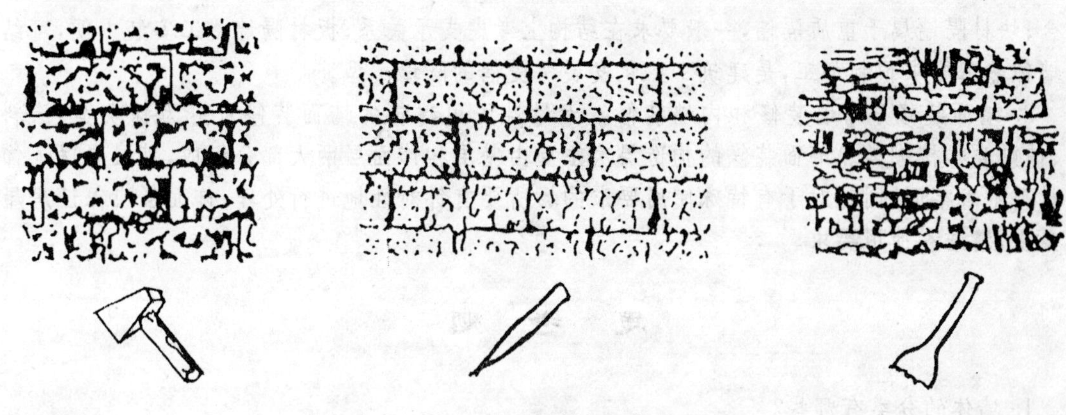

图 2-3-33 斩假石饰面

聚合物水泥浆弹在已涂刷的涂层上，形成 3～5 mm 的扁圆形花点，为使饰面的颜色保持较好的耐久性及耐污性，在色点干燥以后，将耐水性、耐候性较好的甲基硅树脂或聚乙烯醇缩丁醛等材料喷在饰面的表层进行罩面。

弹涂饰面的材料以白水泥为主，刷涂层及弹涂层的颜色和颜料用量应根据设计要求和拼板试配而定。弹涂的色彩常由 2～3 种颜色组成，分为深色、浅色和中间色。弹涂的表面不仅有各种色彩，而且还有单色光面、细麻面和小拉毛拍平等各种质感，装饰性较好。饰面效果类似干粘石。

弹涂砂浆一般由普通水泥、白水泥、颜料、水和 108 胶等材料组成，它的配合比见表 2-3-2。

表 2-3-2 弹涂饰面砂浆配合比

项 目	水 泥	颜 料	水	108 胶
刷底色浆	普通硅酸盐水泥 100	适量	90	20
	白水泥 100		80	13
弹花点	普通硅酸盐水泥 100	适量	55	14
	白水泥 100		45	10

三、其他墙面装饰做法

除了抹灰装饰以外，还有贴面类、裱糊类、喷涂类、勾挂类等墙面装饰，这里就不做一一介绍了。

小 结

1. 墙是建筑物重要的承重结构，设计中需要满足强度、刚度和稳定性的结构要求。同时墙体也是建筑物重要的围护结构，设计中需要满足不同的使用功能和热工要求。墙体按不同的分类方式有多种类型，目前使用最广泛的是砖墙，它既可以是承重墙也可以是非承重墙。砖墙和砌块墙都是块材墙，由砌块和胶结材料组成。墙身的构造组成包括墙脚构造、门窗洞口构造和墙身加固措施等。

2. 隔墙是非承重墙，有轻骨架隔墙、块材隔墙和板材隔墙。轻骨架隔墙多与室内装修相结合;块材隔墙属于重质隔墙,一般要求在结构上考虑支承关系;板材隔墙施工安装方便,可结合墙体热工要求预制加工,是建筑工业化发展所提倡的隔墙类型。

3. 墙面装修分外墙装修和内墙装修。大量性民用建筑的墙面装修可分为抹灰类、涂料类、铺贴类和裱糊类。墙面装修的构造层次主要由基层和饰面层两大部分组成,基层要保证饰面材料附着牢固,同时对于有特殊使用要求的场所要有针对性地进行处理;饰面层应保证房屋的美观、清洁和使用要求。

思　考　题

1. 墙体的分类有哪些?
2. 简述砖混结构的几种结构布置方案及特点。
3. 提高外墙的保温能力有哪些措施?
4. 墙体设计在使用功能上应考虑哪些设计要求?
5. 砖墙的优点是什么? 缺点是什么?
6. 砖墙组砌的要点是什么?
7. 什么是砖模? 它与建筑模数如何协调?
8. 墙脚水平防潮层的设置位置、方式及特点是什么?
9. 墙身加固措施有哪些? 有何设计要求?
10. 试比较几种常用隔墙的特点。

第四章　楼　地　层

第一节　楼地层的构造概论

楼地层包括楼板层和地坪层。楼板层分隔上下楼层空间，地坪层分隔大地与底层空间。由于它们均是供人们在上面活动的，因而有相同的面层；但由于它们所处位置不同、受力不同，因而结构层有所不同。

一、楼板层的作用、组成及设计要求

（一）楼板层的作用

1. 承重作用：楼板层是水平承重构件，承受其上全部净荷载和活荷载，并将其传给墙或柱子。

2. 分隔作用：楼板层是水平分隔构件，分隔上下楼层空间。

3. 美化作用：楼板层作为室内空间的界面，它起到美化室内环境的作用。

4. 其他：楼板层还增强房屋刚度和整体性，对墙体具有水平支撑作用。

（二）楼板层的组成

1. 面层：一般位于结构层的上部，具有保护楼板层，分布荷载、绝缘、室内装饰以及传递荷载等作用，要求平整，光洁，易清洁，不起灰，使用要求较高的房间还对色泽、质感有一定的要求。

2. 结构层：一般由板或梁和板组成。其主要功能是承受楼板层上部荷载，并将荷载传递给墙或柱，就整体空间而言，对墙体还起到水平支撑作用，以增强房屋刚度和整体性。

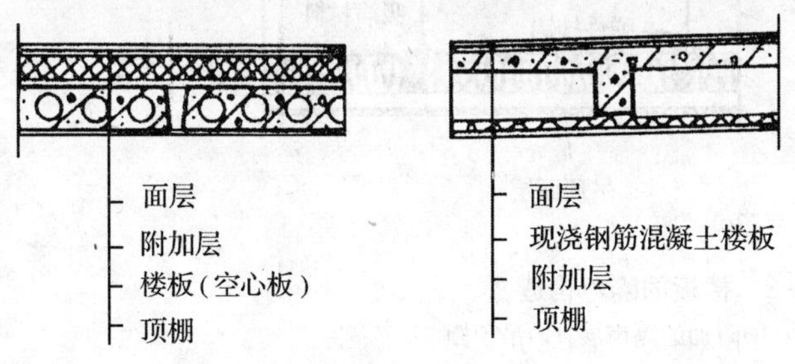

图 2-4-1　楼板层的组成

3. 顶棚层：是楼板层底面部分，主要起到保护楼板层，安装灯具，遮掩各种水平管线，装饰室内的作用，同时它还有保温、隔声等作用。根据构造方式不同，有直接式顶棚和吊顶棚（图 2-4-1）。

（三）楼板层设计要求

1. 具有足够的强度和刚度

强度和刚度要求使楼板层满足承受使用荷载和自重的要求，并使其在荷载作用下产生的挠度变形控制在允外的范围内。楼板层的弯曲变形用相对挠度来衡量，即控制构件在受力情况下最大弯曲位移量与跨度比，使弯曲变形不超过规定值。例如当跨度 $L<7$ m，$f\leqslant 1/250$；$7\leqslant L\leqslant 9$ m，$f\leqslant 1/300$；$L>9$ m，$f\leqslant 1/400$。

2. 满足隔声要求

声音可通过空气传声和撞击传声方式将一定音量通过楼板层传到相邻的上下空间，为避

免其造成的干扰，楼板层必须具备一定的隔声能力，不同使用性质的房间对隔声要求不同。

隔绝空气传声可采用使楼板或墙体密实、无裂缝等构造措施，材料容重越大，隔声效果就越好，如砖墙较砌块墙隔声效果好，要求空气隔声 40～50 dB。

固体传声为物体与楼板发生撞击时，使楼板成为声源而直接向四周辐射声能。撞击引起的撞击声级一般也比较高。隔绝固体传声的方法有：

(1)楼板面铺设弹性面层。例如铺设地毯、橡胶、塑料，以减弱撞击楼板时所产生的声能，从而减弱楼板的振动。在比较钢筋混凝土楼板是否铺设地毯两种情况时发现，当铺设地毯时，噪声通过量<75 dB，不设地毯则为 80～85 dB。楼板面铺设弹性面层可以显著改善隔声能力。

(2)在楼板下设吊顶棚，使撞击楼板产生的振动不能直接传入下层空间，也可在顶棚上铺设吸音材料加强隔声效果。

(3)设特殊要求层(片状、条状、块状的弹性材料)减弱由面层传来的固体声能(图 2-4-2)。

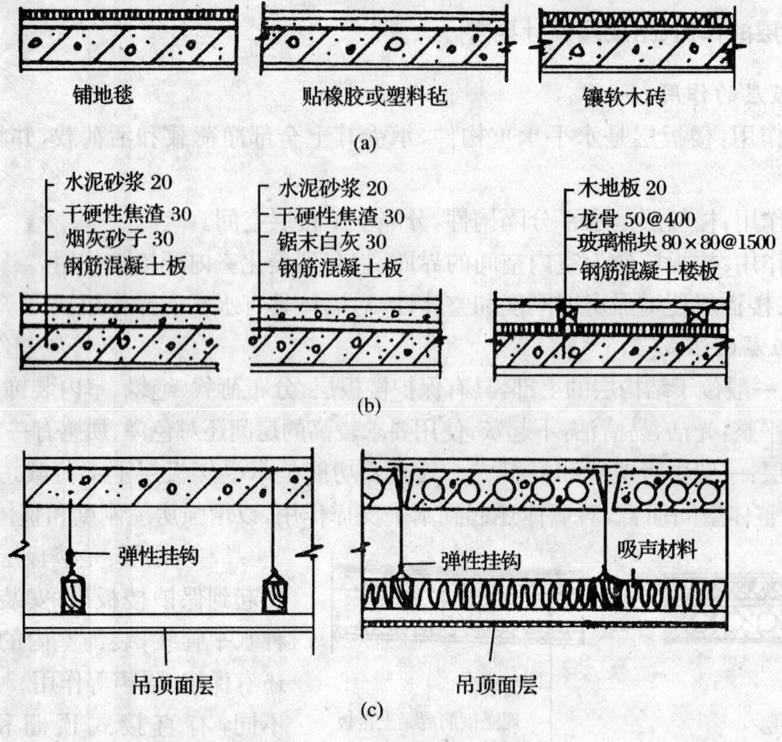

图 2-4-2　楼板的隔声构造

(a)铺弹性面层；(b)附加的隔声层；(c)吊顶棚

3. 满足其他分隔指标：防潮、防水、防火及热工要求等。

4. 工业化施工要求：开间、进深适合工业化生产。

5. 满足经济指标要求：就地取材，轻质高强，采用减轻楼板层的厚度和自重，降低工程造价，减少投资。经济合理的结构方式。

二、楼板的分类

这里楼板指楼板层中的结构层部分。按使用材料不同，主要有以下几种类型。

(一)木楼板

一般由木梁、木格栅、木面板组成,它的优点是自重轻、保温好、舒适、有弹性,但是木楼板易燃、易腐朽、易虫蛀、耐久性差、耗用大量木材。目前主要用于木材多产区及古建筑的修复等(图 2-4-3)。

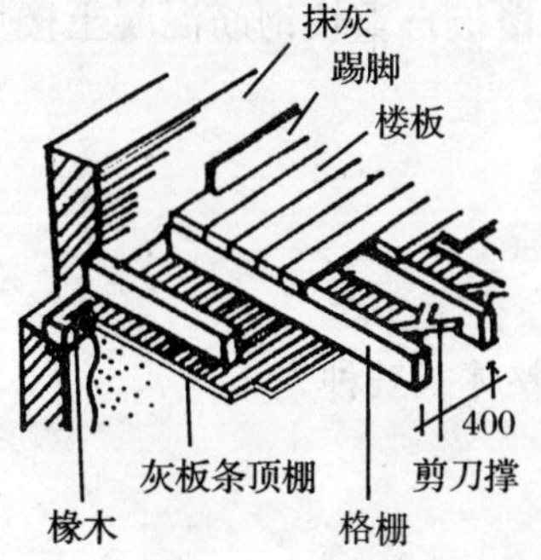

图 2-4-3　木楼板

(二)砖拱楼板

砖拱楼板采用钢筋混凝土倒 T 形梁密排,其间填以普通黏土砖或特制的拱壳砖砌筑成拱形,故称为砖拱楼板。一般地,拱高 $H=(1/10\sim1/8)L$,梁的间距 1 m 左右;楼面白灰焦渣砌平,上做面层。砖拱楼板虽比钢筋混凝土楼板节省钢筋和水泥,但是自重大,作地面时使用材料多,并且顶棚成弧拱形,一般应作吊顶棚,故造价偏高,且不适用于地震区,不宜用于地基条件差,易引起不均匀沉降的房屋(图 2-4-4)。

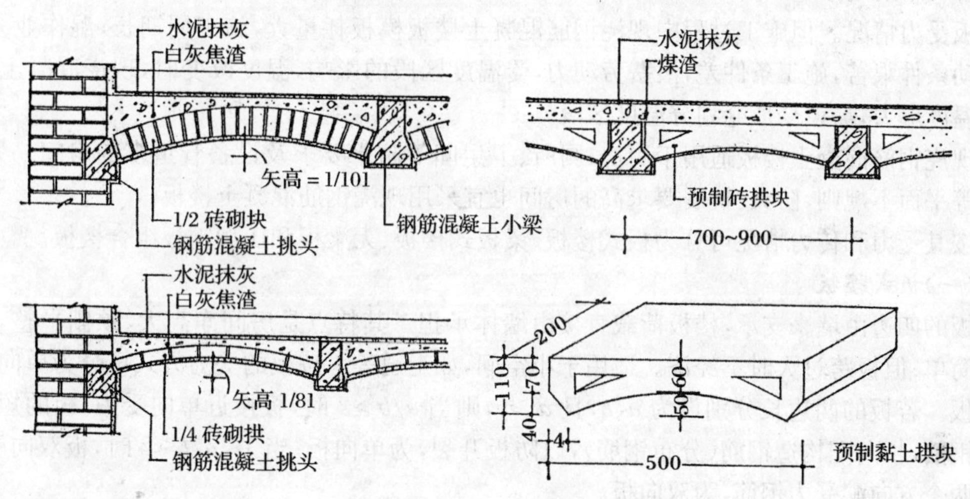

图 2-4-4　砖拱楼板

(三)钢筋混凝土楼板

钢筋混凝土楼板采用混凝土与钢筋共同制作。这种楼板坚固,耐久,刚度大,强度高,防火性能好,可塑性好,便于工业化和机械化,当前应用比较普遍。

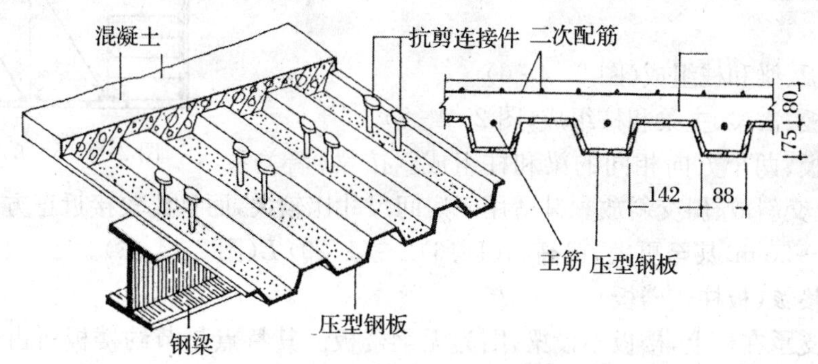

图 2-4-5　压型钢板楼板

(四)钢楼板

钢楼板是在铺设好的压型钢板上，整浇混凝土而构成。压型钢板既是面层混凝土的模板，又起结构作用。其强度高，施工方便，跨度长，便于工业化生产。钢楼板自重较钢筋混凝土楼板轻，但用钢量大，易锈，价高，防火性较差(图 2-4-5)。

第二节　钢筋混凝土楼板

钢筋混凝土楼板按施工方法不同有现浇式、预制装配式和装配整体式三种。

一、现浇钢筋混凝土楼板

现浇钢筋混凝土楼板整体性好，刚度大，利于抗震，布置灵活，防火、防水性好，可塑性强，适应各种不规则形状和要留孔洞等特殊要求的建筑，可提高楼板的承载力，减少楼板厚度，改善楼板受力情况。但施工过程中现浇钢筋混凝土楼板模板耗量大，施工周期长，湿作业多，工人劳动条件艰苦，施工条件差，浪费劳动力，受温度区段的影响，温度改变时，现浇混凝土内部产生温度应力，需设变形缝划分温度区段。

现浇钢筋混凝土楼板适用于厨房、厕所、卫生间等防水要求及设备管道多的房间。另外，门厅等平面不规则，防火、抗震要求高的房间也宜采用现浇钢筋混凝土楼板。

按其受力和传力情况可分为板式楼板、梁板式楼板、无梁板和压型钢板组合楼板。

(一)板式楼板

板的四边由墙来支承，楼板荷载直接由墙体承担。其特点是房间净高大，顶棚平整，施工支模简单；但板跨过大时不经济。适用于小空间，如走道等。按板的受力方式可分为单向板和双向板。若板的两边长分别设为 a、b，且 $a \geqslant b$，则当 $a/b>2$ 时，板接近单向受力，板的短向配受力钢筋，长向配构造钢筋(分布钢筋)，以防板开裂，为单向板；当 $1 \leqslant a/b \leqslant 2$ 时，板双向受力，板的两个方向配受力钢筋，为双向板。

(二)梁板式楼板

当空间尺度较大时，从经济要求及结构受力角度考虑，采取板下设梁，以增加板的支点，减小板的跨度。则板受力后，先将荷载传给梁，再由梁将荷载传给墙或柱，称为梁板式楼板。根据其结构受力方式的不同，又分为单梁式、复梁式、井字梁楼板。

单梁式由板、梁和柱组成(图 2-4-6)。

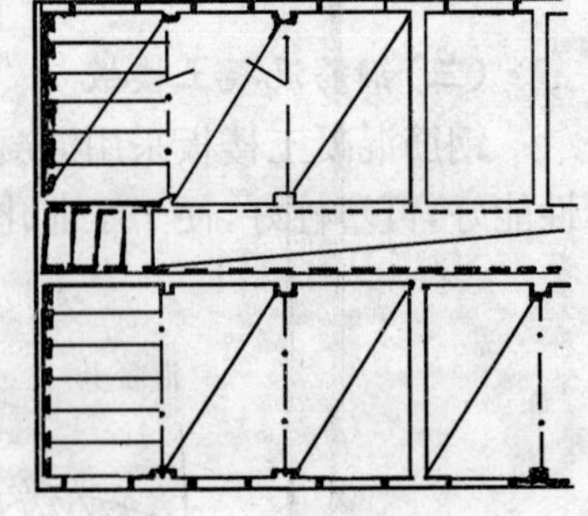

图 2-4-6　单梁式楼板

复梁式由板、次梁、主梁和柱组成(图 2-4-7)。

井字梁由板、两个方向相同的梁和柱组成。按梁、墙关系有正交正放、正交斜放、斜交斜放。其适用于房间尺寸比较大，而且比较接近正方的门厅、大厅等。梁跨达 10～30 m，甚至更大，梁高约(1/16)L～(1/20) L(图 2-4-8)。

(三)无梁楼板(板柱式楼板)

楼板直接支承在柱上，楼板不设梁，则为无梁楼板。其特点是节约楼板所占的空间高度，顶棚平整，采光、通风、视觉效果好。适用于建筑荷载较大，对空间高度、采光、通风又有要求的

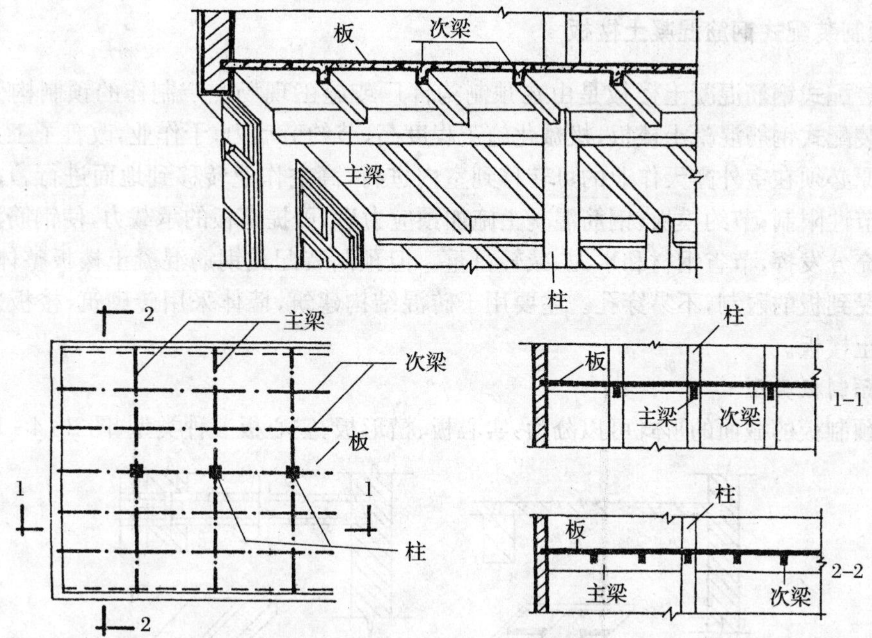

图 2-4-7 复梁式楼板

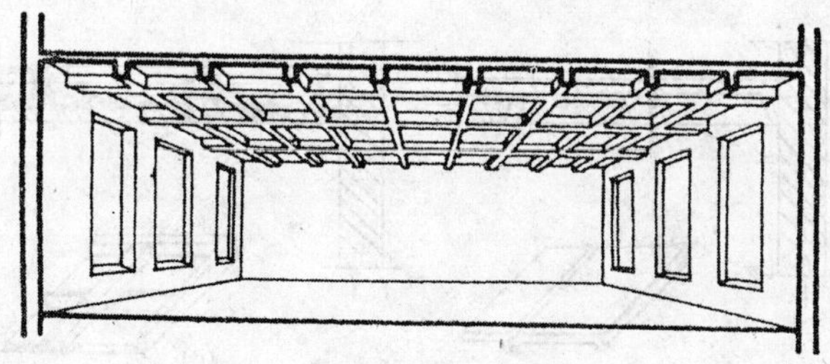

图 2-4-8 井字梁楼板

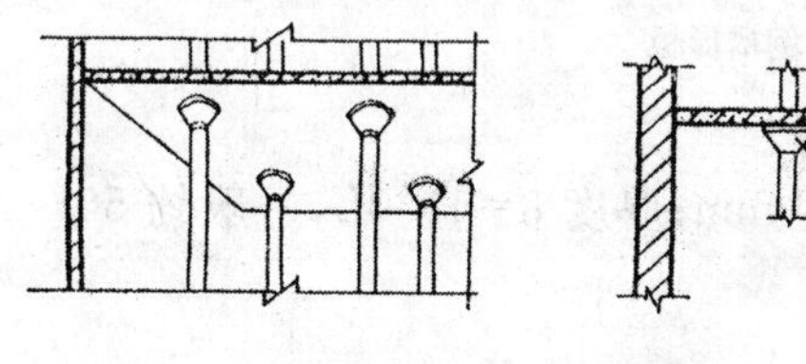

图 2-4-9 无梁楼板

建筑中，宜采用方形或接近方形的柱网，如图书馆的书库、商场、仓库、展厅、多层车库等楼面荷载较大、不宜采用梁板式楼板的建筑。根据楼板与柱的交接分为：有柱帽式和无柱帽式两种。有柱帽式可以扩大支承面面积，减小板跨，改善板的受力，加强柱对板的支承。而无柱帽式将“井”字格的型钢埋设于柱顶的楼板中，见图 2-4-9。

（四）梁板尺寸

《规范》对板厚的规定：板的最小构造厚度为民用建筑楼板厚≥60 mm，双向板≥70 mm。工业建筑楼板厚≥80 mm，楼层停车场≥100 mm。

梁的断面尺寸：主梁的高 $h=(1/8\sim1/12)L$，宽 $b=(1/3\sim1/2)h$，主梁跨度 $L=5\sim8$ m 时最经济；次梁的高 $h=(1/12\sim1/16)L$，宽 $b=(1/3\sim1/2)h$，次梁跨度＝主梁间距，次梁跨度＝4～6 m时最经济。

二、预制装配式钢筋混凝土楼板

预制装配式钢筋混凝土楼板是由在预制构件厂或施工现场生产制作的预制构件装配而成。预制装配式钢筋混凝土楼板，机械化施工程度高，节约劳动力；干作业，改善了工人的劳动条件(如：原必须在室外露天作业的可转移到室内进行，高空作业转移到地面进行。)；工期短，且不受季节性限制；节约模板；钢筋混凝土施加预应力后，可提高板的承载力，使钢筋混凝土的强度得到充分发挥，节省钢材和水泥，减轻自重。但预制装配式钢筋混凝土楼板整体刚度差；空间尺寸受到板的限制，不易穿孔。主要用于砖混结构建筑，墙体采用砖砌筑，楼板采用预制钢筋混凝土楼板。

(一)预制板类型

根据预制板的截面的形式可以分为：实心板、槽形板、空心板三种类型(图 2-4-10)。

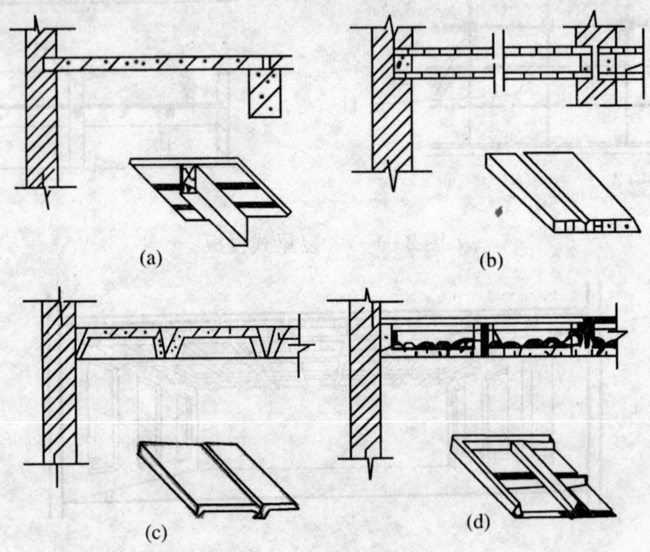

图 2-4-10 预制板的类型

(a)实心板；(b)空心板；(c)正槽形板；(d)倒槽形板

1. 实心板

(1)板的规格：跨度 $L=1.2\sim2.7$ m；宽度 $b=600\sim900$ mm；厚度 $\delta=1/30L$，一般约 50～80 mm。

(2)特点：板面上下平整，制作简单；但自重大，隔声差。

(3)适用范围：多用于小跨度空间，如走道、阳台板、雨篷板、管沟盖板等。

2. 空心板

根据板的受力情况，结合考虑隔声的要求，并使板面上下平整，可将预制板抽孔做成空心板。使用预制空心楼板一般不宜在板上任意打孔，应在板制作时预留。

(1)孔形：空心板的孔洞有矩形、方形、圆形、椭圆形。其中圆孔板刚度好，抽孔制作方便，应用较广。

(2)规格：预应力板板厚 125 mm，跨 2.7～4.2 m；非预应力板厚 160 mm，跨 2.1～3.0 m。板宽 600、900 mm；异形板(非标准板)一般较标准板宽度小 150 mm，遇烟道、垃圾道等时采用。

(3)其他：长向预应力板跨度 $L=5.7$ m 以上；SP 大板采用高强预应力钢绞线，高强混凝土跨度达 6～18 m，板厚 100～300 mm。

(4)预应力的施加

预制楼板有非预应力和预应力两种，预应力是使构件下部的混凝土预先受压，这种叫预压应力。混凝土的预应力是通过张拉钢筋的办法来实现，钢筋的张拉有先张和后张两种工艺。先张法是先张拉钢筋、后浇筑混凝土，待混凝土有一定的强度以后切断钢筋，使回缩的钢筋对混凝土产生压力，后张法是先浇筑混凝土，在混凝土的预留孔洞中穿放钢筋，再张拉钢筋并锚固在构件上，由于钢筋收缩对混凝土产生压力，使混凝土受压，小型构件一般采用先张法，并多在加工厂中进行，大型构件一般采用后张法，多在施工现场进行。由于预应力的施加，使钢筋应力得到充分发挥的同时，梁下部分混凝土拉力减小，从而延缓和避免了裂缝的出现，同时构件刚度大，抗裂能力强、耐久，延长使用时间，可以采用高强度钢筋和高强度混凝土，从而节约用材，减轻自重，与非预应力构件相比，约可节约钢材 30%～50%，节约混凝土 10%～30%。可见，采用预应力钢筋混凝土可以提高构件强度和减少构件的厚度。

3. 槽形板

槽形板是一种梁板结合的构件，即在实心板的两侧设有纵肋，构成槽形截面。为提高板的刚度和便于搁置，板的两端用肋封闭。当板跨≥6 m 时，每1000～1500设横肋一道。

(1)规格

板跨 3～7.2 m，板宽 600～1200 mm，板厚 25～30 mm，肋高为 120～300 mm。有预应力和非预应力两种。

(2)布置

正槽形板：肋向下，受力合理，充分发挥混凝土良好的抗压性能；缺点是截面不封闭，底面有肋不平整，顶棚不美观，易积灰，板面薄，隔声差。

倒槽形板：肋向上，能提供平整的顶棚，槽内填轻质材料可保温、隔声；缺点是受力不合理，不经济，且需另做面板。

(二)预制板的布置与定位轴线的标定

1. 预制板布置原则

(1)结合墙承重方案，短向搭板。目的是减小板跨，使板厚更薄，更经济。

(2)与平面尺寸配合，楼板规格尽量少。目的是简化板的制作与安装。

(3)厨、厕等房间应尽量现浇。

(4)隔墙的处理与位置的选定要根据其对楼板产生的荷载大小而定，当采用重质隔墙时，下面设梁等避免由单块楼板承担隔墙荷载。

2. 平面定位轴线的标定

定位轴线是在模数化网格中确定构件位置的线。其作用是控制构件的位置；是施工定位的依据；统一图纸。在图纸中，所有承重墙和柱子都必须标定定位线，砖混结构 240 mm 以上有基础的墙和楼板与梁的搭接处也必须有定位线。定位轴线采用细点划线表示，在尺寸线外(三道尺寸)标明轴线号，轴线号直径 $d=8$、10，轴线编号规则是水平方向用 1、2、3……从左向右依次编号和竖向用 A、B、C……从下向上依次编号。

定位轴线标定原则：

(1)承重内墙,一般 1/2 墙厚,居墙中;

(2)承重外墙:距内墙皮 1/2 内墙厚或居墙中;

(3)非承重墙:同承重墙;

(4)垂直变截面墙:按顶层标定。

(三)细部处理

1. 板在墙、梁上的处理

(1)坐浆:板下铺 20 mm 厚 1∶3 水泥砂浆,起找平作用,同时加强板与墙体连接。

(2)堵孔:空心板的两端用水泥砂浆或混凝土堵孔,目的是避免端缝灌缝时漏浆;保证板端在上部墙体的作用下不被压坏并将上层荷载传递给下层墙体。

(3)搁置长度:砖墙≥80 mm,一般为 120 mm;钢筋混凝土梁上≥80 mm,一般为 1/2*b*。在抗震区,板端搁进墙、梁上的长度还应加大,并应在板与墙以及板端与板端连接处设置锚固钢筋。注意板的侧边不允许压入墙内。

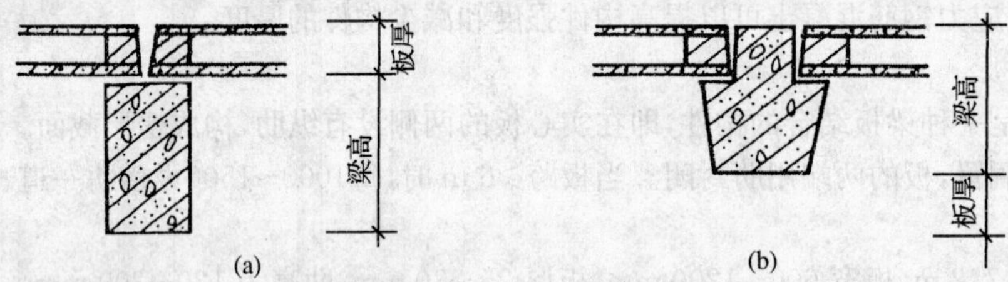

图 2-4-11　楼板的结构高度

(a)矩形截面梁;(b)花篮梁

2. 板缝处理

为了便于板的铺设,预制板之间应留有 10～20 mm 的缝隙。为了加强装配式楼板的整体性,板缝内须灌入细石混凝土,并要求灌缝密实,避免在板缝处出现裂缝而影响楼板的使用和美观(图 2-4-12)。

(1)端缝:两块板的短边之间形成的缝。端缝内灌细石混凝土。为提高板的整体性和抗震能力,可在板端甩筋,将甩筋联结,然后再灌以细石混凝土。

(2)侧缝:两块板的长边之间形成的缝。

①侧缝形式:"V"、"U"、凹缝,其中以凹缝最好。它对抵抗板间裂缝和错动能力最强。

②缝宽:标准缝宽度 b=20 mm,b 为板底部缝宽,板上部缝略宽,以便浇筑混凝土或砂浆。

③板缝处理:板宽与房间平面尺寸并不总是十分合适,当排板出现板缝时,板缝处理措施如下:

当缝宽≤60 mm,调整板缝;

当缝宽 60～120 mm,墙上挑砖;

当缝宽>120 mm,现浇部分板带;

当缝宽>200 mm,重新选择板型。

3. 梁的截面形状

梁的断面形式(图 2-4-13)有矩形、T 形、十字形、花篮形等。矩形截面梁外形简单、制作方便;T 形截面梁较矩形截面梁自重轻;采用十字或花篮梁可减少楼板所占的空间高度。

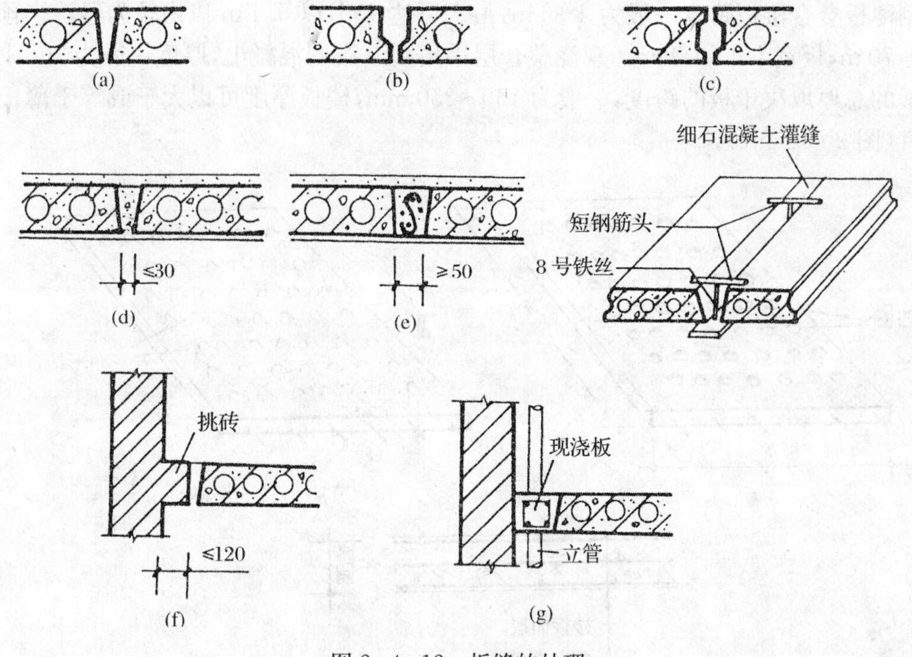

图 2-4-12 板缝的处理

(a)"V"形缝;(b)"U"形缝;(c)凹缝;(d)标准缝;(e)拉大板缝;(f)挑砖;(g)现浇板带

图 2-4-13 梁的截面形式

一般情况下,现浇楼板的结构高度等于梁高;预制楼板的结构高度等于梁高加板厚。为减小结构高度,增加房间净高,采用十字或花篮梁,则结构高度等于梁高,但应注意花篮梁处的轴线宜采用双轴线,以便采用标准板。如图 2-4-11。

三、装配整体式钢筋混凝土楼板

装配整体式楼板是将楼板中的部分构件预制,然后到现场安装,再以整体浇筑其余部分的办法连接而成的楼板,它兼有现浇和预制的双重优越性。

(一)叠合式楼层

预制薄板与现浇混凝土面层叠合而成的装配整体式楼板称预制楼板叠合楼板。这种楼板的预制混凝土薄板既是永久性模板承受施工荷载,也是整个楼板结构的组成部分。预应力混凝土薄板内配以刻痕高强钢丝作为预应力筋,同时也是楼板的跨中受力钢筋,板面现浇混凝土叠合层,所有楼板层中的管线均事先埋在叠合层内,现浇层内共需配置少量的支座负弯矩钢筋。预制薄板叠合楼板适用于住宅、宾馆、学校、办公楼、医院以及仓库等建筑。

为了保证预制薄板与叠合层有较好的连接,薄板上表面需做处理,常见的有两种:一是其上表面作刻槽处理,刻槽直径 50 mm,深 20 mm,间距 150 mm(图 2-4-14a);另一种是在薄板上表面露出较规则的三角形状的结合钢筋(图 2-4-14b)。

预制薄板叠合楼板跨度一般为 4～6 m，最大可达 9 m，以 5.4 m 以内较为经济。预应力薄板厚 50～70 m，板宽 1.1～1.8 m。现浇叠合层采用 C20 级的混凝土，厚度一般为 70～120 mm，叠合楼板的总厚取决于板的跨度，一般为 150～250 mm，楼板厚度可以大于或等于薄板厚度的两倍为宜(图 2-4-14c)。

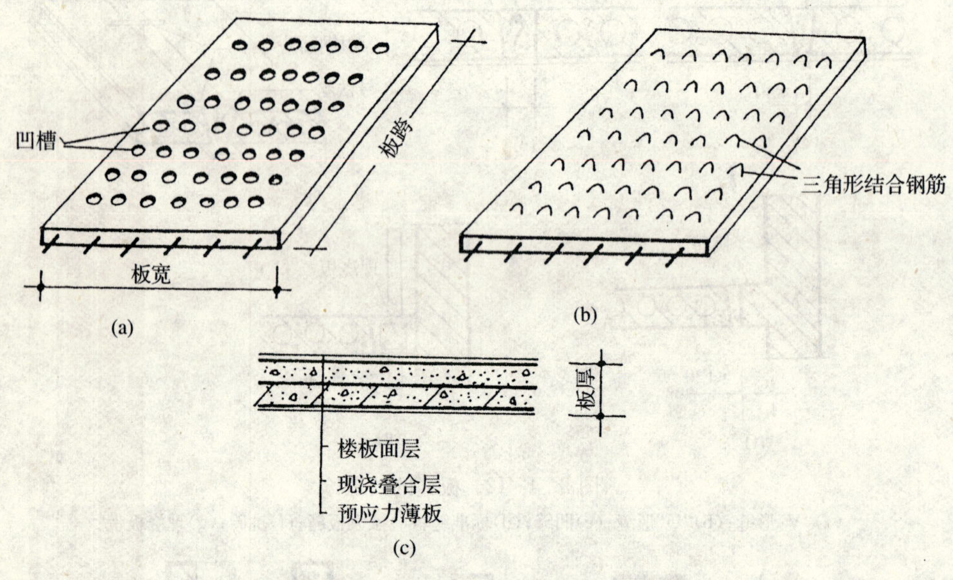

图 2-4-14　叠合式楼层

(a)刻槽处理；(b)三角形结合钢筋；(c)预制薄板叠合

普通钢筋混凝土预制楼板板缝拉大，在板缝处现浇板带(板肋)，与四周的圈梁联结，也可形成叠合式楼层。

(二)密肋填充块楼板

密肋填充块楼板的密肋有现浇和预制两种，前者是在填充块之间现浇密肋小梁和面板，其填充块有空心砖、轻质块或玻璃钢模壳等，后者的密肋常见的有预制倒 T 形小梁、带骨架芯板等。这种楼板有利于充分利用不同材料的性能，能适应不同跨度和不规则的楼板，并利于节约楼板，保温隔声好，底面平整，结构高度低，净空高(图 2-4-15)。

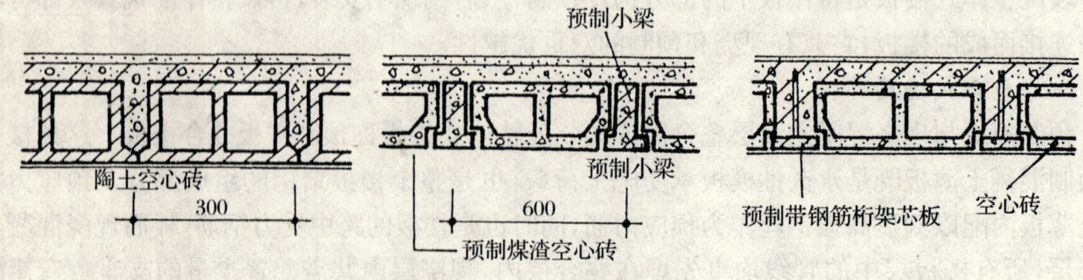

图 2-4-15　密肋填充块楼板

第三节　阳台和雨篷

一、阳台

阳台用于楼房建筑，是供人进行户外活动的平台或空间，同时对建筑物的外部形象也起一定的作用。

(一)阳台的形式与设计要求

1. 阳台的类型

按阳台与外墙相对位置关系可分为挑(凸)阳台、凹阳台、半凸(挑)半凹阳台(图 2-4-16)。

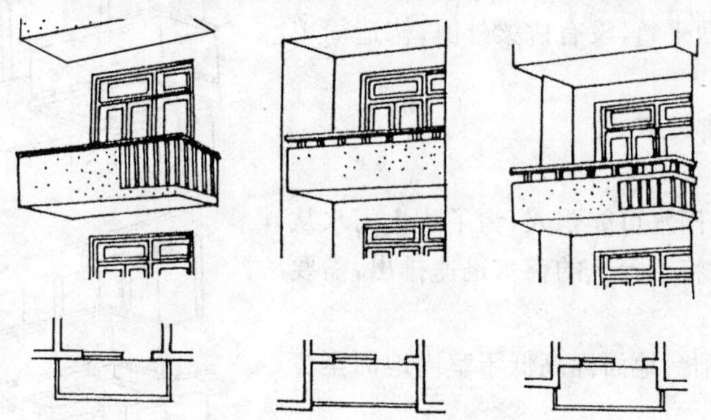

(a)挑阳台；(b)凹阳台；(c)半凸半凹阳台

图 2-4-16　阳台的形式

2. 设计要求

(1)坚固、安全：设计时，保证阳台的强度与刚度；施工时，保证阳台的施工质量，使实际强度达设计要求；使用中，不超过允许设计强度。

(2)实用：阳台出挑宽度≥1.0 m，一般为 1.2 m 或 1.5 m，注意栏杆的通风、遮阳等。

(3)立面美观：阳台是调节建筑立面的重要手段，通过阳台的凹凸变化在墙面形成的光影关系、色彩、质感、栏杆形式等都丰富了建筑物的立面形象。

(4)方便施工。

(二)阳台的结构布置

阳台作为水平承重构件，其结构形式及布置方式应与楼板结构统一考虑。

1. 挑板与圈梁结合式

阳台板从圈梁挑出。阳台面宽可以不受限制，但出挑量不能太大。圈梁受扭，上部必须有足够的墙体以平衡阳台的扭力(图 2-4-17)。

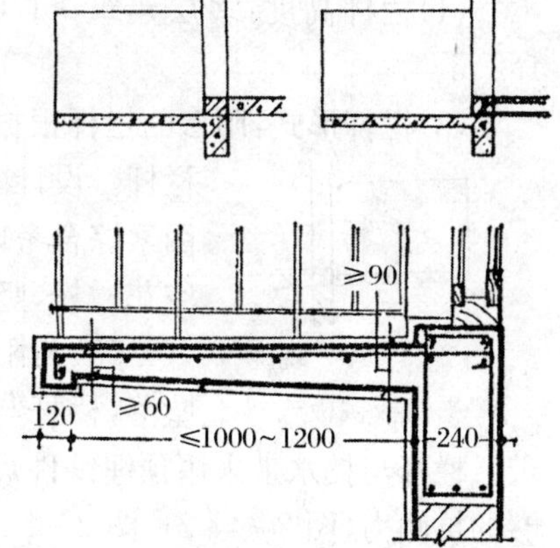

图 2-4-17　楼板与圈梁结合形式

2. 挑梁搭板式

利用承重的内横墙或由内横墙内伸出的悬挑梁来支承阳台板的荷载，从结构布置上形成挑梁搭板形式。悬挑梁在横墙内的长度应为悬臂长的 1.5 倍，以解决阳台板的倾覆问题。

挑梁搭板式阳台面宽同房间开间大小，出挑量不受限制，受力钢筋布置在板下部，方向与梁垂直。但是挑梁外露不够美观，为避免看见梁头，可增加边梁，这样外形较整洁，边梁能够承受栏杆扶手的重量（图 2-4-18）。

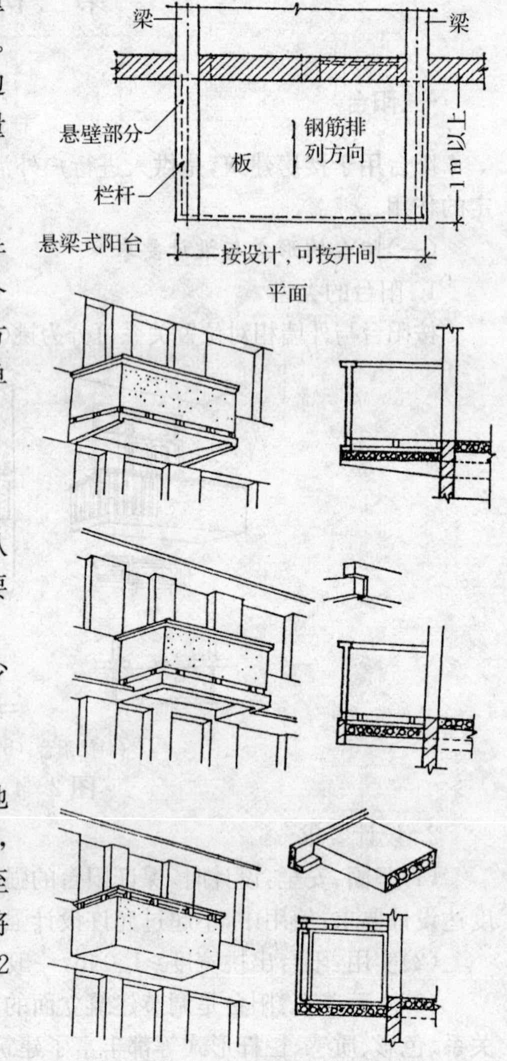

图 2-4-18　挑梁搭板式

3. 现浇平衡板挑板式

当楼板采用现浇板时，阳台板亦多用现浇板，并与楼板合为一体浇筑。现浇阳台与部分楼板成一个整体还可适用于纵墙承重的楼板结构布置。这种方案的优点是阳台底面平整，没有挑梁外露，构造简单（图 2-4-19）。

（三）阳台的细部处理

1. 阳台的排水

阳台外露，室外雨水可能飘入，为了防止雨水从阳台泛入室内，同时将阳台上的存水迅速排出，需要考虑以下几点：

（1）地面标高：阳台地面标高低于室内地面至少 20 mm。

（2）地面坡度：阳台地面应做 2%～5%的坡度。

（3）地面排水：在阳台一侧栏板下设排水孔，地面用防水砂浆粉出坡度，将水导向排水孔排至室外，排水管用 ϕ40 或 ϕ50 的镀锌钢管或塑料管，并伸至阳台外 80 mm（称水舌）。也可采用有组织排水，将水导向室外的雨水管，由雨水管将水引至地面（图 2-4-20）。

2. 阳台栏杆

（1）栏杆高度：多层建筑≥1.05 m，高层 1.1～1.2 m。

（2）栏杆形式：阳台的栏杆根据其外形分为实心栏板、空花栏杆和部分透空栏板的组合式栏杆。设计时应结合立面造型、使用环境、选用材料及气候特点等多种因素综合考虑。寒冷地区、中高层及高层建筑做实心栏板；温暖地区做空花栏杆，竖向栏杆的间距≯110 mm。

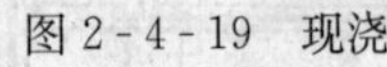
图 2-4-19　现浇平衡板挑板式

（3）与阳台板的连接：为了阳台排水的需要和防止物品由阳台板边坠落，栏杆与阳台板的连接处需采用 C20 混凝土沿阳台板边现浇挡水带。栏杆与挡水带采用预埋铁件焊接、插筋连接、榫接坐浆等，设计时注意保证栏杆具有的足够的抗侧力（图 2-4-21、图 2-4-22）。

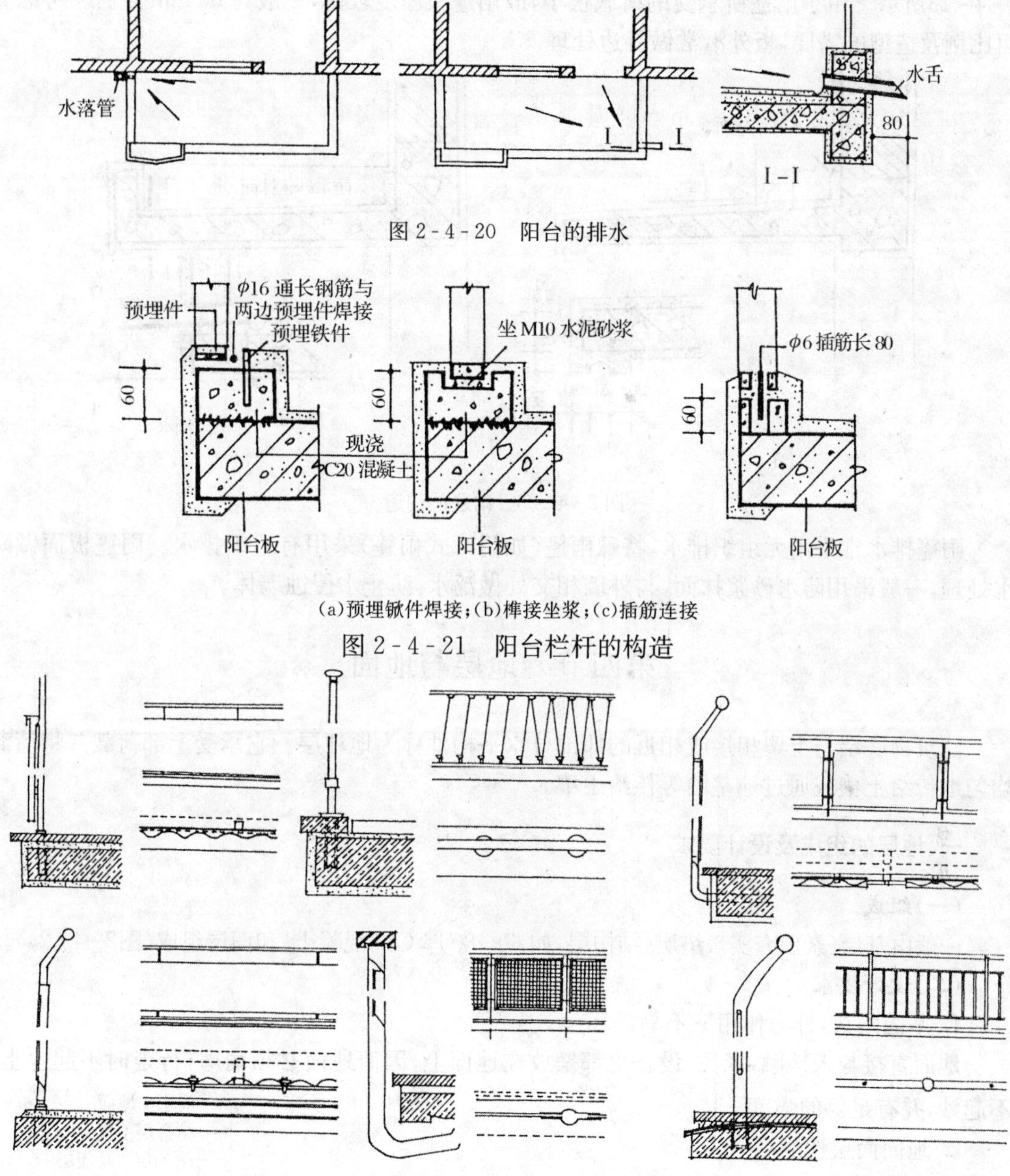

图 2-4-20 阳台的排水

(a)预埋锹件焊接；(b)榫接坐浆；(c)插筋连接

图 2-4-21 阳台栏杆的构造

图 2-4-22 栏杆的形式

二、雨篷

雨篷是设置于建筑物出入口上方用于挡雨、保护入口门免受雨淋的水平构件，同时对建筑立面效果起到很重要的作用。对不同的建筑，不同的入口位置，不同的环境条件，不同的造型，雨篷亦随其变化形成多种形式。

根据雨篷结构布置和支承方式不同，有悬挑梁板和墙柱支撑的两种形式。悬挑梁板形式的雨篷大多是将雨篷板与入口处门上过梁或圈梁浇筑在一起，悬挑板长度≤1.5 m，如图

2-4-23所示。由于雨篷所承受的荷载很小，故雨篷板厚度较薄，一般为 60 mm 左右。考虑立面比例及造型的需要，板外沿常做翻边处理。

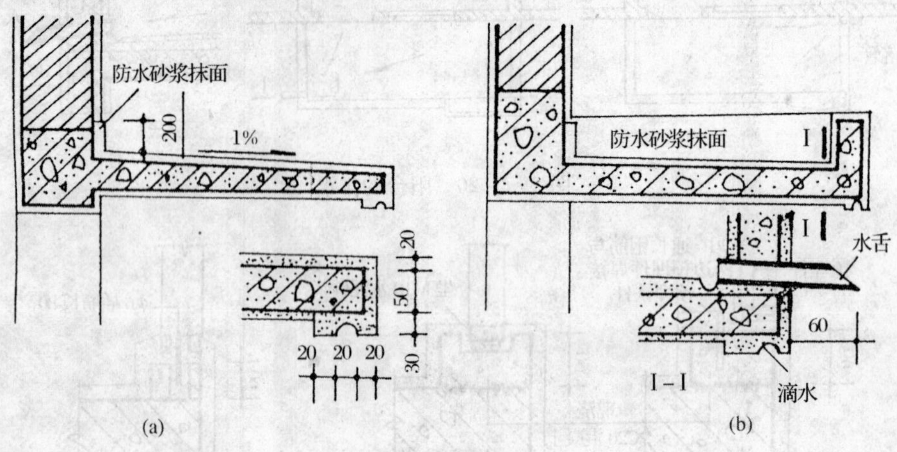

图 2-4-23　雨篷的构造

雨篷排水常采用无组织排水，特殊雨篷（如门廊式雨篷）采用有组织排水。雨篷板面做防水处理，一般采用防水砂浆抹面，与外墙相交处做泛水，防止水侵蚀墙体。

第四节　地层与地面

建筑物底层与土壤相接或相近的那部分水平构件称为地坪层。它承受上部荷载并将荷载均匀地传给土壤或通过地垄墙等传给土壤。

一、地层的组成及设计要求

（一）组成

一般由基层（素土夯实）、垫层（结构层，如 60~80 厚 C10 混凝土）和面层组成（图2-4-24）。

（二）设计要求

1. 坚固耐久，外力作用下不易破坏

地面直接与人接触，家具、设备也都摆放在地面上，因而地面必须耐磨，行走时不起尘土、不起沙，并有足够的强度。

2. 地面面层性能

平整光洁，不易起灰，易清扫，美观，具有防水、防潮、防热、防酸、防碱、防静电等性能。

3. 温度要求

由于人们直接与地面接触，地面则直接吸走人体的热量，因此须选用舒适、弹性、蓄热系数小的材料，或在地面上铺设辅助材料，用以减少地面的吸热。如采用木材或其他有机材料（塑料地板等）作地面面层，比一般水泥地面的效果要好得多。

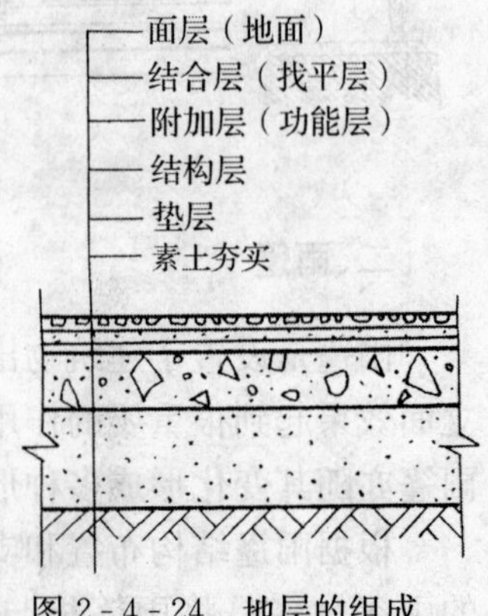

图 2-4-24　地层的组成

4. 经济要求

地面在满足使用要求的前提下，应选择经济的构造方案，尽量就地取材，以降低整个房屋的造价。

二、地面的种类及做法

这里，地面指楼地面的面层。

(一)整体地面

1. 水泥地面

在一般民用建筑中采用较多，其构造简单、施工方便、坚固、防潮、防水而又造价较低。但水泥地面蓄热系数大，冬天感觉较冷，空气湿度大时易产生凝结水，而且表面起灰，不易清洁。

水泥砂浆地面做法是在混凝土地面垫层或结构层上抹水泥砂浆。一般采用双层做法，先做一层 10～20 mm 厚 1∶3 水泥砂浆找平层，表面抹 5～10 mm 厚 1∶2 水泥砂浆，不易开裂、空鼓。

2. 水磨石地面

水磨石地面一般分两层施工，在垫层或结构层上用 10～20 mm 厚 1∶3 水泥砂浆找平，面铺 10～15 mm 厚 1∶(1.5～2)的水泥白石子，待面层达到一定强度后加水用水磨石机磨光、打蜡即成。所用石子为中等硬度的方解石、大理石、白云石等。若将普通水泥换成白水泥，并掺入不同颜料可做成美术水磨石地面。

为适应地面变形可能引起的面层开裂以及施工和维修方便，做好找平层后，用嵌条把地面分成若干小块，尺寸约1000 mm，分块形状可以设计成各种图案，嵌条常用玻璃、塑料或金属(铜条、铅条等)，嵌条高度同水磨石面层厚度，且用 1∶1 水泥砂浆固定。嵌固砂浆不宜过高，否则会造成面层在嵌条两侧仅有水泥而无石子，影响美观。

水磨石地面具有良好的耐磨性、耐久性、防水性、防火性，质地美观，表面光洁，不起尘、易清洁等优点，通常应用于居住建筑的浴室、厨房、厕所和公共建筑门厅、走道及主要房间地面、墙裙等地方(图 2-4-25)。

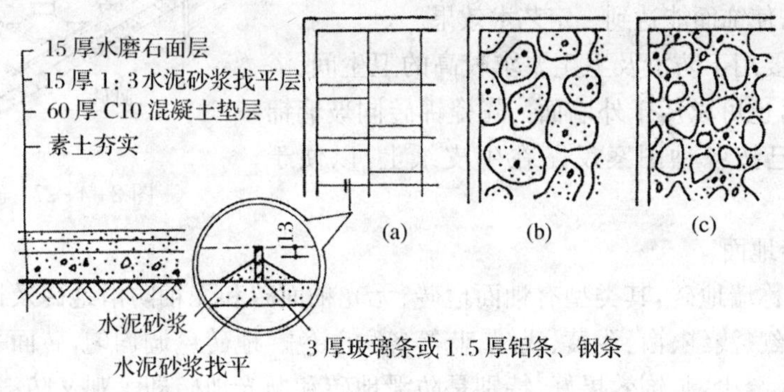

图 2-4-25　水磨石地面

(二)块材地面

块材类地面是把地面材料加工成块状，然后借助胶结材料粘贴或铺砌在结构层上。胶结材料既起胶结作用又起找平作用，也有先做找平层再做胶结层的。常用胶结材料有水泥砂浆、沥青玛瑞脂等，也有的用细砂和细炉渣做结合层。

块料地面种类很多，常用的有水泥砖、人工或天然石材、缸砖、陶瓷锦砖、陶瓷地砖等。

1. 水泥制品的块料地面

水泥制品块料地面常见的有水磨石块、预制混凝土块(尺寸常为 400～500 mm 见方,厚 20～50 mm)。

水泥制品块和基层连接有两种方式:当预制块尺寸较大且较厚时,常在板下干铺一层 20～40 mm 厚细砂或细炉渣,待校正后,板缝用砂浆嵌缝。这种做法施工简单、造价低,便于维修更换,但不易平整。城市人行道常按此方法施工(图 2-4-26)。当预制块小而薄时则采用 12～20 mm 厚 1∶3 水泥砂浆做结合层,铺好后再用 1∶1 水泥砂浆嵌缝,这种做法坚实、平整。

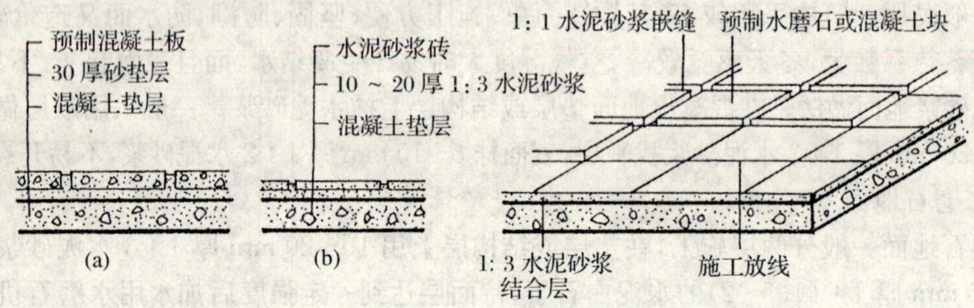

图 2-4-26　水泥制品的块料地面

2. 缸砖及陶瓷锦砖地面

缸砖是用陶土焙烧而成的一种无釉砖块,形状有正方形(尺寸为 100 mm×100 mm 和150 mm×150 mm,厚 10～19 mm)、六边形、八角形等。颜色也有多种,由不同形状和色彩可以组合成各种图案。缸砖背面有凹槽,使砖块和基层粘结牢固,铺贴时一般用 15～20 mm 厚1∶3水泥砂浆做结合材料,要求平整,横平竖直(如图 2-4-27)。缸砖具有质地坚硬、耐磨、耐水、耐酸碱、易清洁等优点。陶瓷锦砖又称马赛克,其特点与面砖相似。陶瓷锦砖有不同大小、形状和颜色并由此而可以组合成各种图案,使饰面能达到一定艺术效果。

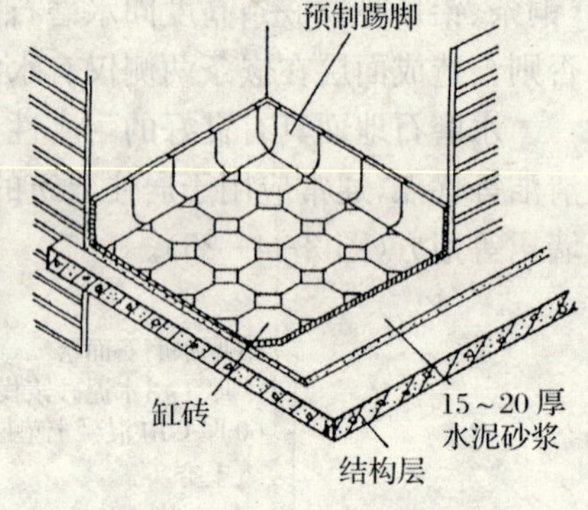

图 2-4-27　缸砖地面

陶瓷锦砖主要用于防滑及卫生要求较高的卫生间、浴室等房间的地面,也可以用于外墙面。陶瓷锦砖同玻璃锦砖一样,出厂前已按各种图案反贴在牛皮纸上,以便于施工。

3. 陶瓷地砖地面

陶瓷地砖又称墙地砖,其类型有釉面地砖、无光釉面砖和无釉防滑地砖及抛光同质地砖。

陶瓷地砖有红、浅红、白、浅黄、浅绿、蓝等各种颜色。地砖色调均匀,砖面平整,抗腐耐磨,施工方便,且块大缝少,装饰效果好,特别是防滑地砖和抛光地砖即美观又防滑,因而越来越多的用于办公、商店、旅馆和住宅中。

陶瓷地砖一般厚 6～10 mm,其规格有 400 mm×400 mm,300 mm×300 mm,250 mm×250 mm,200 mm×200 mm,块越大,价格越高,装饰效果越好。

(三)塑料地面

铺贴塑料地板砖和地板革,要求基层平整、光滑、有一定强度,并用相互配套的胶粘剂粘贴面层。地板也可以不用胶粘剂而整片浮铺。铺塑料地板时,先在地面基层或楼板上抹 20 mm

厚 1：2.5 水泥砂浆找平层压平抹光，干硬后，在找平层上和塑料地板背面均匀刷涂 XY409 地板胶粘剂粘贴，用胶辊轧实，表面擦上光蜡，铺塑料地板革时也可浮铺，在墙角处钉木压条固定（图 2-4-28）。

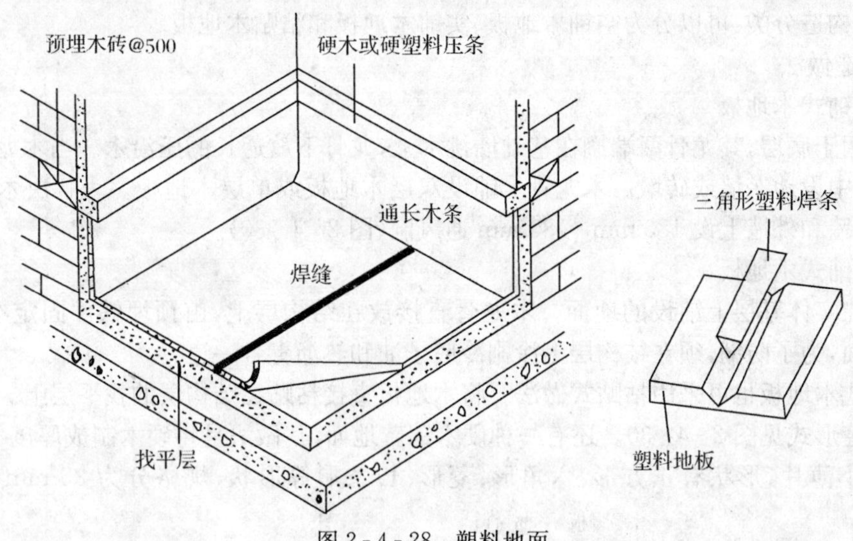

图 2-4-28　塑料地面

(四)涂料类地面

用于地面涂料有地板漆、过氯乙烯地面涂料、苯乙烯地面涂料等。这些涂料施工方便，造价较低，可以提高地面耐磨性和韧性以及不透水性，适用于民用建筑中的住宅、医院等，但由于过氯乙烯、苯乙烯地面涂料是溶剂型的，施工时有大量的有机溶剂溢出，污染环境；另外，由于涂层较薄耐磨性差，故不适于人流密集、经常受到物或鞋底摩擦的公共场所。

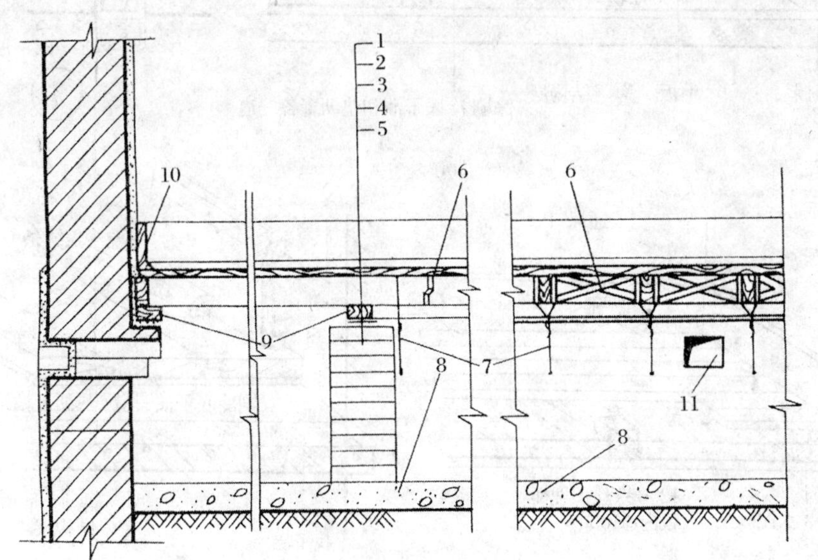

图 2-4-29　空铺木地板

1—木面板；2—木格栅；3—沿椽木；4—干铺油毡；5—地垄墙；6—剪刀支撑；7—铁丝；8—地面垫层；9—沿椽木；10—木踢脚板；11—通风口

（五）木地面

1. 木地面的分类

（1）按材料分类：可以分为普通木地板和硬木地板。

（2）按构造分类：可以分为空铺木地板、实铺木地板和粘贴木地板。

2. 构造做法

（1）空铺式木地板

一般用于底层，其龙骨两端搁在基础墙挑木上，龙骨下放通长的压沿木。当木龙骨跨度较大时，在跨中设地垄墙或砖墩。木龙骨上铺设双层木地板或单层木地板。为解决木地板的通风，在地垄墙和外墙上设 180 mm×180 mm 通风洞（图 2-4-30）。

（2）实铺式木地板

直接在实体基层上铺设的地面。木龙骨直接放在结构层上，由预埋铁件固定在基层上。在底层地面，为了防潮，须在结构层上涂刷冷底子油和热沥青各一道。

实铺式木地板也可采用粘贴式做法。将木地板直接粘贴在结构层的找平层上。实铺式木地板的拼缝形式见图 2-4-30。还有一种硬木锦砖地面，其做法是将硬木制成厚度为 8 mm～15 mm 的小薄片，形状有正方形、六角形、菱形、长条形等形状，规格分为 35 mm×35 mm、

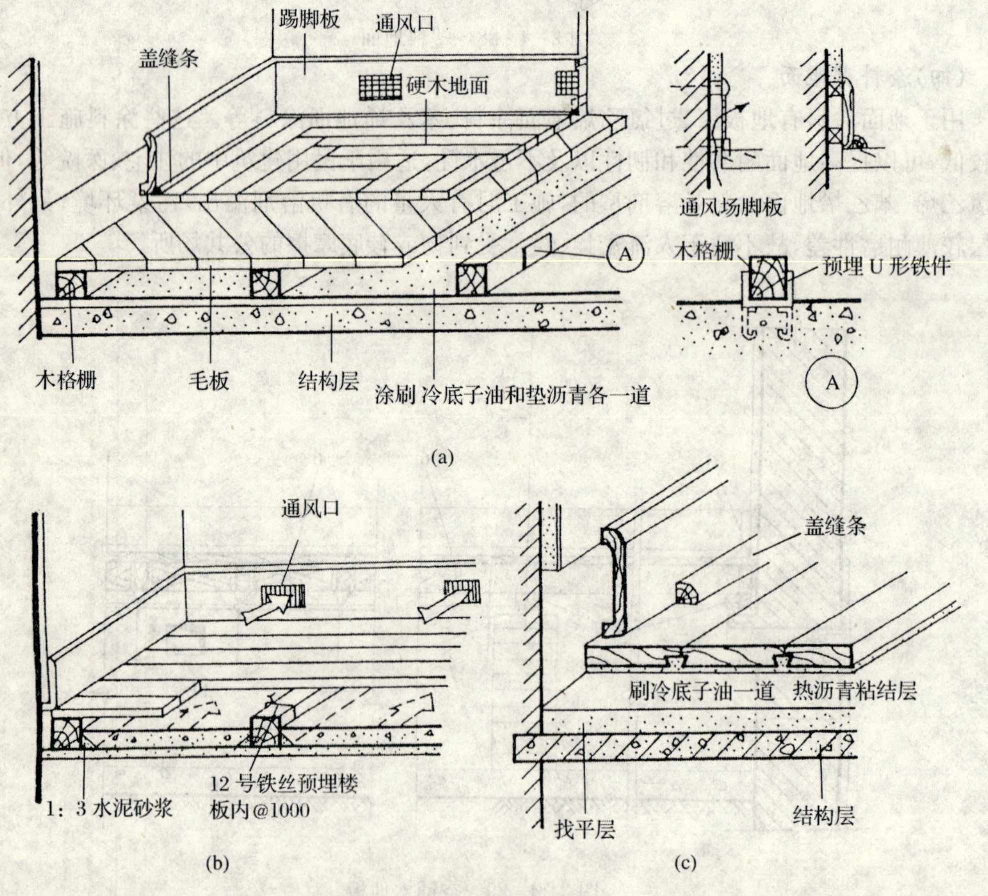

图 2-4-30　实铺木地板

（a）双层木地板；（b）单层木地板；（c）粘贴式木地板

40 mm×40 mm、45 mm×45 mm、50 mm×50 mm、55 mm×55 mm、60 mm×60 mm、65 mm×65 mm、70 mm×70 mm 以及长 150 mm～200 mm、宽 40 mm～50 mm、厚 8 mm～14 mm 等规格，可在工厂拼成方联，也可以散装，现场拼方联后，再采用胶粘剂直接铺在找平层上，如图 2-4-30所示。

(3)复合木地板

复合木质地板是以中密度纤维为基材和用特种耐磨塑料贴面板为面材，或在基材上贴天然木材(如樱木、榉木等)的薄片或单层板，在其表面加以涂料装饰的新型地面装饰材料。常见规格为1200 mm×150 mm×5 mm，具有耐烫、耐化学试剂污染、耐磨、易清扫等特点。常用的粘结剂有白乳胶、氯丁橡胶粘结剂、聚氨酯、环氧树脂等。

复合木地板不适于铺在潮湿的房间里面，例如:浴室、洗衣间、卫生间等处。湿度不断累积增加的屋子也不宜采用复合木地板。如果地板是铺在土地面、水泥地面、砖地面上，则在地板下应设隔潮层。如铺在木地面上则应保证结构的通风。不同的地面结构对湿度含量的最大值有不同要求。水泥地面为 2%，硬石膏地面为 0.5%，遵循这些湿度规定对建筑的装修尤为重要。

第五节　顶　　棚

顶棚是指楼层底面部分，亦称天棚、天花板等，属于建筑物内部主要装饰部分，对一般建筑而言，要求美观、光洁，增强光线反射，改善室内明度；对要求高的建筑或有一定功能要求的建筑而言，要求室内空间造型及满足使用需要的隔声、防水、保温、隔热等要求，构造形式分为直接式和吊顶式两种。

一、顶棚的分类

(一)直接式顶棚

直接式顶棚是指直接在楼板底面喷刷、抹灰、贴面，多用于一般民用建筑和工业建筑之中，它的常见构造做法有以下几种：

1. 抹灰

采用板底面抹灰装修，如水泥砂浆抹灰和麻刀灰、纸筋灰等抹灰，多用于一般民用建筑，采用水泥砂浆抹面，先刷素水泥浆一道，形成胶结膜层，抹 5 mm 厚 1∶3 水泥砂浆打底，再用 5～8 mm 厚 1∶2.5 水泥砂浆抹面，外刷涂料；采用麻刀(或纸筋)灰抹面，先抹 6 mm 混合砂浆再用 3 mm 麻刀(纸筋灰)灰抹面，外刷涂料。顶棚底面平整，适用于装修要求低的房间。

2. 直接喷刷涂料

用腻子嵌平板缝或喷刷涂料，适用于室内空间的建筑。

3. 贴面

主要用于室内装修要求较高或有吸音、保温、隔热等功能要求的建筑物。将所需的满足功能要求的装饰材料用粘结剂直接贴于楼板底面，如墙纸、装饰吸音板等。

(二)直接钉顶棚

适用于密肋式楼层，密肋间距小可以在密肋下直接钉龙骨，然后做面层，形成顶棚。

(三)吊顶棚

在装饰要求较高的房间中，要解决好室内空间造型装饰效果必需的功能要求而设置的各种设备及管道的敷设等,往往借助于吊顶棚将建筑结构构件及设施遮挡加以解决。

二、吊顶棚的构造

吊顶棚指顶棚与楼板层完全脱开,中间留一连续的空气层。吊顶棚由龙骨架与面层两部分组成,如图 2-4-31 所示。

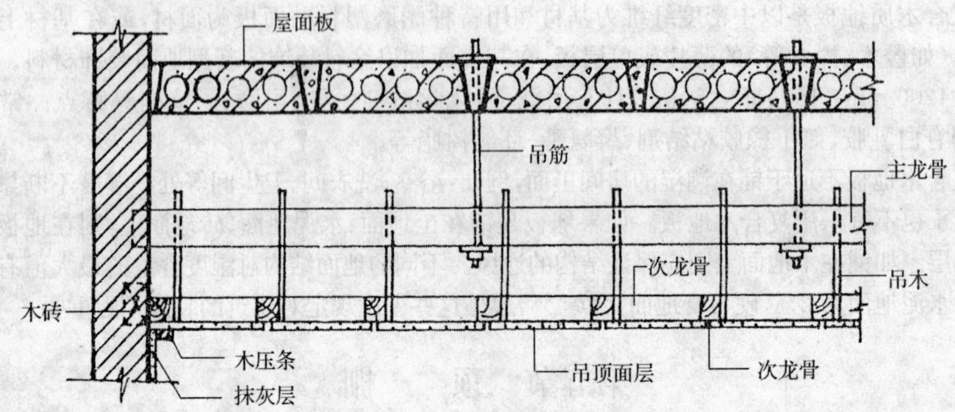

图 2-4-31　吊顶棚的构造示意图

(一)骨架:

1. 木骨架的组成

(1)吊筋:ϕ4 或 ϕ6 钢筋或 8 号镀锌铅丝@900 或1200。

(2)主龙骨(主格栅):50×70@900 或1200。

(3)次龙骨(次格栅):50×50 或 40×60@400 或 600。

(4)吊木:连接主、次龙骨。

(5)撑木:防止吊顶棚在风压作用下向上浮起,一般设在吊筋附近,如图 2-4-32 所示。

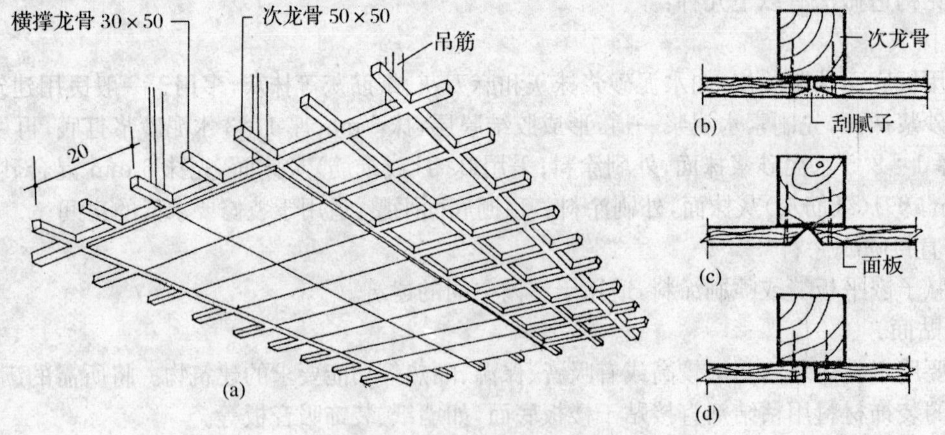

图 2-4-32　木骨架的构造

(a)仰视图;(b)密缝;(c)斜槽缝;(d)立缝

2. 轻钢和铝合金骨架的组成

(1)组成

一般由吊筋(ϕ4 或 ϕ6 钢筋或 8 号镀锌铅丝@900 或1200)、主龙骨(主格栅)、次龙骨(次格栅)、撑木(防止吊顶棚在风压作用下向上浮起,一般设在吊筋附近)。

(2)构造形式

轻钢和铝合金轻型龙骨有明装和暗装两种构造形式。

①明装构造形式

主龙骨断面一般为槽形,次龙骨断面为倒 T 形,次龙骨安装时采用双向布置,将面层板材直接搁置于次龙骨翼缘上,形成次龙骨露在吊顶面层下的形式。龙骨架的组成及构造由三部分组成:一是悬吊件,由吊筋(ϕ8～ϕ10)、主龙骨吊挂件组成,固定于楼板上;二是主龙骨,固定于吊挂件上,长度则由主龙骨连接件拼接;三是次龙骨,由次龙骨吊挂件固定于次龙骨上,长度由次龙骨连接件拼接(图 2-4-33)。

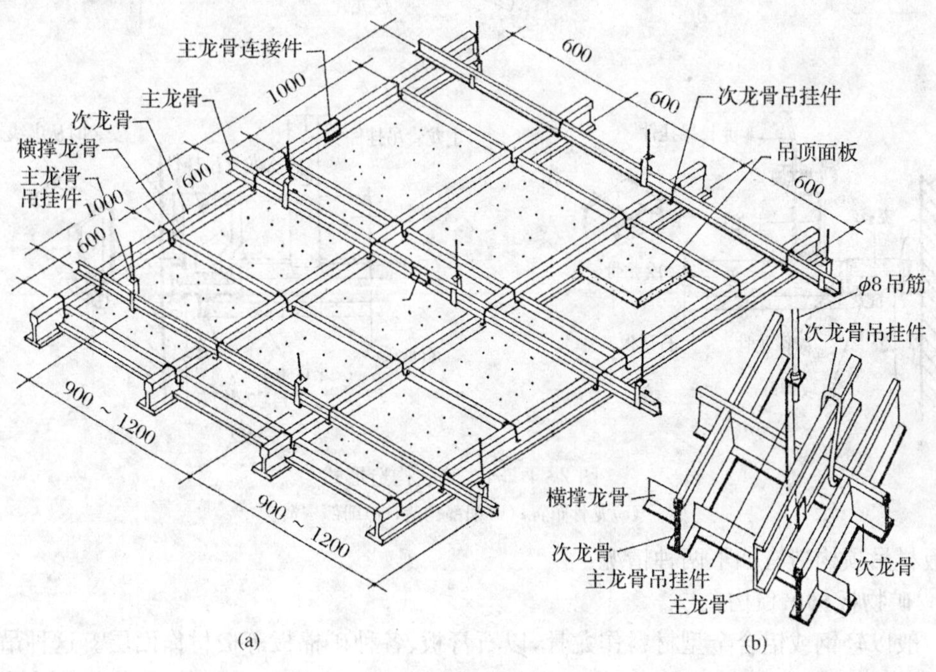

图 2-4-33　明装构造形式

(a)吊顶龙骨布置;(b)细部构造

②暗装构造形式

其与明装构造形式不同在于次龙骨的断面形状,该断面形状为槽形,吊顶面层用自攻螺钉固定于次龙骨上,形成暗装形式(图 2-4-34)。

(二)面层(同隔墙)

面层按材料及施工方法分为抹灰面层和板材面层两类。抹灰面层属湿作业,费工费时,且易开裂,除特殊要求外,现代建筑一般不再采用。板材面层施工方便,工期短,易保证施工质量,得到广泛采用。其材质有植物板材、矿物板材、金属板材等,植物板材根据防火规范要求,一般不采用。

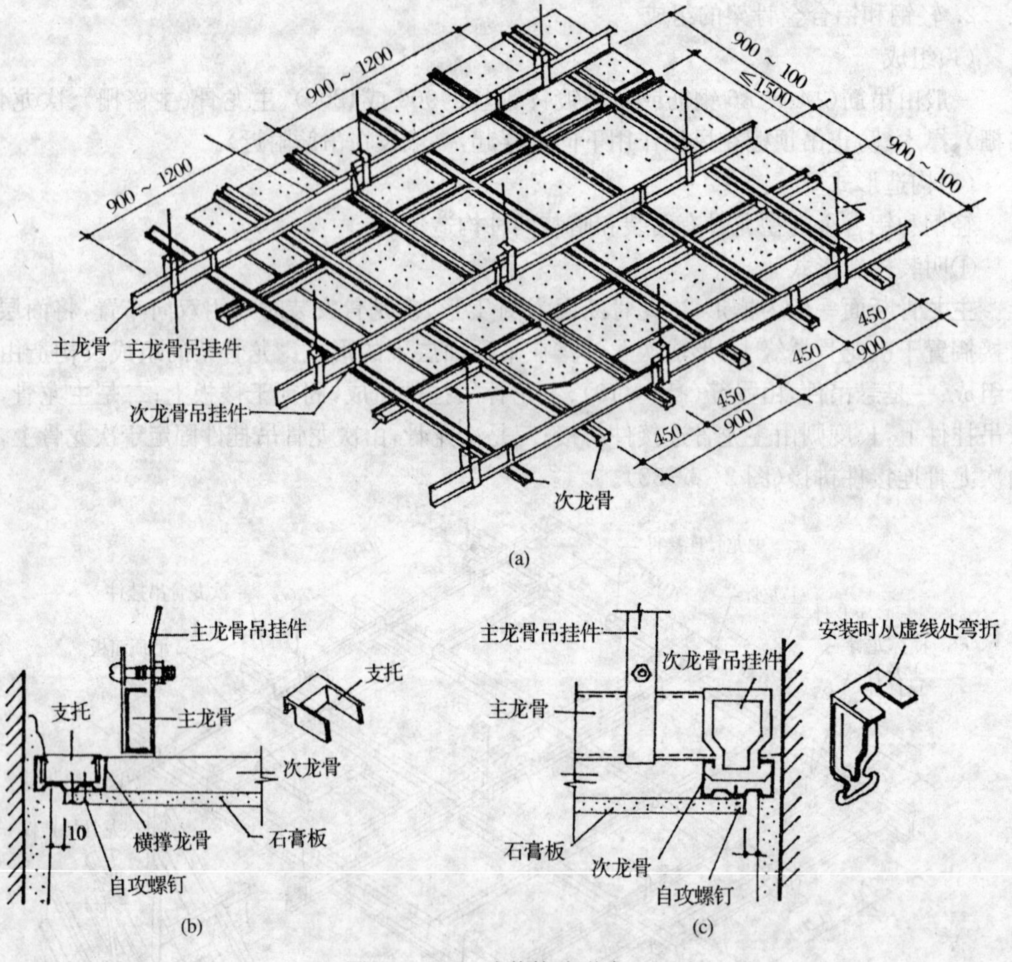

图 2-4-34　暗装构造形式

(a)龙骨布置;(b)细部构造;(c)细部构造

板材吊顶构造有如下两种情况:

1. 矿物板材吊顶构造

一般以轻钢或铝合金型材料作龙骨,以石膏板、各种矿棉板等板材作面层。这种吊顶造型多样,干作业施工方便,荷重轻,吸音效果和耐火性能好,得到广泛应用,多用于公共建筑和装饰要求较高的建筑之中。

2. 金属板材吊顶构造

一般以轻型钢材作龙骨,以铝合金板、条作面层。采用此种吊顶棚构造时,一定要解决好是否有吸音功能的要求,因铝合金板、条作面层的,铺设密实,表面光滑,面密度大,声能反射强,故不宜用于有吸音功能要求的空间,如用于有吸音功能的空间,在构造做法中,应将面层板之间留出一定空隙,且面层加铺吸音材料,使释放于建筑空间的声能通过面层板间隙被吸音材料吸收。

小　结

1. 楼、地层是水平方向分隔房屋空间的承重构件。楼板层主要由面层、楼板、顶棚三部分组成，楼板层的设计应满足建筑的使用、结构、施工以及经济等方面的要求。

2. 钢筋混凝土楼板根据其施工方法不同可分为现浇式、装配式和装配整体式三种。装配式钢筋混凝土楼板，常用的板型有平板、槽形板、空心板，为加强楼板的整体性，应注意楼板的细部构造。现浇式钢筋混凝土楼板有板式楼板、梁板式楼板和无梁楼板。装配整体式楼板有密肋填充块楼板和叠合式楼板。

3. 地坪层由面层、结构层(垫层)和素土夯实层构成。

4. 楼地面按其材料和做法可分为四大类，即整体地面、块料地面、塑料地面和木地面。

5. 顶棚分为直接顶棚和吊顶棚。

6. 阳台、雨篷也是水平方向的构件，阳台应满足安全、坚固、实用、美观的要求，中间阳台的结构布置可采用圈梁受扭、挑梁搭板和平衡板挑板的方式。阳台栏杆按其形式可分为实心栏杆、空花栏杆和组合式栏杆。雨篷常采用过梁悬挑板式。

思 考 题

1. 楼板层与地坪层有什么异同点?
2. 楼板层的基本组成及设计要求有哪些?
3. 楼板隔绝固体传声的方法有哪三种? 绘图说明。
4. 常用的装配式钢筋混凝土楼板的类型及其特点和适用范围。
5. 装配式钢筋混凝土楼板的细部构造。
6. 井式楼板和无梁楼板的特点及适用范围。
7. 地坪层的组成及各层的作用。
8. 常用整体地面的种类、优缺点及适用范围。
9. 常用块料地面的种类、优缺点及适用范围。

第五章 楼梯与台阶

第一节 概 述

建筑物中常用的各种垂直交通联系构件有楼梯、电梯、自动扶梯、台阶、坡道等。

坡道：坡度范围 0°～15°，一般<20°，11°19′较合适，常用于医院、车站和其他公共建筑入口处，以便机动车辆通行和无障碍设计。室内坡道不宜大于 1∶8，室外坡道不宜大于 1∶10，供轮椅使用的坡度不应大于 1∶12。

楼梯：坡度范围 20°～45°，33°52′是符合人体生理的最佳坡度。主要用于解决楼层之间的垂直交通。楼梯坡度越陡需要的进深越小，越节约空间；反之则需要的进深越大，但行走舒适。所以可根据建筑物的使用性质、楼梯间平面尺寸等综合确定其坡度。一般地，公共建筑的楼梯平缓些，居住建筑的楼梯陡立些。

爬梯：坡度一般>45°，60°较合适，适用于仅供少数人行走的楼梯，由于坡度较陡，可节约空间。例如在图书馆的闭架书库中，供少数工作人员垂直交通用的用爬梯，供室外检修人员及消防用的爬梯，坡度可达 90°。

一、楼梯的组成及设计要求

(一)组成

一般楼梯主要由梯段、平台、栏杆扶手三部分组成(图 2-5-1)。

1. 梯段(楼梯跑)：楼梯当中用以解决高差的倾斜部分，由梯段板或由楼梯斜梁和踏步组成的供层间上下行的通道，称为梯段。

2. 平台(休息平台)：两梯段之间的水平连接部分。一般由平台梁和平台板组成。据平台在楼层中的位置可分为楼层平台和中间平台。楼层平台指与楼板层处于同一标高的平台。作用是调节体力，分配人流，改变行进方向等。中间平台指处于两层楼面之间的平台，作用是调节体力，改变行进方向，调节楼梯形式等。

3. 栏杆扶手：紧急情况下的安全保护构件。楼梯在靠近梯井处应加设护栏，护栏有栏杆和栏板两种，顶部设扶手。

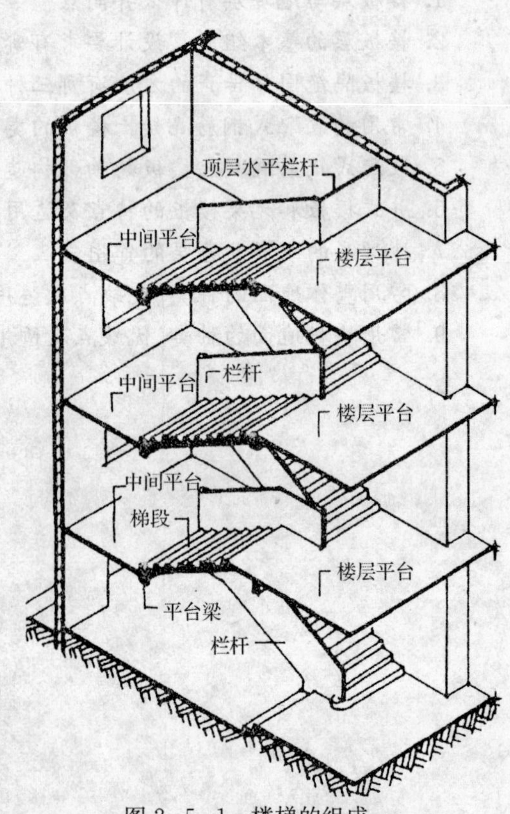

图 2-5-1 楼梯的组成

(二)设计要求

1. 满足使用要求：人流通畅，行走舒适，安全防火。

(1)人流通畅：应做到楼梯有足够的宽度、数量、位置。例如剧场设计要求 2 min(一、二级耐火等级)内人流全部疏散完毕；楼梯间有足够的采光和通风，窗地比为 41/14。楼梯间不应有突出物，例如暖气、柱垛等以免阻碍人流。

(2)行走舒适：楼梯间有合适的坡度。需考虑人在负重状态下的行走，并结合考虑空间的限制，踏步的高宽比合宜。

(3)安全防火：扶手牢固，踏步的表面耐磨、防滑、易清洁；楼梯的间距、数量、楼梯与房间的距离应满足《建筑设计防火规范》的要求。楼梯间的墙必须是防火墙。若黏土砖墙厚度需“24墙”以上。房间除必要的门外，不得向楼梯间开窗；楼梯不能直接通地下室；疏散楼梯不得采用螺旋形或扇形踏步等。

2. 满足施工要求：方便施工、经济、结构合理。

坚固，耐久，安全，地震时楼梯部位应形成安全岛，保证疏散顺畅。为加强楼梯间，可在楼梯四角设构造柱，将楼梯设在地震变形较小的部位，高层建筑的楼梯间必须设在靠外墙部位。

3. 造型美观：楼梯造型美观，形成空间上的变换。

二、楼梯的种类与形式

1. 根据楼梯所处的位置，可以分为室内楼梯和室外楼梯。

2. 根据楼梯的使用性质，可以分为主楼梯、辅助楼梯等。

3. 根据楼梯的材料，可以分为木楼梯、钢楼梯、钢筋混凝土楼梯等。

4. 根据楼梯的平面形状分，可以分为直上、曲尺、双折、双分(双合)、三折、螺旋、弧形、桥式、交叉等(图 2-5-2)。

5. 根据楼梯梯段的数量分可以分为单跑、双跑、三跑等。

三、楼梯的尺度

(一)楼梯的宽度

1. 梯段的净宽度

梯段的净宽度是指扶手内侧的宽度。作为主要交通用的楼梯梯段净宽度应根据楼梯通行及疏散要求确定。满足通行要求考虑使用过程中人流股数，一般按每股人流宽度为 550 mm+(0～150) mm，并不应少于 2 股人流；小住宅或户内楼梯可按梯段净宽≮900 mm，满足单人携带物品通过的需要，900 mm 也是梯段的最小净宽度；当双人行走时，梯段的净宽度为：居住建筑 1.1～1.2 m，公共建筑 1.4～2.0 m；防火楼梯的宽度≮1.1 m。

2. 平台宽度

在平台处改变行进方向的楼梯，平台宽度应大于等于梯段的宽度，保证在转折处人流的通行和家具的搬运；在平台处不改变行进方向的直跑楼梯，一般平台宽度≥$2b+h$，且≥750 mm。

3. 楼梯井的宽度

指楼梯梯段及平台内侧围合的竖向空间。为方便施工，一般设宽度≯200 mm 的楼梯井；住宅中有时为了节约空间，也可不设楼梯井。

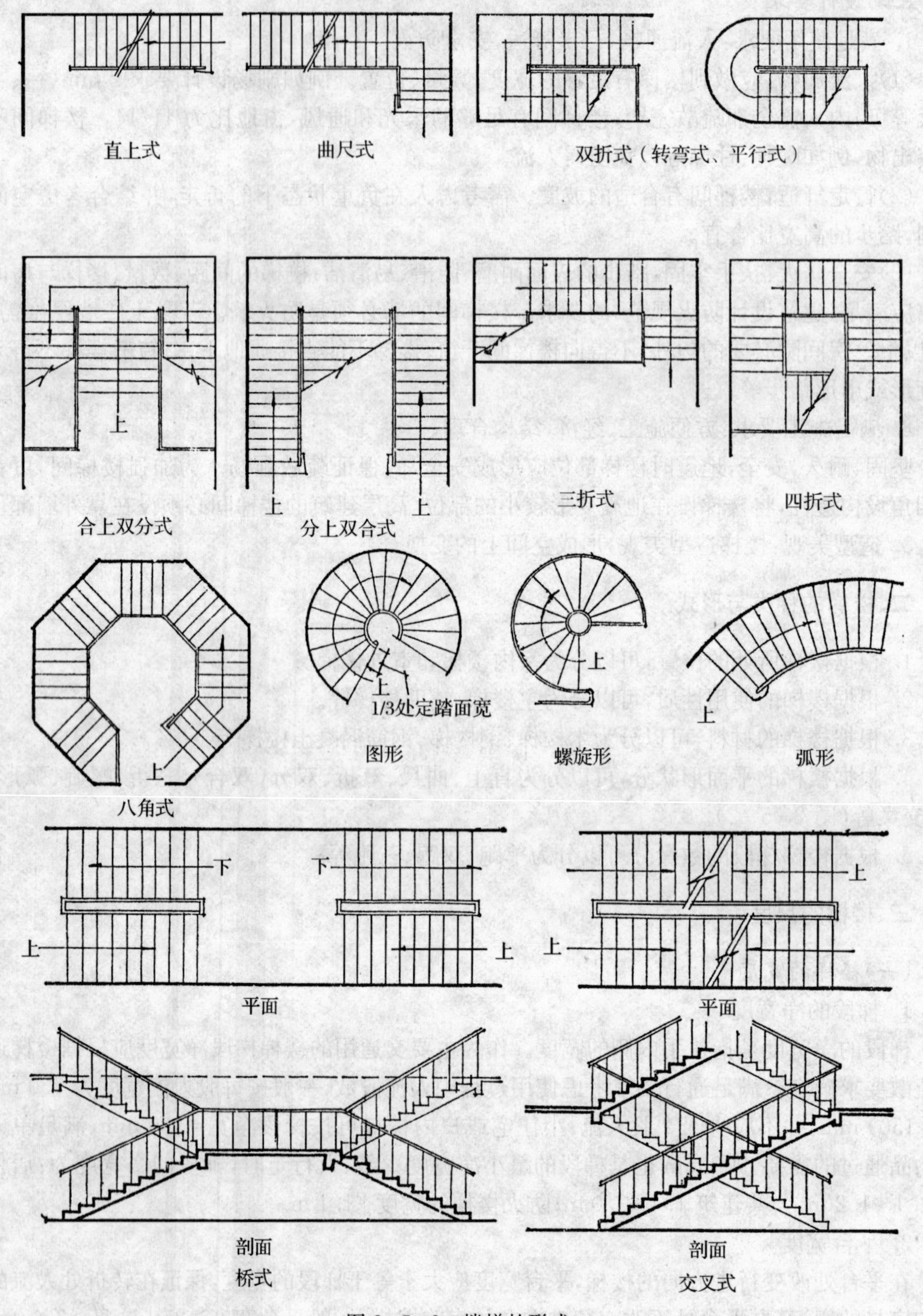

图 2-5-2　楼梯的形式

(二)楼梯的坡度

常用楼梯的坡度一般在 23°～37°之间，坡度在 26°～34°之间，即 1∶1.5～1∶2 时较舒服。楼梯踏步分踏面和踢面，踏步的水平面叫踏面，用 b 表示其宽度，垂直面叫踢面，用 h 表示其高度，楼梯的坡度决定于踏步 h、b 两个方向的尺寸。踏步须有足够的宽度和适宜的高度。根据人的生理条件(人步子的大小,如女子及儿童的跨步长度 580,男子为 620,抬脚的高低等有关)和建筑物的属性(使用及占地情况)确定。确定楼梯踏步高宽的经验公式为 $b+h\approx450$ mm 或 $b+2h\approx600\sim620$ mm。一般而言,$b\nless250$ mm,$h\ngtr180$ mm,如表 2-5-1 所示,满足人流行走的舒适安全。

表 2-5-1　常用建筑的踏步尺寸

名称	住宅	学校办公室	剧院会堂	医院	幼儿园
踏步高 h	150～175	140～160	120～150	150	120～150
踏步宽 b	250～300	280～340	300～350	300	260～300

应注意的是楼梯各梯段的坡度应一致,双跑楼梯各梯段长度宜相同。每个梯段踏步数量设为 N,则 $3\leqslant N\leqslant18$。当踏步数量少于 3 个时一般做坡道,当大于 18 个时,行人会感到疲劳,则应设中间平台。

(三)梯段及平台下的净空高度

1. 梯段净空高度

其计算方法以踏步前缘处到顶棚垂直线净高度计算。一般应大于人体上肢伸直向上,手指触到顶棚的距离;考虑行人肩扛物品的实际需要,防止行进中碰头,产生压抑感等,故梯段净空高度要求≮2200。

2. 平台下的净空高度

平台下的净空高度≮2000,且楼梯段的起始、终了踏步的前缘与顶部突出物内外缘线的水平距离应≮300(图 2-5-3)。

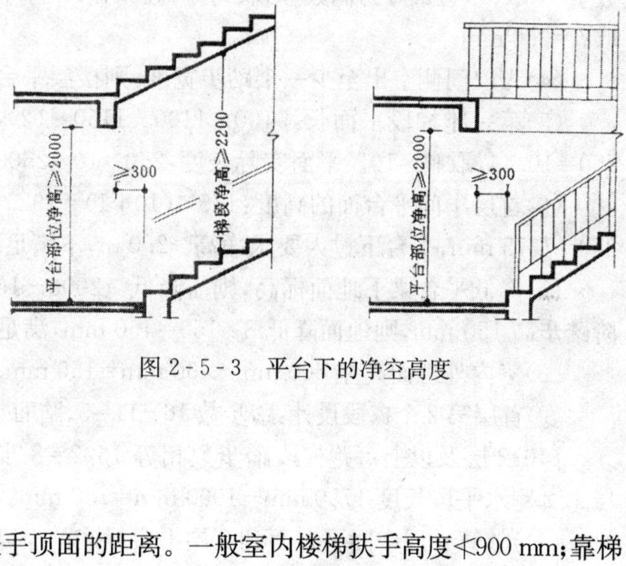

图 2-5-3　平台下的净空高度

(四)栏杆扶手的高度和数量

1. 高度

栏杆扶手的高度指从踏步的前缘到扶手顶面的距离。一般室内楼梯扶手高度≮900 mm;靠梯井一侧水平栏杆长度>0.5 m 时,其高度≮1.0 m;室外楼梯≮1.05 m,高层建筑应适当提高。

2. 数量

人流密集场所梯段高度超过 1.0 m 时,宜设栏杆。当梯段净宽度在两股人流以下时,梯段临空一侧设栏杆扶手;当为三股人流时,梯段两侧设扶手;当为四股及以上人流时,梯段两侧设扶手并加设中间扶手。

3. 其他

(1)幼儿园的楼梯扶手应设高低 2 道,分别供成人(900 mm 高)和儿童(600 mm 高)使用,且儿童扶手必须设双面扶手,即临墙面也设儿童扶手。

(2)有儿童经常使用的楼梯,栏杆应采用不易攀登的构造,竖向栏杆间净距≯110 mm。

(3)栏杆应采用坚固、耐久的材料制作,必须具有一定的强度,设计时,栏杆顶部的水平推力，对住宅、宿舍、办公楼、旅馆、医院、托儿所、幼儿园按 0.5 kN/m；对学校、食堂、剧场、电影院、车站、展览馆、体育场按 1.0 kN/m。

四、楼梯设计

在进行楼梯构造设计时，应对楼梯各细部尺寸进行详细的确定。现以常用的平行双跑楼梯为例，说明楼梯的设计计算。

(一)设计条件及要求

某住宅楼梯，楼梯间平面 2700 mm×5100 mm，建筑层高 2.8 m，室内外高差 600 mm，试设计一平行双跑楼梯，要求平台下能过人(参考尺寸：平台梁 150 mm×250 mm，平台板厚 80 mm)。

(二)设计步骤

(1)计算楼梯间净宽度：2700 mm－2×120 mm＝2460 mm；梯段最大宽度 2460 mm÷2＝1230 mm。

(2)设梯段净宽度 1100 mm，平台宽度≥1100 mm，取 1100 mm。

(3)设踏步高度 h=170 mm，试计算踏步的数量 $N=H/h=2800/170=16.47$ 步。踏步的数量 N 取整，且最好为偶数，则取 $N=16$。$h=H/N=2800/16=175$，则依 $2h+b=600\sim620$ mm 取 $b=250$ mm。

(4)入户门侧空出至少一个踏步宽度，则楼层平台大于等于 900 mm＋250 mm＝1150 mm。

(5)第一跑梯段平面长：5100－1100－1150－(2×120)＝2610 mm。踏步面的数量：2610/250＝10.44，取整＝10。平面实际长度：250×10＝2500 mm。

(6)首层中间平台面的高度：175×(10＋1)＝1925 mm，平台梁下与室内地面净高差 1925－250＝1675 mm，平台下过人要求净高≥2.0 m，不满足要求。

(7)降低平台梁下地面标高，则需降低≥2000－1625＝325 mm。设降低 3 个台阶，每个台阶踏步高 150 mm，则地面降低 3×150＝450 mm，满足要求。

(8)室内外地面高差 600 mm－450 mm＝150 mm。

(9)首层第 2 个梯段设计：踏步数 16－11＝5，踏面数 5－1＝4，水平面长度 4×250＝1000 mm。

(10)2 层及以上每跑梯段踏步数相等 16/2＝8 步，水平面长度 7×250 mm＝1750 mm，首层第 2 跑水平段长度 1750 mm－1000 mm＝750 mm。

(11)核算首层中间平台面到 2 层平台梁底的净高：(2.8＋1.4)－1.925－0.25＝2.025 m＞2.0 m，满足要求。

第二节　钢筋混凝土楼梯

钢筋混凝土楼梯具有坚固耐久、节约木材、防火性能好、可塑性强等优点，得到广泛应用，按其施工方式可分为现浇整体式和预制装配式。

一、现浇钢筋混凝土楼梯

(一)特点

现浇钢筋混凝土楼梯整体性好，刚度好，抗震能力强，防火性能好，有良好的可塑性，能适应各种楼梯间平面和楼梯形式，但施工周期长，模板耗用量大，宜用于无起重设备及小型个体建筑和对抗震要求高的建筑。

(二)结构方式

按梯段的结构受力方式分为：板式梯段和梁板式梯段。

1. 板式梯段

板式梯段宜用于跨度较小，受荷载较轻的建筑中。梯段板底面平整，上部呈锯齿状踏步，纵向配置钢筋搁与楼面梁及平台梁上。如图 2-5-4。

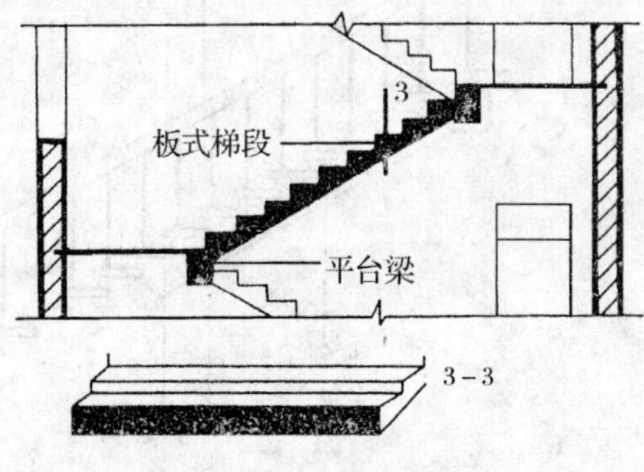

图 2-5-4　板式梯段

现浇扭板式钢筋混凝土楼梯底面平顺，结构占空间少，造型美观。但由于板跨大，受力复杂，结构设计和施工难度较大，钢筋和混凝土用量也较大。为现浇扭板式钢筋混凝土弧形楼梯，一般只宜用于建筑标准高的建筑，特别是公共大厅中。为了使梯段边沿线条轻盈，常在靠近边沿处局部减薄出挑。

2. 梁板式梯段

梁板式梯段包括踏步板与楼梯斜梁现浇成整体。梯斜梁可上翻或下翻形成梯帮，见图 2-5-5。

踏步板也可从梯斜梁两边或一边悬挑，单梁或双梁悬臂支承踏步板和平台板。单梁悬臂常用于中小型楼梯或小品景观楼梯，双梁悬臂则用于梯段宽度大、人流量大的大型楼梯。可减小踏步板跨，但双梁底面之间常需另做吊顶。由于踏步板悬挑，造型轻盈美观。踏步板断面形式有平板式、折板式和三角形板式。平板式断面踏步使梯段踢面空透，常用于室外楼梯，为了使悬臂踏步板符合力学规律并增加美观，常将踏步板断面逐渐向悬臂端减薄(图 2-5-6a)。折板式断面踏步板由于踢面未漏空，可加强板的刚度并避免尘埃下掉，故常用于室内(图 2-5-6b)。为了解决折板式断面踏步板底支模困难和不平整的弊病，可采用三角形断面踏步板，使其板底平整，支模简单(图 2-5-6c)，但这种做法混凝土用量和自重均有所增加。

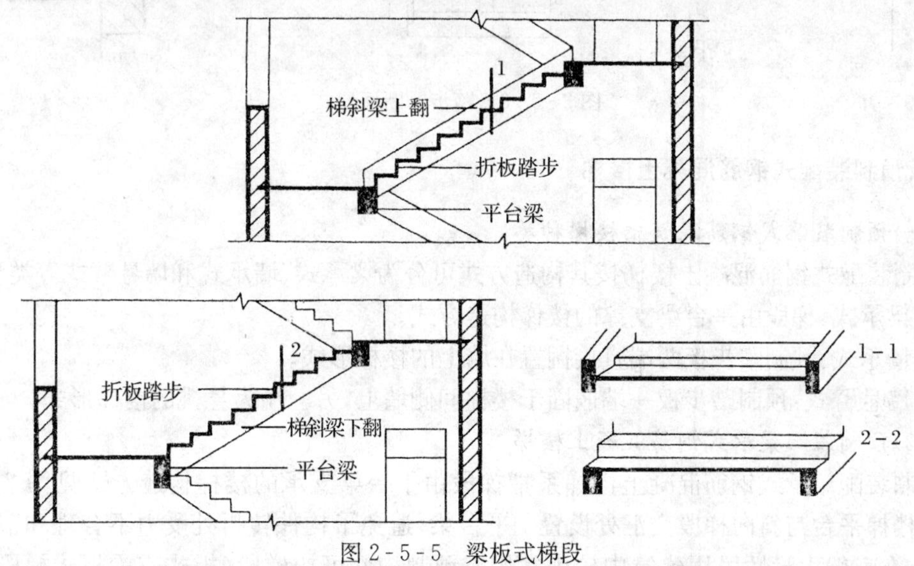

图 2-5-5　梁板式梯段

现浇梁悬臂式钢筋混凝土楼梯通常采用整体现浇方式，但为了减少现场支模，也可采用梁现浇，踏步板预制装配的施工方式。这时，对于斜梁与踏步板和踏步板之间的连接，须慎重处理，以保证其安全可靠。在现浇梁上预埋钢板与预制踏步板预埋件焊接，并在踏步之间用钢筋插接后再用高标号水泥砂浆灌浆填实，加强其整体性。

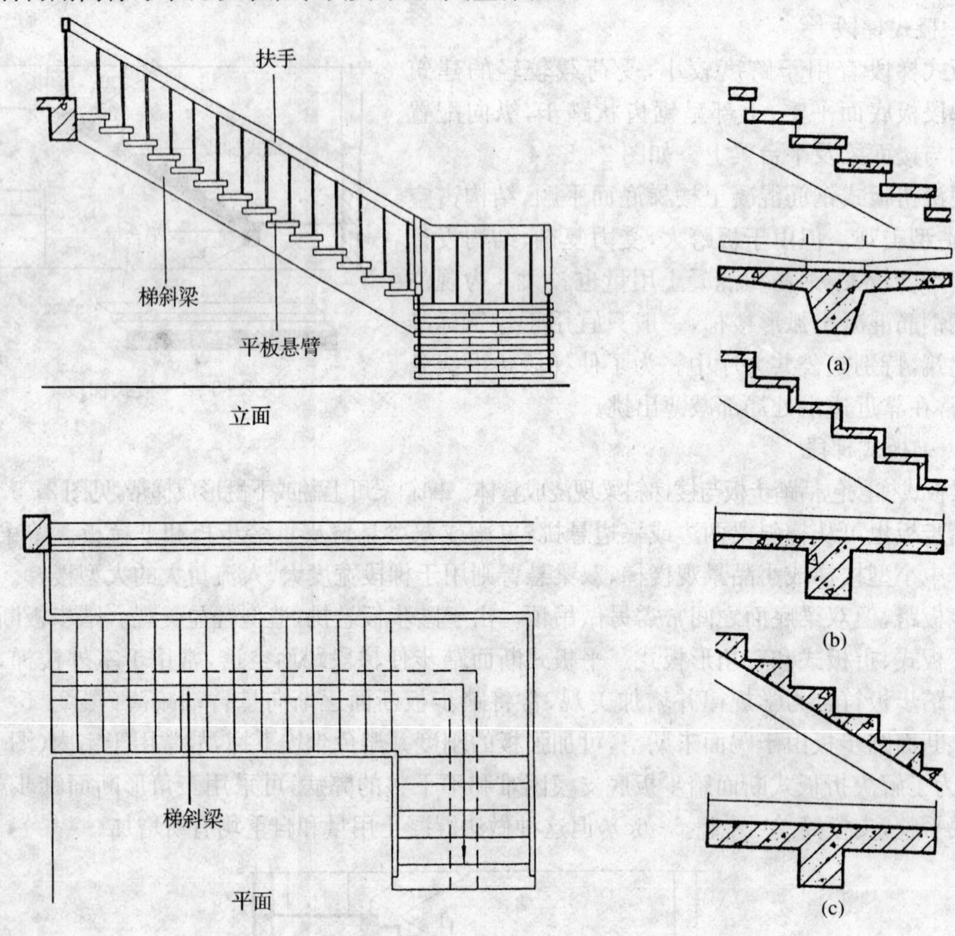

图 2-5-6　踏步的断面形式

二、预制装配式钢筋混凝土楼梯

(一)预制装配式钢筋混凝土楼梯种类

预制装配式钢筋混凝土楼梯按其构造方式可分为梁承式、墙承式和墙悬臂式等类型。

1. 梁承式：梯段由平台梁支撑的楼梯构造方式。
2. 墙承式：预制踏步板两端直接搁置在墙上的楼梯形式。
3. 墙悬臂式：预制踏步板一端嵌固于楼梯间侧墙上，另一端为悬挑的楼梯形式。

(二)预制装配梁承式钢筋混凝土楼梯

预制装配梁承式钢筋混凝土楼梯系指梯段由平台梁支承的楼梯构造方式见图 2-5-7。由于在楼梯平台与斜向梯段交汇处设置了平台梁，避免了构件转折处受力不合理和节点处理的困难，在一般大量性民用建筑中较为常用。预制构件可按梯段(板式或梁板式梯段)、平台梁、平台板三部分进行划分。

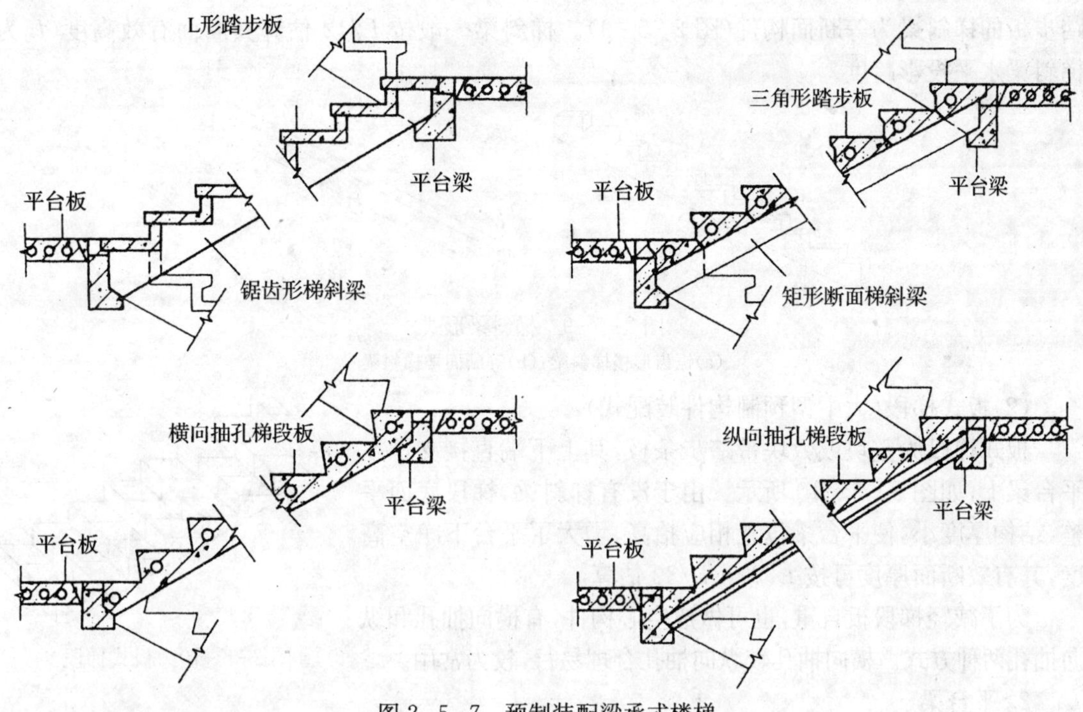

图 2-5-7　预制装配梁承式楼梯

1. 梯段

(1)梁板式梯段

梁板式梯段由梯斜梁和踏步板组成。一般在踏步板两端各设一根梯斜梁，踏步板支承在梯斜梁上。由于构件小型化，不需大型起重设备即可安装，施工简便。

①踏步板

踏步板断面形式有一字形、∟形、┐形、三角形等，断面厚度根据受力情况约为 40～80 mm（图 2-5-8）。一字形断面踏步板制作简单，踢面可漏空或填充，仅用于简易梯、室外梯等。∟形与┐形断面踏步板用料省、自重轻，为平板带肋形式，其缺点是底面呈折线形，不平整。三角形断面踏步板使梯段底面平整、简洁，解决了前几种踏步板底面不平整的问题。为了减轻自重，常将三角形断面踏步板抽孔，形成空心构件。

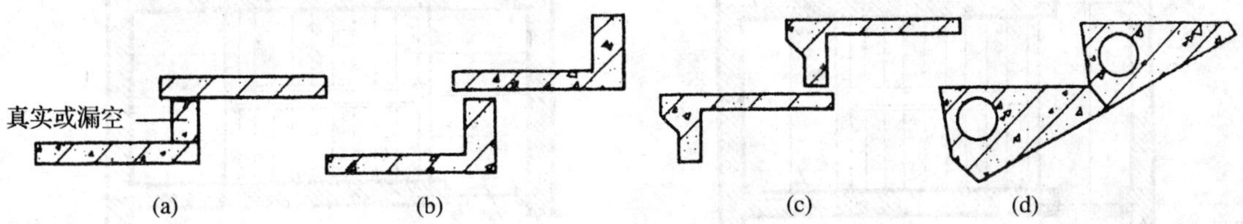

图 2-5-8　踏步板断面形式

(a)"一"字形踏步；(b)"L"形踏步；(c)"L"形踏步；(d)三角形踏步

②梯斜梁

梯斜梁一般为矩形断面，为了减少结构所占空间，也可做成∟形断面，但构件制作较复杂。

用于搁置一字形、∟形、ㄱ形断面踏步板的梯斜梁为锯齿形变断面构件。用于搁置三角形断面踏步板的梯斜梁为等断面构件(图 2-5-9)。梯斜梁一般按 $L/12$ 估算其断面有效高度(L 为梯斜梁水平投影跨度)。

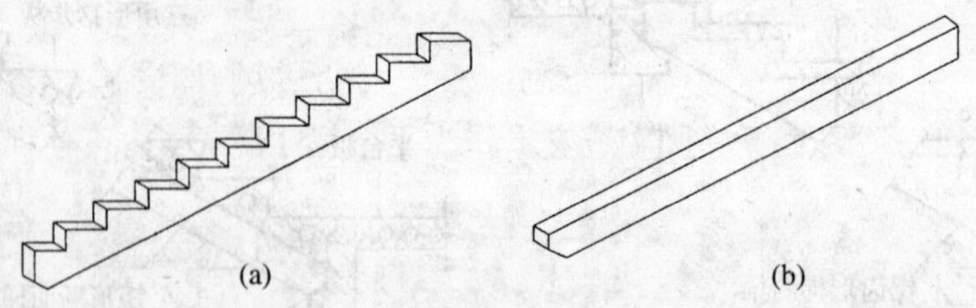

图 2-5-9 梯斜梁形式

(a)锯齿形楼梯斜梁;(b)等断面楼梯斜梁

(2)板式梯段(大中型预制构件装配式)

板式梯段为整块或数块带踏步条板,其上下端直接支承在平台梁上,如图 2-5-10 所示。由于没有梯斜梁,梯段底面平整,结构厚度小,使平台梁位置相应抬高,增大了平台下净空高度,其有效断面厚度可按 $L/20 \sim L/30$ 估算。

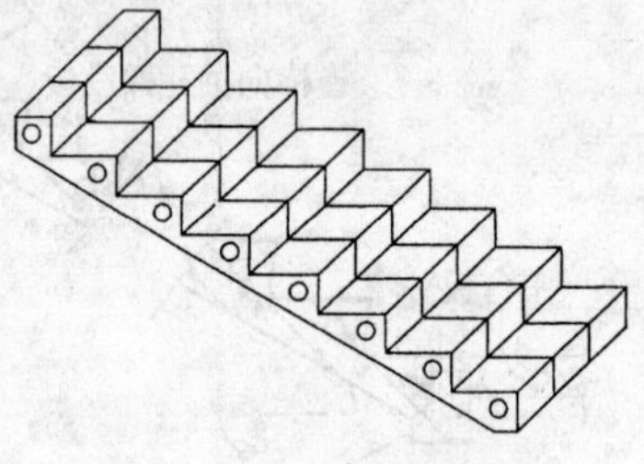

图 2-5-10 板式梯段

为了减轻梯段板自重,也可做成空心构件,有横向抽孔和纵向抽孔两种方式。横向抽孔较纵向抽孔合理易行,较为常用。

2. 平台梁

为了便于支承梯斜梁或梯段板,平衡梯段水平分力并减少平台梁所占结构空间,一般将平台梁做成 ∟形断面,如图 2-5-11 所示。其构造高度按 $L/12$ 估算(L 为平台梁跨度)。

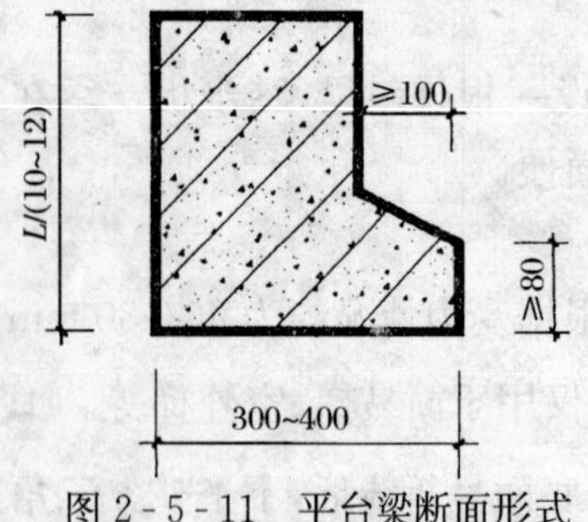

图 2-5-11 平台梁断面形式

3. 平台板

平台板可根据需要采用钢筋混凝土空心板、槽板或平板。需要注意的是,在平台上有管道井处,不宜布置空心板。平台板一般平行于平台梁布置,以利于加强楼梯间整体刚度。当垂直于平台梁布置时,常用小平板,如图 2-5-12 为平台板布置方式。

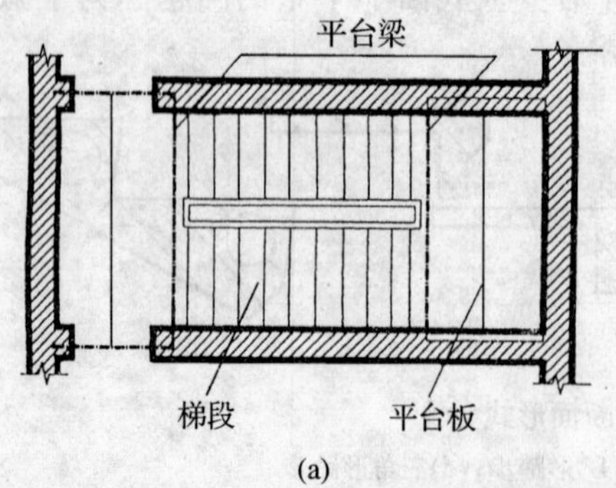

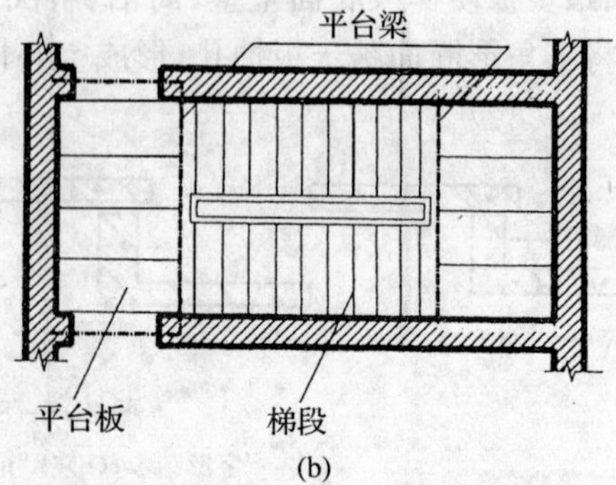

图 2-5-12 平台板布置方式

(a)平行于平台梁布置;(b)垂直于平台梁布置

4. 梯段与平台梁节点处理

梯段与平台梁节点处理是构造设计的难点。就两梯段之间的关系而言，一般有梯段齐步和错步两种方式。就平台梁与梯段之间的关系而言，有埋步和不埋步两种方式。

(1)梯段齐步布置的节点处理

如图 2-5-13a 所示，上下梯段起步和末步踢面对齐，平台完整，可节省梯间进深尺寸。梯段与平台梁的连接一般以上下梯段底线交点作为平台梁牛腿 O 点，可使梯段板或梯斜梁支承端形状简化。

(2)梯段错步布置的节点处理

如图 2-5-13b 所示，上下梯段起步和末步踢面相错一步，在平台梁与梯段连接方式相同的情况下，平台梁底标高可比齐步方式抬高，有利于减少结构空间，但错步方式使平台不完整，并且多占楼梯间进深尺寸。

当两梯段采用长短跑时，它们之间相错步数便不止一步，需将短跑梯段做成折形构件，如图 2-5-13d 所示。

(3)梯段不埋步的节点处理

如图 2-5-13c 所示，此种方式用平台梁代替了一步踏步踢面，可以减小梯段跨度。当楼层平台处侧墙上有门洞时，可避免平台梁支承在门过梁上，在住宅建筑中尤为实用。但此种方式的平台梁为变截面梁，平台梁底标高也较低，结构占空间较大，减少了平台梁下净空高度。另外，尚需注意不埋步梁板式梯段采用 ∟形踏步板时，其起步处第一踢面需填砖。

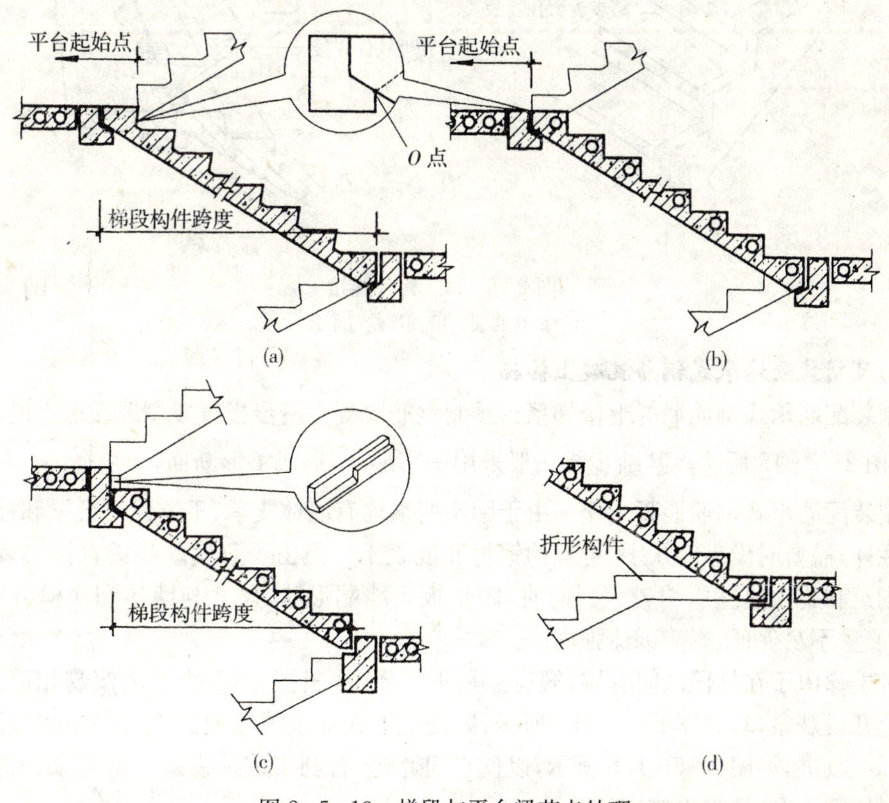

图 2-5-13 梯段与平台梁节点处理

(4)梯段埋步的节点处理

如图 2-5-13a 所示，此种方式梯段跨度较前者大，但平台梁底标高可提高，有利于增加平台下净空高度，平台梁可为等截面梁。此种方式常用于公共建筑。另外尚需注意埋步梁板式梯段采用 ∟形踏步板时，在末步处会产生一字形踏步板，当采用¬ 踏步板时，在起步处会产生一字形踏步板。

5. 构件连接

由于楼梯是主要交通部件，对其坚固耐久、安全可靠的要求较高，特别是在地震区建筑中更需引起重视，并且梯段为倾斜构件，故需加强各构件之间的连接，提高其整体性。

(1)踏步板与梯斜梁连接

如图 2-5-14a 所示，一般在梯斜梁支承踏步板处用水泥砂浆座浆连接。如需加强，可在梯斜梁上预埋插筋，与踏步板支承端预留孔插接，用高标号水泥砂浆填实。

(2)梯斜梁或梯段板与平台梁连接

如图 2-5-14b 所示，在支座处除了用水泥砂浆坐浆外，应在连接端预埋钢板进行焊接。

(3)梯斜梁或梯段板与梯基连接

在楼梯底层起步处，梯斜梁或梯段板下应作梯基，梯基常用砖或混凝土制作，也可用平台梁代替梯基，但需注意该平台梁无梯段处与地坪的关系。

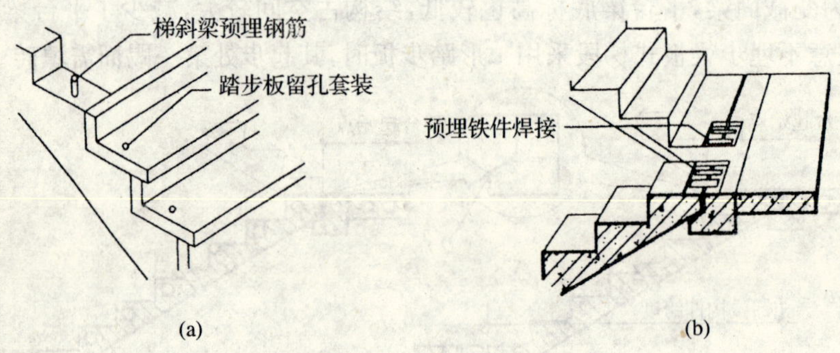

图 2-5-14　构件连接

(a)留孔套装；(b)预埋铁件焊接

(三)预制装配墙承式钢筋混凝土楼梯

预制装配墙承式钢筋混凝土楼梯系指预制钢筋混凝土踏步板直接搁置在墙上的一种楼梯形式，如图 2-5-15 所示。其踏步板一般采用一字形、∟形或¬ 形断面。

预制装配墙承式钢筋混凝土楼梯由于踏步两端均有墙体支承，不需设平台梁和梯斜梁，也不必设栏杆，需要时设靠墙扶手，可节约钢材和混凝土。但由于每块踏步板直接安装入墙体，对墙体砌筑和施工速度影响较大。同时，踏步板入墙端形状、尺寸与墙体砌块模数不容易吻合，砌筑质量不易保证，影响砌体强度。

这种楼梯由于在梯段之间有墙，搬运家具不方便，也阻挡视线，上下人流易相撞。通常在中间墙上开设观察口，如图 2-5-15a 所示，以使上下人流视线流通。也可将中间墙两端靠平台部分局部收进，如图 2-5-15b 所示，以使空间通透，有利于改善视线和搬运家具物品，但这种方式对抗震不利，施工也较麻烦。

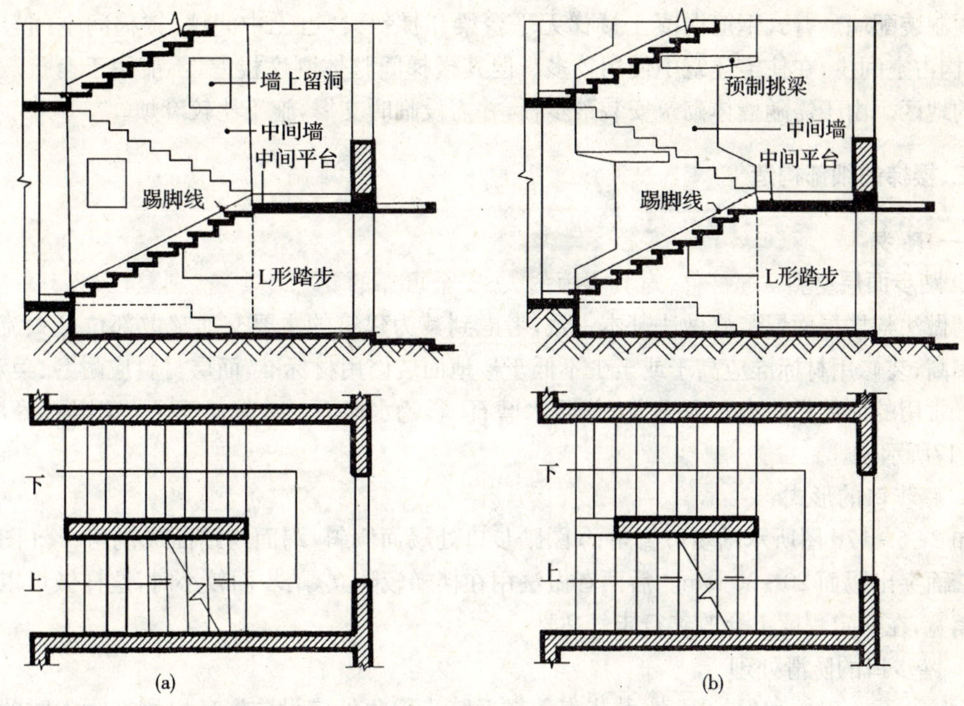

图 2-5-15 预制装配墙承式楼梯

(四)预制装配墙悬臂式钢筋混凝土楼梯

预制装配墙悬臂式钢筋混凝土楼梯系指预制钢筋混凝土踏步板一端嵌固于楼梯间侧墙上,另一端为凌空悬挑的楼梯形式,如图 2-5-16 所示。

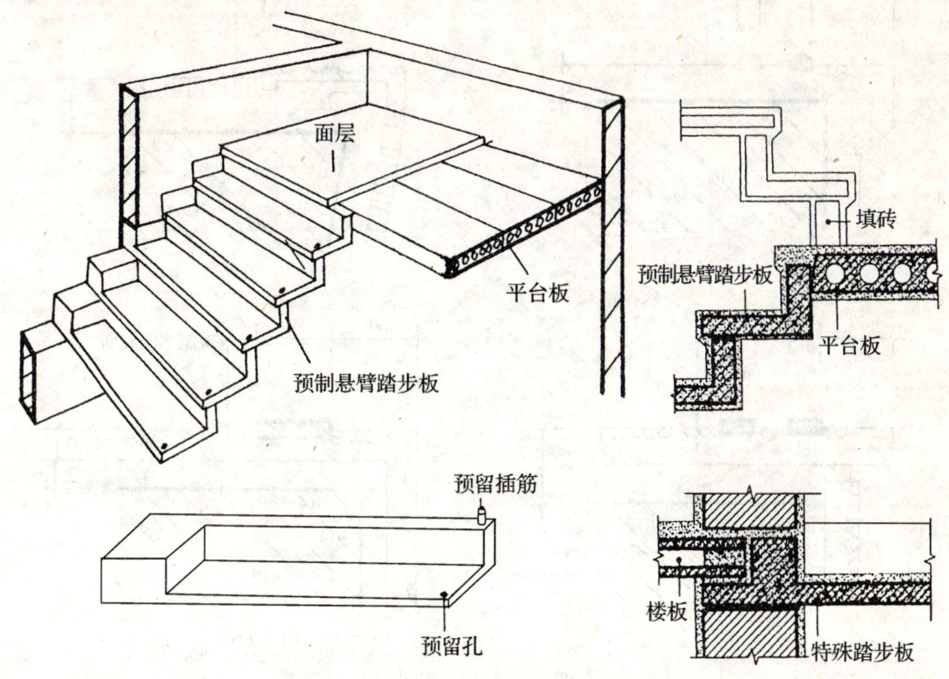

图 2-5-16 预制装配墙悬臂式楼梯

预制装配墙悬臂式钢筋混凝土楼梯无平台梁和梯斜梁,也无中间墙,楼梯间空间轻巧空透,结构占空间少,在住宅建筑中使用较多。但其楼梯间整体刚度极差,不能用于有抗震设防要求的地区。由于需随墙体砌筑安装踏步板,并需设临时支撑,施工比较麻烦。

三、楼梯的细部构造

(一)踏步

1. 踏步面层材料

其做法与楼层面层装修做法基本一致,考虑到其为建筑的主要交通疏散部位且人流量大使用率高,装修用材标准应高于或至少不低于楼地面装修用材标准,面层材料应耐磨、美观、不起尘。常用的面层做法有水泥砂浆、普通水磨石、彩色水磨石、缸砖、大理石、花岗石等,如图2-5-17所示。

2. 踏步口的形式

如2-5-17d图所示踏步口直角;b图踏步口处踢面倾斜,踢面与踏面成锐角;c、a图踏步口处踏面突出踢面20~30 mm。后两者做法用在楼梯较陡立,踏步面较小时,这样做可以使踏步面稍宽,在一定程度上会改善行走舒适性。

3. 踏步口的防滑处理

为防止行人滑倒和保护阳角,踏步表面靠近踏步阳角处应设防滑条以增加行走时的摩阻力。常用的防滑材料有:水泥铁屑、金刚砂、金属条(铸铁、铝条、铜条)、马赛克带防滑条、缸砖等。一般防滑条突出踏步面2~3 mm即可,如图2-5-17所示。

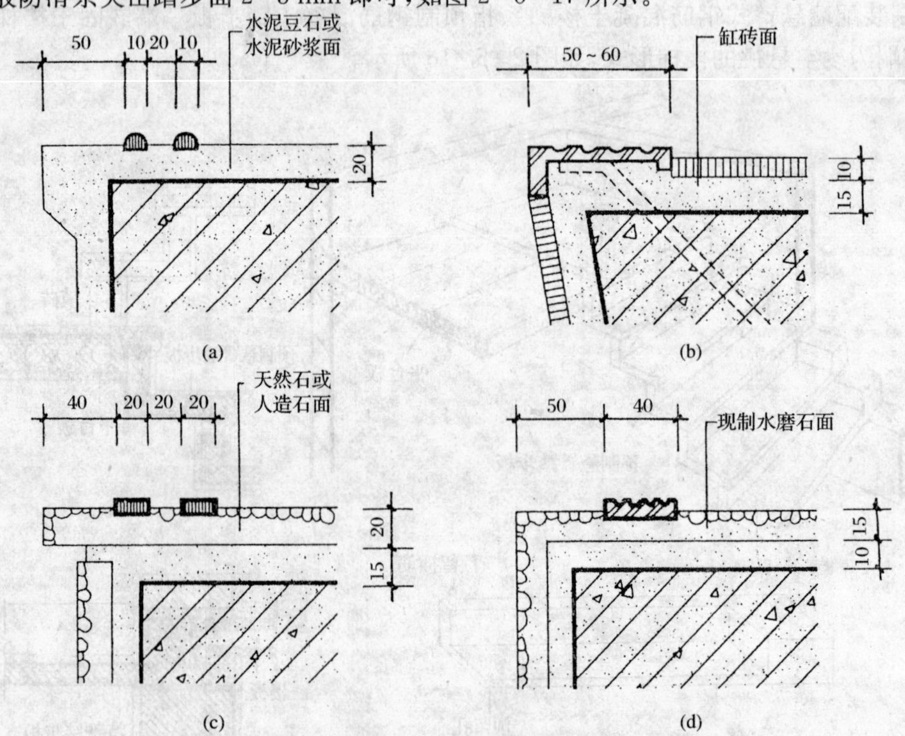

图2-5-17 踏步

(a)金刚砂防滑条;(b)铸铁包口;(c)马赛克防滑条;(d)金属防滑条

(二)栏杆、扶手

1. 栏杆扶手的形式与材料

(1)栏杆的形式与材料

栏杆的形式有空花栏杆、实心栏板、组合栏杆(板)。空花栏杆以栏杆竖杆作为主要受力构件,一般可采用如木、钢、铝合金型材、铜、不锈钢等材料制作,重量轻、空透轻巧,是楼梯栏杆的主要形式。实心栏板常采用钢筋混凝土、砖、钢丝网抹灰等材料制作,室内楼梯较少采用。组合栏杆(板)是空花栏杆和实心栏板的组合,极大程度地丰富了栏杆的形式,栏杆竖杆常采用钢材或不锈钢等材料,栏板部分常采用木材、塑料面板、铝板、有机玻璃、钢化玻璃等(图 2-5-18)。

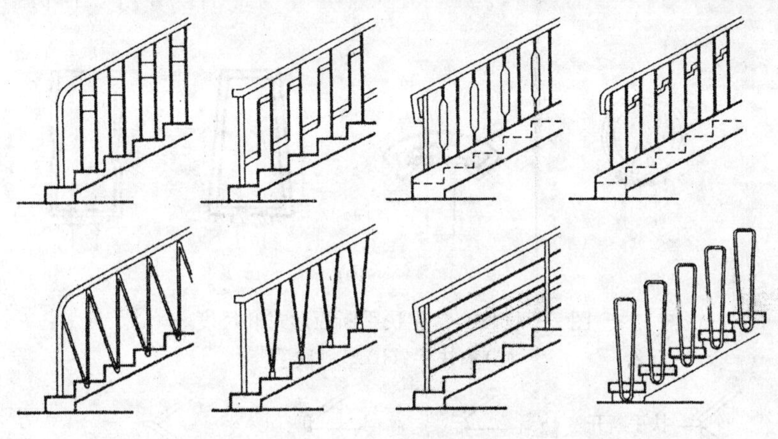

图 2-5-18　栏杆的形式

(2)扶手的材料与断面形式及尺寸

楼梯扶手常用木材、塑料、金属管材(钢管、铝合金管、铜管和不锈钢管等)制作。木扶手和塑料扶手具有手感舒适,断面形式多样的优点,使用最为广泛。木扶手常采用硬木制作。塑料扶手可选用生产厂家定型产品,也可另行设计加工制作。金属管材扶手由于其可弯性,常用于螺旋形、弧形楼梯扶手,但其断面形式单一。钢管扶手表面涂层易脱落,铝管、铜管和不锈钢管扶手则造价高,使用受限。

扶手断面形式和尺寸的选择既要考虑人体尺度和使用要求,宽度以能手握为原则又要考虑与楼梯的尺度关系和加工制作的可能性。图 2-5-19 为几种常见扶手断面形式和尺度。

2. 栏杆扶手的转弯处理

在梯段转折处,由于梯段间的高差关系,为了保持栏杆高度一致和扶手的连续,需根据不同的情况进行处理。

就两梯段之间的关系而言,一般有梯段齐步和错步两种方式。当上下梯段齐步时,上下梯段起步和末步踢面对齐,平台完整,各处宽度一致,上下扶手在转折处可同时向平台延伸半步,使两扶手高度相等,连接自然,但这样做缩小了平台的有效深度。如扶手在转折处不伸入平台,下跑梯段扶手在转折处需上弯形成鹤颈扶手。因鹤颈扶手制作较麻烦,也可改用直线转折的硬接方式,还可以将上下梯段的栏杆扶手断开,各自独立,但栏杆扶手的刚度降低,抗侧力较差。

当上下梯段错一步,即上下梯段起步和末步踢面相错一步时,扶于在转折处不需向平台延伸即可自然连接,但错步方式使平台不完整,并且多占楼梯间进深尺寸。当长短跑梯段错开几步时将出现水平栏杆,如图 2-5-20 所示。

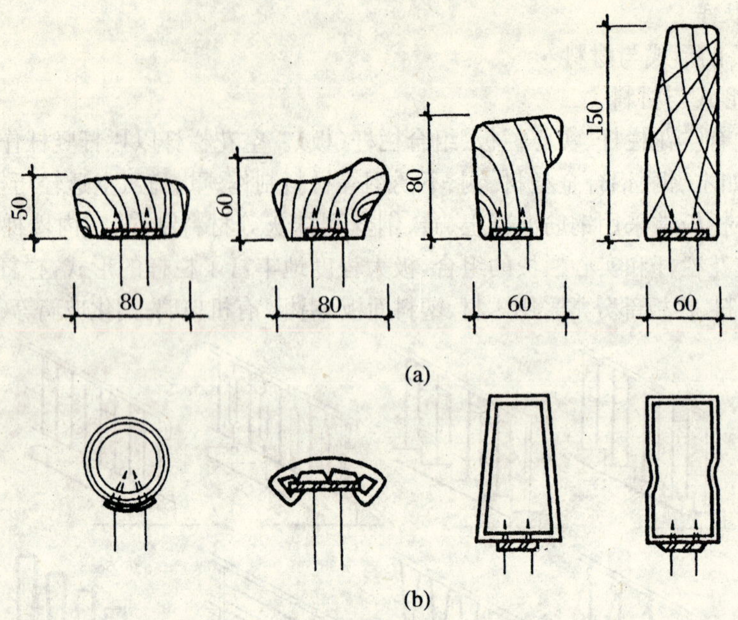

图 2-5-19 常见扶手断面形式和尺度

(a)木扶手；(b)塑料扶手

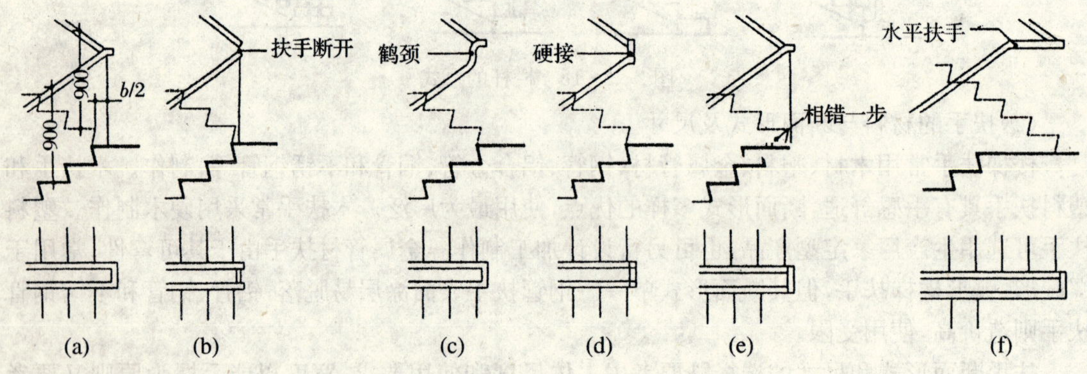

图 2-5-20 栏杆扶手的转弯处理

3. 栏杆扶手的连接构造

(1)栏杆与扶手的连接

空花式和组合式栏杆当采用木材或塑料扶手时，一般在栏杆竖杆顶部设通长扁钢与扶手底面或侧面槽口榫接，用木螺钉固定，如图2-5-21所示。金属管材扶手与栏杆竖杆连接一般采用焊接或铆接，采用焊接时需注意扶手与栏杆竖杆用材一致。

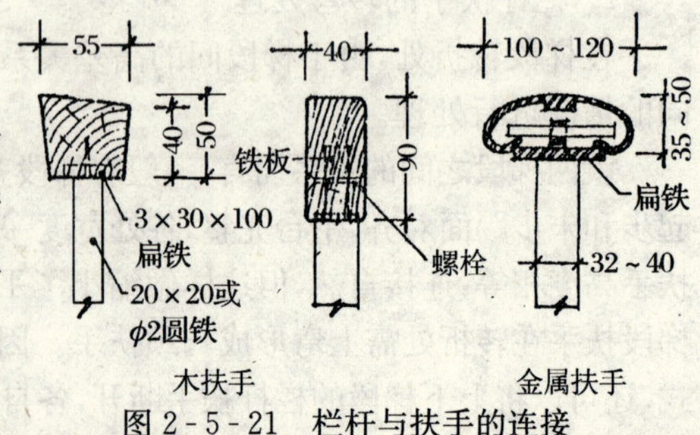

图 2-5-21 栏杆与扶手的连接

(2)栏杆与梯段、平台的连接

栏杆竖杆与梯段、平台的连接一般在梯段和平台上预埋钢板焊接或预留孔插接。为了保护栏杆免受锈蚀和增强美感，常在竖杆下部装设套环，覆盖住栏杆与梯段或平台的接头处，如图 2-5-22 所示。

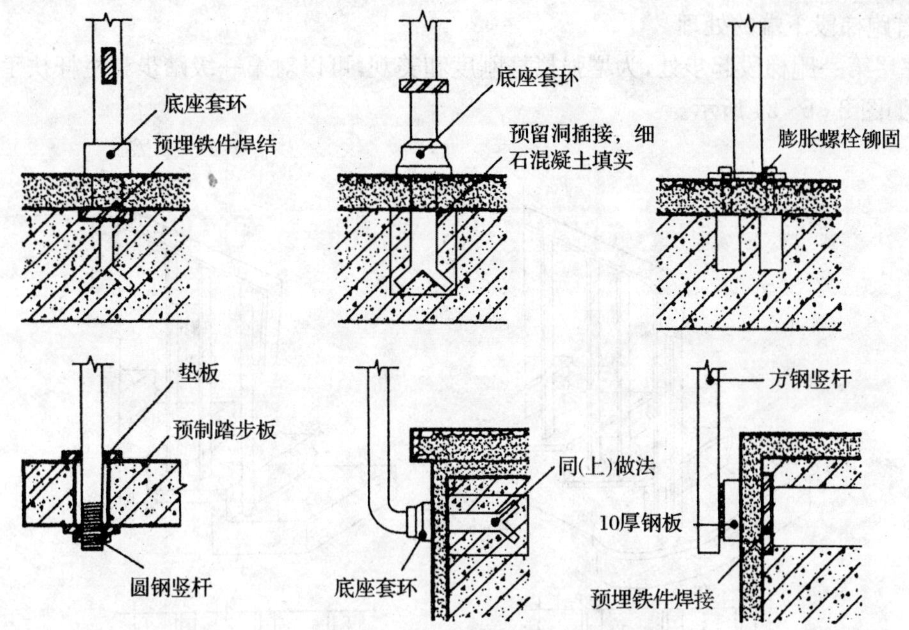

图 2-5-22　栏杆与梯段、平台的连接

(3)扶手与墙柱的连接

当直接在墙上装设扶手时，扶手应与墙面保持 100 mm 左右的距离。一般在砖墙上留洞，将扶手连接杆件伸入洞内，用细石混凝土嵌固。当扶手与钢筋混凝土墙或柱连接时，一般采取预埋钢板焊接。在栏杆扶手结束处与墙、柱面相交，也应有可靠连接，如图 2-5-23 所示。

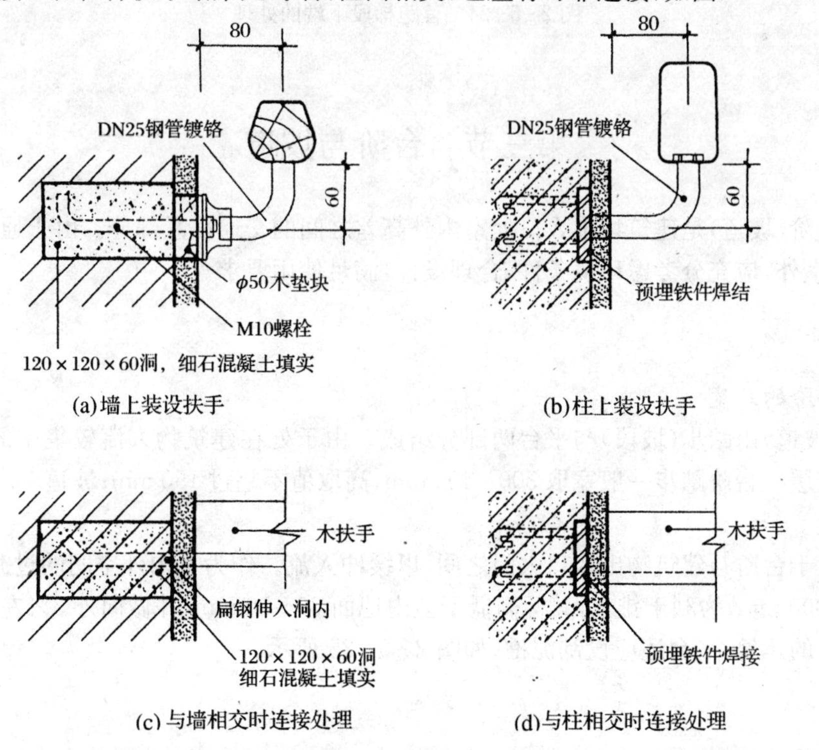

图 2-5-23　扶手与墙柱的连接

4. 首跑梯段下端的处理

在底层第一跑梯段起步处，为增强栏杆刚度和美观，可以对第一级踏步和栏杆扶手进行特殊处理，如图 2-5-24 所示。

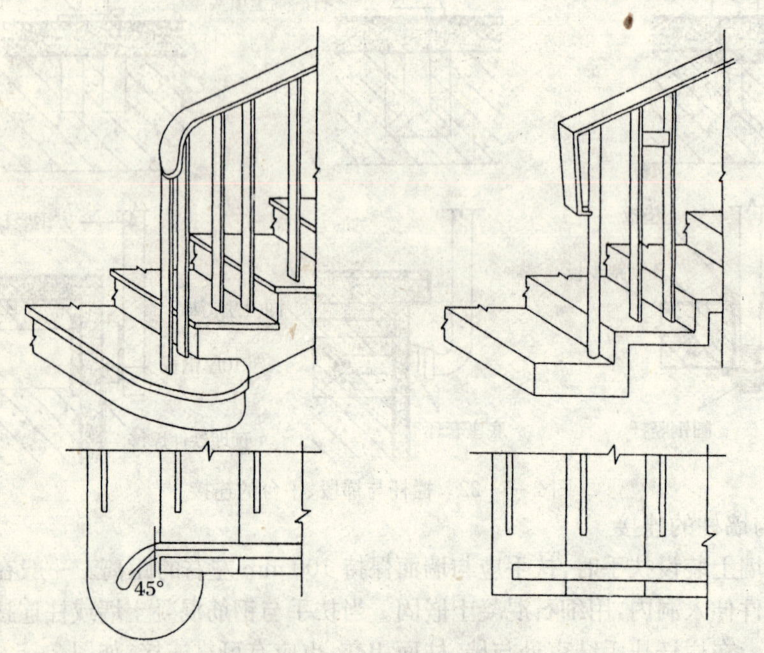

图 2-5-24　首跑梯段下端的处理

第三节　台阶与坡道

室外台阶(坡道)是建筑物出入口处室内外高差之间的交通联系部分。由于通行的人流量大，又处于室外，应充分考虑环境条件，合理设计，满足使用要求。

一、台阶

(一)台阶的尺度

台阶(坡道)由踏步(坡段)与平台两部分组成。由于处在建筑物人流较集中的出入口处，其坡度应较缓。台阶踏步一般宽取 300～400 mm，高取值不超过 150 mm；坡道坡度一般取 1/6～1/12 左右。

平台设于台阶与建筑物出入口大门之间，以缓冲人流。作为室内外空间的过渡，其宽度一般不小于1000 mm，为利于排水，其标高低于室内地面 30～50 mm，并做向外 3%左右的排水坡度。人流大的建筑，平台还应设刮泥槽，如图 2-5-25 所示。

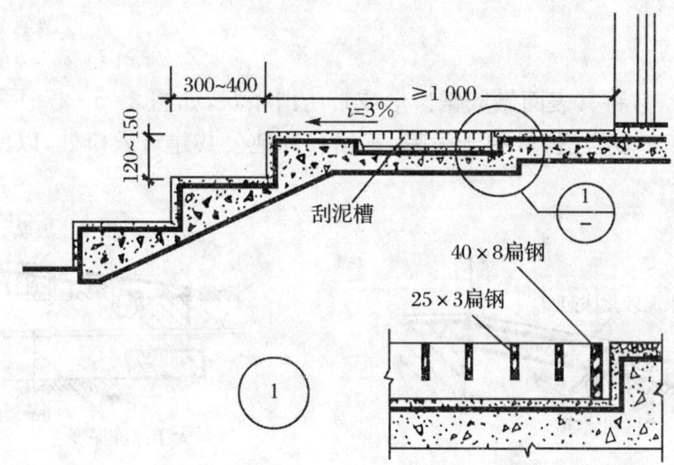

图 2-5-25　台阶的尺度

(二)台阶的构造做法

台阶易受雨水、日晒、霜冻侵蚀等影响，其面层考虑用防滑、抗风化、抗冻融强的材料制作，如选用水泥砂浆、斩假石、地面砖、马赛克、天然石等。台阶垫层做法基本同地坪垫层做法，一般采用素土夯实或灰土夯实，上用 C10 素混凝土垫层即可。对大型台阶或地基土质较差的台阶，可视情况将 C10 素混凝土改为 C15 钢筋混凝土或架空做成钢筋混凝土台阶；对严寒地区的台阶需考虑地基土冻胀因素，可改用含水率低的沙石垫层至冰冻线以下，如图 2-5-26 所示。

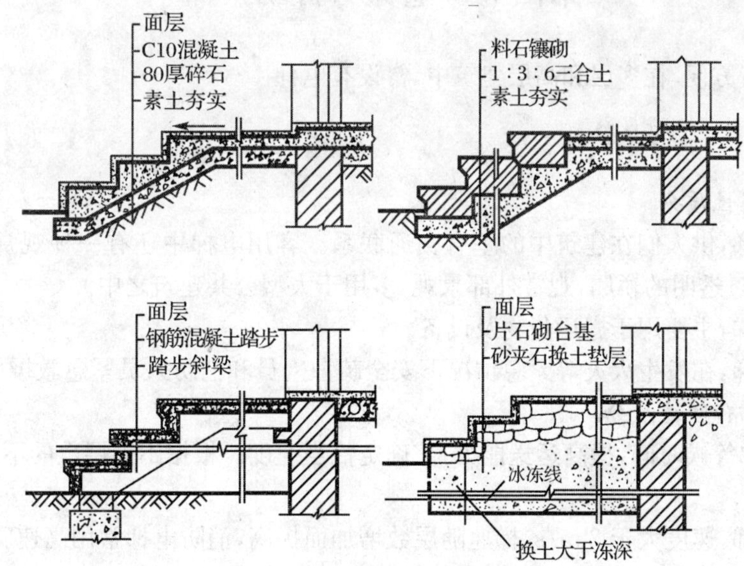

图 2-5-26　台阶的构造做法

二、坡道

坡道为了防滑，常将其表面做成锯齿形或带防滑条状，如图 2-5-27 所示。坡度范围 0°～15°，一般<20°，11°19′较合适，常用于医院、车站和其他公共建筑入口处，以便机动车辆通行和无障碍设计。

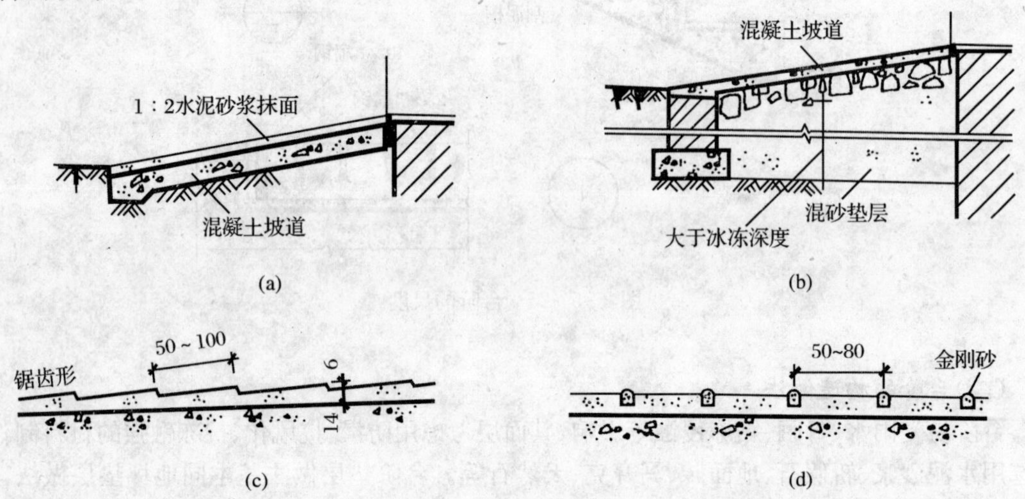

图 2-5-27　坡道

(a)混凝土坡道；(b)换土地基坡道；(c)锯齿形防滑坡道；(d)防滑条坡道

第四节　电梯与自动扶梯

为上下运行方便，在多层和高层建筑中，常设有电梯。

一、类型

(一)按使用性质分

1. 客用电梯，供人们在建筑中的垂直交通联系。客用电梯中还有一种观赏电梯，即在竖向运行之中，通过透明的轿厢，观赏外部景观，多用于大型公共建筑之中。

2. 货用电梯，主要用于搬运货物及设备。

3. 消防电梯，在发生火灾等紧急情况下安全疏散人员和消防人员紧急救援使用。

(二)按电梯行驶速度分

为缩短电梯等候时间，提高运送能力，需确定恰当速度。根据不同层数的不同使用要求可分为：

1. 高速电梯，速度大于 2 m/s，梯速随层数增加而提高，消防电梯常用高速。

2. 中速电梯，速度在 2 m/s 之内，一般货梯，按中速考虑。

3. 低速电梯，运送食物电梯常用低速，速度在 1.5 m/s 以内。

(三)其他分类

有按单台、双台分；按交流电梯、直流电梯分；按轿厢容量分；按电梯门开启方向分等。

二、电梯的组成

（一）电梯井道

电梯井道是电梯运行的通道，根据使用要求可选用相关定型井道尺寸，配置各种实用轿厢。从消防和抗震设计要求，井道多采用钢筋混凝土墙。当建筑物顶层净高小于4500 mm时，电梯井道高出建筑物。因为轿厢架、轿厢吊索等设备还必须有一定的空间高度，才能使轿厢停在规定高度，保证正常使用，故顶层井道高度应大于或等于4500 mm。

（二）井道地坑

井道地坑指建筑物最底层平面以下部分的井道，其高度 $H \geqslant 1.4$ m，作为轿厢下降时必备的缓冲器所需的空间。

（三）电梯机房

一般设在电梯井道的顶部，其平面尺寸根据设备尺寸及平面布置、使用、维修所需空间而定，一般沿井道平面任意两个相邻方向伸出。其高度一般为 2.5～3.0m，防火要求同井道。

（四）电梯门及轿厢

电梯门指电梯井壁在每层楼面留出的门洞而设置的专用门。其装修与电梯厅墙面装修应统一考虑，达到协调统一，一般采用大理石或金属装修。轿厢指载人、运货的厢体。轿厢门和每层专用门应全部封闭，以保证安全，门为双扇推拉门，宽度一般取值为 800～1500 mm，开启方式一般为中分推拉式或旁开双折推拉式。轿厢电梯井壁导轨由导轨支架支承固定，通过牵引轮、平衡锤，使轿厢上下升降安全运行。

（五）电梯与建筑物相关部位构造

1. 井道、机房建筑的一般要求

（1）通向机房的通道和楼梯和门的宽度不小于 1.2 m，楼梯坡度不大于 45°。

（2）机房楼板应平坦整洁，一般机房楼面荷载按 0.6kN/m^2。

（3）井道壁为钢筋混凝土时，应预留 150 mm 见方，150 mm 深孔洞，垂直中距 2 m，以便安装支架。

（4）框架（圈梁）上应预埋铁板，铁板后面的焊件与梁中钢筋焊牢。每层中间加圈梁一道，并需设置预埋铁板。

（5）电梯为两台并列时，中间可不用隔墙而按一定的间隔放置钢筋混凝土梁或型钢过梁，以便安装支架。

2. 电梯导轨支架的安装

安装导轨支架分预留孔插入式和预埋铁件焊接式，电梯构造如图 2-5-28 所示。

三、自动扶梯

自动扶梯适用于商场、宾馆、车站、码头、空港等人流量大且集中的场所。由电动机械牵引，梯段踏步连同扶手同步运行，可正逆运行。其运行垂直高度为 0～20 m，速度一般为 0.5、0.65 m/s，倾斜角 27.3°、30°、35°。其载运量较大，一般为4000～13500人次/h，如图 2-5-29 所示。

导轨距850
A
530
530
R2
缓冲器
位置
875
R1
R1
160
160
轿底深
380
380
675
25
净门口宽900
550
轿底宽1500
250
导轨宽1585
净井道宽2000
A
井道平面图
荷重20 kN
机房高≥2000
机房门高
270
550
500
≤2000
顶层高≥4500
门口高2100
固定导轨架每档间距2000
提升高度
每层高≥2800
门口高2100
2000
1200~2500
R2
R2
A-A井道剖面图
200~250
ϕ16
16~20
≥120
300×150
300
≥120
150
H
145
50
100
50
300
2100
100
50
95（中分式门）
50
100
300
350~400
ϕ16
16~20
500~700
≥120
≥120

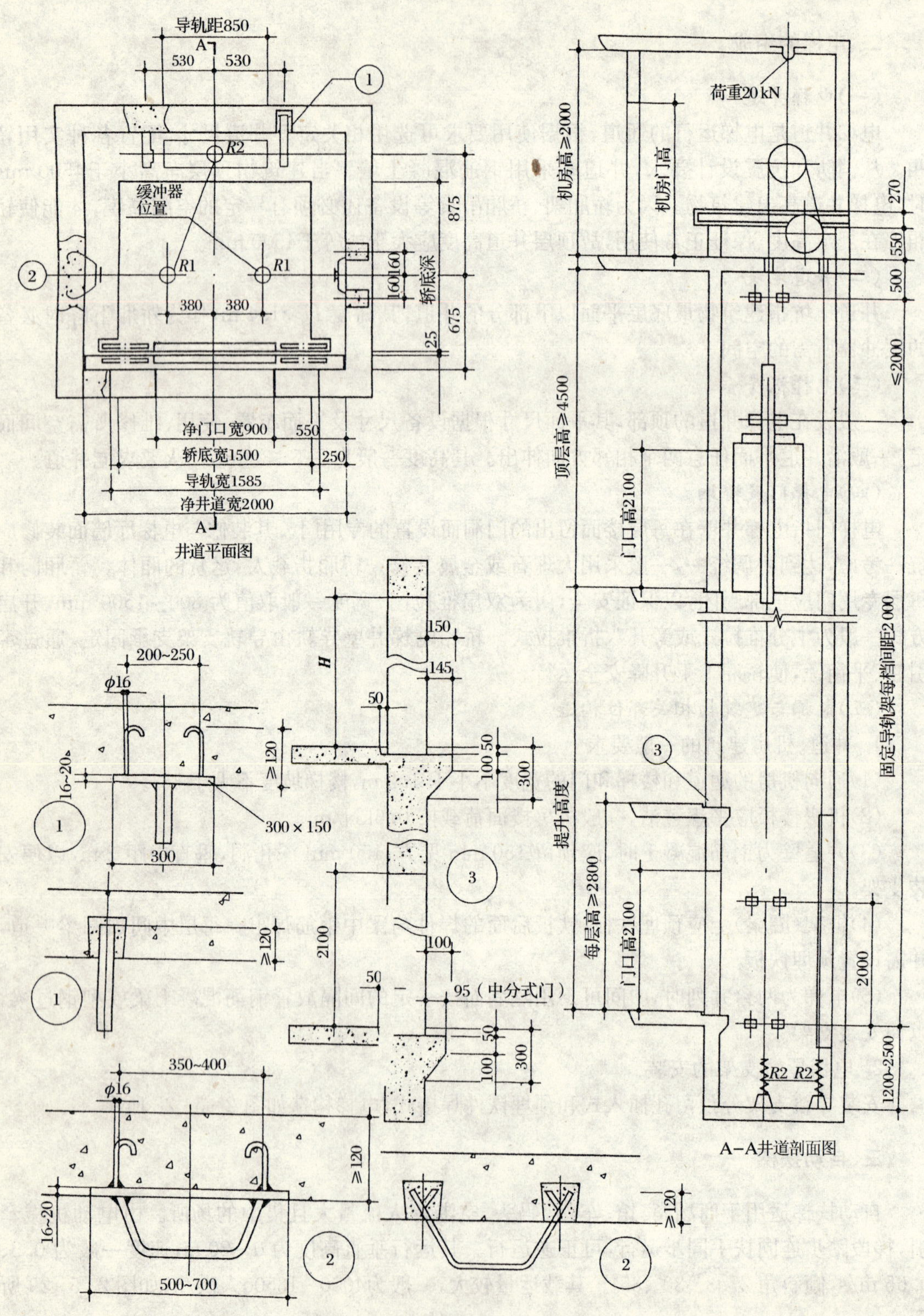

图 2-5-28　电梯的构造

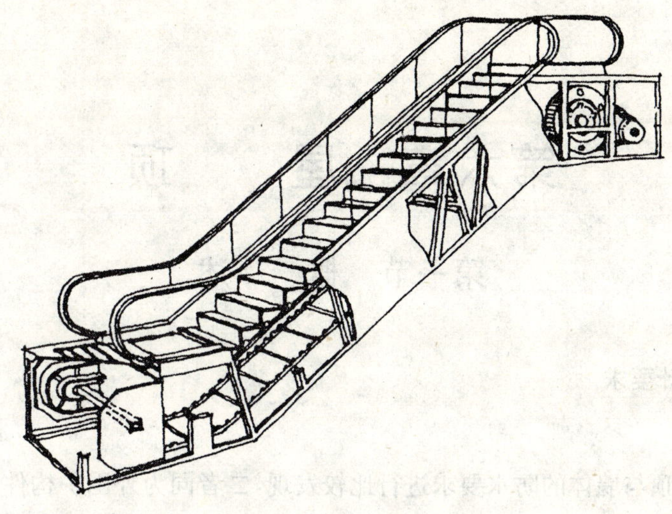

图 2-5-29　自动扶梯

小　　结

1. 楼梯、室外台阶、坡道和电梯等的特点及适用范围。

2. 介绍了楼梯的组成及各部分的作用，常见的楼梯形式，楼梯的设计要求，楼梯尺度，楼梯设计计算等。

3. 钢筋混凝土楼梯的特点、结构形式、细部构造特点。

4. 台阶与坡道的构造形式与分类。

5. 电梯的种类与构造简介。

思　考　题

1. 简述楼梯的构件组成。

2. 楼梯的梯段宽度确定需要考虑哪些影响因素？

3. 当楼梯底层平台下做出入口时，为增加净高应采取哪些措施？

4. 台阶与坡道的形式有哪些？

5. 画图说明电梯井的构造。

第六章　屋　　顶

第一节　概　　述

一、屋顶的设计要求

(一)功能要求

1. 防水:对屋顶与墙体的防水要求进行比较发现,二者同为外围护构件,但墙体是垂直构件,不存水,无水头压力,故一般不独立设防水层。屋顶则是水平构件,在有雨雪等降水时,易积水,有水头压力;另外降雪后,雪在屋顶存留的时间较长,渗透能力强,所以要求屋面具有较好的防水抗渗性能(表 2-6-1)。

表 2-6-1　屋面防水等级和设防要求

项目	屋面防水等级			
	Ⅰ	Ⅱ	Ⅳ	Ⅴ
建筑物类别	特别重要的民用建筑和对防水有特殊要求的工业建筑	重要的工业与民用建筑、高层建筑	一般的工业与民用建筑	非永久性的建筑
防水层耐用年限	25 年	15 年	10 年	5 年
防水层选用材料	宜选用合成高分子防水卷材、高聚物改性沥青防水卷材、合成高分子涂料、细石防水混凝土等材料	宜选用高聚物改性沥青防水卷材、合成高分子防水卷材、合成高分子涂料、高聚物改性沥青防水涂料、细石防水混凝土、平瓦等材料	应选用三毡四油沥青防水卷材、高聚物改性沥青防水卷材、合成高分子防水卷材、合成高分子涂料、高聚物改性沥青防水涂料、沥青基防水涂料、刚性防水层、平瓦、油毡瓦等材料	可选用二毡三油沥青防水卷材、高聚物改性沥青防水涂料、沥青基防水涂料、波形瓦等材料
设防要求	三道或三道以上防水设防,其中应有一道合成高分子防水卷材,且只能有一道不小于 2mm 的合成高分子防水涂膜	两道防水设防,其中应有一道卷材,也可采用压型钢板进行一道设防	一道防水设防,或两种防水材料复合使用	一道防水设防

2. 保温、隔热:同其他外围护构件,在严寒、寒冷地区,屋顶要有足够的保温性能;南方炎热地区屋顶要有足够的隔热能力。与墙体不同,钢筋混凝土屋面板厚度小,保温隔热能力差,

屋顶需另设保温隔热层,加强屋顶保温隔热,满足设计要求。

3. 其他:坚固耐久,防火,抗震,抗自然侵蚀等。

(二)构造要求

构造简单,施工方便,就地取材,自重轻,造价经济,满足工业化要求等。

(三) 造型要求

1. 在建筑设计中,建筑立面的三段式构图——屋顶,墙身,台基。可见,屋顶是影响建筑外部形象的重要因素,并影响建筑的性格特征。屋顶在建筑造型中的作用不容忽视,中国古建筑以大屋顶为见常,例如北方建筑以承德避暑山庄的屋顶为代表,庄严、厚重,而南方建筑中拙政园的屋顶,则飘逸、轻盈。

2. 在某些时候,建筑的屋顶形式不仅是出于造型美观的考虑,甚至还代表了建筑物主人的地位、品位等,如故宫建筑的屋顶:歇山、庑殿、重檐庑殿、重檐歇山等代表了封建阶级的地位与等级。

(四)其他要求

有的屋顶还有使用上的要求。如河北农村的平屋顶用做晒粮;城市建筑的屋顶花园、屋顶露台、屋顶游泳池等,给人们提供了休闲的场所。随着节能节地思想的逐渐深入人心,类似做法会广泛应用。

二、屋顶的形式与影响因素

(一)屋顶形式(图 2-6-1)

从建筑学的角度,按屋顶的几何外形可将屋顶大致分为:

1. 平屋顶:坡度<1/10。

2. 坡屋顶:坡度≥1/10。坡屋顶又有单坡、双坡(硬山/悬山)、四坡之分;屋顶各方向的坡度应一致。

3. 其他形式的屋顶:中国古建筑中有庑殿、歇山、卷棚、攒尖等;现代大跨度建筑屋顶如悬索、网架、折板、薄壳、拱等。

(二)屋顶形式的影响因素

1. 对屋顶形式的设计要求

屋顶往往对形式有特殊的要求,纺织厂要求北向锯齿形天窗;天文台常采用球面屋顶,便于观察个方位的天象。

2. 支撑形式

屋顶支撑有梁板结构、屋架或网架等,不同的支撑方式会出现不同的屋顶形式。

3. 建筑的平面形状

如圆形平面对应球形薄壳,悬索用于椭圆形平面。

4. 屋面材料

屋面材料面积大小及防水性能的好坏与屋面坡度直接相关。例如瓦屋面用于坡屋顶;油毡卷材用于平屋顶。

5. 地区气候特点

气温高、降水多则采用坡屋顶;反之,采用平屋顶。

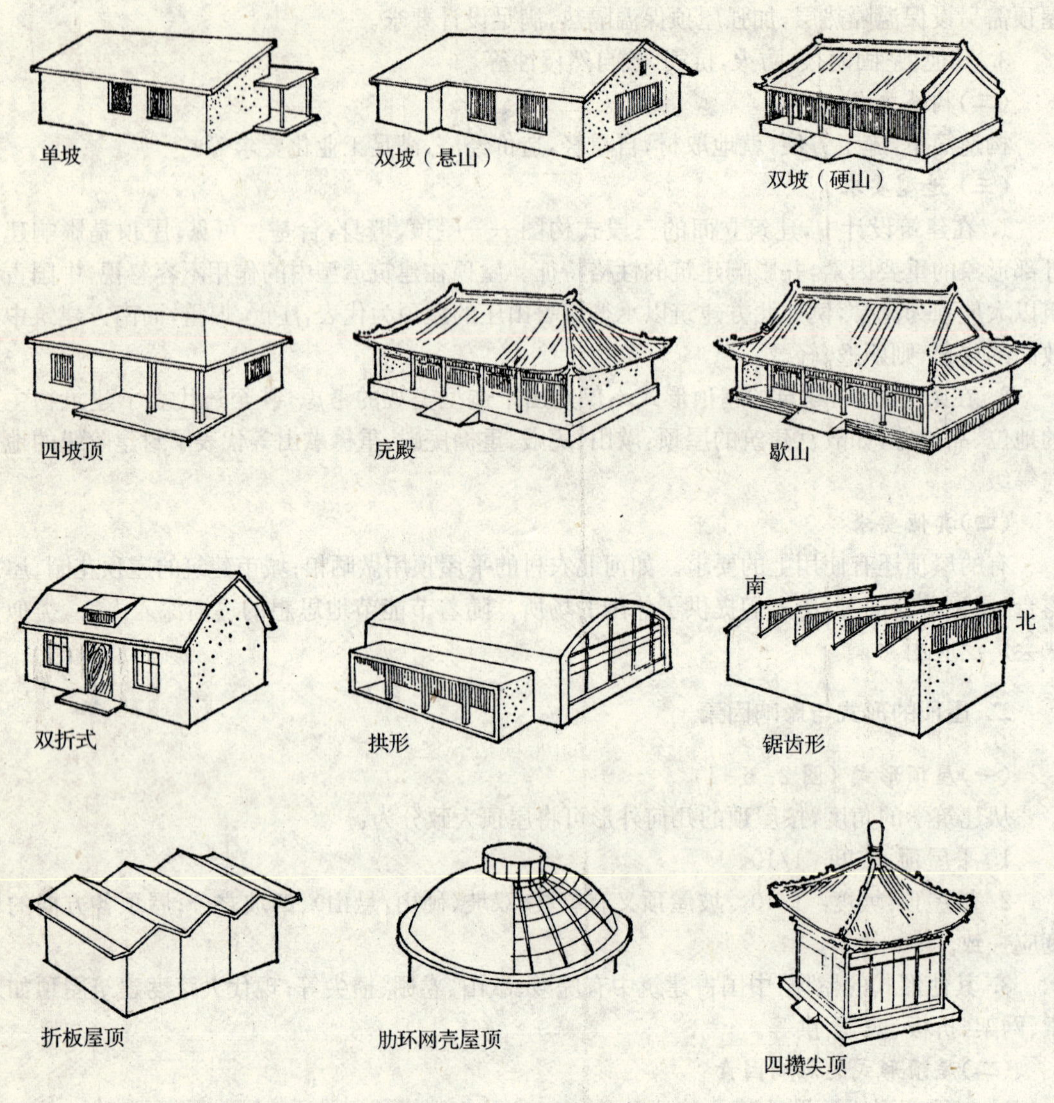

图 2-6-1　屋顶的形式

6. 传统的风俗习惯

汉族、蒙族、纳西族、傣族等各民族各地区都有本民族独特的屋顶形式。

除此之外，还有其他因素的影响，这里不再一一详述。

三、屋顶坡度的表示方法

(一)角度法

屋面与水平面的夹角，常用于表示坡屋顶的坡度。

(二)斜率法

屋顶起坡的高度与坡面水平投影长度的比，可用于表示坡屋顶或平屋顶的坡度。

(三)百分比法

屋顶起坡的高度与坡面水平投影长度的百分比，常用于表示平屋顶的坡度(图 2-6-2)。

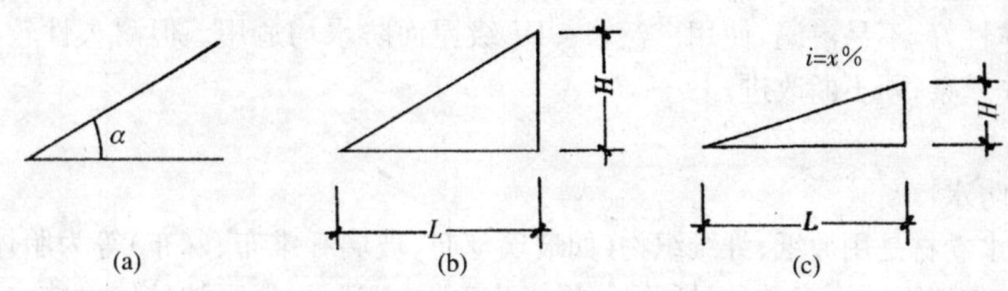

图 2-6-2　屋顶坡度的表示方法

(a)角度法；(b)斜率法；(c)百分比法

第二节　平　屋　顶

一、平屋顶的特点

平屋顶坡度<1/10，常用坡度为 2%～5%，常采用的支撑结构是钢筋混凝土梁板结构，技术简单，施工方便，平面布置灵活，可适用于各种平面；平屋顶屋面坡度小，可上人，做上人屋顶可满足使用上的各种要求，如绿化、活动等；但平屋顶排水速度慢，防水要求高，并应注意保温隔热处理。

二、平屋顶的构造组成

平屋顶的主要组成是结构层、保温层、防水层以及防护层等，构造层次如图 2-6-3。

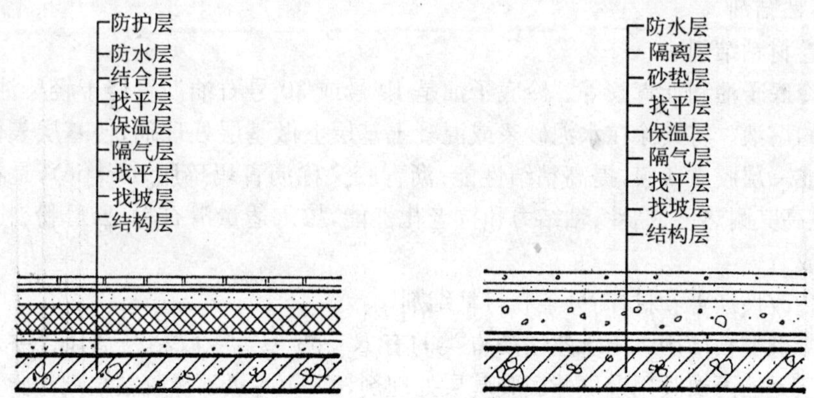

图 2-6-3　平屋顶的基本构造

(a)油毡平屋面基本构造；(b)刚性屋面基本构造

三、平屋顶的构造做法

(一)防水层

平屋顶防水层由于采用的材料和构造不同可以分为柔性防水屋面、刚性防水屋面、涂膜防水等。

1. 柔性防水(卷材防水)

卷材防水屋面是利用柔性防水卷材与粘结剂结合，粘贴在屋面上而形成的密实防水构造层。按其使用材料的不同，可分为沥青类卷材防水屋面、高聚物改性沥青类卷材防水屋面、高分子卷材防水屋面。卷材防水层具有良好的韧性和可变性，能适应振动和微小变形等变化因素的影响，整体性好，不易渗漏，使用广泛，I—IV 级屋面防水均适用。但耐久性较差，机械强度低，施工操作繁杂，须不断改进。

(1)卷材

①沥青类防水

沥青类防水卷材是用原纸、纤维织物(如玻璃丝布、玻璃纤维布、麻布)等为胎体浸渍沥青而成的卷材，如传统石油沥青油毡(纸胎)，规格为 1 m×20 m。沥青油毡屋面防水层，易产生起鼓，沥青易熔化流淌。低温条件下，油毡易脆裂，导致使用寿命缩短和防水质量下降，加之熬制沥青污染环境，已趋于不用。

②高聚物改性沥青类防水卷材

高聚物改性沥青类防水卷材是以合成高分子聚合物改性沥青为涂盖层，纤维织物或纤维毡为胎体的卷材。其克服了沥青类卷材温度敏感性大、延伸率小的缺点。具有高温不流淌，低温不脆裂，抗拉强度高的特点，能够较好的适应基层开裂及伸缩变形的要求。目前国内使用较广泛的品种有 SBS、APP、PVC 改性沥青卷材和再生胶改性沥青卷材。

③合成高分子类防水卷材

指以合成橡胶、合成树脂或两者的混合体为基料加入适量化学助剂和填充料而制成的卷材。其具有拉伸强度高，断裂伸长率大，抗撕裂强度高(抗拉强度达到 2～18.2 MPa)，耐热性能好，低温柔性大(适用温度在－20℃～80℃)，耐老化及可以冷施工等优点，属于高档防水卷材。目前我国使用的品种有三元乙丙橡胶、聚氯乙烯、氯化聚乙烯等防水卷材。

(2)卷材粘结剂

①沥青卷材粘结剂

主要有冷底子油和沥青胶等。冷底子油是 10 号或 30 号石油沥青熔于轻柴油、汽油或煤油中而制成的熔液。将其涂在水泥砂浆或混凝土基层上做基层处理剂，使基层表面与沥青粘结剂之间形成一层胶质薄膜，提高粘结性能；沥青胶又称沥青玛琋脂(mastic)，是在沥青熬制过程中，为提高其耐热度、韧性、粘结力和抗老化性能，掺入适量滑石粉、云母粉、粉煤灰、石棉粉等加工制成。

②高聚物改性沥青卷材，高分子卷材粘结剂

主要为溶剂型粘结剂。用于改性沥青类的有 RA-86 型氯丁胶粘结剂，SBS 粘结剂等；高分子卷材如三元乙丙橡胶用聚氨酯底胶基层处理剂，CX-404 氯丁橡胶粘结剂等。

(3)构造做法

①找平层

为防止防水卷材铺设时出现凹陷、断裂，故首先在屋面板结构层上或松软的保温层上设置一坚固平整的基层，称其为找平层，将卷材平整密实地铺设在找平层上。找平层一般采用 1∶3 水泥砂浆(体积比)或 1∶8 沥青砂浆(质量比)，厚度视表面平整度而定，常用值为 15～30 mm。同时为防止找平层由于干缩、温度、受力等原因产生变形开裂而波及卷材防水层，找平

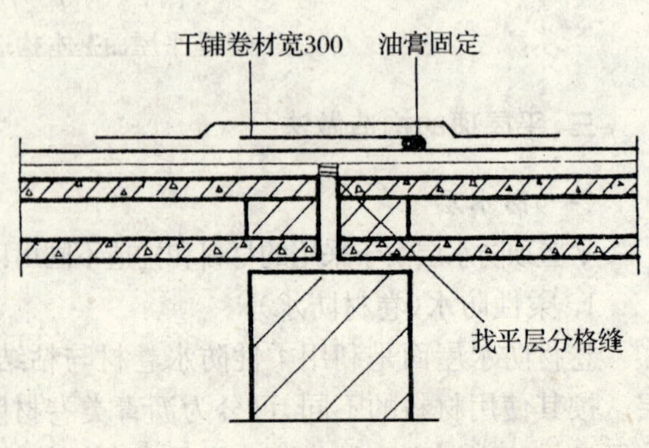

图 2-6-4 卷材防水屋面的分割缝

层应设分格缝，缝距≤6 m，缝宽为 20 mm。当屋面板为预制装配式时，分格缝应设置在板端缝处，并在缝上增设一层宽约 300 mm 卷材，单边粘贴，使分格缝处的卷材有一定的伸缩余地，避免开裂(图 2-6-4)。

②结合层

结合层是使卷材与基层牢固胶结而涂刷的基层处理剂。沥青类卷材常用冷底子油做结合层；改性沥青卷材常用改性沥青粘结剂；高分子卷材常用配套处理剂，也采用冷底子油或乳化沥青做结合层(图 2-6-5)。

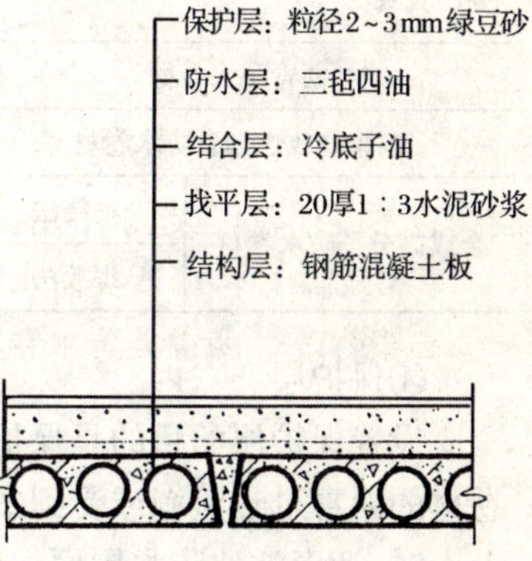

图 2-6-5　油毡防水屋面的做法

③防水层

沥青类卷材防水层由于沥青油毡构造较为典型，仍以其为主论述构造层次做法：首先找平层干燥后刷冷底子油一道，将熬制好的沥青胶(玛琋脂)均匀刮涂在找平层上，厚度约1 mm，边刮涂边铺设油毡，然后再刮涂沥青胶再铺油毡，交替进行，直到设计层数为止，最后再刮涂一层沥青胶。一般民用建筑防水层应铺设三层沥青油毡、四遍沥青胶，称为三毡四油(七层做法)。在铺设防水层时，要解决好以下问题：

a. 先在基层刷沥青胶，然后油毡和沥青胶交替铺贴而成。有一毡两油(三层做法)、两毡三油(五层做法)、三毡四油(七层做法)几种做法。

b. 基层上的沥青胶有满铺和花油两种做法：满铺是在基层上满铺沥青胶。花油是成条状或点状铺设，可使进入该空间的气体排出，避免引起屋面防水层起鼓。其他层沥青胶必须满铺，使层与层之间形成牢固粘结。

c. 卷材的铺设方向

屋面坡度小于 3%时，卷材宜平行屋脊铺贴。屋面坡度在 3%～15%之间时，卷材可平行或垂直屋脊铺贴。屋面坡度大于 15%或屋面受振动时，沥青防水卷材应垂直屋脊铺贴，高聚物改性沥青防水卷材和合成高分子防水卷材可平行或垂直屋脊铺贴(图 2-6-6)。上下卷材结合部位要相互垂直铺贴。

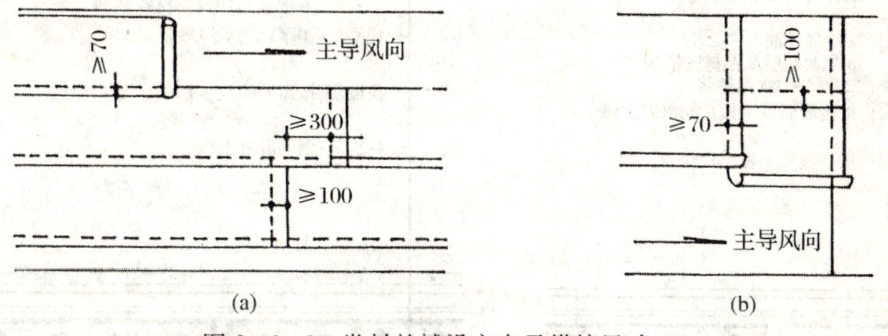

图 2-6-6　卷材的铺设方向及搭接尺寸

(a)油毡平行屋脊铺贴；(b)油毡垂直屋脊铺贴

铺贴卷材应采用搭接法，上下层及相邻两幅卷材的搭接缝应错开，平行于屋脊的搭接缝应顺水流方向搭接，垂直于屋脊方向搭接缝应顺最大频率风向搭接，各种卷材搭接宽度应符合表 2-6-2。

表 2-6-2　各种卷材搭接宽度

搭接方向		短边搭接宽度(mm)		长边搭接宽度(mm)	
卷材种类 ＼ 铺贴方法		满粘法	空铺法 点粘法 条粘法	满粘法	空铺法 点粘法 条粘法
沥青防水卷材		100	150	70	100
高聚物改性沥青防水卷材		80	100	80	100
合成高分子防水卷材	粘结法	80	100	80	100
	焊接法	50			

④保护层

设置保护层的目的是保护防水层,使卷材避免因光照和气候等的作用迅速老化,防止沥青卷材的沥青过热流淌或受到暴雨的冲刷。保护层的构造做法视屋面的利用情况而定。屋面不上人时,沥青油毡防水屋面一般在防水层撒粒径 3~5 mm 厚的小石子作为保护层,称为绿豆砂保护层;高分子卷材如一元乙丙橡胶防水屋面等,通常是在卷材面上涂刷水溶型或溶剂型的浅色保护着色剂,如氯丁银粉胶等。

上人屋面的保护层又是楼地面面层,故要求保护层平整耐磨。做法通常有:用沥青砂浆铺贴缸砖、大阶砖、混凝土板等块材或在防水层上浇 30~40 mm 厚的细石混凝土。块材或整体保护层均应设分格缝,分格缝的位置一般设在屋顶坡面的转折处、屋面与突出屋面的女儿墙、烟囱等的交接处。保护层分格缝应尽量与找平层分格缝错开,缝内用防水油膏嵌缝。上人屋面做屋顶花园时,花池、花台等构造均应在屋面保护层上设置。为防止块材或整体屋面由于温度变形将油毡防水层拉裂,宜在保护层与防水层之间设置隔离层,可采用低强度砂浆或干铺一层油毡(见图 2-6-7)。

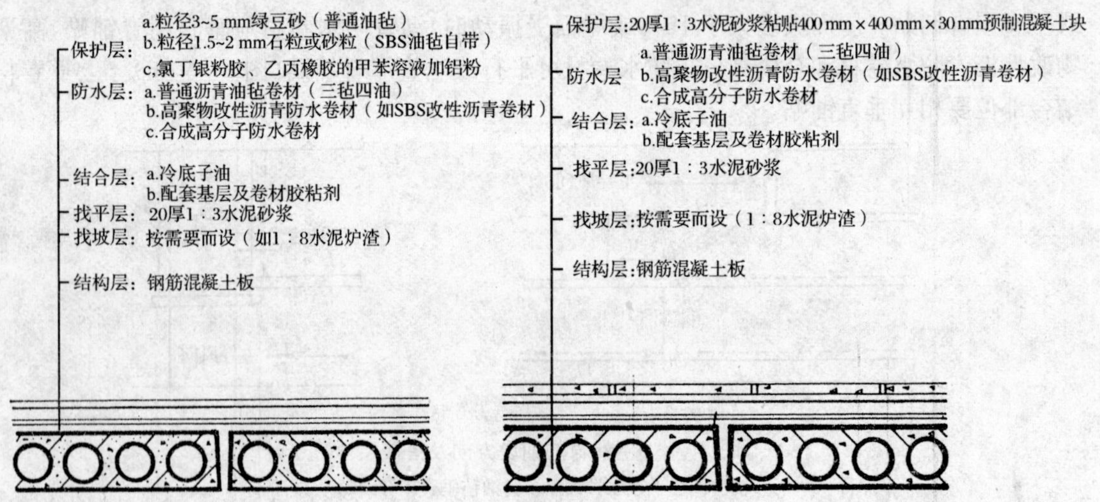

图 2-6-7　保护层

2. 刚性防水

刚性防水屋面是指用防水砂浆抹面或配筋的细石混凝土浇捣而成的刚性材料屋面防水层。其主要优点是施工方便，节约材料，便于维修。但因其材料性质所决定，对温度变化、基层变形、结构变形适应性差，较易产生裂缝而出现渗漏，故刚性防水不适用日温度变化大的地区，仅适用于日温差较小的我国南方地区。刚性防水不适用设保温层的屋面，因保温层为轻质多孔材料，为防止水对保温材料的侵入，其上不宜湿作业浇筑混凝土，且松软保温材料上设基层在外力作用下易产生竖向断裂；刚性防水也不宜用于有高温、有振动、基础有较大不均匀沉降的建筑物。刚性防水仅用于等级为Ⅲ级的屋面防水，如作为Ⅰ、Ⅱ级防水屋面使用，则必须采取多道防水构造(图 2-6-8)。

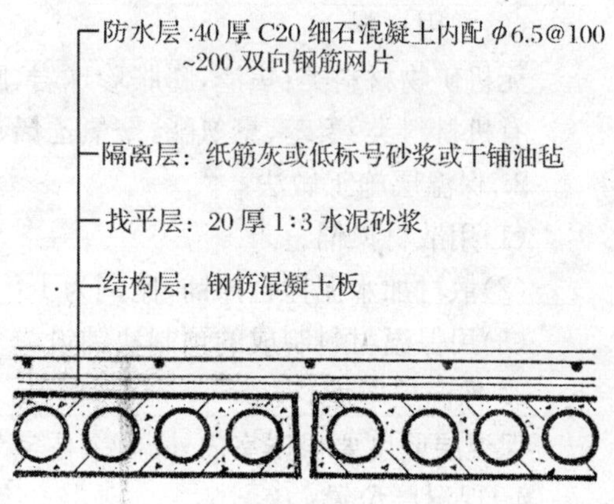

图 2-6-8 刚性防水屋面

(1)防水砂浆防水层

防水砂浆是用水泥、砂子并掺入适量的防水剂拌合而成，再通过分层均匀抹压提高砂浆的密实性和不透水性，从而达到防水的目的。防水砂浆一般采用 1∶2 水泥砂浆加入 3%～5%氯化物防水剂，分两次在钢筋混凝土结构层上抹光压平，厚 25 mm。此做法适用于结构刚度好的基层。

(2)配筋的细石混凝土防水层

细石混凝土防水层是通过调整混凝土级配、严格控制水灰比、加强振动捣实而成。或者在混凝土中掺入一些外加剂(如加气剂、防水剂、膨胀剂等)，以提高混凝土的密实性和不透水性，从而达到防水的目的，这是目前广泛采用的一种屋面。细石混凝土防水层通常有两种做法：一种是无隔离层的做法，即在钢筋混凝土屋面板上直接浇捣 35～40 mm 厚的细石混凝土，内可配 φ4～φ6，双向 200 mm× 200 mm 钢筋网；另一种是有隔离层的做法，使基层与防水层脱离，避免因屋面基层变形对防水层的影响。可用砂、黏土、砂浆、废机油或水泥纸袋等做隔离层。

(3)刚性防水屋面的要求：防止由于温度变化，材料干缩，结构变形引起防水层的破坏。

①对结构的要求：结构本身整体性及刚度好；结构布置时，屋面板搁置方向应尽量一致，板跨相同，避免板跨相差过大而出现较大的变形差。

②对施工的要求：按要求添加防水剂，细石混凝土要随打随捣实，表面抹光，初凝前压光。

③构造要求：分块，做分仓缝，每仓面积≯20 m²，缝宽 20～30 mm，钢筋混凝土在设缝的位置断开，分仓缝用油膏嵌缝，上贴二毡三油；非承重墙与板脱开，不要影响板的自由变形。

3. 涂膜防水

防水涂料涂于基层上，例如现浇钢筋混凝土屋盖。曲面形屋盖等刚性和防水性较好或不宜做其他形式防水时，可采用防水涂料防水，施工维修方便。

(二)保温层

1. 保温材料

(1)要求:容重轻,导热系数小的材料,$\lambda<0.3$ W/(m·K)。

(2)常用材料

无机矿物材料类:焦渣,膨胀珍珠岩,膨胀蛭石,泡沫混凝土,加气混凝土等;

有机材料类:聚苯,聚氨酯,聚氯乙烯、聚苯乙烯、聚乙烯等。

2. 保温层施工做法

(1)用散材摊铺。

(2)散材加水泥拌合摊铺,比例为 1∶10,如:沥青蛭石、沥青珍珠岩等。

(3)用保温材料制成的预制块铺设。

3. 保温层厚度

保温层厚度要根据室内外温差、住宅节能标准、材料保温性能等由计算确定。

4. 保温层位置

(1)一般地,保温层位于结构层上,防水层下。有利于减小温度变形对结构的影响。

(2)保温层位于吊顶棚上,结构层下;适用与旧建筑的节能改造及坡屋顶保温。

(3)保温层位于防水层上,称倒铺法。

由于保温层表面不平整,其上必须做找平层,才能附设其他构造。

(三)隔汽层

1. 目的

冬季,室内外温差大,房间密闭,造成室内蒸汽多,相对湿度较大,室内外形成蒸汽渗透压力,水蒸气由室内向室外渗透达保温层。保温层含水量增加,则保温性能下降;另外水蒸气到达防水层后,防水层阻止蒸汽渗透,蒸汽压引起防水层起鼓。因此,设隔汽层。

2. 位置

设于保温层温度较高的一侧。一般地,位于保温层靠近室内一侧。对于冷库类建筑则与室外气候有关,在屋面与墙面相接处,隔气层应连续设置高出保温层 150 mm 以上。

3. 做法

先在基层上做找平层,然后做隔汽层,做法见表 2-6-3。

表 2-6-3　隔汽层做法

冬季室外空气计	室内水蒸气压力 mmHg			
温度	≤9	9~12	12~14	14>
>-20℃	不做	两道冷底子油	一毡二油	二毡三油
-20℃~-30℃	两道冷底子油	一毡二油	一毡二油	二毡三油
-30℃~-40℃	一毡二油	二毡三油	二毡三油	二毡三油

(四)隔热层

炎热地区夏季,在太阳辐射热和室外高温的共同作用下,由屋顶传入室内的热量远比围护墙体多,致使室内温度剧烈升高,故须解决好屋顶的隔热措施,减少和限制屋顶吸热是屋顶隔热的基本构造原理,采用的构造方法主要有通风降温,反射降温,种植隔热降温和实体材料隔热降温等。

1. 通风屋顶

通风层降温屋顶是在屋顶设置架空通风空间，一是利用通风间层使屋顶变成两次传热以减少传递于室内的热量；二是利用风压和热压对流通风原理的作用将通风间层中的受热空气不断带走，使通过屋面板传入室内的热量减少，达到隔热降温的作用。通风间层的构造方式可归纳为屋面上设置架空通风间层和利用吊顶所形成的屋顶空间通风两种。

(1)架空屋面

屋面防水层上用预制混凝土板架空，开口方向朝向当地夏季主导风向的带状通风层，通风效果好。进深>10 m 时，中间设通风桥。

主要用于平屋顶，其构造做法是在屋面上用砖砌成砖垄或砖墩，上扣瓦、大阶砖或钢筋混凝土预制薄板，形成通风面或通风道，或者用半圆形、L 形、倒山形预制钢筋混凝土件直接设置在屋面上，形成通风道，如图 2-6-9。但在构造设置时要解决好以下几点问题：

①架空通风间层的高度：其高度受风的流速及屋面坡度和宽度的影响，故在设置时，坡度大，屋面宽度大时，架空通风间层高度应相应增高，但不宜大过 300 mm，否则影响风的流动速度，降低降温隔热效果，一般取 180～240 mm，当屋面宽度大于 10 m 时，在屋脊处应增设进风通道口，缩短通风线路，改善通风效果。

②夏季主导风向的影响：架空通风间层的通风道最好与当地夏季风向一致，提高通风效果，进风口与夏季主导风向的夹角一般应≥45°。当进风口与夏季主导风向的夹角<45°时，再采用通风间层中的通风道反而不利于通风。这种情况下最好采用砌筑砖墩，上部扣板形成通风面通风。这种形式的缺点是使风速降低，通风效果不如前者。

③设女儿墙屋顶：女儿墙上设通风口必影响建筑立面效果，故一般采取距女儿墙 500 mm 宽范围内的屋面不设架空层，形成小范围开敞地段，利于空气对流。

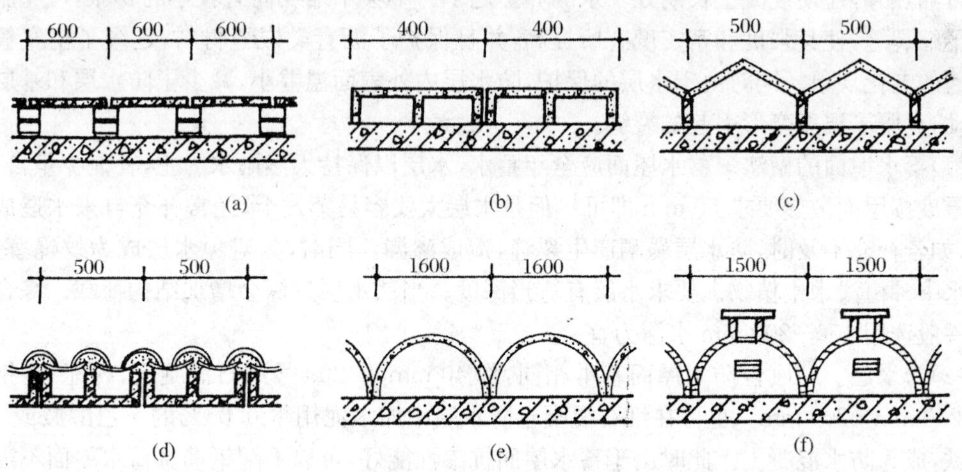

图 2-6-9 架空通风屋顶

(a)架空预制板(或大阶砖)；(b)架空混凝土山形板；(c)架空钢丝网水泥折板；

(d)倒槽板上铺小青瓦；(e)钢筋混凝土半圆拱；(f)1/4 厚砖拱

(2)吊顶通风层

吊顶与屋顶之间的外墙上开通风孔。其优点是减少构件减轻荷载，缺点是屋顶防水层、结构层易受气温变化的作用而变形，其构造做法如图 2-6-10 所示。

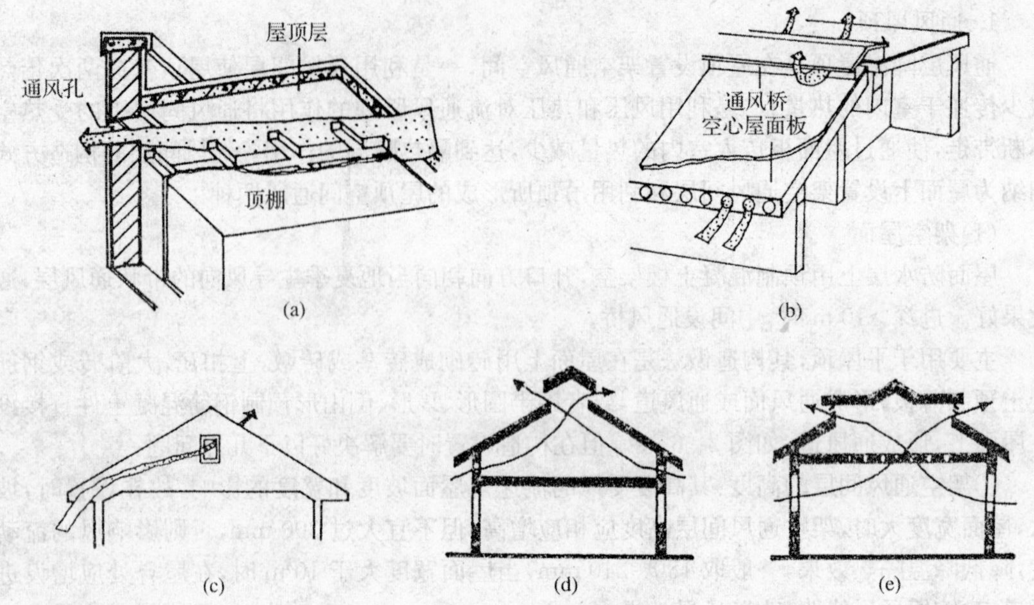

图 2-6-10　吊顶通风层

(a)在外墙上设通风孔；(b)空心板孔通风；(c)檐口及山墙通风孔；

(d)外墙及山墙通风孔；(e)顶棚及天窗通风孔

2. 蓄水屋面

蓄水屋面是在刚性防水屋面上蓄一层水，其目的是利用水蒸发时大量带走水中的热量，从而降低屋面温度，起到隔热效果。一般做法是在刚性防水屋面上保持 50～200 mm 的水层，这样除可隔热外，还使混凝土长期处于水的养护之下。不会干缩反而有较小的膨胀，可克服混凝土的干缩裂缝，使其强度和密实度有所提高，并且保护了沥青类嵌缝材料，延缓了空气氧化作用引起的老化现象。同时由于水层的保护，防水层内外表面温差小，减少了防水层和基层的温度波动，克服了温度变形引起的裂缝。

(1)蓄水屋面的做法。蓄水屋面应全年蓄水，水层以保持天然雨水为主，补充少量自来水。水层厚度按屋面散热要求 50 mm 即可。但是水层太浅容易蒸发干，经常补充自来水造成管理麻烦，如若补充不及时，防水层暴晒产生裂缝，造成渗漏。同时，为避免水层成为蚊蝇孳生地，可在水中种植浅水生植物。要求水层有适当深度。当然水层过深会增加结构荷载。综合以上因素一般选用 150～200 mm 水深为宜。

(2)防水层。与刚性防水屋面基本相同，作 40 mm 厚 200 号细石混凝土，内配 $\phi 4$ 钢筋网间距 200 mm×200 mm。也可在细石混凝土防水层中加水泥用量 0.05%的三乙醇胺或 1%的氧化铁，成为防水混凝土。此时由于蓄水屋面抗渗性能好，可以不配钢筋。蓄水屋面不需要排水坡度。若为了清扫屋面，可在现浇细石混凝土时，随浇随抹成略微倾斜的防水层。

(3)细部构造。蓄水屋面应根据屋面面积划分为若干蓄水区段，称为分仓。以避免大风时引起的波浪，并便于分区段检修及清扫屋面。每个区段长不宜超过 15 m。在分仓壁上应留过水孔，以便连通各蓄水池。如屋面有变形缝时，可设计成互不连通的蓄水池(图 2-6-11)。

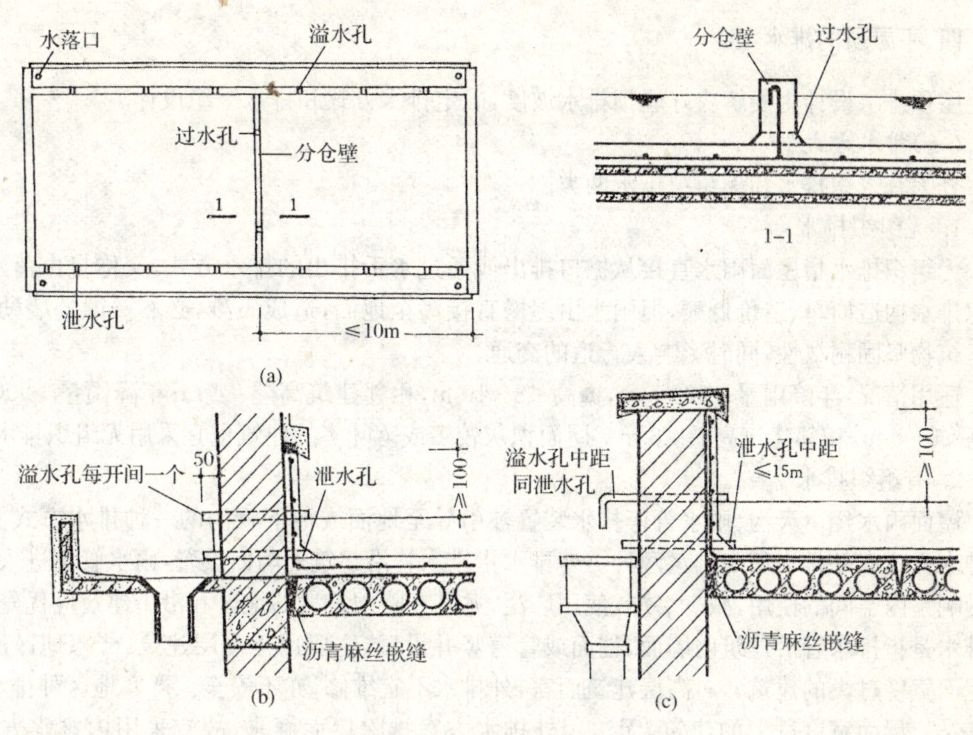

图 2-6-11　蓄水屋面

3. 种植屋面

种植屋面是在屋面上用土或其他培养基种植各种绿色植物。利用植物的蒸发和光合作用，吸收太阳辐射热，因此有很好的隔热能力。植被屋面防水层的做法与刚性屋面相同。但由于植被屋面外表面温度比刚性屋面低十几度，故可不设钢筋网。但植被屋面增加了屋顶结构荷载，同时需有专人管理，否则达不到应有的效果。

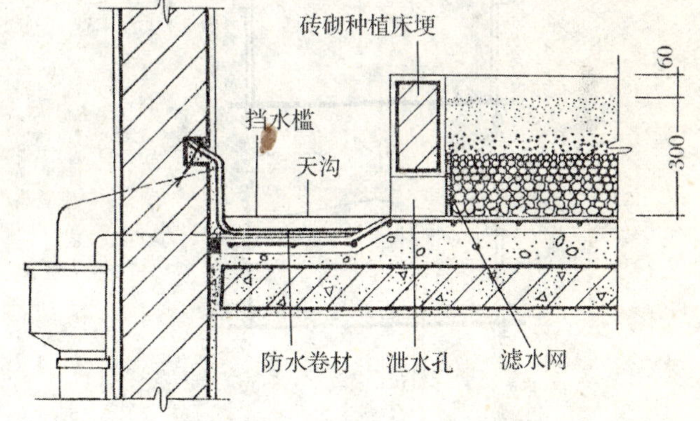

图 2-6-12　种植屋面示意图

种植介质可采用蛭石、泥炭、陶粒等。介质厚度≤300 mm。防水层宜采用多道防水，最上层做刚性防水层。屋顶四周设栏杆起固定保护作用(图 2-6-12)。

4. 其他屋面

反射降温屋面是利用屋面材料的质感、颜色对太阳热辐射的反射程度作用。屋面材料光滑，色彩淡，则热辐射反射率就高。屋面铺设光滑材料或涂刷为白色，反射效果就好，反射降温原理用于架空通风间层方法中，会起到更好的隔热效果。在通风间层的底面加设铝箔，利用其二次反射作用提高降温效果，亦可将架空通风间层表面作成浅色光滑的面层，增加第一次反射效果，能减少热量传递。这些构造方法对屋顶的降温隔热效果必有进一步改善。

四、平屋顶的排水

屋顶排水设计主要解决好屋顶排水坡度，确定排水方式和排水组织设计。

(一)排水方式

分为有组织排水和无组织排水两类。

1. 无组织排水

无组织排水指屋面雨水直接从檐口排出或通过水舌排出的排水方式，又称自由落水。无组织排水构造简单、造价低廉，但雨水由屋檐直接泻至地面，造成飞溅，必然侵蚀外墙勒脚，影响建筑物坚固耐久性，同时影响人行道的交通。

适用情况：年降雨量＜900 mm，檐高＜8～10 m，相邻建筑高差＜4 m；年降雨量＞900 mm，檐高＜5～8 m，相邻建筑高差＜3 m。屋面积灰较多或落叶多的建筑也宜采用无组织排水。

2. 有组织排水

屋面雨水经由天沟、雨水管等排水装置被引导至地面或地下管沟的一种排水方式。有组织排水方式有外排水和内排水两种。外排水指排水管沿建筑外墙面设置，雨水管不进入室内，不影响室内空间的使用，减少渗漏，使用广泛，尤其在降雨量大的地区和沿街建筑应优先采用。内排水是指排水管沿建筑内墙面、柱面或管道竖井设置，主要用于高层建筑、严寒地区的建筑和屋面宽度过大的建筑。对高层建筑而言，外排水不宜维修，亦不安全。严寒地区外排水易造成冻结。屋面宽度过大的建筑，无法用外排水方案排除屋面雨水，故宜采用内排水方案(图2-6-13)。

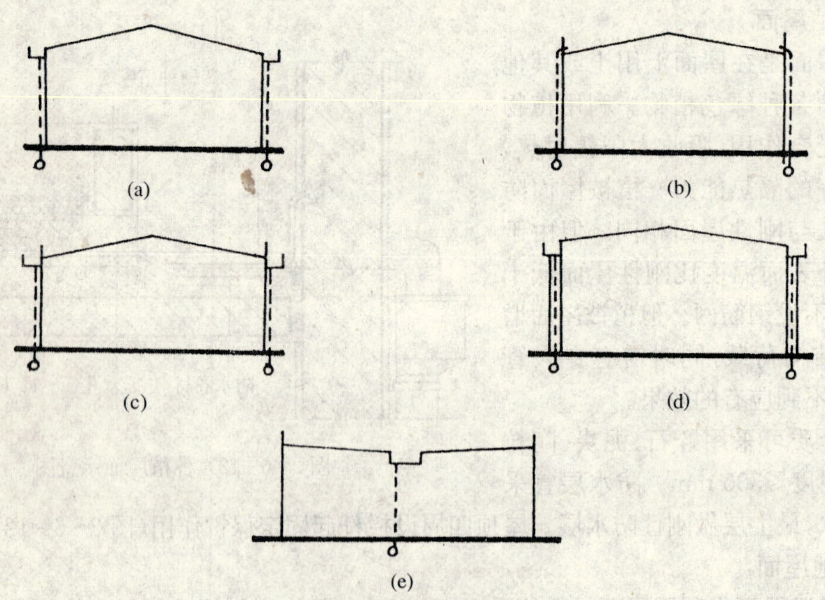

图 2-6-13 有组织排水方案

(a)挑檐沟外排水；(b)女儿墙外排水；(c)女儿墙挑檐沟排水；(d)暗管外排水；(e)中间天沟内排水

屋面排水组织设计的作用就是使屋面雨水排水顺畅，排水路线短捷，避免因积水等原因造成屋面渗漏。内容主要有以下几点：

(1)合理划分排水区

其作用是便于均匀布置雨水口和排水管道(雨水管)。一般按一个雨水管负担150～200 m^2屋面面积设置,屋面面积以其水平投影计算。

(2)确定排水面数量

一般平屋面建筑根据实际情况可选用双坡排水,以缩短雨水水流路线。进深较小(<12 m)的屋面和沿街建筑根据实际情况可选用单坡排水,坡屋顶则顺其造型可选用单坡排水、双坡排水或四坡排水。

(3)天沟断面尺寸和天沟纵坡的坡度

天沟即屋顶上的排水沟,当设屋檐时为外檐天沟(又称檐沟);当设女儿墙时为三角天沟。

为使其汇集和迅速排除屋面雨水,其断面尺寸应依据建筑物所在地降雨量和汇水面积的大小来确定。一般其净宽应≥200 mm,天沟上口至纵坡分水线的距离应≥80 mm,同时天沟应沿长度方向设纵向排水坡,坡度一般取值为0.5%～1%。

(4)雨水管设置

其材料种类很多,有铸铁、塑料、镀锌铁皮、陶土管等。考虑其耐久性、荷重及装饰效果。现广泛采用改性PVC等塑料管,一般民用建筑常用75～100 mm管径。单独用于阳台、露台或面积25 m^2以内屋面,可选用50 mm管径;工业建筑常采用100～150 mm管径。雨水管设置应合理,要既便于排水,又不影响使用,亦要充分考虑对立面效果的影响,其设置间距要合理,过大会导致天沟纵坡过长,垫坡材料加厚,必增加荷载,减少天沟容积,雨量过大时,易溢出屋面,而引起渗漏或沿天沟外侧涌出。故一般间距取值为18～24 m。

(二)屋面坡度的形成方法

1. 材料垫置找坡

一种是保温材料找坡。保温层最薄处保温性能要达到设计要求,适用于保温层材料价廉的情况。另一种是其他材料找坡层即另设找坡层。用质轻价廉材料找坡,适用于保温层材料价高的情况。

2. 结构找坡

指屋顶结构自身带有一定坡度。如上表面倾斜的屋架、屋面梁等,上面放置屋面板,其表面即呈倾斜坡面;如顶面倾斜的横墙上放置屋面板,即呈现倾斜坡面。其结构简单,不增加荷载,但室内顶棚倾斜、空间效果不够规整,多用于有吊顶的建筑和房屋,单层、双层厂房等。结构层形成坡度,平屋顶坡度一般<5%,不上人的为2%～3%,上人的为1%～2%。

五、平屋顶细部构造

(一)泛水构造

泛水是指屋面防水层与垂直墙面等交接处的防水处理。如女儿墙、烟囱、楼梯间、变形缝、检修孔、立管等突出物。泛水处除加铺一层附加油毡外,还应有一定高度,一般应≥250 mm;为使防水卷材在转角处能与基层密实粘结,避免形成空鼓或折断,应做成直径≥150 mm的圆弧形或45°斜面;为防止垂直面段防水卷材下滑,应做好泛水上口收头固定,做法如图2-6-14。

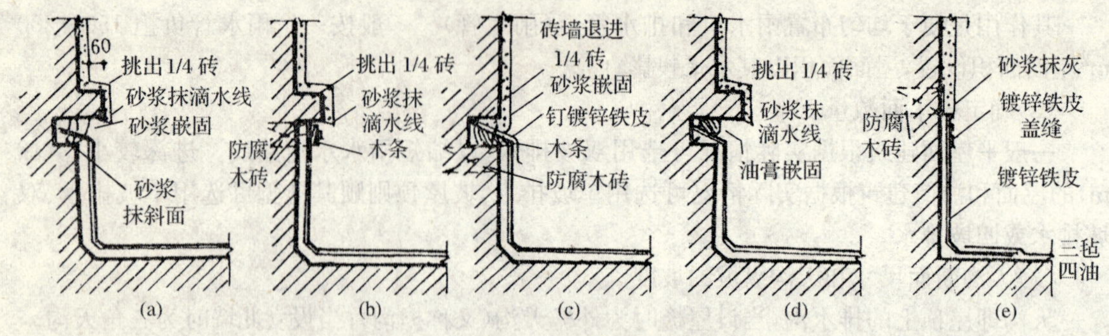

图 2-6-14　油毡屋面泛水构造

(a)砂浆嵌固；(b)木条压砖；(c)铁皮压毡；(d)油膏嵌固；(e)加镀锌铁皮泛水

(二)檐口构造

挑檐口防水构造分为无组织排水和有组织排水两种构造做法。

1. 无组织排水

无组织排水挑檐口不宜直接采用屋面板外挑，因其温度变形大，易使檐口抹灰砂浆开裂，引起爬水和尿墙现象，比较理想的是采用与圈梁整浇的混凝土挑板。挑檐口构造的要点是檐口 800 mm 范围内卷材应采取满贴法，为防止卷材收头处粘贴不牢，出现"张口"漏水，其做法是：

在混凝土檐口上用细石混凝土或水泥砂浆先做一凹槽，然后将卷材贴在槽内，将卷材收头用水泥钉钉牢，上面用防水油膏嵌填，做法见图 2-6-15。

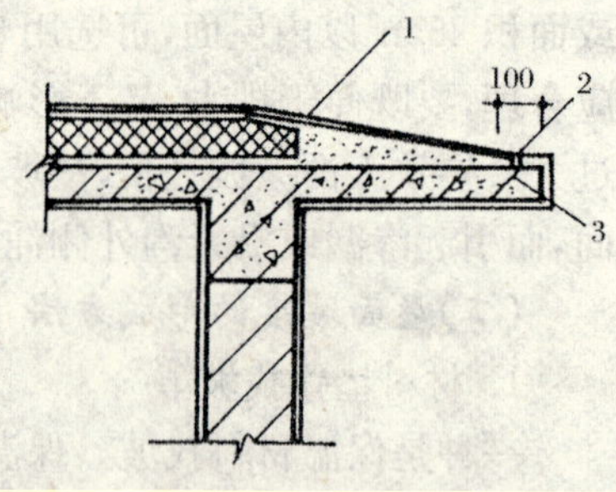

图 2-6-15　无组织排水挑檐口构造

1—防水层；2—密封材料；3—水泥钉

2. 有组织排水

挑檐沟有组织排水是将汇水檐沟设置于挑檐上，檐沟板可与圈梁连成整体，亦可预制檐沟板搁置牛腿上，其防水构造需加 1~2 层卷材，转角处应做成圆弧或 45°斜面，防水卷材铺设至檐沟边缘固定，并用砂浆盖缝，如图 2-6-16 所示。

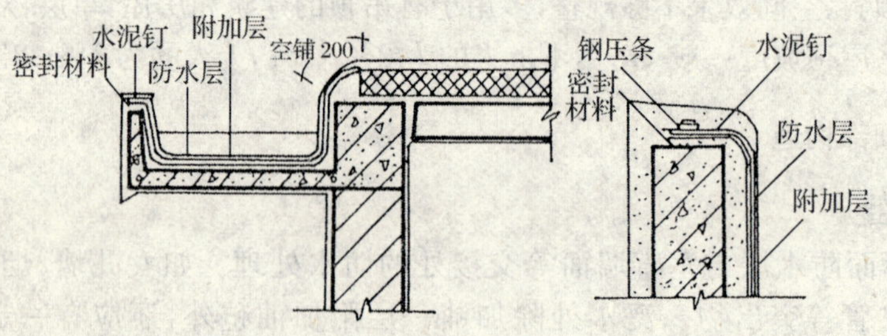

图 2-6-16　挑檐沟有组织排水

当屋面坡度≥1∶5 时，应将檐沟板靠屋面板一侧的沟壁外侧做成斜面，以免接缝处出现上窄下宽的缝隙，这种缝隙容易使填缝材料不密实，温度变形时极易脱落，以致檐口漏水。

女儿墙有组织排水，常利用倾斜的屋面板和女儿墙间的夹角做成三角形断面天沟，天沟内需要设置纵向排水坡度，如图 2-6-17 所示。

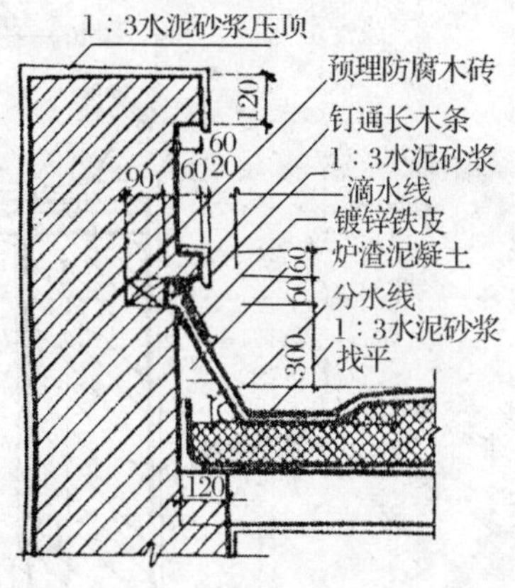

图 2-6-17　女儿墙外排水檐口

3. 雨水口、雨水管构造

雨水口是用来将屋面雨水排至雨水管而在檐口处或檐沟内开设的洞口。构造上要求排水通畅，不易堵塞和渗漏。有组织外排水最常用的有檐沟及女儿墙雨水口两种形式，有组织内排水的雨水口则设在天沟上，构造与外排水檐沟式的相同。

雨水口通常为定型产品，分为直管式和弯管式两类，直管式适用于中间天沟、挑檐沟和女儿墙内排水天沟，弯管式适用于女儿墙外排水天沟。

雨水口的材质过去多为铸铁，近年来塑料雨水口越来越多地得到运用。金属雨水口易锈不美观，但管壁较厚，强度较高，塑料雨水口质轻，不锈，色彩多样。

(1)直管式雨水口

直管式雨水口有多种型号，根据降雨量和汇水面积加以选择，下面以大跨度民用建筑常用的 65 型铸铁雨水口(图 2-6-18)为例介绍直管式雨水口的构造。该型雨水口由套管、环形筒、顶盖底座和顶盖几部分组成。套管呈漏斗形，安装在天沟底板或屋面板上，各层卷材(包括附加卷材)均粘贴在套管内壁上，表面涂防水油膏，再用环形筒嵌入套管，将卷材压紧，嵌入的深度至少为 100 mm。环形筒与底座的接缝须用油膏嵌封。顶盖底座有放射状格片，用以加速水流和遮挡杂物。

汇水面积不大的一般民用建筑、可选用较简单的雨水口。

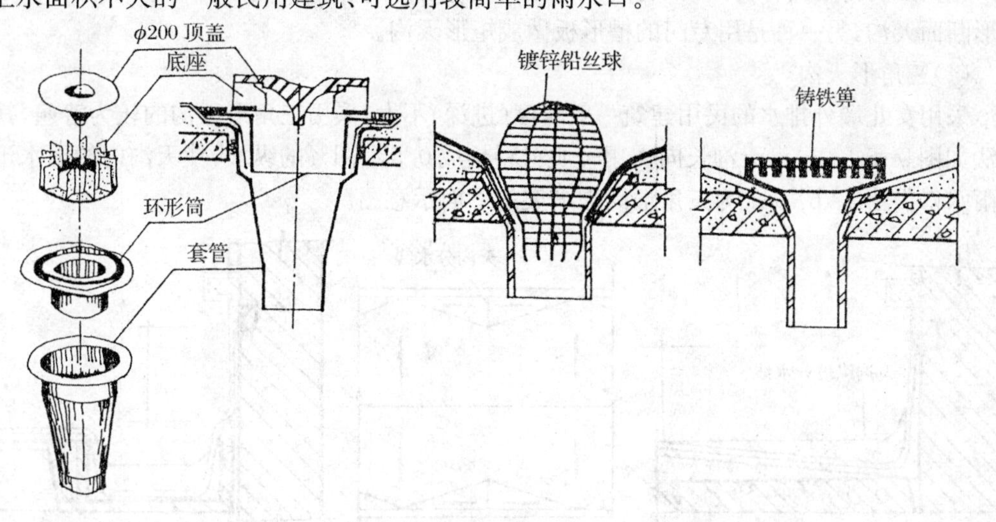

图 2-6-18　直管式雨水口

(2)弯管式雨水口

弯管式雨水口呈 90°弯曲状，由弯曲套管和铁箅两部分组成。弯曲套管置于女儿墙预留孔洞中，屋面防水层及泛水的卷材应铺贴到套管内壁四周，铺入深度不少于 100 mm，套管口用铸铁箅遮盖，以防污物堵塞水口。构造做法如图 2-6-19。

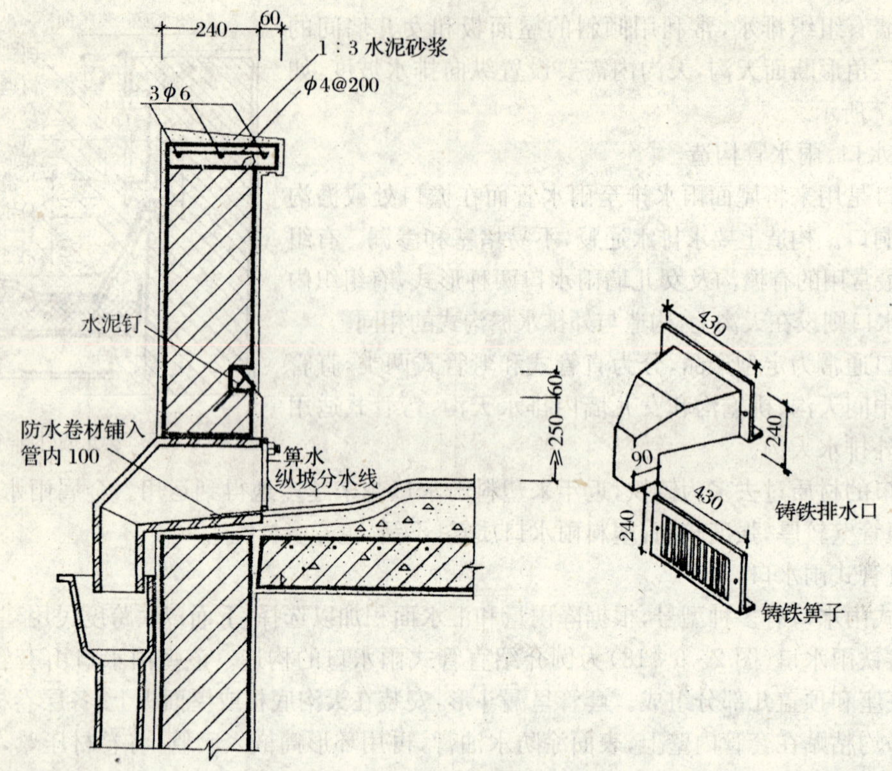

图 2-6-19　弯管式雨水口构造

4. 天沟构造

屋面上的排水沟称为天沟，有两种设置方式：一种是利用屋顶倾斜坡面的低洼部位做成三角形断面天沟，另一种是用专门的槽形板做成矩形天沟。

(1)三角形天沟

采用女儿墙外排水的民用建筑一般跨度（进深）不大，采用三角形天沟的较为普遍，其构造做法如图 2-6-20。沿天沟长向需用轻质材料垫成 0.5%～1%的纵坡，使天沟内的雨水迅速排入雨水口。图 2-6-20a 为三角形天沟纵坡的平面示意图。

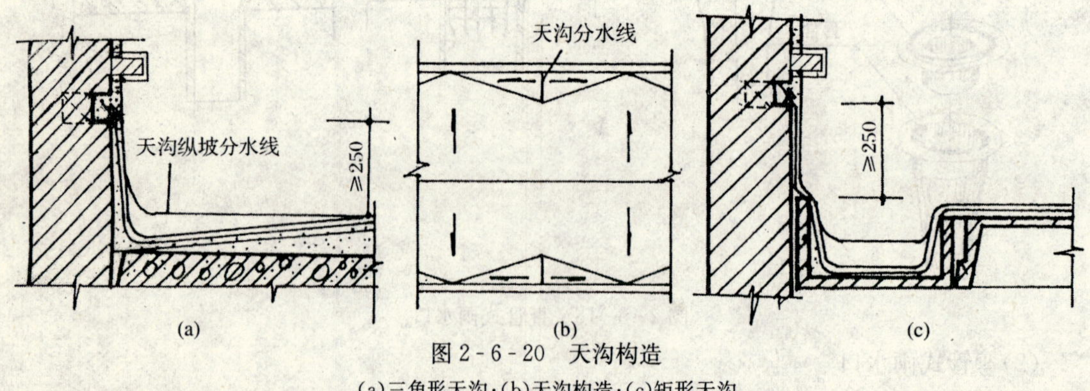

图 2-6-20　天沟构造

(a)三角形天沟；(b)天沟构造；(c)矩形天沟

(2)矩形天沟

多雨地区或跨度大的房屋，为了增加天沟的汇水量，常采用断面为矩形的天沟。天沟处用专门的钢筋混凝土预制天沟板取代屋面板，如图 2-6-20c，天沟内也需设纵向排水坡。防水层应铺到高处的墙上形成泛水，卷材收头处理与前述女儿墙泛水构造相同。

5. 屋面检修孔、屋面出入口构造

不上人屋面须设屋面检修孔。检修孔四周的孔壁可用砖立砌，也可在现浇屋面板时将混凝土上翻制成，其高度一般为 300 mm，壁外侧的防水层应做成泛水并将卷材用镀锌铁皮盖缝钉压牢固，如图 2-6-21 所示。

出屋面楼梯间一般需设屋顶出入口，如不能保证顶部楼梯间的室内地坪高出室外，就要在出入口设挡水的门槛。屋面出入口处的类似于泛水构造，如图 2-6-22 所示。

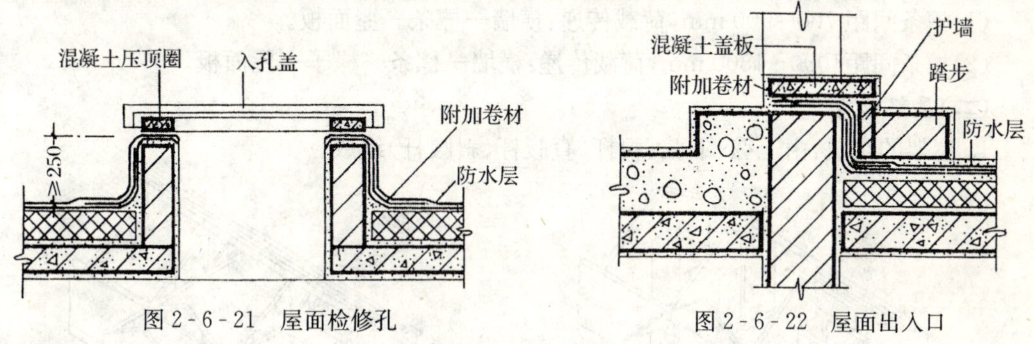

图 2-6-21 屋面检修孔　　图 2-6-22 屋面出入口

第三节 坡 屋 顶

一、组成及排水

(一)组成

由承重结构和屋面两部分组成。根据需要还设有辅助层，如顶棚、保温层、隔热层等。

1. 承重结构

一般由椽子、檩条、屋架等组成，其作用是承受屋面荷载并传递到墙或柱上。

2. 屋面

一般由屋面盖料及基层(如挂瓦条、屋面板等)组成，其作用是遮挡风雨、冰冻、太阳辐射等大自然气候的作用。

3. 顶棚

美化室内空间，增强光线反射，起到保温隔热和装饰作用。

4. 保温隔热层

(二)坡屋顶的形式

由单坡、双坡、四坡等形式，不同方向坡的坡度应一致，坡与坡之间形成正脊、斜脊、斜天沟和水平天沟。坡屋顶平面形状不宜复杂，但造景能力强。

(三)排水

在雨量少的地区，简陋房屋可不装置排水设备，任雨水沿屋檐自由下落，称无组织排水。一般在雨量大于 900 mm，檐口离地面 5~8 m，或年降雨量小于 900 mm，而檐口高度 8~10 m 时方可采用无组织排水，否则采用有组织排水。

二、承重结构

(一)山墙承重(又名硬山架檩)

当房屋开间小时,将内外横墙砌成尖顶形状,其上直接搁置檩条以承载屋顶重量,称山墙承重或硬山架檩。檩条材料可采用木材、钢筋混凝土,断面形式有圆形或矩形等。山墙承重的优点是节约材料(图 2-6-23)。

做法:横墙间距不大于 4~4.5 m,屋面檩条两端直接搁在横墙上,由横墙承受屋顶荷载,有两种做法:

(1)檩条间距 700~900 mm,荷载传递:横墙—檩条—屋面板。

(2)檩条间距1000~1500 mm,荷载传递:横墙—檩条—椽子—屋面板。

(二)屋架承重

1. 屋架的组成:由上弦、下弦、腹杆(直腹杆、斜腹杆)组成。

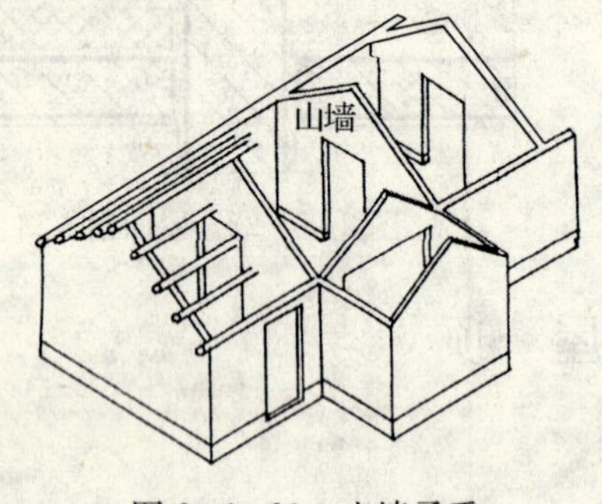

图 2-6-23　山墙承重

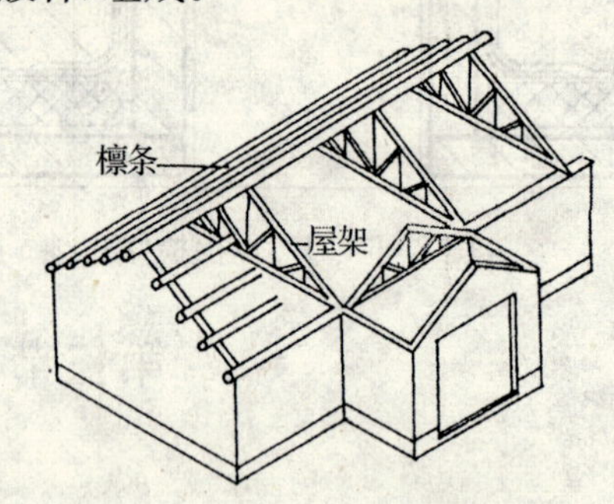

图 2-6-24　屋架承重

2. 屋架的类型:

(1)按材料分:可以分为木屋架、钢木屋架(拉杆用钢,压杆用木)、钢筋混凝土及钢屋架等(图 2-6-25)。

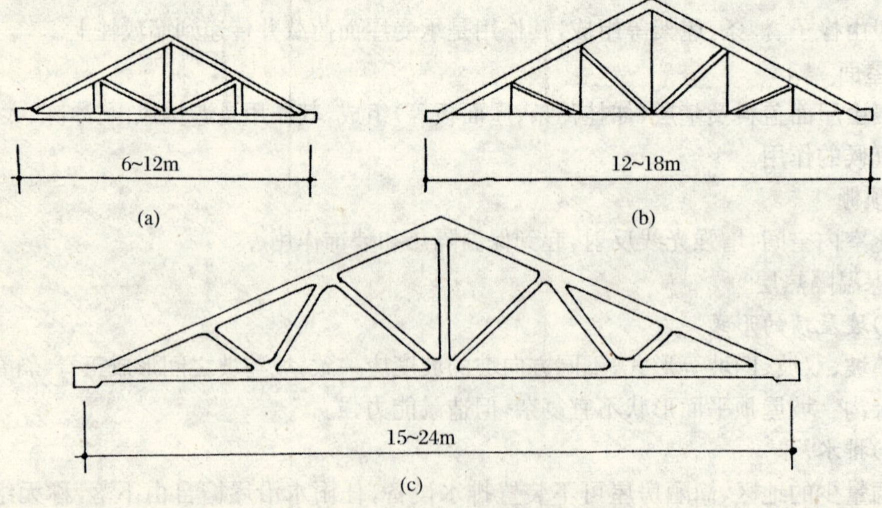

图 2-6-25　屋架的类型

(a)木屋架;(b)钢木屋架;(c)钢筋混凝土屋架

(2)按屋架的形式分：可以分为三角形屋架、三绞拱屋架、梯形屋架、弓弦式屋架。三角形屋架：屋架形式与屋顶外形要求相吻合，较常用；三绞拱屋架：两个小桁架，底下一个拉杆；梯形屋架：其特点是上弦坡度缓，可视为平屋顶，屋架形式近似矩形，屋顶有一定高度，便于人在屋架空间上作业，主要适用于礼堂、影剧院等，以便工作人员在屋架内空间操作灯光等；弓弦式屋架(弧形屋架)：上限呈抛物线形时受力最为合理，但制作困难，故一般近似做成圆弧形。

(3)其他形式：梭性屋架、折线形屋架、拱形屋架。

三、屋面构造

坡屋顶屋面盖料种类有：平瓦、小青瓦、筒瓦、石棉水泥瓦、玻璃钢瓦等，而基层的构造层次则随盖料的不同和质量要求的不同而定。

(一)屋面做法

1. 冷摊瓦屋面

冷摊瓦平瓦屋面做法：先在檩条上顺水流方向钉木椽条，椽条的断面一般为 40 mm×60 mm 或 50 mm×50 mm 方木条，也可用圆木或圆木条，中距 400 mm 左右；然后在椽条上垂直于水流方向钉挂瓦条，最后盖瓦。挂瓦条的断面尺寸一般为 30 mm×30 mm，中距 330 mm，如图 2-6-26a。

冷摊瓦屋面的基层只有木椽条和木挂瓦条两种构件，构造较简单，但风雪等易从瓦缝中袭入室内，因而通常用于标准不高的建筑。

2. 木望板平瓦屋面

木望板平瓦屋面做法：图 2-6-26b 是木望板平瓦屋面的构造示意，其构造方法是先在檩条上铺钉 15～20 mm 厚木望板，铺钉时可采用密铺法(不留缝)，也可采用稀铺法(望板间留 25 mm 宽缝)，然后在木望板上干铺一层油毡，油毡须平行于屋脊铺设并顺水流方向钉木压毡条，这样即使有少量雨水从瓦缝间渗下，也可顺油毡表面流到檐口，因而压毡条又称为顺水条，其断面尺寸为 30 mm×15 mm，中距 500 mm。挂瓦条平行于屋脊钉在顺水条上面，其断面和中距与冷摊瓦屋面相同。

木望板平瓦屋面与冷摊瓦屋面相比，屋面由于有木望板和油毡，避风保温效果优于冷摊瓦屋面，在平瓦下增设了一层油毡作为防水的第二道防线，故防水性能也更好，而将木椽条换成木望板是为了便于铺设油毡。

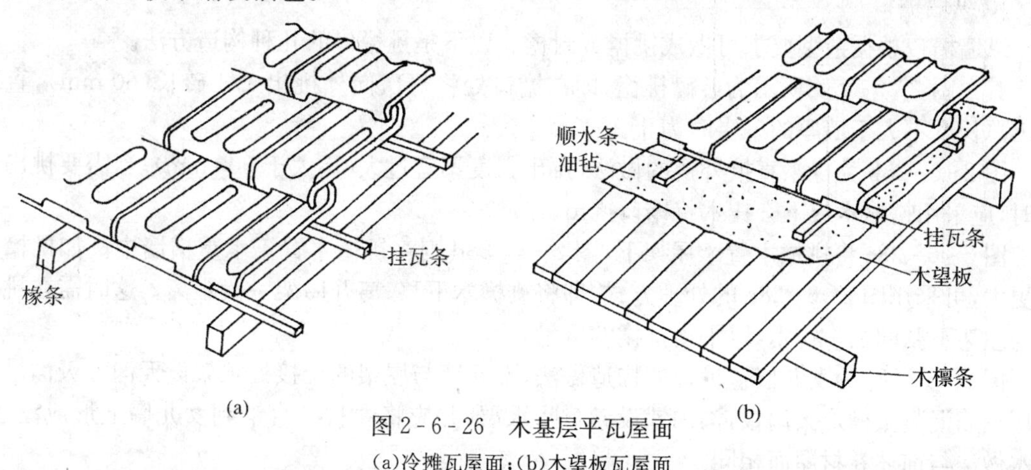

图 2-6-26　木基层平瓦屋面

(a)冷摊瓦屋面；(b)木望板瓦屋面

3. 钢筋混凝土挂瓦板屋面

钢筋混凝土挂瓦板平瓦屋面如图 2-6-27 所示。挂瓦板为预应力或非预应力混凝土构件，板肋根部预留有泄水孔，可以排出瓦缝渗下的雨水。挂瓦板的断面有 T 形、F 形等，板肋用来挂瓦，中距 330 mm。板缝用 1∶3 水泥砂浆嵌填。挂瓦板平瓦屋面实际上是一种无檩体系屋面，挂瓦板兼有檩条、木望板、挂瓦条三者的作用，是一种多功能的构件，可以节约木材，值得推广应用，不过应严格控制构件的几何尺寸，使之与瓦材尺寸配合，否则易出现瓦材搭挂不密合而引起漏水的现象。

钢筋混凝土板瓦屋面：瓦屋面由于有保温、防火或造型等要求的需要，可将预制钢筋混凝土空心板或现浇平板作为瓦屋面的基层盖瓦。盖瓦的方式有两种：一种是在找平层上铺油毡一层，用压毡条钉嵌在板缝内的木楔上，再钉挂瓦条挂瓦；还有一种是在屋面板上直接粉刷防水水泥砂浆并贴瓦或陶瓷面砖或平瓦。

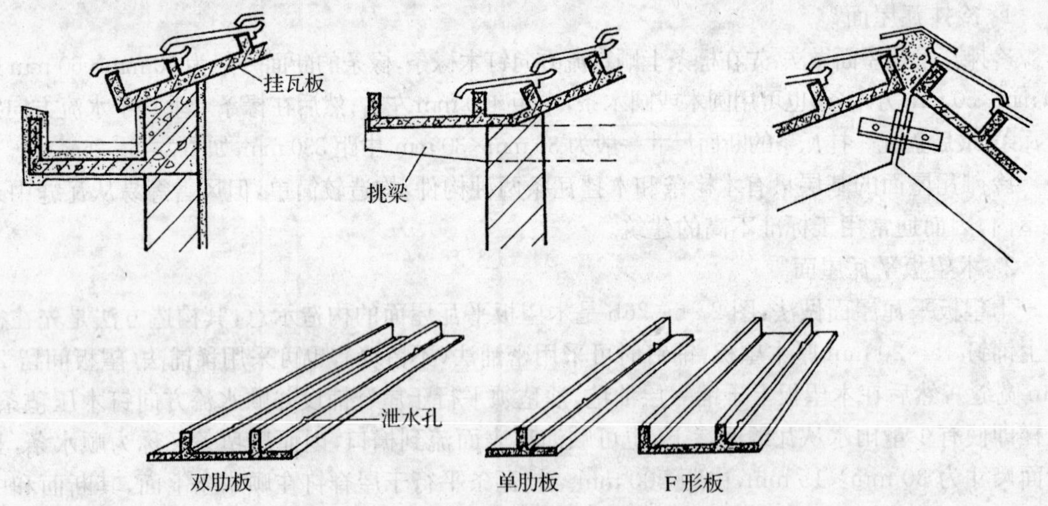

图 2-6-27　钢筋混凝土挂瓦板平瓦屋面

(二)檐口构造

檐口分为纵墙檐口和山墙檐口。

1. 纵墙檐口

纵墙檐口根据造型要求可做成挑檐或封檐。以下是挑檐口的几种构造方法。

其中图 2-6-28a 所示为砖砌挑檐，即在檐口处将每次向外挑出 1/4 砖长(60 mm)，直到挑出总长度不大于墙厚的一半时为止。

图 2-6-28b 为椽条直接外挑的做法，挑出长度不宜过大(不大于 300 mm)；当需要挑出更多时，应采用挑檐木或下玄托木将檐口挑出。

图 2-6-28c 将挑檐木置于屋架下，图 2-6-28d 则将挑檐木置于承重横墙中。如挑檐长度更大，可采用图 2-6-28e 的处理方式，即将挑檐木下移，离开屋架一段距离。这时需在挑檐木与屋架下弦间加一撑木，以平衡挑檐的重量。

图 2-6-28f 为女儿墙包檐口的构造做法，女儿墙与屋架的交接处须架设天沟。天沟最好采用钢筋混凝土槽形天沟板，沟内铺设卷材防水层，并应将卷材一直铺到女儿墙上形成泛水。泛水做法与前述卷材屋面相同。

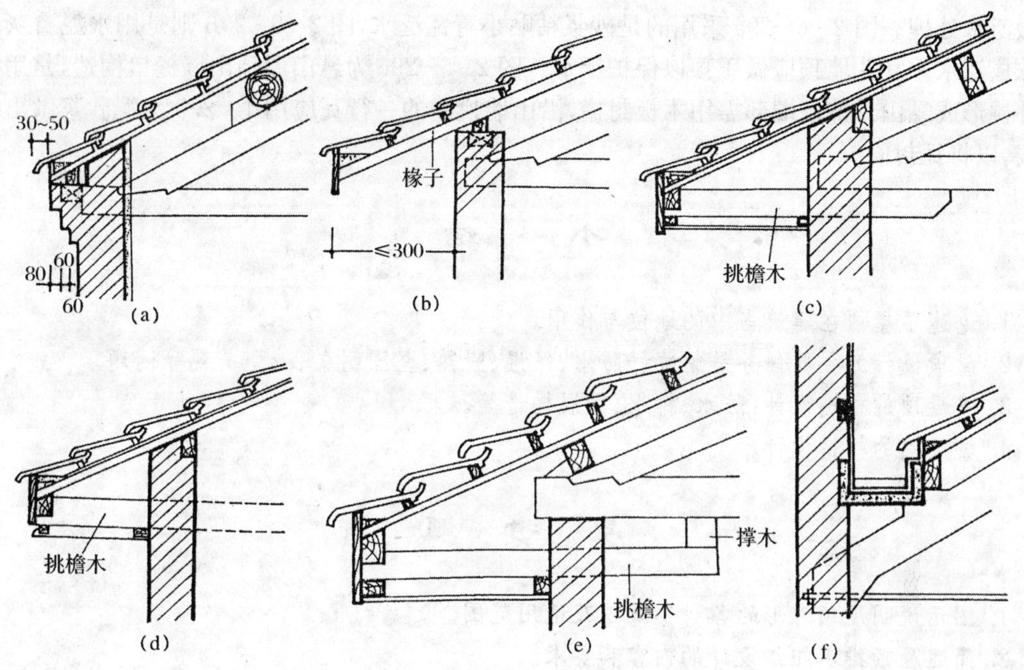

图 2-6-28　檐口构造

(a)砖挑檐；(b)短椽出挑；(c)挑檐木挑檐；(d)挑檐木挑檐；(e)下弦托木挑檐；(f)内檐沟

2. 山墙檐口

山墙檐口按屋顶形式分为硬山与悬山两种做法。

图 2-6-29 为硬山檐口构造。这种做法是将山墙升起包含住檐口并在女儿墙与屋面交接

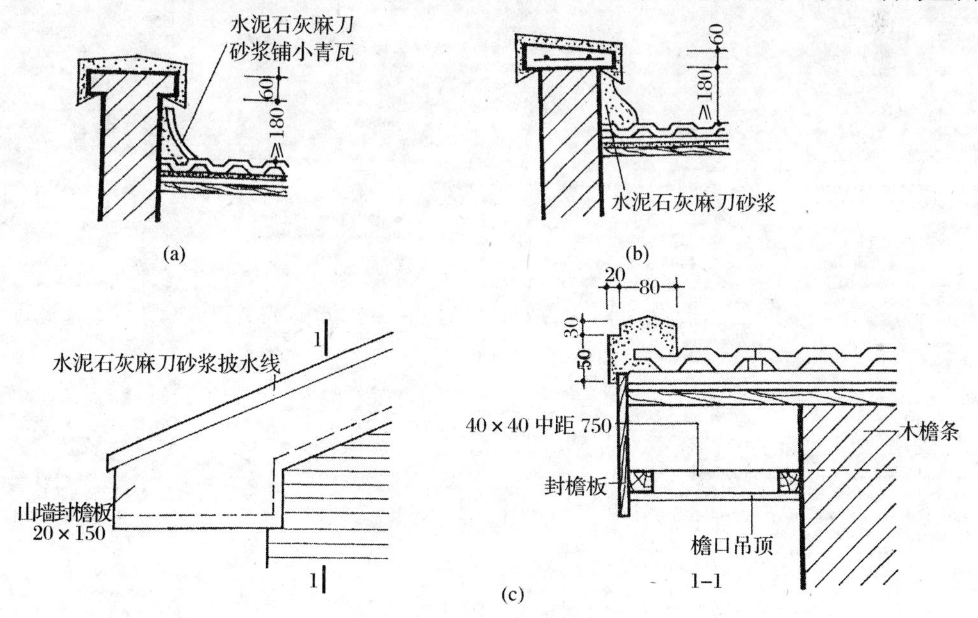

图 2-6-29　山墙檐口构造

(a)硬山檐口(小青瓦泛水)；(b)硬山檐口(砂浆泛水)；(c)悬山山墙封檐

处做泛水处理。图 2-6-29a 采用的是砂浆粘贴小青瓦泛水，图 2-6-29b 则是用水泥石灰麻刀抹成泛水。女儿墙顶应做压顶以保护泛水。图 2-6-29c 为悬山屋顶山墙檐口构造，是用檩条外挑形成悬山。檩条端部需用木板封檐，沿山墙挑檐的一行瓦应用 1∶2.5 水泥砂浆做出披水线，以将瓦封固。

小　结

1. 论述了屋顶在建筑当中的地位与作用。
2. 屋顶设计的主要任务是解决好防水、保温、隔热、坚固耐久、造型美观等问题。
3. 平屋顶的构造设计：防水、排水、保温构造等。
4. 坡屋顶的构造设计。

思 考 题

1. 图示说明屋顶外形的各种形式以及适用范围。
2. 简述屋顶排水组织设计的内容和要求。
3. 卷材防水屋面的泛水、天沟、檐口等部位的细部构造要点。
4. 刚性屋面应该怎样设计分格缝？
5. 简述屋顶保温构造做法。

第七章　门　　窗

第一节　概　　述

一、门窗的设计要求

门和窗是建筑物不可缺少的围护构件。门主要是为室内外和房间之间的交通联系而设，兼顾通风、采光和空间分隔；窗主要是为了采光、通风和观望而设。一般的门和窗通常要求具有一定的保温、隔声的能力及满足气密性和水密性指标。在寒冷地区门窗的密闭性及保温能力还是建筑节能极其重要的部分。

1. 采光：不同视觉工作特点的房间，对采光要求不同。一般地，窗面积越大，采光量越大，窗面积大小根据房间的采光及通风要求，用窗地比(即窗面积比房间地面面积)来初步估计和确定。

2. 节能：在寒冷地区采暖期内，门窗一般为失热构件，由门窗缝隙渗透而损失的热量约占全部采暖耗热量的25%，因此应限制开窗面积，加强门窗的保温性能和密闭性，减少通过门窗的热损失以利于建筑的节能。例如《民用建筑节能设计标准(采暖居住建筑部分)》(JGJ 26—95)规定的窗墙面积比：北向≯25%，东西向≯30%，南向≯35%。

3. 通风：与窗的开启方式有关，可开启部分的面积大小直接影响窗的通风能力，在设计窗的形式、布置、位置时，要注意房间内的自然通风。

4. 通行：门的宽度、数量、位置、开启方向及方式，应满足房间的通行及疏散要求，保证通行流畅，安全，人流集中的公共建筑的外门应向疏散方向开启，对人流较小的住宅，外门可以向内开。

5. 其他：门和窗又是建筑造型重要的组成部分。它的形状、尺寸、比例、排列对建筑内外造型影响极大，所以常被作为重要的装饰构件处理。另外，在保证其主要功能和经济条件的前提下，还要求门窗坚固、耐久、灵活、便于清洗、维修和工业化生产，防止雨借风力渗入室内，应加强门窗的密闭性。

二、门窗的类型

1. 按材料分有木门窗、钢门窗、铝合金门窗、塑料门窗、塑钢门窗等。
2. 按使用分有普通门窗、纱门窗、保温门窗、隔声门窗、隔热门窗、百叶门窗等。
3. 按层数分有单层门窗(单樘单玻门窗、单樘双玻门窗)、双层门窗、三层门窗等。
4. 按控制方式分类有手动门、传感控制自动门。

第二节　木门的构造

木门是应用最广泛，历史最悠久的建筑配件，几乎与秦砖汉瓦同时出现。根据建筑等级、使用性质、使用功能、质量标准等要求，木门在用料、制作、油漆以及立面造型上都有很大的区别。如重要的纪念性建筑、高级别墅的内门，可以采用楠木、菲律宾木等高级木材。中高档建筑可选用水曲柳、红松、美国松等，普通木门窗可选用白松、黄花松、红松等木材。

一、开启方式

（一）平开门

平开门的铰链装于门扇的一侧与门框相连，使门扇围绕铰链水平转动开启或关闭，门扇有单扇、双扇，可内开和外开。平开门构造简单，开关、制作、安装方便，开启灵活，易于维修，大量用于人行及一般车辆通行（图 2-7-1）。

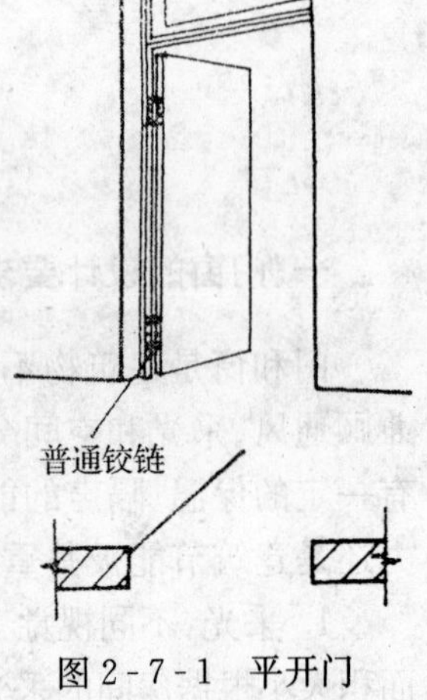

图 2-7-1　平开门

（二）弹簧门（又称摇门）

弹簧门的开启方式与平开门相同，所不同的是以弹簧铰链代替普通铰链，由门框上装弹簧或地面装地弹簧形成。借助弹簧的力量使门扇能向内、向外开启后自动关闭，从而使门经常保持关闭，适用于有自动关闭要求的场所。双向开启的弹簧门必须在门扇全部或部分安装玻璃，以便门内外的视觉交流，避免不必要的使用上的矛盾。弹簧门使用方便，美观大方，广泛用于商店、学校、医院、办公等建筑，但注意防火门不可采用弹簧门（图 2-7-2、图 2-7-3）。

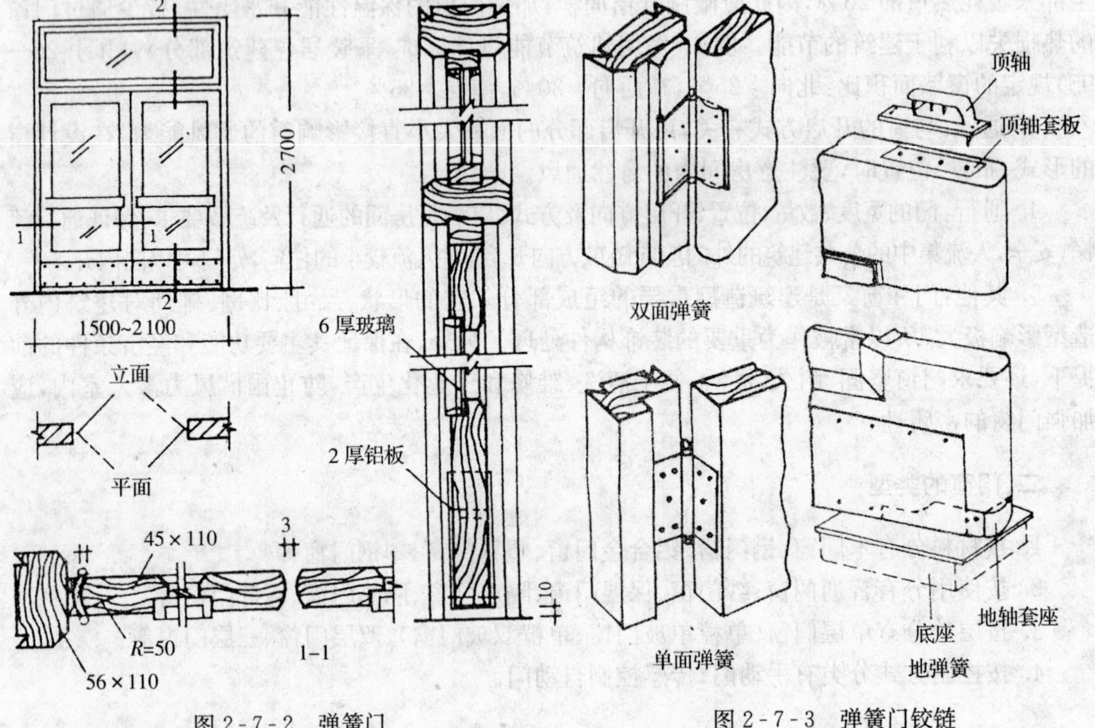

图 2-7-2　弹簧门　　图 2-7-3　弹簧门铰链

（三）推拉门

推拉门开启时门扇沿轨道向左右滑行。通常为单扇和双扇，也可做成双轨多扇或多轨多扇，开启时门扇可隐藏于墙内或悬于墙外。根据轨道的位置，推拉门可分为上挂式和下滑式。当门扇高度小于 4 m 时，一般采用上挂式推拉门，即在门扇的上部装置滑轮，滑轮吊在门过梁的预埋铁轨(上导轨)上；当门扇高度大于 4 m 时，一般采用下滑式推拉门，即在门扇下部装滑轮，将滑轮置于预埋在地面的铁轨(下导轨)上。为使门保持垂直状态下稳定运行，导轨必须平直，并有一定刚度，下滑式推拉门的上部应设导向装置，较重型的上挂式推拉门则在门的下部设导向装置。

推拉门开启时不占空间，受力合理，不易变形，但在关闭时难以严密，构造亦较复杂，较多用作工业建筑中的仓库和车间大门。在民用建筑中，一般采用轻便推拉门分隔内部空间(见图 2-7-4)。

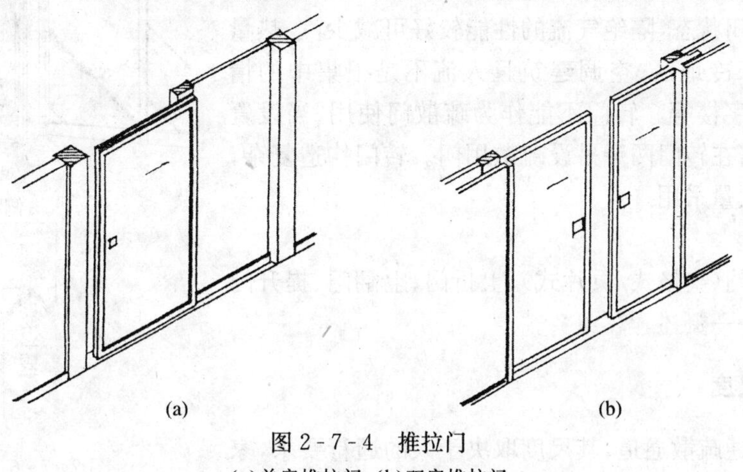

图 2-7-4 推拉门

(a)单扇推拉门；(b)双扇推拉门

(四)折叠门

由多扇门构成，将几扇门连接在一起，各门扇的宽度较小，每扇门宽度 500～1000 mm，一般以 600 mm 为宜。折叠门可分为侧挂式折叠门和推拉式折叠门两种。侧挂式折叠门与普通平开门相似，只是门扇之间用铰链相连而成。当用普通铰链时，一般只能挂两扇门，不适用于宽大洞口。如侧挂门扇超过两扇时，则需使用特制铰链。

推拉式折叠门与推拉门构造相似，在门顶或门底装滑轮及导向装置，每扇门之间连以铰链，开启时门扇通过滑轮沿着导向装置移动(图 2-7-5)。

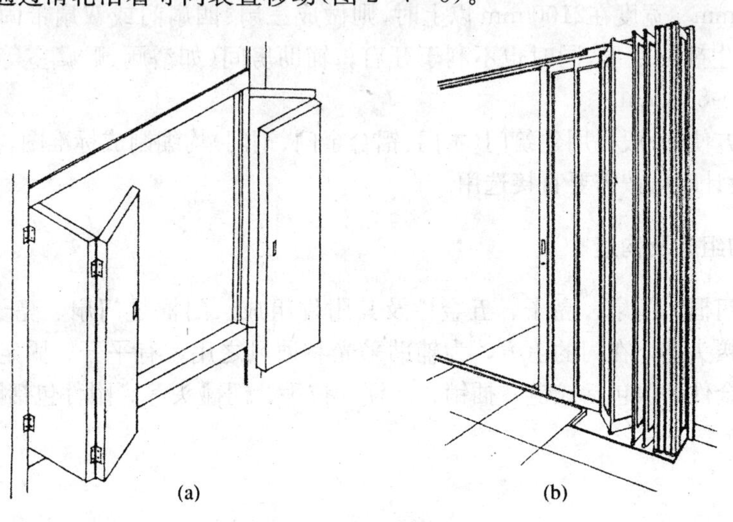

图 2-7-5 折叠门

(a)侧挂式；(b)推拉折叠式

折叠门开启时占空间少，但构造较复杂，一般用作商业建筑的门，或公共建筑中作灵活分隔空间用。由于门开关时节约空间，也用于空间较窄小的情况，如卫生间门，公共汽车的门。

（五）转门

是由两个固定的弧形门套和垂直旋转的门扇构成。门扇可分为三扇或四扇，绕竖轴旋转（图 2-7-6）。转门可使门一直处于关闭状态，隔绝气流的性能较好可减少汽、热量损失，适用于寒冷地区、空调建筑且人流不是很集中的情况，如银行、写字楼等。转门不能作为疏散门使用，当设置在疏散口时，需在转门两旁另设疏散用门。转门构造复杂，造价高，不宜大量采用。

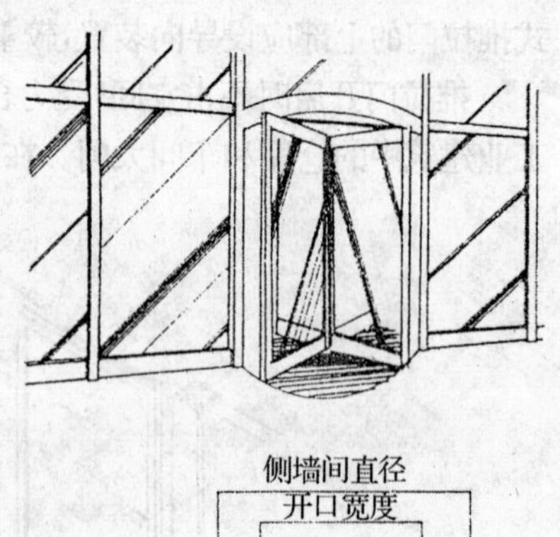

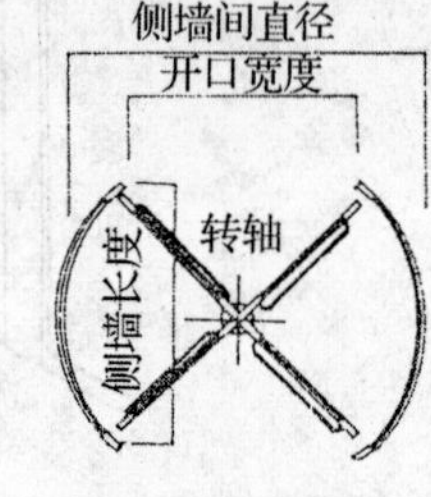

图 2-7-6　转门

（六）其他

还有卷帘门（空格式/页片式）、上折门、上翻门、提升门等，这里不再一一赘述。

二、门的尺度

门作为交通疏散通道，其尺度取决于人的通行要求，家具设备的搬运及与建筑物的比例关系等，并要符合现行《建筑模数协调统一标准》的规定。

一般居住建筑门扇的高度约2000～2200 mm，公共建筑门扇的高度约2100～2300 mm。如门设有亮子时，亮子高度一般为 300～600 mm，则门洞高度为门扇高加亮子高，再加门框及门框与墙间的缝隙尺寸，即门洞高度一般为2400～3000 mm。公共建筑大门高度可视需要适当提高。

门的宽度根据通行人流量及家具物品的大小确定。一般单扇门为 700～1000 mm，双扇门为1200～1800 mm。宽度在2100 mm 以上时，则做成三扇、四扇门或双扇带固定扇的门，因为门扇过宽易产生翘曲变形，同时也不利于开启。辅助房间（如浴厕、贮藏室等）门的宽度可窄些，一般为 700～800 mm。

为了使用方便，一般民用建筑门（木门、铝合金门、钢门）均编制成标准图，在图上注明类型及有关尺寸，设计时可按需要直接选用。

三、木门的组成及构造

门一般由门框、门扇、亮子、五金件及其附件组成。门框是门扇、亮子与墙的联系构件。亮子又称腰头窗，在门的上方，为辅助采光和通风之用，有平开、固定及上悬、中悬、下悬几种。五金件一般包括铰链、插销、门锁、拉手、门碰头等。附件包括贴脸板、筒子板等（图 2-7-7）。

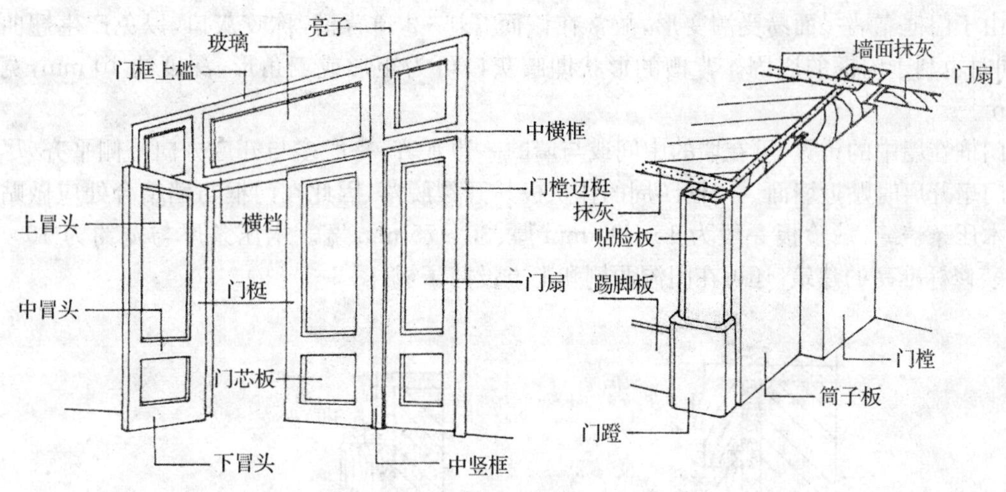

图 2-7-7　木门的组成

(一)门框

门框又称门镗,一般由两根竖直的边框和上框组成,当门带有亮子时,还有中横框,多扇门则还有中竖框。

门框的断面形式和门的类型、层数有关,同时应利于门的安装,并具有一定的密闭性,门框的断面尺寸主要考虑接榫牢固与门的类型,还要考虑制作时刨光损耗。故门框的毛料尺寸为:双裁口的木门(门框上安装两层门扇时)厚度×宽度=(60～70) mm×(130～150) mm,单裁口的木门(只安装一层门扇时)厚度×宽度=(50～70) mm×(100～120) mm(图 2-7-8)。

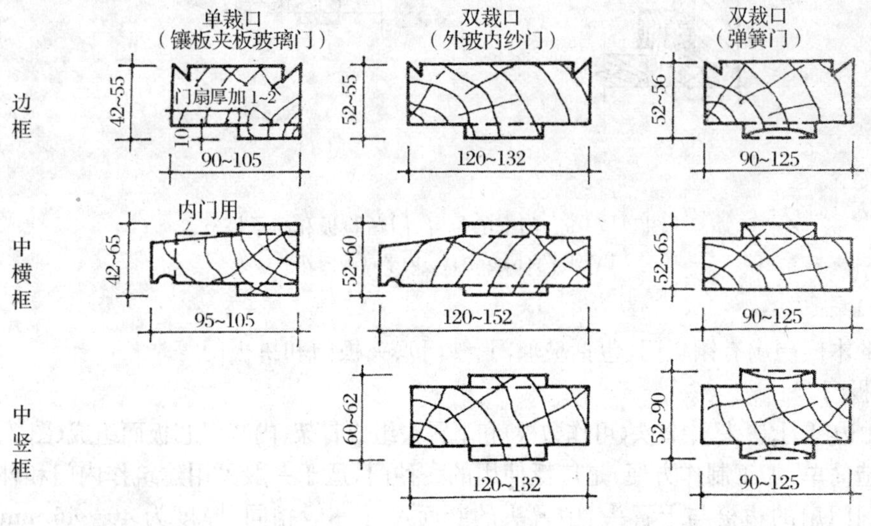

图 2-7-8　门框的断面形式和尺寸

为便于门扇密闭,门框上要有裁口(或铲口)。根据门扇数与开启方式的不同,裁口的形式可分为单裁口与双裁口两种。单裁口用于单层门,双裁口用于双层门或弹簧门。裁口宽度要比门扇宽度大 1～2 mm,以利于安装和门扇开启。裁口深度一般 8～10 mm。

由于门框靠墙一面易受潮变形，故常在该面开 1～2 道背槽，称咬灰口，以免产生翘曲变形，同时也利于门框的嵌固。背槽的形状即咬灰口可为矩形或三角形，深度约 10 mm，宽约 10 mm。

门框在墙中的位置，可在墙的中间或与墙的一边平齐，一般多与开启方向一侧平齐，尽可能使门扇开启时贴近墙面。门框四周的抹灰极易开裂脱落，因此在门框与墙结合处应做贴脸板或木压条盖缝，贴脸板一般为 15～20 mm 厚、30～75 mm 宽。木压条厚与宽约为 10～15 mm，装修标准高的建筑，还可在门洞两侧和上方设筒子板(图 2-7-9)。

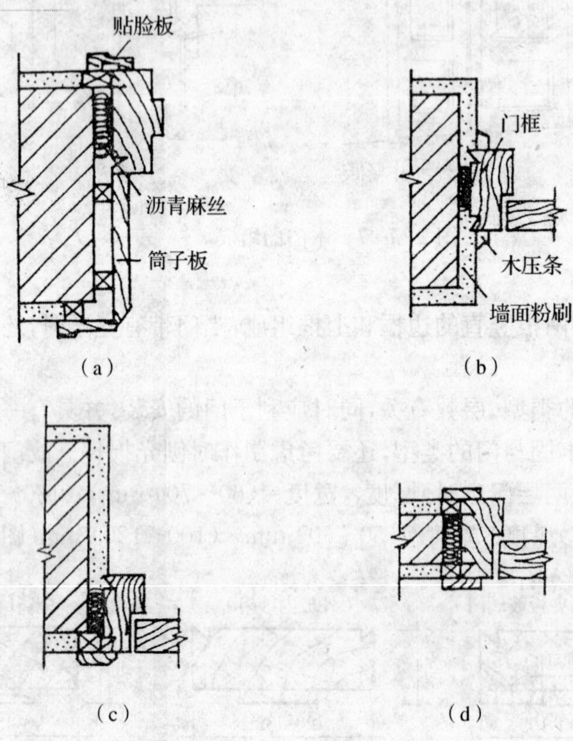

图 2-7-9　门框的位置、门贴脸板和筒子板

(a)外平；(b)立中；(c)内平；(d)内外平

(二)门扇

常用的木门门扇有镶板门(包括玻璃门、纱门)、夹板门和拼板门等。

1. 镶板门

门扇由边梃、上冒头、中冒头(可作数根)和下冒头组成骨架，内装门芯板而组成(图 2-7-10)。镶板门构造简单，加工制作方便，是广泛使用的一种门，适于一般民用建筑作内门和外门。

镶板门门扇的边梃与上冒头、中冒头的断面尺寸一般相同，厚度为 40～45 mm，宽度为 100～120 mm。为了减少门扇的变形，下冒头的宽度一般加大至 160～250 mm，并与边梃采用双榫结合。

门芯板一般采用 10～12 mm 厚的木板拼成，也可采用胶合板、硬质纤维板、塑料板、玻璃和塑料纱等。当采用玻璃时，即为玻璃门，可以是半玻门或全玻门。若门芯板换成塑料纱(或铁纱)，即为纱门。

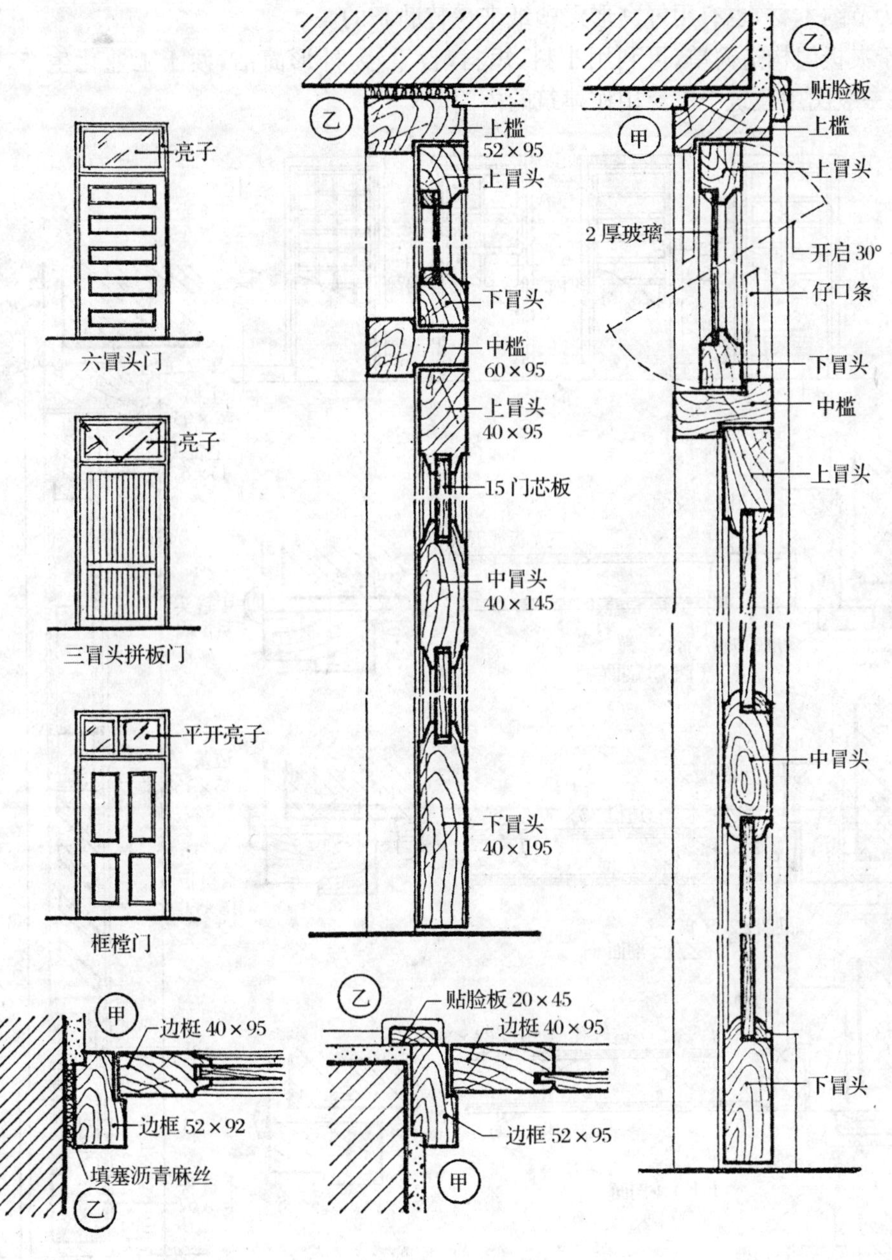

图 2-7-10　镶板门

2. 夹板门

是用断面较小的方木做成骨架，两面粘贴面板而成(图 2-7-11)。门扇面板可用胶合板、塑料面板和硬质纤维板，面板不再是骨架的负担，而是和骨架形成一个整体，共同抵抗变形。夹板门的形式可以是全夹板门、带玻璃或带百叶夹板门。

夹板门的骨架一般用厚约 30 mm、宽 30～60 mm 的木料做边框，中间的肋条用厚约 30 mm，宽 10～25 mm 的木条，可以是单向排列、双向排列或密肋形式，间距一般为 200～400 mm，安装门锁处需另加上锁木。为使门扇内通风干燥，避免因内外温湿度差产生变形，在骨架上需设通气孔。为节约木材，也有用蜂窝形浸塑纸来代替肋条的。

由于夹板门构造简单，可利用小料、短料，自重轻，外形简洁，便于工业化生产，但强度较低，故在一般民用建筑中广泛用作建筑的内门。

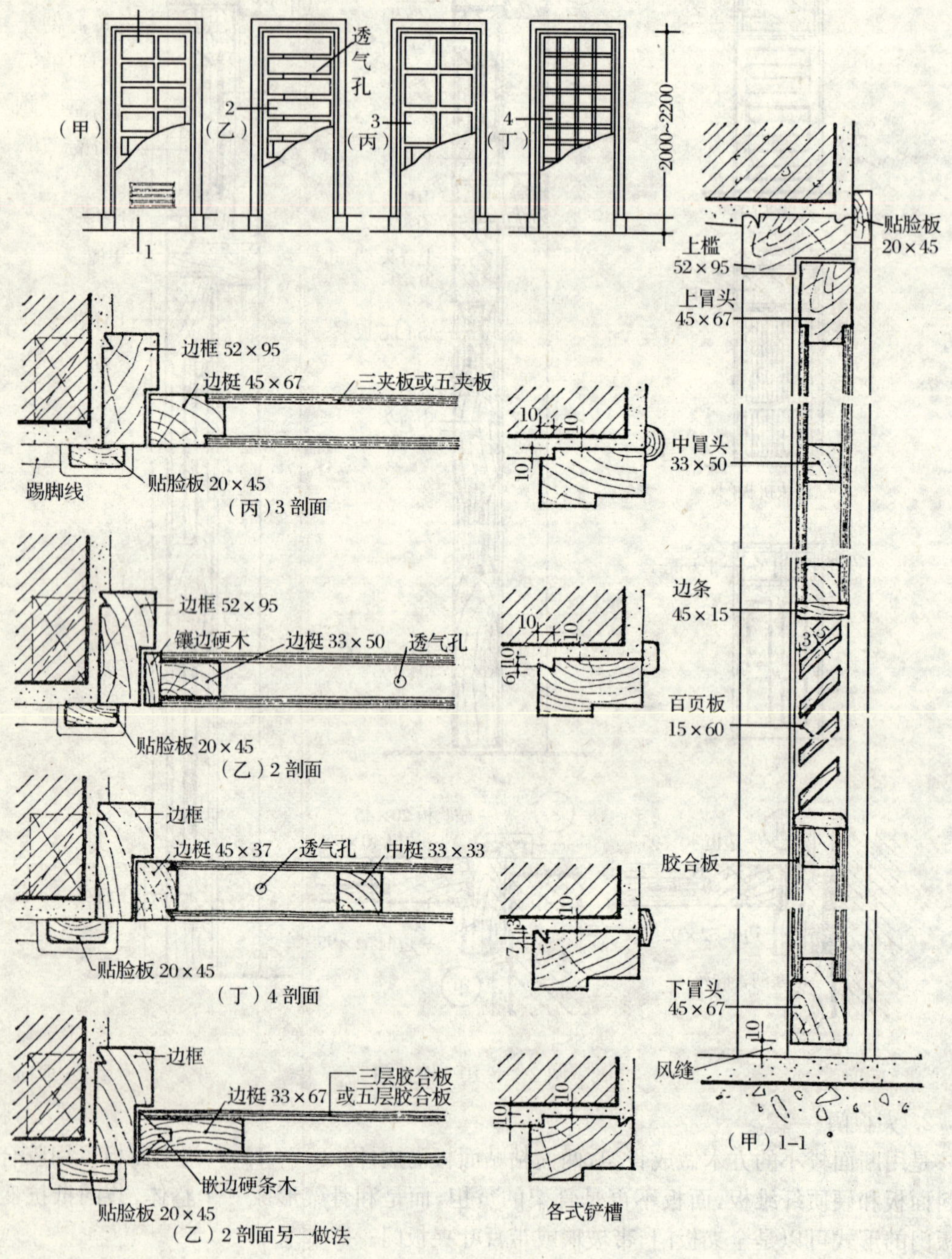

图 2-7-11　夹板门

四、木门框与墙体的连接

门框的安装根据施工方式分后塞口和先立口两种。

塞口（又称塞樘子），是在墙砌好安装门框后塞口安装门窗与砌墙式序不交叉，便于工厂成批生产，集中安装，有利于门窗定型化，各种墙体都可以采用。采用此法，洞口的宽度应比门框大20～30 mm，高度比门框大 10～20 mm。门洞两侧砖墙上每隔 500～600 mm 预埋木砖或预留缺口，以便用圆钉或水泥砂浆将门框固定。框与墙间的缝隙需用沥青麻丝嵌填（图 2-7-12）。

立口（又称立樘子），是在砌墙前即用支撑先立门框然后砌墙。框与墙结合紧密，但是立樘与砌墙工序交叉，施工不便。为加强门框与墙体之间的连接，门的上槛伸出羊角（槛出头），门的边框每隔 500～600 mm 设木砖（木橛），砌墙时随砌入墙中（图 2-7-13）。

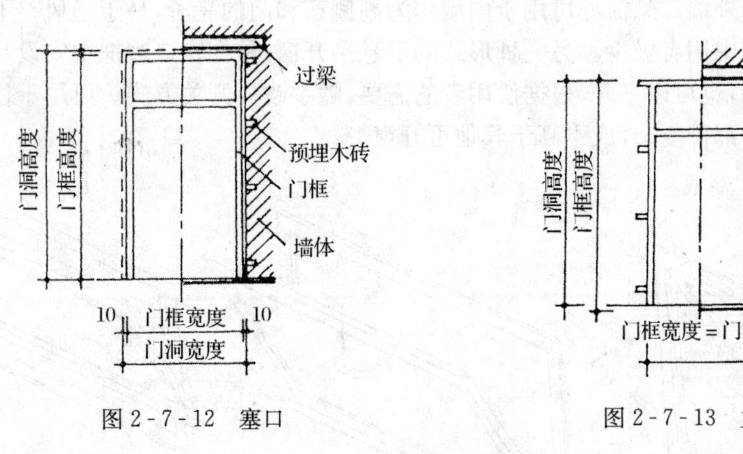

图 2-7-12 塞口　　图 2-7-13 立口

第三节 木窗的构造

一、开启方式

(一)平开窗

平开窗同平开门,窗扇绕窗框做水平旋转开启或关闭。可以内开和外开。内开窗开启的窗扇占室内空间,但遇雨、雪、风等不利天气,开启的窗扇不受天气影响。外开窗开启的窗扇不占室内空间,不影响室内空间的使用,但开启的窗扇受天气影响较大,如木窗宜受潮变形、腐烂,钢窗宜锈蚀等(图 2-7-14)。

(二)推拉窗

推拉窗可以水平和垂直推拉。推拉窗开启时,两扇或多扇重叠,不占用室内外面积,但通风面积受影响,仅为可开启面积的 1/2。推拉窗受力合理,玻璃和窗扇尺寸可以较大。水平推拉窗须上下设轨道,构造简单,应用广泛;垂直推拉窗构造复杂,应用较少(图 2-7-15)。

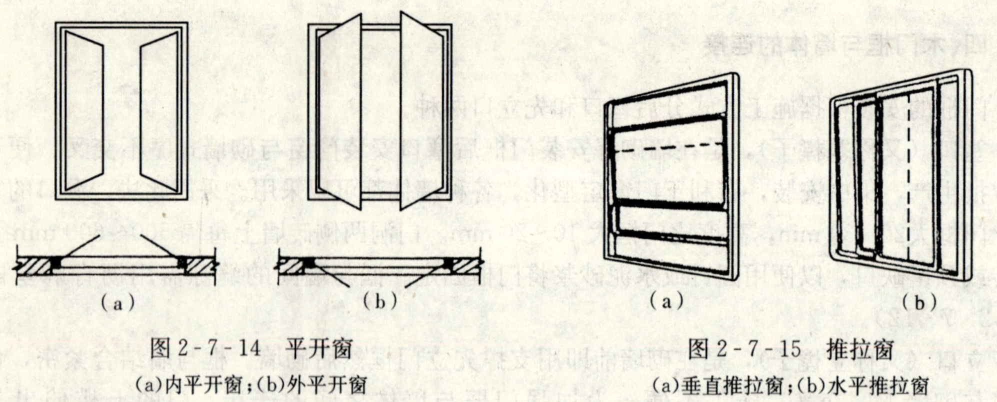

图 2-7-14　平开窗
(a)内平开窗；(b)外平开窗

图 2-7-15　推拉窗
(a)垂直推拉窗；(b)水平推拉窗

(三)悬窗

按横轴的位置不同，有上悬窗、中悬窗、下悬窗之分(图 2-7-16)。外开的上悬窗和中悬窗便于防雨，多用于外墙。悬窗亦可用于内墙作为高侧窗和门的亮子，易于通风。下悬窗不利于挡雨，在民用建筑中用者极少。另一种形式的下悬平开窗，是在窗口边框中安设复杂的金属配件，既可下悬开关，也可以平开，根据使用者的需要，随手改换开关方式。可用于住宅和办公之类的房屋中，由于部件复杂，成本高于其他可开窗。

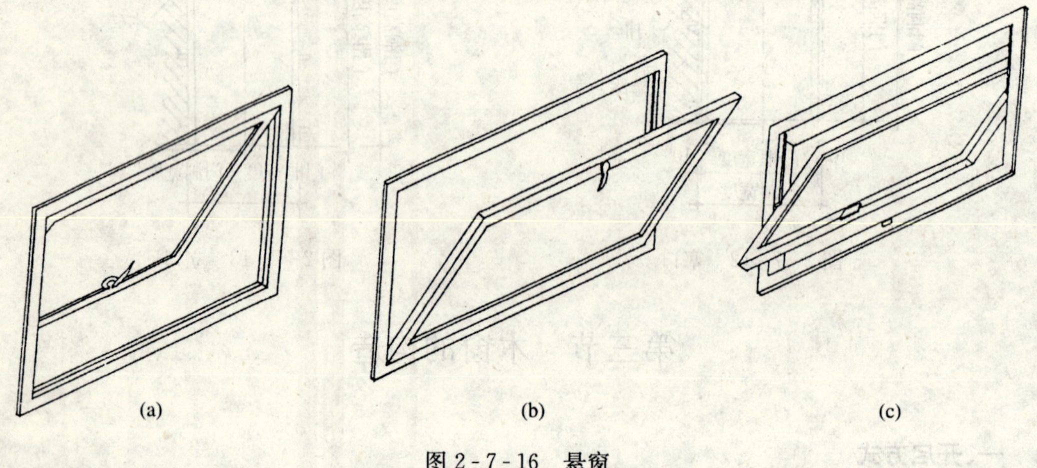

图 2-7-16　悬窗
(a)上悬窗；(b)下悬窗；(c)中悬窗

(四)固定窗

玻璃直接安装在窗框或设死扇，不能开启，不能通风，只能采光(图 2-7-17)。

(五)立转窗

竖轴设于窗扇中心，或略偏于窗扇的一侧，窗扇绕竖轴转动。立转窗通风效果好，但不够严密，防雨防寒性能差(图 2-7-18)。

(六)百叶窗

一种由斜木片或金属片组成的通风窗，可采光、通风，但不透视线。多用于有特殊要求的部位。

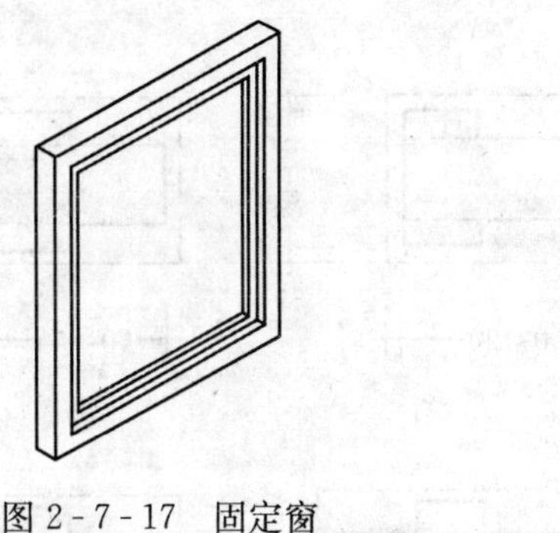

图 2-7-17　固定窗

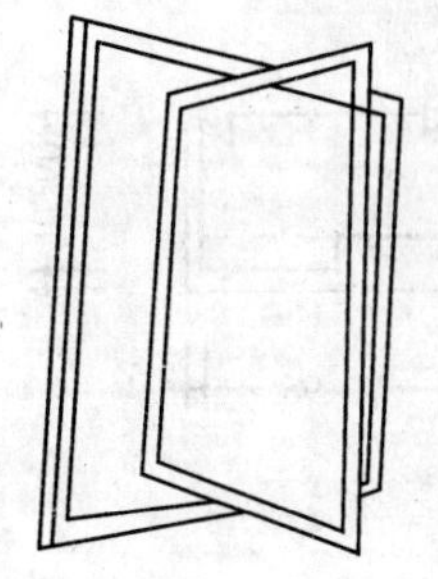

图 2-7-18　立转窗

二、木窗的组成与构造

窗是由窗框、窗扇（玻璃扇、纱扇）、五金（铰链、风钩、插销）及附件（窗帘盒、窗台板、贴脸板）等组成（图 2-7-19）。

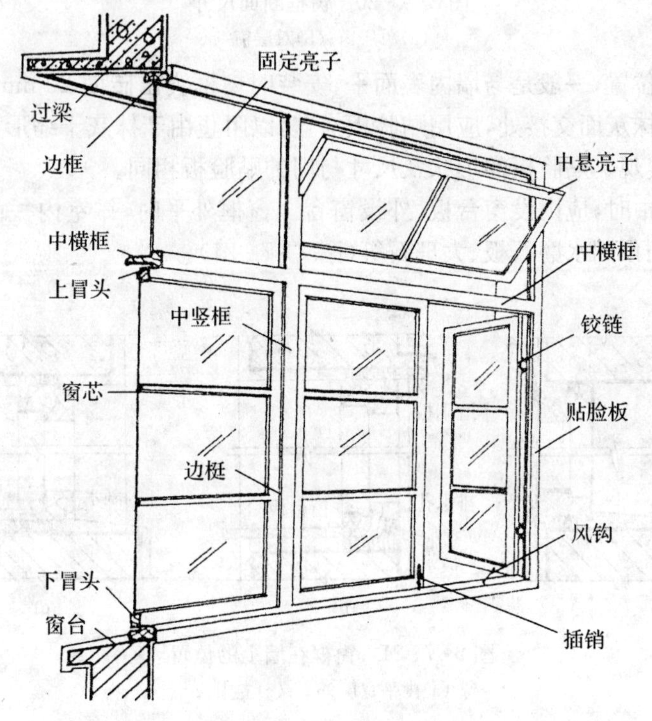

图 2-7-19　木窗的组成

（一）窗框

最简单的窗框是由边框及上下框所组成。当窗尺度较大时，应增加中横框或中竖框；通常在垂直方向有两个以上窗扇时应增加中横框，在水平方向有三个以上的窗扇时，应增加中竖框。窗框与门框一样，在构造上应有裁口及背槽处理。裁口亦有单裁口与双裁口之分。

窗框断面尺寸应考虑接榫牢固，一般单层窗的窗框断面厚 40～60 mm，宽 70～95 mm（净尺寸），中横框和中竖框因两面有裁口，并且横框常有披水，断面尺寸应相应增大。双层窗窗框的断面宽度应比单层窗宽 20～30 mm（图 2-7-20）。

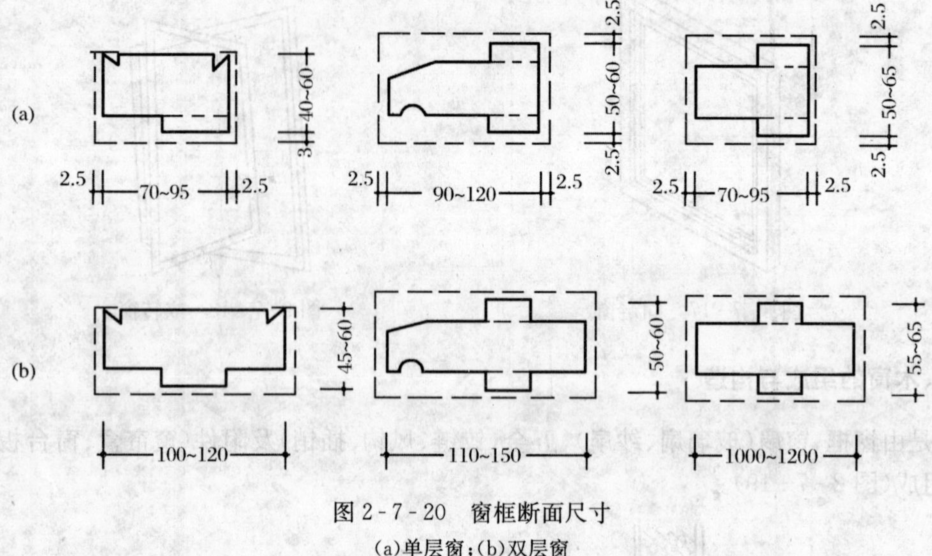

图 2-7-20　窗框断面尺寸
(a)单层窗；(b)双层窗

窗框在墙上的位置，一般是与墙内表面平，安装时窗框突出砖面 20 mm，以便墙面粉刷后与抹灰面平。框与抹灰面交接处，应用贴脸板搭盖，以阻止由于抹灰干缩形成缝隙后使风透入室内，同时可增加美观。贴脸板的形状及尺寸与门的贴脸板相同。

当窗框立于墙中时，应内设窗台板，外设窗台。窗框外平时，靠室内一面设窗台板。窗台板可用木板，亦可用预制水磨石板、大理石等(图 2-7-21)。

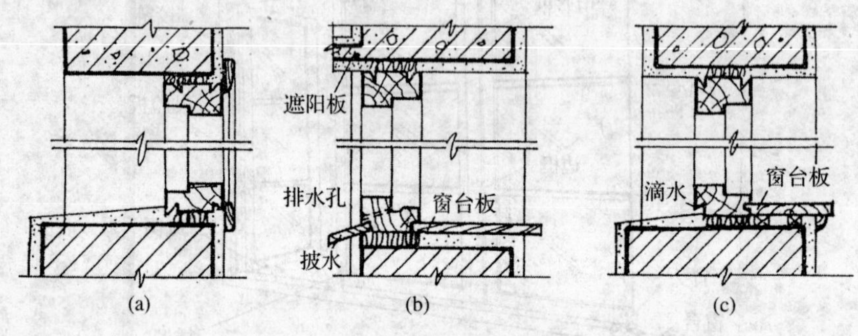

图 2-7-21　窗框在墙上的位置
(a)内平；(b)外平；(c)立中

(二)窗扇

常见的木窗扇有玻璃扇和纱窗扇。窗扇是由上、下冒头和边梃榫接而成，有的还用窗芯(又叫窗棂)分格(图 2-7-22)。

1. 断面形状与尺寸

窗扇的上、下冒头、边梃和窗芯均设有裁口，以便安装玻璃或窗纱。裁口深度约 10 mm，一般设在外侧。用于玻璃窗的边挺及上冒头，断面厚×宽约(35~42) mm×(50~60) mm，下冒头由于要承受窗扇重量，可适当加大(图 2-7-22)。

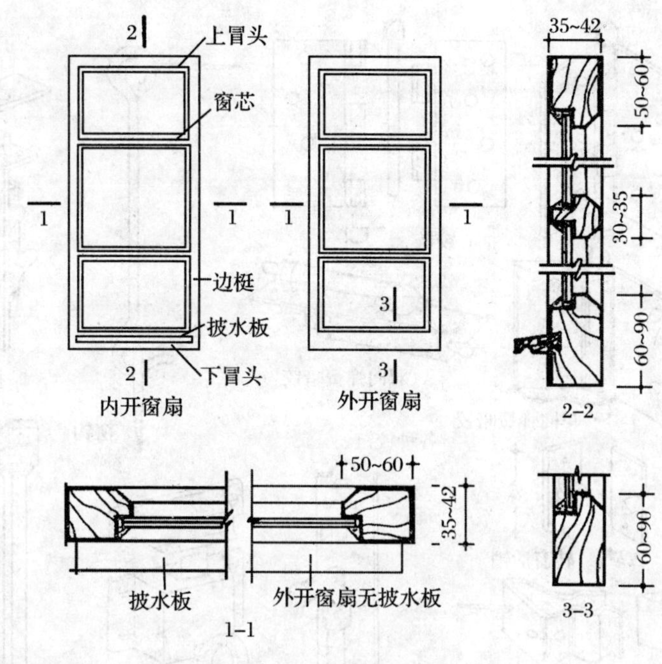

图 2-7-22 玻璃扇构造

2. 玻璃的选择与安装

建筑用玻璃按其性能有普通平板玻璃、磨砂玻璃、压花玻璃(装饰玻璃)、吸热玻璃、反射玻璃、中空玻璃、钢化玻璃、夹层玻璃等。平板玻璃制作工艺简单,价格最便宜,在大量民用建筑中用得最广。为了遮挡视线的需要,也可选用磨砂玻璃或压花玻璃。对其他几种玻璃,则多用于有特殊要求的建筑中。

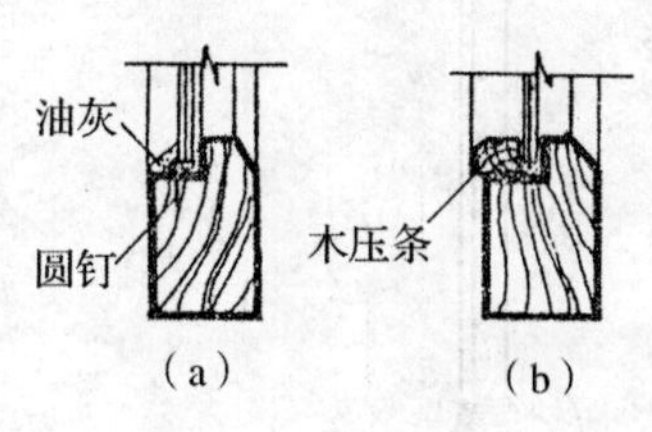

图 2-7-23 窗扇玻璃嵌固
(a)油灰嵌固;(b)木压条嵌固

玻璃的安装一般用油灰(桐油灰)嵌固。为使玻璃牢固地装于窗扇上,应先用小钉将玻璃卡住,再用油灰嵌固。对于不会受雨水侵蚀的窗扇玻璃嵌固,也可用小木压条镶嵌(图2-7-23)。

(三)窗用五金配件

平开木窗常用的五金配件有:合页(铰链)、插销、撑钩、拉手、铁子角等,采用品种根据窗的大小和装修要求而定。窗的合页多用双袖式(双袖合页),窗扇可以自由摘下,便于维修和擦拭,高级窗和国外常用抽芯合页,其合页轴可以抽出,当摘卸窗扇时,先将活动轴抽出,窗扇自然脱离。抽芯合页比较精确,窗扇就位后晃动小,摘卸窗扇时,不必抬高窗扇便取下,对于窗扇开启后,扇上空隙较小时,抽芯合页更有其优点。当窗扇需要开启 180°时,或为了外开窗扇的维修、擦拭玻璃外表面时,可选用长脚合页(图 2-7-24)。

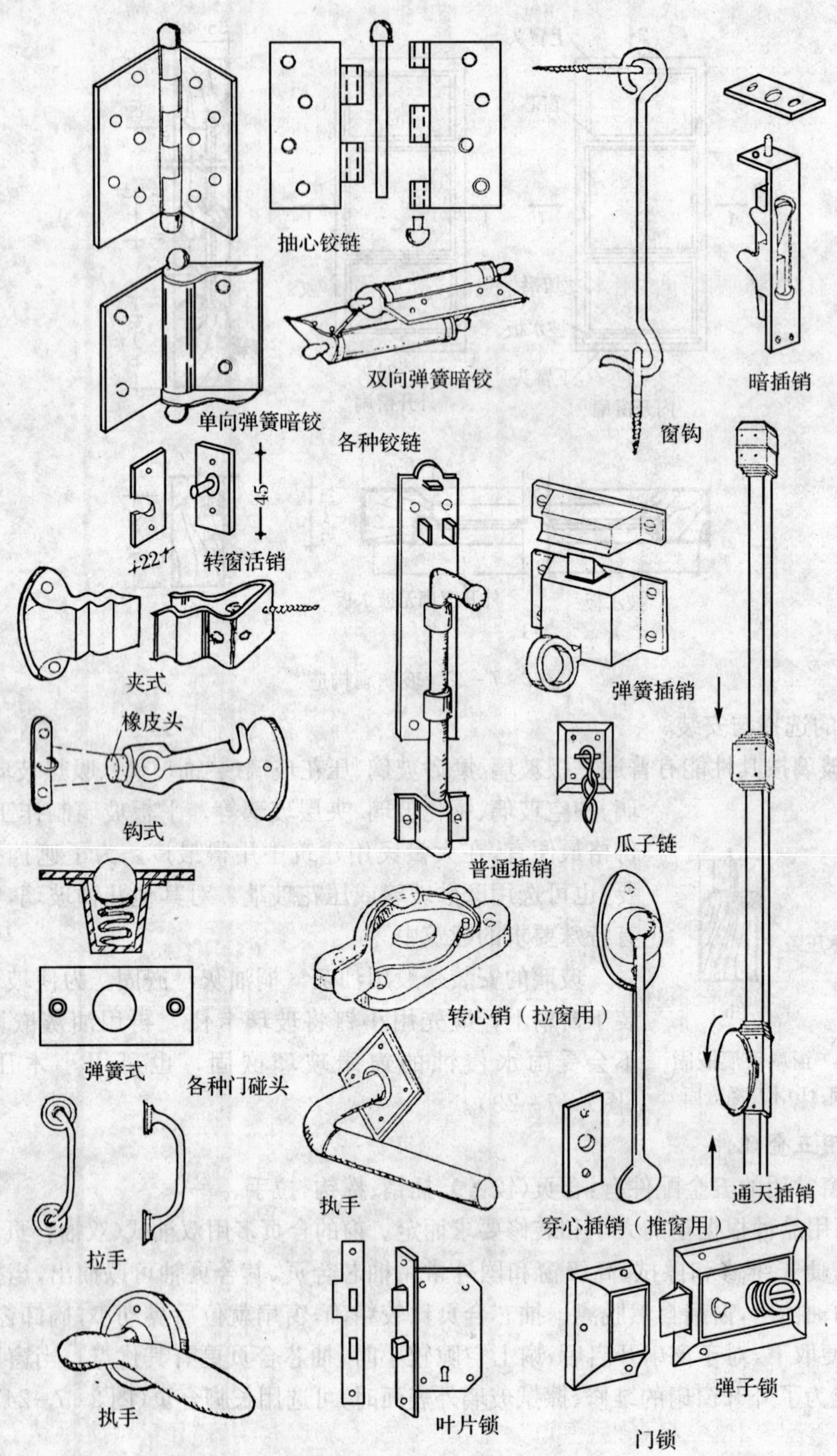

图 2-7-24　窗用五金配件

三、其他附属装修

(一)贴脸板(窗头线)

贴脸板用来遮挡靠墙里皮安装窗扇产生的缝隙,是窗框与墙内皮平齐(窗框凸出砖墙面一个抹灰厚度)时,不同材料之间同一平面上的接缝处理。窗左、右、上部做贴脸板,下部做窗台板。贴脸板料头尺寸:(20~25) mm×(30~50) mm,固定于窗框上,线脚按设计需要。

(二)筒子板

在门窗洞口的两侧墙面,用木板包钉镶嵌,称为筒子板。

(三)窗台板

在窗下槛内侧设窗台板,板下调窗肚板,窗台板板厚 30~40 mm,挑出墙面 30~40 mm,两端伸出贴脸板。窗台板可以采用木板、水磨石板或大理石板。

(四)窗帘盒

悬挂窗帘时,为掩蔽窗帘棍和窗帘上部的栓环而设。窗帘盒三面用 25×(100~150) mm 木板镶成。窗帘棍有木、铜、铁等材料。一般用角钢或钢板伸入墙内(图 2-7-25)。

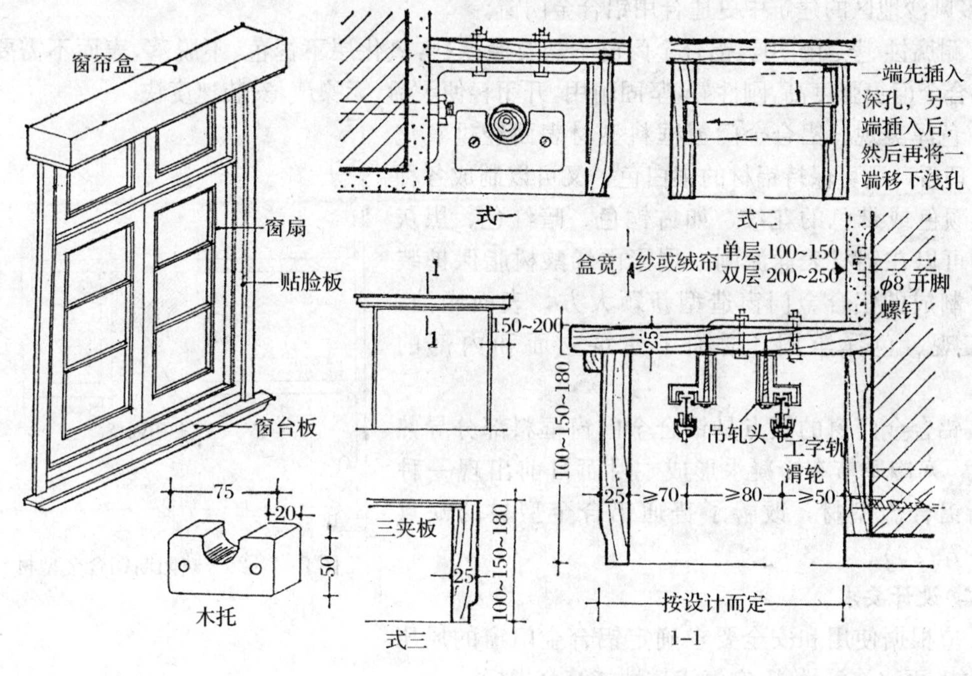

图 2-7-25 窗帘盒

四、窗与墙体的连接

窗框的安装与门框一样,分后塞口与先立口两种。塞口时洞口的高、宽尺寸应比窗框尺寸大 10~20 mm。

第四节　其他门窗

其他门窗包括金属门窗、塑料门窗，由于钢门窗保温性能差已经开始退出市场，目前使用比较多的是铝合金门窗以及塑料门窗，下面进行逐一论述。

一、铝合金门窗

铝合金门窗是表面处理过的铝材经下料、打孔、铣槽、攻丝等加工制作成门窗框料的构件，然后与连接件、密封件、开闭五金件一起组合装配成门窗。

(一)特点

1. 质量轻。铝合金门窗用料省、质量轻，每 1 m^2 耗用铝材平均只有 80～120 N(钢门窗为 170～200 N)，较钢门窗轻 50%左右。

2. 性能好。密封性好，气密性、水密性、隔声性、隔热性都较钢、木门窗有显著的提高。因此，在装设空调设备的建筑中，对防火、隔声、保温、隔热有特殊要求的建筑中，以及多台风、多暴雨、多风沙地区的建筑中更适合用铝合金门窗。

3. 耐腐蚀、坚固耐用。铝合金门窗不需要涂涂料，氧化层不褪色、不脱落，表面不需要维修。铝合金门窗强度高，刚性好，坚固耐用，开闭轻便灵活，无噪声，安装速度快。

4. 色泽美观。铝合金门窗框料型材表面经过氧化着色处理后，既可保持铝材的银白色，又可以制成各种柔和的颜色或带色的花纹，如古铜色、暗红色、黑灰色。还可以在铝材表面涂刷一层聚丙烯酸树脂保护装饰膜，制成的铝合金门窗造型新颖大方，表面光洁，外形美观、色泽牢固，增加了建筑立面和内部的美观。

5. 铝合金门窗的缺点是铝合金门窗框料部分导热系数大，寒冷季节有冷凝水形成，因而目前出现一种热阻断铝合金型材，改善了普通铝合金型材的缺点(图 2-7-26)。

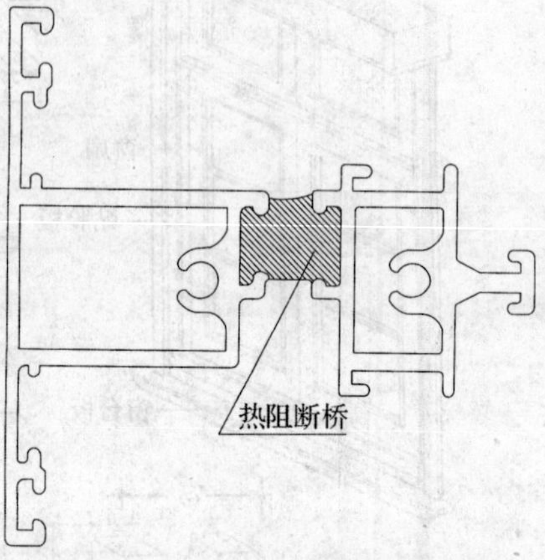

热阻断桥

图 2-7-26　热阻断铝合金型材

(二)设计要求

1. 应根据使用和安全要求确定铝合金门窗的风压强度性能、雨水渗漏性能、空气渗透性能综合指标。

2. 组合门窗设计宜采用定型产品，门窗作为组合单元。非定型产品的设计应考虑洞口最大尺寸和开启扇最大尺寸的选择和控制。

3. 外墙门窗的安装高度限制。广东地区规定，外墙铝合金门窗安装高度小于等于 60 m(不包括玻璃幕墙)，层数小于等于 20 层；若高度大于 60 m 或层数大于 20 层，则应进行更细致的设计。必要时，还应进行风洞模型试验。

(三)铝合金门窗框料系列

系列名称是以铝合金门窗框的厚度构造尺寸来区别各种铝合金门窗的称谓。如：平开门门框厚度构造尺寸为 50 mm 宽，即称为 50 系列铝合金平开门，推拉窗窗框厚度构造尺寸 90 mm 宽，即称为 90 系列铝合金推拉窗等。

铝合金门窗设计通常采用定型产品，选用时应根据不同地区、不同气候、不同环境、不同建筑物的不同使用要求，选用不同的门窗框系列。

（四）铝合金门窗安装

铝合金门窗装入洞口应横平竖直，外框与洞口应弹性连接牢固，不得将门、窗外框直接埋入墙体，防止碱对门窗框的腐蚀。

一般地，门窗安装时，将门、窗框在抹灰前立于门窗洞处，与墙内预埋件对正，然后用木楔将三边固定。经检验确定门、窗框水平、垂直、无翘曲后，用连接件将铝合金框固定在墙（柱、梁）上，连接件固定可采用焊接、膨胀螺栓或射钉方法。门窗框与墙体等的连接固定点，每边不得少于两点，且间距不得大于 0.7 m。在基本风压大于等于 0.7 kPa 的地区，不得大于 0.5 m；边框端部的第一固定点距端部的距离不得大于 0.2 m。

门窗框固定好后与门窗洞四周的缝隙，一般采用软质保温材料填塞，如泡沫塑料条、泡沫聚氨酯条、矿棉毡条和玻璃丝毡条等，分层填实，外表留 5～8 mm 深的槽口用密封膏密封。这种做法主要是为了防止门、窗框四周形成冷热交换区产生结露，影响防寒、防风的正常功能和墙体的寿命及建筑物的隔声、保温等功能。同时，避免了门窗框直接与混凝土、水泥砂浆接触，消除了碱对门、窗框的腐蚀。

（五）常用铝合金门窗构造

1. 平开窗

铝合金平开窗分为平开窗（或称合页平开窗）、滑轴平开窗。

平开窗合页装于窗侧面，平开窗玻璃镶嵌可采用干式装配、湿式装配或混合装配。混合装配又分为从外侧安装玻璃和从内侧安装玻璃两种。所谓干式装配是采用密封条嵌入玻璃与槽壁的空隙将玻璃固定。湿式装配是在玻璃与槽壁的空腔内注入密封胶填缝，密封胶固化后将玻璃固定，并将缝隙密封起来。混合装配是一侧空腔嵌密封条，另一侧空腔注入密封胶填缝密封固定。从内侧安装玻璃时，外侧先固定密封条，玻璃定位后，对内侧空腔注入密封胶填缝固定。湿式装配的水密、气密性能优于干式装配，而且当使用的密封胶为硅酮密封胶时，其寿命远较密封条为长。平开窗开启后，应用撑挡固定。撑挡有外开启上撑挡，内开启下撑挡。平开窗关闭后应用执手固定。

滑轴平开窗是在窗的上、下装有滑轴（撑），沿边框开启。滑轴平开窗仅开启撑挡不同于合页平开窗。

隐框平开窗玻璃不用镶嵌夹持而用密封胶固定在窗扇边梃的外表面。由于所有框梃全部在玻璃后面，外表只看到玻璃，从而达到隐框的要求。

寒冷地区或有特殊要求的房间还采用双层窗，双层窗有不同的开启方式，常用的有内层窗内开、外层窗外开（图 2－7－27a）和双层均外开（图 2－7－27b）。

2. 推拉窗

铝合金推拉窗外形美观、采光面积大、开启不占空间、防水及隔声效果均佳，并具有很好的气密性和水密性，广泛用于宾馆、住宅、办公、医疗建筑等。推拉窗可用拼樘料（杆件）组合其他形式的窗或门连窗。推拉窗可装配各种形式的内外纱窗，纱窗可拆卸，也可固定（外装）。推拉

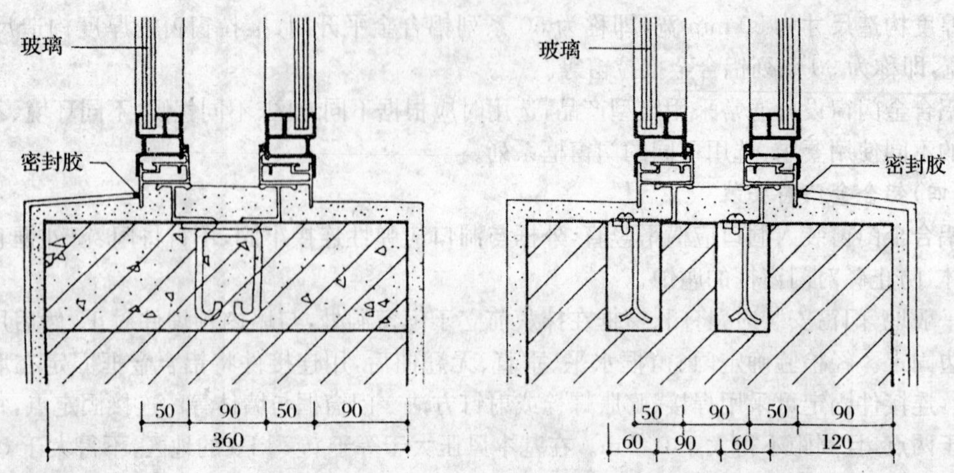

图 2-7-27　双层窗(mm)

窗在下框或中横框两端铣切 100 mm,或在中间开设其他形式的排水孔,使雨水及时排除。

推拉窗常用的有 90 系列、70 系列、60 系列、55 系列等。其中 90 系列是目前广泛采用的品种,其特点是框四周外露部分均等,造型较好,边框内设内套,断面呈"已"型。

70 带纱系列,其主要构造与 90 系列相仿,不过将框厚由 90 mm 改为 70 mm,并加上纱扇滑轨(图 2-7-28)。

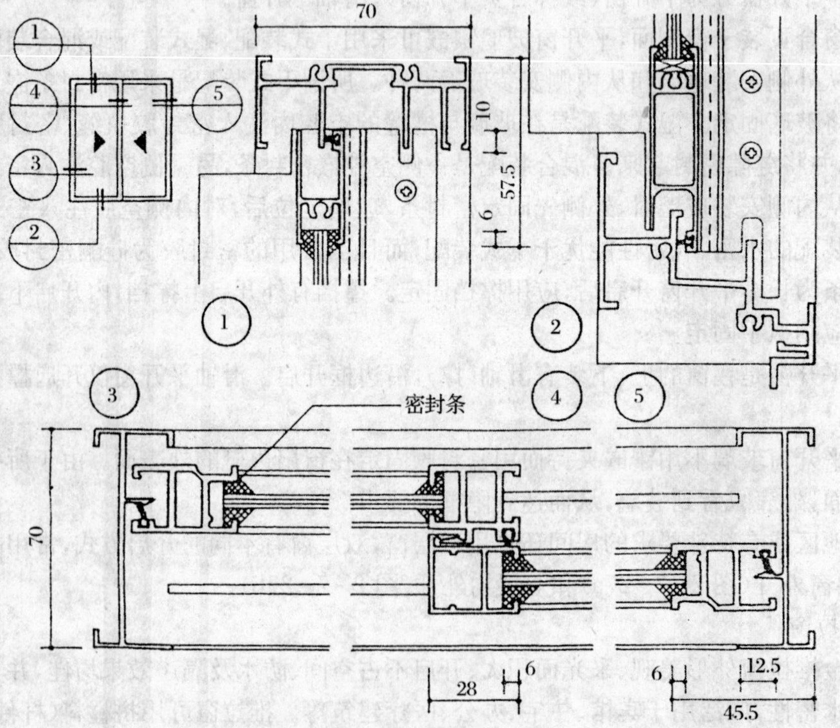

图 2-7-28　70 系列推拉窗(mm)

55 系列属半压式半推拉窗（单滑轨），它又分为Ⅰ型、Ⅱ型。Ⅰ型下滑道为单壁，Ⅱ型下滑道的双层壁中间空腔为集水腔（图 2-7-29），由于滑道中的水下泄到集水腔内，滑道内无积水。

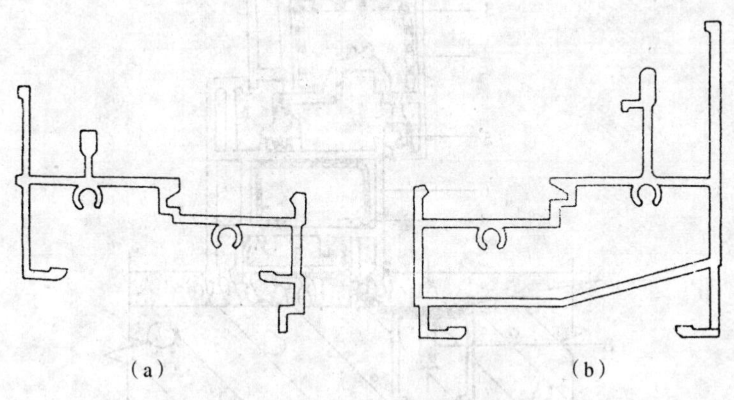

图 2-7-29　55 系列推拉窗

(a)Ⅰ型;(b)Ⅱ型

3. 地弹簧门

地弹簧门为使用地弹簧作开关装置的平开门，门可以向内或向外开启。铝合金地弹簧门分为有框地弹簧门和无框地弹簧门。

地弹簧门向内或向外开启不到 90°时，能使门扇自动关闭；当门扇开启到 90°时，门扇可固定不动。门扇玻璃应采用 6 mm 或 6 mm 以上钢化玻璃或夹层玻璃。

地弹簧门通常采用 70 系列和 100 系列。

二、塑料门窗

塑料门窗是以聚氯乙烯、改性聚氯乙烯或其他树脂为主要原料，轻质碳酸钙为填料，添加适量助剂和改性剂，经挤压机挤出成各种界面的空腹门窗异型材，再根据不同的品种规格选用不同界面异型材料组装而成，由于塑料的变形大、刚度差，一般在空腔内加入木条、型钢和铝，以增加抗弯曲能力。

塑料门窗比木窗和金属门窗的隔热保温性能好，导热系数低。这是由于塑料门窗的型材是中空异型材，消除了金属门窗的“热桥”现象所致。

塑料门窗线条清晰、挺拔，造型美观，表面光洁细腻，不但具有良好的装饰性，而且有良好的隔热性和密封性。其气密性为木窗的 3 倍，铝窗的 1.5 倍，热损耗为金属窗的 1/1000，隔声效果比铝窗高 30dB 以上。同时塑料本身具有耐腐蚀等性能，不用涂涂料，可节约施工时间及费用，因此在国内发展很快，在建筑上得到大量应用。塑料门窗安装节点见图（2-7-30）。

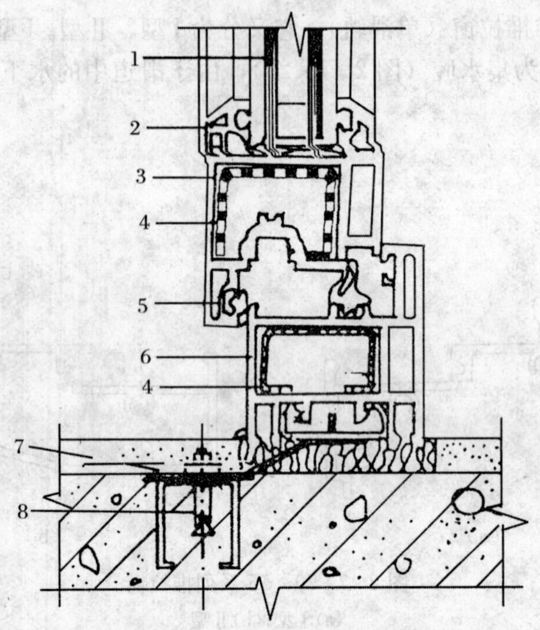

图 2-7-30　塑料门窗安装节点

1—玻璃；2—玻璃压条；3—内扇；4—内钢衬
5—密封条；6—外框；7—地脚；8—膨胀螺栓

小　结

本章介绍了门窗在建筑当中设计的功能要求、种类以及节点构造。对常用的门窗材料、制作、模数尺寸和与建筑构件的配合安装进行了详细介绍。其中涉及了木门窗、钢门窗、塑钢门窗等的构造和安装设计。

思 考 题

1. 简述门窗的作用与要求。
2. 平开窗的组成和窗框的安装方式举例。
3. 简述铝合金门窗的优缺点。

第八章　变形缝与建筑抗震

第一节　变　形　缝

当建筑物过长、平面形状复杂或同一建筑物个别部分的高度或荷载差别较大时，建筑构件会因温度变化、地震的作用、地基的不均匀沉降等的影响，在结构内部产生附加的应力，从而引起变形，若措施不当，建筑物将产生裂缝或破坏。为了避免和预防这种裂缝的发生，在设计和施工时可采取“主动”和“被动”两种措施：“主动”措施就是加强建筑物的刚度和整体性，使其具有足够的抵抗变形的能力。“被动”措施是在变形敏感部位将结构断开，不同部分的建筑用垂直的缝分成几个单独的部分，使各部分能独立的变形，这种将建筑物垂直分开的缝称为变形缝。

一、变形缝的种类

变形缝是伸缩（温度）缝、沉降缝和抗震缝的总称，根据设计功能，可以是其中的一种，也可以是两种或三种的合一。

（一）伸缩缝

建筑物处于变化的温度环境之中，如昼夜和冬夏的温度变化，则建筑物内部产生温度引起的附加应力和应变随着建筑物长度的增加而增大，当内部的附加应力达到一定值时，建筑物出现开裂性破坏。设置伸缩缝的目的就是防止建筑物因材料干缩和环境温度变化而产生的胀缩变形引起开裂性破坏，因此伸缩缝又称温度缝。

一般在建筑物的地上结构全高设缝断开，缝宽为 20～30 mm，地下室和基础部分可不设缝。伸缩缝的间距应根据材料、结构形式、有无保温等因素确定。见表 2-8-1，表 2-8-2。

表 2-8-1　不同砌体材料的伸缩缝的最大间距

<table>
<tr><th>砌体种类</th><th colspan="2">楼盖、屋盖类别</th><th>有无保温隔热层</th><th>伸缩缝间距(mm)</th></tr>
<tr><td rowspan="6">各种砌体</td><td rowspan="6">钢筋混凝土屋盖</td><td rowspan="2">整体式或装配整体式</td><td>有</td><td>50</td></tr>
<tr><td>无</td><td>40</td></tr>
<tr><td rowspan="2">装配式无檩体系</td><td>有</td><td>60</td></tr>
<tr><td>无</td><td>50</td></tr>
<tr><td rowspan="2">装配式有檩体系</td><td>有</td><td>75</td></tr>
<tr><td>无</td><td>60</td></tr>
<tr><td>黏土砖、空心砖</td><td colspan="2" rowspan="3">黏土瓦、石棉水泥瓦屋盖，木屋盖或楼盖，砖石屋盖或楼盖</td><td>—</td><td>100</td></tr>
<tr><td>石材</td><td>—</td><td>80</td></tr>
<tr><td>混凝土砌块等</td><td>—</td><td>75</td></tr>
</table>

表 2-8-2　不同结构形式的伸缩缝的最大间距

结构类别		伸缩缝间距(mm)		结构类别		伸缩缝间距(mm)	
		室内或土中	露天			室内或土中	露天
排架结构	装配式	100	70	剪力墙结构	装配式	65	40
					现浇式	45	30
框架结构	装配式	75	50	挡土墙、地下室墙等结构	装配式	40	30
	现浇式	55	35		现浇式	30	20

(二)沉降缝

设置沉降缝的目的是防止建筑物由于地基土质不均匀或上部结构荷载不同引起不均匀沉降而造成开裂性破坏。在沉降缝处,建筑物从基础至屋顶结构全部设缝断开,沉降缝的宽度往往较伸缩缝大,与建筑物高度及地基状况有关,见表 2-8-3。

沉降缝设置位置一般是在如下几种情况下:地基土质不同的各部分之间;上部结构的荷载相差悬殊或结构形式截然不同的两部分之间;高度相差 10 m 或两层以上的部分之间;已有建筑与新建建筑之间;平面形状复杂或有错层的部位。

表 2-8-3　不同地基和建筑高度的沉降缝的最大间距

地基种类	建筑物高度 H	缝　宽
湿陷性黄土地基	—	≥30～70 mm
一般地基	<5 m	30 mm
	5～10 m	50 mm
	10～15 m	70 mm
软土地基	2～3 层	50～80 mm
	4～5 层	80～120 mm
	6 层以上	>120mm

注:1. 建筑物高度 H:为建筑物较低一侧的高度。

2. 沉降缝两侧结构单元层数不同时,由于高层部分的影响,低层结构的倾斜往往很大。因此,沉降缝的宽度应按高层部分确定。

(三)抗震缝

设置抗震缝的目的是防止地震作用下建筑物各部分振幅或振动周期不同造成建筑的开裂性破坏。一般建筑物的地上结构全高设缝断开,地下室和基础部分可不设缝。抗震缝的宽度应根据建筑物的高度、结构类型和设防烈度等因素决定,见表 2-8-4。

表 2-8-4　抗震缝的宽度的计算

结构类型		设计烈度			
		6°	7°	8°	9°
钢筋混凝土结构	框架	$H/250$	$H/200$	$H/150$	—
	框架 - 剪力墙	$H/300$	$H/250$	$H/200$	$2H/120$
	剪力墙	$H/400$	$H/350$	$H/250$	$H/150$
砖石结构		5—10 cm			

注：表中 H 为相邻结构单元中较低单元的房屋高度。

抗震缝应将房屋分成若干体形简单、结构刚度均匀的独立单元。其设置位置一般是：在建筑立面高度相差 6 m 以上的部分之间；建筑构造形式不同（例如有错层或承重材料不同）的部分之间；建筑平面形状复杂，各部分刚度相差较大的部分之间。

二、变形缝的构造

为保证变形缝处的围护性能（如防止风、雨、冷热空气、灰砂等侵入室内）、耐久性能及考虑建筑立面美观，构造上须对缝隙予以覆盖和装修。同时，这些覆盖和装修必须保证变形缝能充分发挥其功能，使缝隙两侧结构单元的水平或竖向相对位移不受阻碍。

（一）基础

沉降缝要求将基础断开。通常采取双基础、交叉式基础、挑梁基础和单墙基础等几种方案。

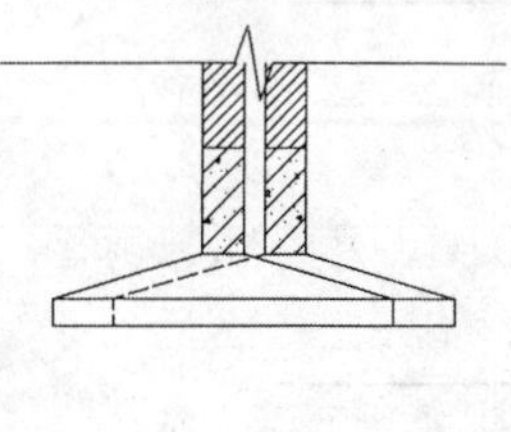

1. 双基础方案

建筑物沉降缝两侧各设有承重墙，墙下有各自的基础。这样，每个结构单元都有封闭连续的基础和纵横墙，结构整体刚度大，但基础偏心受力，并在沉降时相互影响，如图 2-8-1 所示。

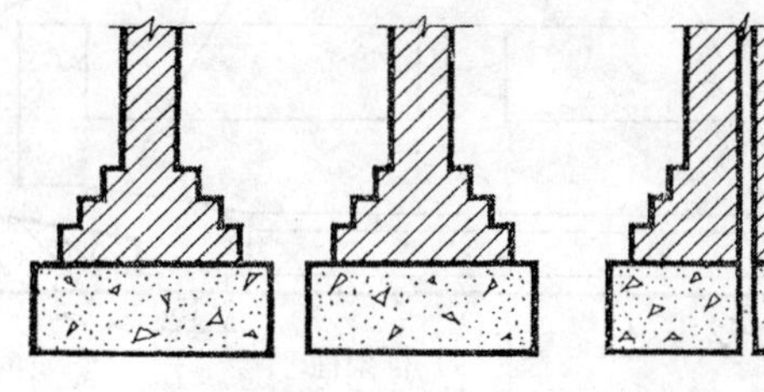

图 2-8-1　双基础做法

2. 交叉式基础方案

沉降缝两侧设置交叉布置的独立基础，在各自的基础上支撑基础梁，墙体砌在基础梁上的方案，如图 2-8-2 所示。

3. 挑梁基础方案

为使缝隙两侧结构单元能自由沉降又互不影响，一侧墙下条形基础正常均匀受压，另一侧采用纵向墙基础悬挑梁，梁上架设横向托墙梁，将墙支承其上。适用于沉降缝两侧基础埋深相差较大以及新建筑与原有建筑相连的情况，如图 2-8-3 所示。

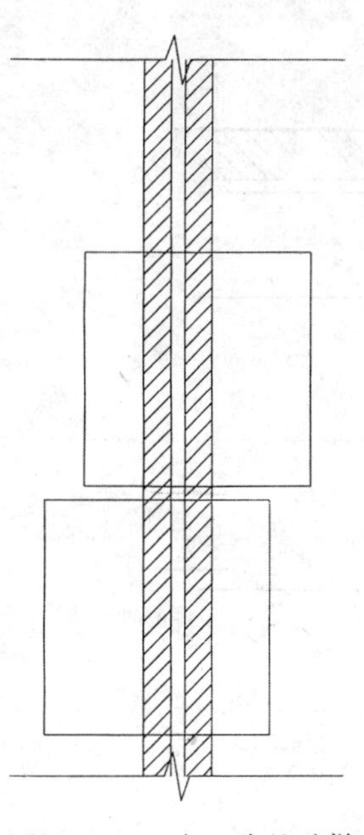

图 2-8-2　交叉式基础做法

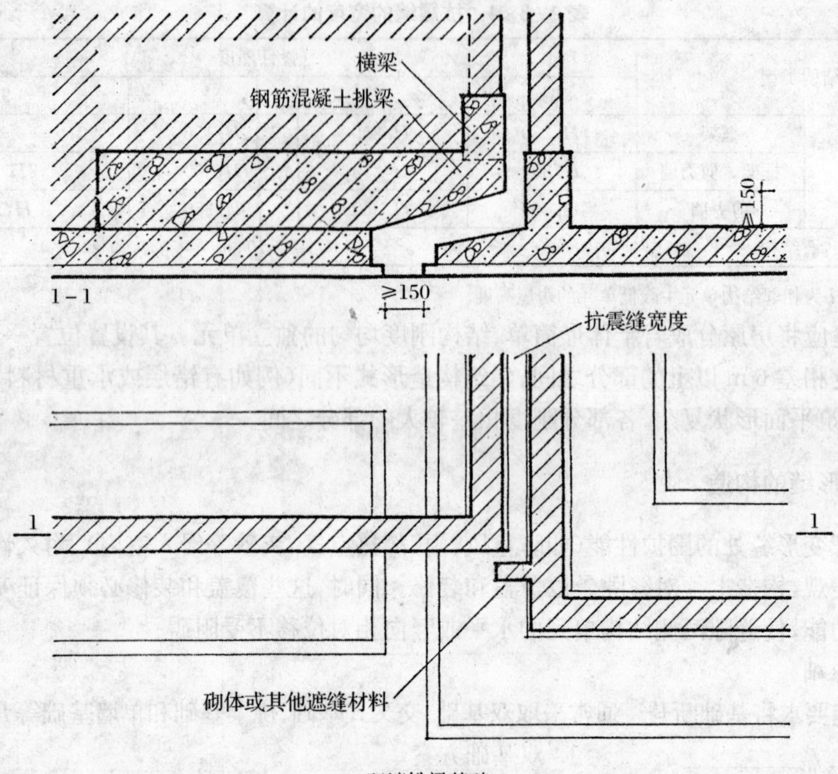

(a) 双墙挑梁基础

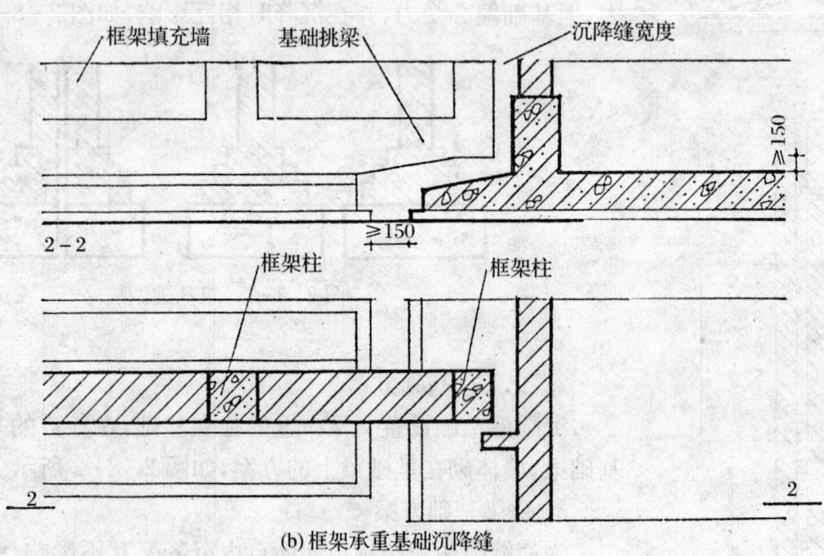

(b) 框架承重基础沉降缝

图 2-8-3　挑梁基础做法

4. 单墙基础方案

缝的一侧做墙及墙下条形基础正常均匀受压，另一侧也做正常均匀受压基础，两基础之间互不影响，用上部结构出挑实现变形缝的要求及宽度。适用于新建筑与原有建筑相连的情况。此时应注意新、旧建筑的沉降不同对楼地面标高的影响，一般要计算新建筑的预计沉降量，如图 2-8-4 所示。

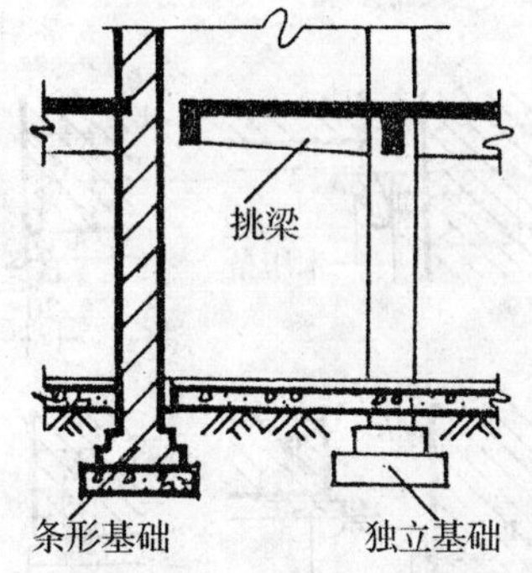

图 2-8-4　单墙基础做法

(二)墙体

根据墙的厚度，变形缝可做成平缝、错口缝和企口缝等形式(见图 2-8-5)。墙较厚时采用错口缝或企口缝，有利于保温与防水。但抗震缝要做成平缝，以便适应地震时的摇摆。

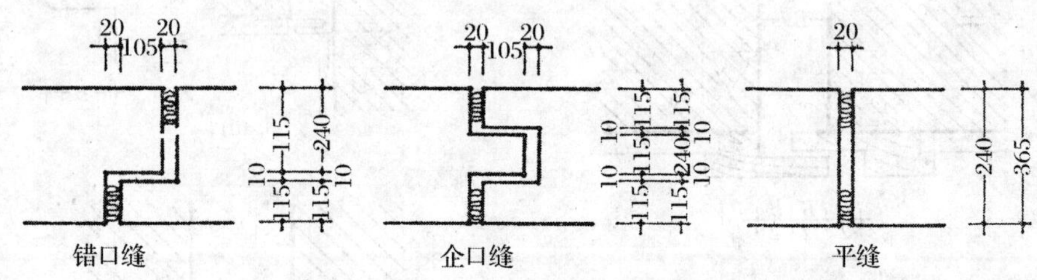

图 2-8-5　墙体变形缝的形式

外墙外侧缝口应填塞或覆盖具有防水、保温和防腐性能的弹性材料，如沥青麻丝、泡沫塑料条、橡胶条、油膏等，以避免外界自然因素的影响。当缝口较宽时，还应用镀锌铁皮、铝板等金属调节片覆盖。如果墙面作抹灰处理，为防止抹灰脱落，可在金属片上加钉钢丝网后再抹灰。

伸缩缝填缝或盖缝材料及构造应保证结构在水平方向的自由伸缩。外墙内侧及内缝口通常用具有一定装饰效果的木质盖缝条遮盖。木条固定在缝的一侧，也可采用金属片盖缝。外墙外侧用镀锌铁皮、铝板等金属调节片覆盖。考虑到缝隙对建筑方面的影响。通常将缝隙布置在外墙转折部位或利用雨水管将缝隙挡住，作隐蔽处理。

沉降缝一般兼起伸缩缝的作用。墙体沉降缝构造与伸缩缝构造基本相同，只是调节片或盖缝板在构造上能保证两侧结构在竖向的相对移动不受约束。

墙体防震缝构造与伸缩缝、沉降缝构造基本相同，只是防震缝一般较宽，通常采取覆盖做法。外缝口用镀锌铁皮、铝片或橡胶条覆盖，内缝口常用木质盖板遮缝。寒冷地区的外缝尚须用具有弹性的软质聚氯乙烯泡沫塑料、聚苯乙烯泡沫塑料等保温材料填实，见图 2-8-6 所示。

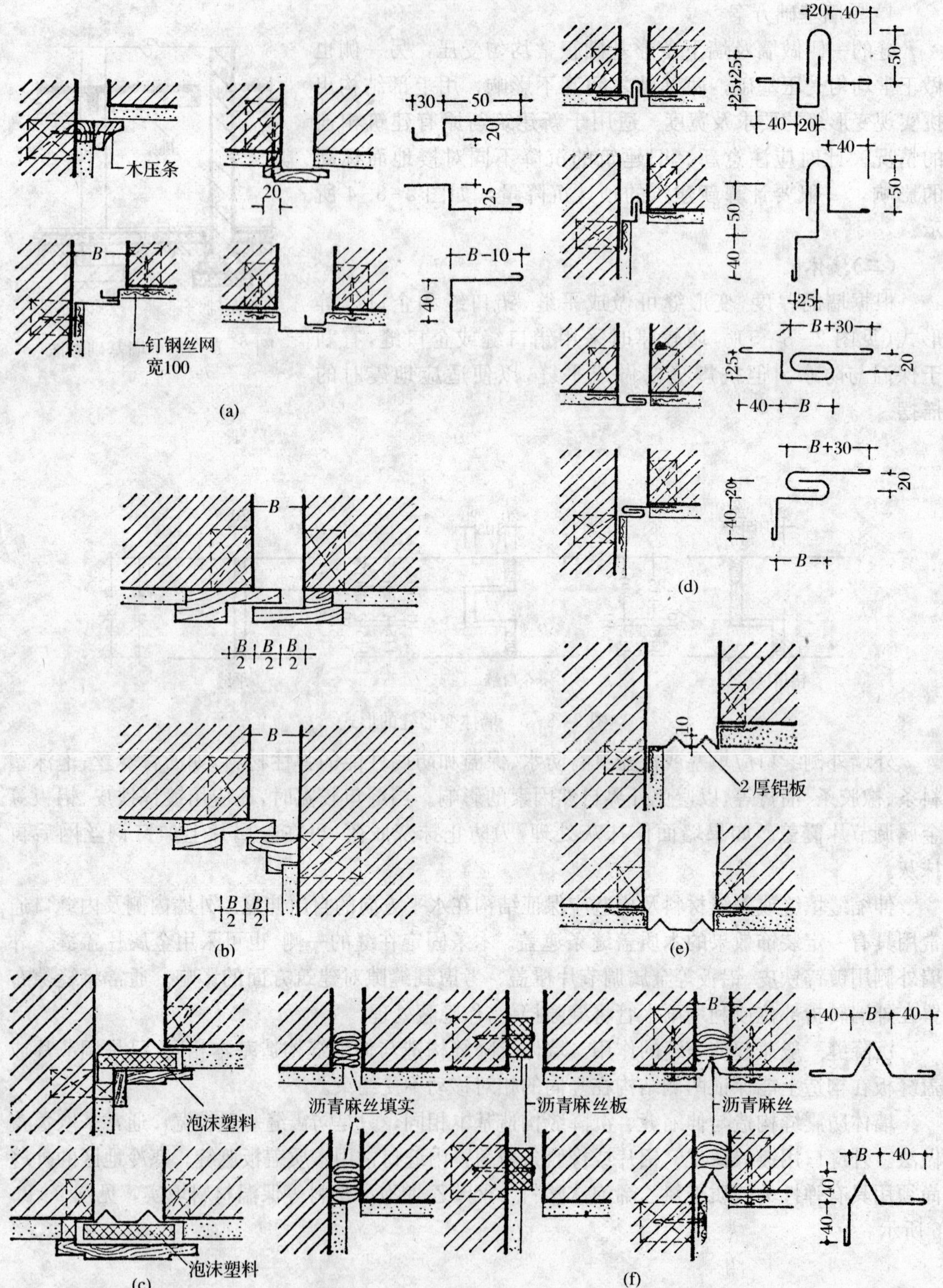

图2-8-6　墙体变形缝的构造

(a)内墙伸缩缝；(b)内墙沉降缝；(c)内墙抗震缝；(d)外墙沉降缝；(e)外墙抗震缝；(f)外墙伸缩缝

(三)楼地板

楼地层变形缝的位置与缝宽应与墙体变形缝一致,构造做法应方便行走,防火,防灰尘下落,卫生间等有水环境还应考虑防水处理。楼地层变形缝内也常以具有弹性的油膏、沥青麻丝、金属或塑料调节片等材料做填缝或盖缝处理,上铺与地面材料相同的活动盖板、铁板或橡胶条等。顶棚的缝隙盖板一般为木质或金属,木盖板一般固定在一侧以保证两侧结构的自由伸缩和沉降(见图 2-8-7)。

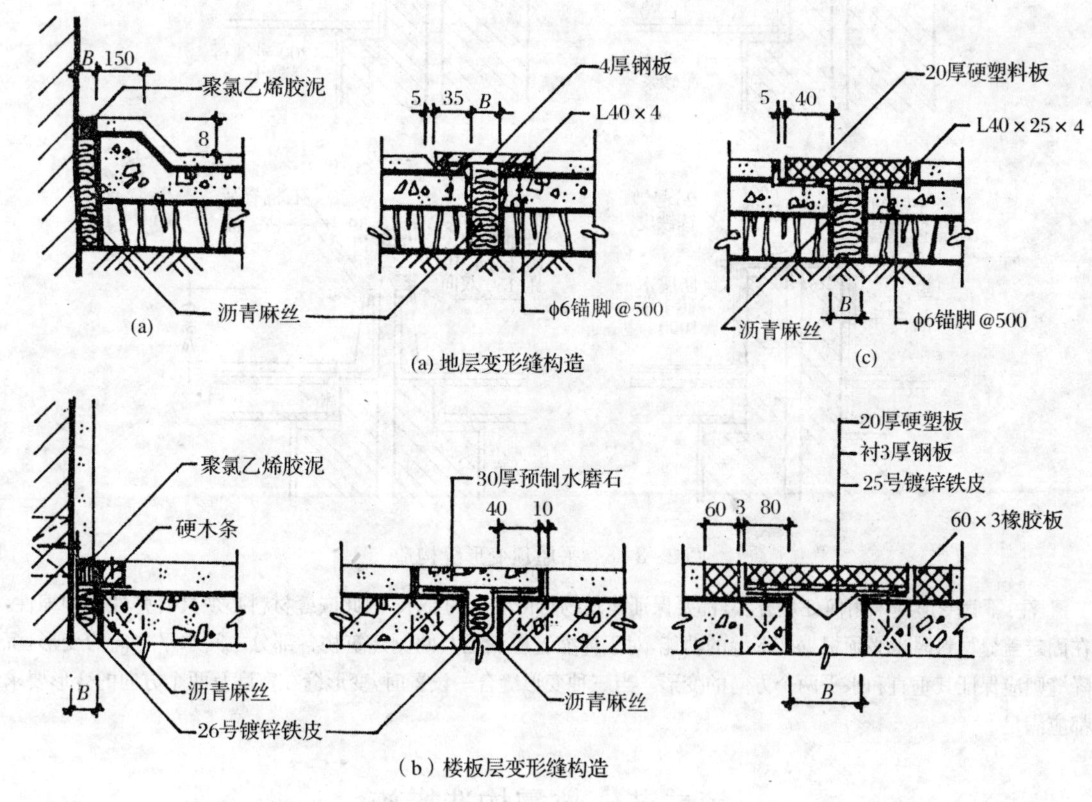

图 2-8-7　楼地板变形缝的构造

1. 人通行部位:采用盖缝板盖缝。
2. 靠墙边部位:镀锌铁皮盖缝。

(四)屋顶

屋顶变形缝的位置及缝宽应与墙体、楼地层的变形缝一致,构造上主要解决好保温、防水等问题。

屋顶变形缝一般建于建筑物的高低错落处,也可建于两侧屋面处于同一标高处。不上人屋顶通常在缝隙一侧或两侧加砌矮墙,按屋面泛水构造要求将防水材料沿矮墙上卷,顶部缝隙用镀锌铁皮、铝片、混凝土板或瓦片等覆盖,并允许两侧结构自由伸缩或沉降而不致渗漏雨水。寒冷地区在缝隙中应填以岩棉、泡沫塑料或沥青麻丝等具有一定弹性的保温材料。上人屋顶因使用要求一般不设矮墙,此时应切实做好防水,避免雨水渗漏。平屋顶变形缝构造见图2-8-8。

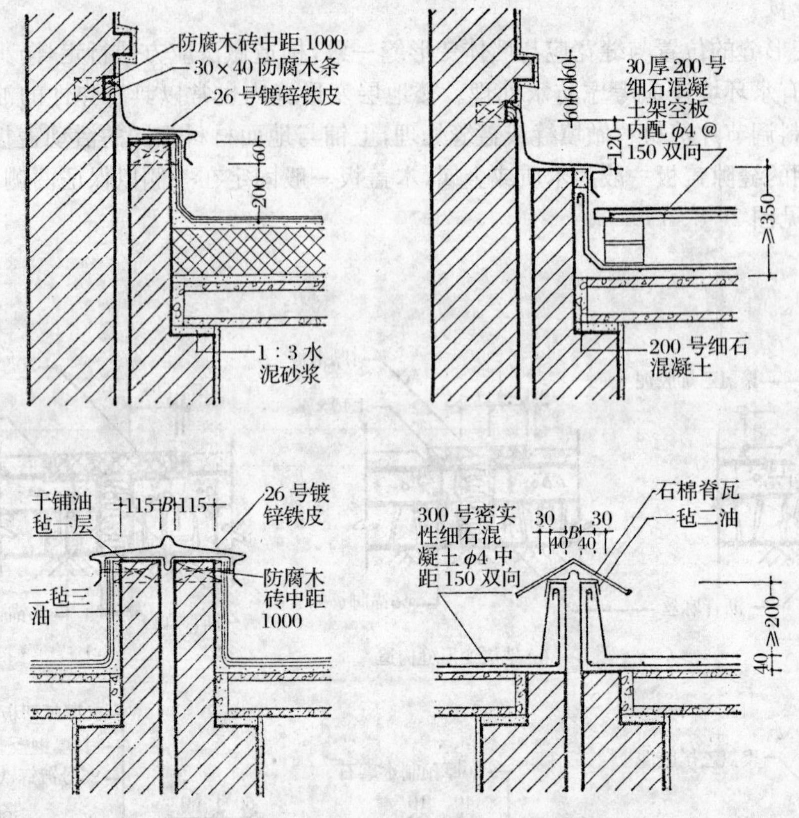

图 2-8-8　平屋顶变形缝构造

注：不管变形缝采用何处理方法，都要保证建筑物自由变形的要求，因此嵌缝材料必须具有弹性和伸缩性，在固定盖缝材料时也必须根据变形缝的功能，对于伸缩缝应满足其两侧建筑物各部分之间水平方向的变形，沉降缝则应保证其垂直和水平两个方向的变形。当三种变形缝合一设置时，变形缝在宽度及两个方向的变形要求都应满足。

第二节　抗震构造措施

火山爆发，溶洞陷落，核爆炸可引起地震及构造地震。地震的发生是由于在地层深处（25～60 km）所积累的弹性波的潜能突然转变为动能的结果，震波由震源向四周扩展，一直到地壳表层，引起环状的波动，好像投石于水中所形成的水波似的，其纵波能使建筑物产生上下振动，横波使建筑物产生前后或左右的水平侧向晃动。建筑抗震设计中所指的地震是指由于地壳构造运动（岩层构造状态的变形）使岩层发生断裂、错动而引起的地面振动，即构造地震，简称地震。

一、基本概念

（一）地震的震级和烈度

1. 震级

震级是用来表示地震强度大小的等级，是衡量地震震源释放出来的能量大小的量度，是根据地震仪记录的地震波测定的，但也可以通过地震影响的分布情况推算出来，因此一次地震只有一个震级。

2. 烈度

地震烈度是指一定地点在地震时遭受地震影响的强烈程度。烈度大小，是根据地面受振动的各种现象综合考察来确定的。一次地震只有一个震级。但在不同地区，一次地震遭受烈度的大小是不一样的。某一地点的地震烈度大小与一次地震的震级、震源深度、离震中的距离有关。一般距离地震中心区越近，烈度越大，破坏也越大。我国和世界上大多数国家把烈度分为12度，在1～6度时，一般的建筑物是不受损失的或损失很小，而地震烈度在10度以上的情况是极少遇到的，即使采取重大抗震设施也难确保安全，因此建筑工程抗震设防烈度重点放在7～9度，见表2-8-5。

表2-8-5　地震烈度表

地震烈度	地面及建筑物受破坏的程度
1～2度	人们一般感觉不到，只有地震仪才能记录到
3度	室内少数人能感到轻微的振动
4～5度	人们有不同程度的感觉，室内物件有些摆动和有尘土掉落现象
6度	较老的建筑多数要被损坏，个别出现有倒塌的可能；有时在潮湿疏松的地面上，有细小裂缝出现，少数山区发生土石散落
7度	家具倾覆破坏，水池中产生波浪；对坚固的住宅建筑有轻微的损坏，如墙上产生轻微的裂缝，抹灰层大片的脱落，瓦从屋顶掉下等；工厂的烟囱上部倒下；严重的会破坏陈旧的建筑物和简易建筑物；有时有喷沙、冒水现象
8度	树干摇动很大，甚至折断；大部分建筑遭到破坏；坚固的建筑物墙上产生很大裂缝而遭到严重的损坏；工厂的烟囱和水塔倒塌
9度	一般建筑物倒塌或部分倒塌；坚固的建筑物受到严重破坏，其中大多数变得不适于使用；地面出现裂缝，山区有滑坡现象
10度	建筑严重毁坏；地面裂缝很多；湖泊、水库有大浪出现；部分铁轨弯曲变形
11～12度	建筑普遍倒塌，地面变形严重，造成巨大的自然灾害

(1)基本烈度

一个地区的基本烈度是指该地区今后一定时间内(一般指100年)，在一般场地条件下可能遭遇的最大烈度。《中国地震烈度区划图》给出了全国各地的基本烈度分布，例如天津是8度，承德6度，北京8度，唐山8度，廊坊9度等。

(2)设计烈度

设计烈度是指建筑设计中给建筑抗震设防采用的烈度或抗震设计所采用的烈度称为设计烈度，设防烈度范围7～9度。

3. 建筑抗震的类别

(1)甲类建筑：是地震破坏后对社会有严重影响，对国民经济有巨大损失或有特殊要求的建筑。如遇地震破坏会导致严重后果(如放射性物质的污染，剧毒气体的扩散和爆炸，生产或存放剧毒生物制品和天然人工细菌与病毒如鼠疫、伤寒、霍乱等)和经济上重大损失的建筑；政治上有特殊要求的建筑或其他特别重要的建筑。甲类建筑的地震作用和抗震措施应按提高设防烈度一度设计。

(2)乙类建筑：主要指使用功能不能中断或需尽快恢复，且地震破坏会造成社会重大影响和国民经济重大损失的建筑。如国家重点抗震城市的生命线工程(如急救、消防、供水、供电等)或其他重要建筑。其地震作用应按本地区抗震设防烈度计算。抗震措施一般按提高设防烈度一度设计。

(3)丙类建筑:地震破坏后有一般影响的建筑。地震作用和抗震措施应按本地区设防烈度设计。

(4)丁类建筑:地震破坏或倒塌不会影响甲、乙、丙类建筑,社会影响、经济损失轻微的建筑。一般为储存物品价值低、人员活动少的单层建筑,如遇地震破坏不易造成人员伤亡和较大经济损失的仓库建筑等。一般地,地震作用和抗震措施应按本地区设防烈度设计减一度设计。

(二)地震造成的建筑破坏

1. 内外墙交接处被拉裂;
2. 门窗过梁出现水平裂缝;
3. 山墙、外檐墙倾覆;
4. 纵墙出现错开的水平裂缝;
5. 纵横墙交接处出现竖向裂缝;
6. 墙角破坏;
7. 柱弯剪破坏。

(三)建筑的震害特点

1. 形体复杂,震害重;横墙承重的结构方案震害轻。
2. 墙不对应的建筑震害重;两端较中间震害重;屋顶重的震害重。
3. 转角与突出部位震害重;现浇板震害轻;
4. 横向刚度弱,上层震害重;横向刚度强,下层震害重;
5. 设圈梁布置得当震害轻;地基土弱,不均匀震害重。

二、抗震设计原则

1. 选择场地时,选择对抗震有力的场地和地形,不宜选择易液化的砂土地基,湿陷性黄土和旧河道等地基土不均匀的场地,以及处于断层上下的地段建造房屋。

2. 合理规划,避免地震时次生灾害发生(如:火灾、爆炸等)。

为了使震后抢救工作顺利而迅速地进行,城市设施如水、电、交通、通讯等保证在地震中不破坏或少破坏,以免地震时电线被损失火,堤岸震塌造成水灾,废墟细菌滋生等次生灾害发生。

3. 在技术上、经济上合理的抗震结构方案,结构选型宜尽量规则,对称,体形简洁,质量中心和刚度中心重合利于抗震,避免在建筑体型上的突然变化和不规则变化,例避免采用凹阳台和突出的楼梯间等。

4. 保证结构整体性,并使结构应有足够的延性。

5. 不做或少做在地震时易塌落的附属物。如屋顶的女儿墙一般宜0.5 m以下。

6. 减轻建筑物自重,降低重心位置,特别需要减轻屋顶和围护墙的重量。

7. 在设计中提出保证施工质量的要求。

三、多层砖混建筑的抗震构造措施

(一)结构布置要求

1. 墙体布置均匀,上下对齐,洞口一致,最好采用横墙承重方案。

2. 房屋高度:砖混建筑层高不宜超过 4 m,并采用 24 及 24 以上砖墙,见表 2-8-6。

表 2-8-6 砖混建筑的最大高度

设计烈度	6	7	8	9
房屋高度	24 m,8 层	21 m,7 层	18 m,6 层	12 m,4 层

注:医院、教学楼等横墙少的建筑高度在上述基础上减 3 m(1 层)。

3. 房屋总高度与宽度最大比值,见表 2-8-7。

表 2-8-7 房屋总高度与宽度最大比值

设计烈度	6	7	8	9
房屋高宽比	2.5	2.5	2	1.5

4. 横墙间距,见表 2-8-8。

表 2-8-8 抗震横墙的最大间距

设计烈度	6	7	8	9
现浇钢筋混凝土楼板、屋顶	18	18	15	11
预制装配钢筋混凝土楼板、屋顶	15	15	11	7
木楼板	11	11	7	4

5. 房屋的局部尺寸(限制,m),见表 2-8-9。

表 2-8-9 房屋的局部尺寸

设计烈度	6	7	8	9
承重窗间墙最小宽度	1.0	1.0	1.2	1.5
承重墙外墙尽端到门窗洞口边的最小距离	1.0	1.0	1.5	2.0
非承重墙、外墙尽端列门窗洞口边的最小距离	1.0	1.0	1.0	1.0
内墙阳角到门窗洞口边的最小尺寸	1.0	1.0	1.5	2.0
无锚固女儿墙(非出入口)最大高度	0.5	0.5	0.5	0.5

(二)多层砖混建筑的抗震构造措施

1. 圈梁

圈梁设置在楼板或屋面板统一标高处,将楼板或屋面板箍紧,形成闭合的平面框架,对抗震作用很大。其他《墙体》见表 2-8-10。

表 2-8-10 圈梁的设置位置

设计烈度		6~7	8	9
外墙及内纵墙		屋盖处,隔层楼板	屋盖处,每层楼板	屋盖处及每层楼盖处
内横墙		屋盖处间距⩾7m 楼板处间距⩾15m 构造柱对应部位	屋盖处所有横墙 楼板处间距⩾7m 构造柱对应部位	屋盖处及每层楼盖处
配筋	最小配筋	4ϕ8	4ϕ10	4ϕ12
	箍筋	250 mm	200 mm	150 mm

2. 构造柱（见图 2-8-9）

构造柱的最小断面为 240 mm×180 mm，竖向钢筋一般用 4φ12，箍筋 φ4 间距不大于 250 mm 混凝土强度≥C15。施工时必须先砌墙留马牙槎，后浇筑钢筋混凝土柱，并应沿墙高每隔 500 mm 设 2φ6 拉接钢筋，每边伸入墙内不宜小于 1 m。构造柱可不单独设置基础，但下端应伸入室外地面以下 500 mm，或锚入浅于 500 mm 的地圈梁内，见表 2-8-11。

表 2-8-11　构造柱的设置位置

房屋层数				各种层数和烈度都设置的部位	随层数和烈度变化而增设的部位
6	7	8	9		
4、5	3、4	2、3	—	外墙四周 错层部位横墙与外墙交接处 较大洞口两侧 大房间内外墙交接处	7～9 度时，楼、电梯间横墙与外墙交接处
6、7、8	5、6	4	2		横墙与外墙交接处 山墙与内纵墙交接处 7～9 度时，楼、电梯间横墙与外墙交接处
—	7	5、6	3、4		内、外墙交接处 内墙局部较小墙垛处 7～9 度时，楼、电梯间横墙与外墙交接处 9 度时，纵横墙交接处

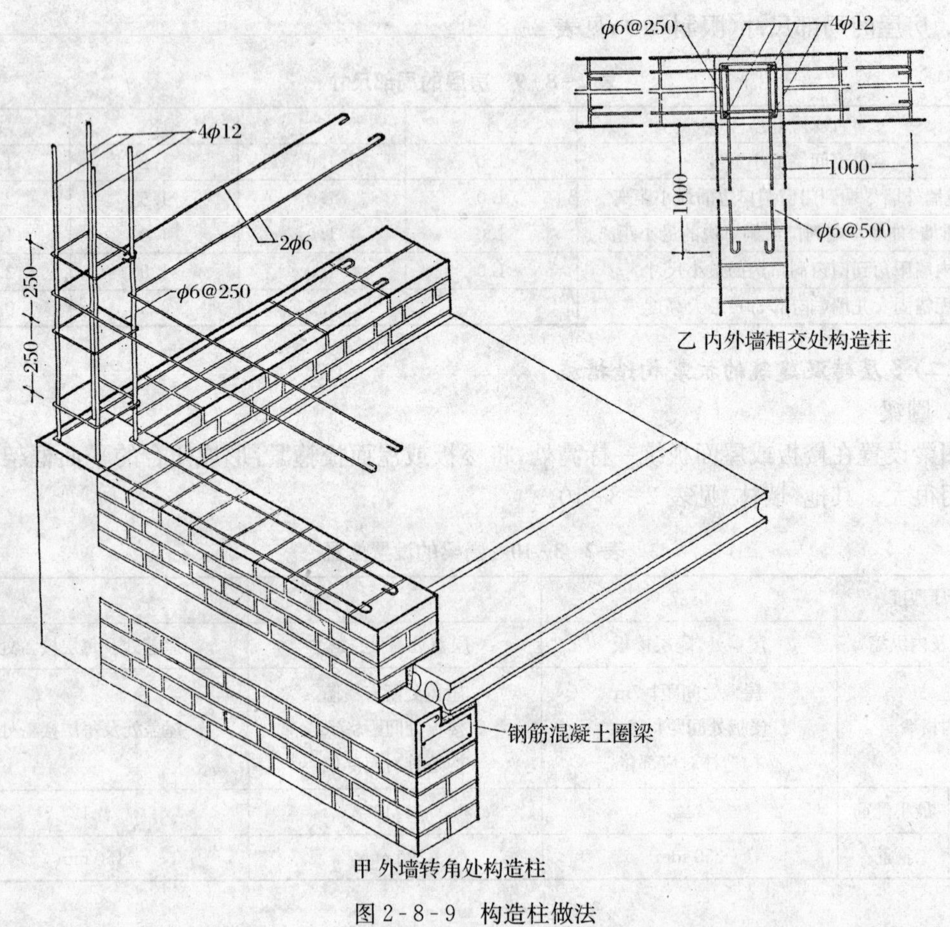

乙 内外墙相交处构造柱

甲 外墙转角处构造柱

图 2-8-9　构造柱做法

3. 墙的拉接

为了增加建筑物的刚度，每一单独部分可以利用纵横墙组成闭合的平面，或建造框架和壁柱来增加刚度，并设抗震圈梁和钢筋混凝土构造柱等来提高建筑的稳定性。

墙身的防潮层应采用防水砂浆或混凝土来做，以便使其在抵抗水平方向的地震作用时，防潮层上下的墙体有较好的整体性。

建筑物的墙角和内外墙的交接处，沿墙高每隔 500～700 mm 或 10 皮砖的水平缝中，用 2ϕ6 mm 的钢筋加固，每边深入墙体内 1 m，以预防建筑物的向外倒塌。当设计烈度为 7 度时，只需在外墙与外墙连接处加配钢筋，当设计烈度为 8～9 度时，则所有墙体间的连接处均应加钢筋，见图 2-8-10。

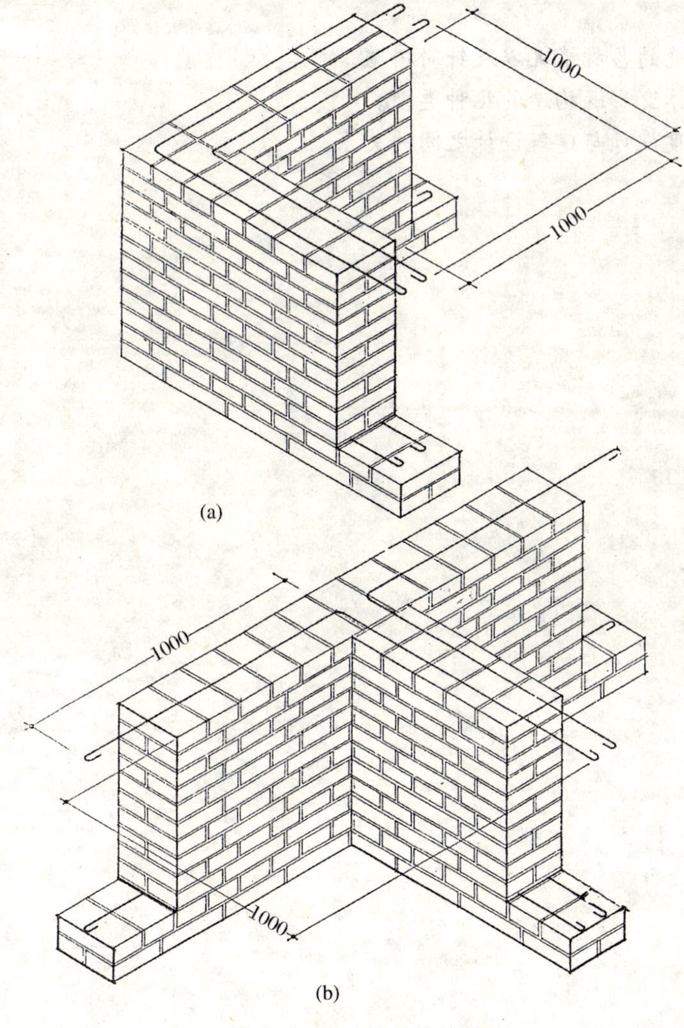

图 2-8-10　墙的拉接做法

(a)外墙转角；(b)内外墙连接

4. 门窗过梁

在地震设防区，在门窗的洞口上，一般不采用无筋过梁。

小　结

1. 本章论述了建筑构造当中的变形缝问题。变形缝分为伸缩缝、沉降缝、抗震缝。

2. 从变形缝的构造展开介绍与之相关的建筑各构件的构造设计。

3. 建筑中抗震缝的设置与建筑抗震性能之间的关系，并从抗震方面看建筑构造的节点设计。

思 考 题

1. 简述建筑设缝的各种情况以及针对措施。

2. 画图示意墙体变形缝构造的几种类型。

3. 简述抗震烈度设计与建筑设计之间的关系。

第三篇

工业建筑设计与构造

工业建筑的产生与发展在我国已有悠久的历史，上溯到三千多年以前的中国商代，手工业作坊已经作为工业建筑的滥觞出现。西方的工业建筑发展史其中重要的里程碑出现在工业革命时期，并且随着工业技术的发展，与之相匹配的建筑也逐步具备了较完善的设计理念和类型。生产的流水作业以及机器大生产的纵深发展，也要求工业建筑创造与之相适应的空间。同时，钢铁、玻璃、混凝土技术的发展完善也为工业建筑创造出了发展平台。这些源于社会的生产发展状况对建筑类型的适应与吸纳能力，也就进一步证明了建筑的社会化层面的意义。

工业建筑被新的社会、经济和技术力量所推动，已经成为现代工业的有机组成部分，成为现代工业的象征。例如，有了洁净室，才能进行精密仪器的生产；有了电磁屏蔽车间和恒温室，电子芯片和集成电路才能诞生；航空、船舶工业的生产必须依赖于大跨度的生产环境才能实现。

现代工业建筑的自身发展也对现代建筑的发展增添了辉煌的一笔。

1. 现代工业建筑的自身发展促进了建筑材料、结构和构造技术的发展。

2. 现代工业建筑的自身发展促进了工厂美学的形成和发展。

3. 现代工业建筑的自身发展对建筑理论的形成起了积极的作用。

现代工业的发展趋势逐步向着“高”“大”“轻”的方向发展。在人口增加，用地紧张的大背景下，高层工业厂房有诸多的先决优势，它的出现与发展可以大量的节约土地，并且在改善投资环境，扩大绿化面积，节约能源等方面也起到了很大的推动作用。它可以适应日趋成熟化的“小”“精”“专”的工业产品生产流程。同时，“微型化”“密闭处理”解决了高层厂房的荷载过大问题，也使得小空间布置灵活，在热工方面可以提高其稳定性，集中布置的设备可以充分发挥制冷、采暖的有效利用率。而且多、高层厂房的区段划分灵活，有着很强的抗干扰能力。

在现代工业建筑中，大空间的功能流程和生产性质是相似的，这样就产生了用“联合厂房”的设计来取代原本分散的厂房布置格局。统一设计可减少厂房占用土地、外墙长度、厂区的交通面积以及管网规模和长度。大跨度、大空间的使用更为灵活，它能更好地满足现代工业设备和产品的频繁更替，提高了厂房的“通用性”。

现代建筑技术支撑下的工业建筑的建造，以轻型结构、轻质材料、轻巧造型来彰显其技术的风格已经成为现代建筑构造潮流中的重要一支，其能适应现代大工业生产的优越性已经成为工业建筑的发展航标。

在社会飞速发展的今天，新型工业建筑的设计理念为我们提供了有益的发展空间，它使得工业建筑迈向了可持续发展的道路。同时，工业建筑还有助于提高企业知名度，创造品牌效应，吸引人才，并且能给所在区域带来更大的利益。

工业建筑与民用建筑比较，不管是建筑设计原理，还是建筑构造的原理与方法，两者都有许多相似相通之处，都具有建筑的共性。鉴于前面民用建筑设计原理与构造一篇中有些内容也适用于工业建筑而且已经讲得很详尽了，这里就不再赘述，本篇仅侧重工业建筑与民用建筑不同之处加以阐述。

第一章 工业建筑概论

第一节 工业建筑的特点及分类

一、工业建筑的特点

工业建筑是指用以从事工业生产的各种房屋。它与民用建筑在设计原则、建筑用料和建筑技术等方面有许多共同之处，但在设计配合、使用要求、室内采光、屋面排水等方面，工业建筑又具有其自身的特点：

1. 厂房的建筑设计是在工艺设计人员提出的工艺设计图的基础上进行的。与民用建筑设计不同，厂房首先要满足生产工艺流程的需要，然后在适应生产工艺要求的前提下，为工人创造良好的劳动环境及使厂房适用、安全、经济、美观。

2. 厂房内部一般具有较大的敞通空间。根据生产工艺流程的需要，在厂房内通常设置各种生产设备，并有多种起重运输工具通行。由于厂房中的设备多、体量大、各部生产联系密切，致使厂房内部具有较大的敞通空间。例如，有桥式吊车的厂房，室内净高一般均在 8 m 以上；有些大型轧钢厂车间的长度可达数百米甚至到上千米；飞机装配车间的跨度可达 36 m 以上甚至达 100 m。

3. 厂房的屋顶构造复杂。当厂房宽度较大时，特别是多跨厂房，为满足室内采光、通风的需要，除设置必要的侧窗外，屋顶上往往还设有天窗；为满足屋面的防水、排水的需要，屋顶上还应设置屋面排水系统，这些设施均使屋顶构造复杂。

4. 厂房多采用钢筋混凝土骨架承重。在厂房建筑中，由于结构荷载及吊车荷载较重，故广泛采用钢筋混凝土骨架结构承重。特别高大的厂房，或有重型吊车或高温厂房，还采用钢骨架承重。当然，荷载较小时厂房也可采用墙承重的结构方式。

二、工业建筑的分类

工业生产的类别繁多，生产工艺不同，分类亦随之而异。在建筑设计中常按厂房的用途、内部生产状况及层数进行分类。

(一)按厂房的用途分

1. 主要生产车间

是指工厂中进行加工产品主要工序的那些车间。例如：钢铁厂中的炼钢、轧钢车间，机械制造厂中的机械加工车间、机械装配车间等。这类厂房的建筑面积较大、职工人数较多，在全厂占重要地位，是工厂的主要厂房。

2. 辅助生产车间

是指不直接加工产品而只是为主要生产厂房服务的厂房建筑。例如，机械制造厂中的机修车间、工具车间、模型车间等。

3. 动力用厂房

是为全厂生产提供能源和动力的场所。例如发电站、锅炉房、变电站、煤气发生站、压缩空气站等。动力设备的正常运行，对全厂的生产特别重要，故这类厂房必须具有足够的坚固耐久性、妥善的安全设施和良好的使用质量。

4. 贮藏用建筑

即贮存各种原材料、成品或半成品的仓库。由于所贮存物质的不同，在防水、防潮、防爆、防腐蚀、防变质等方面将有不同要求。设计应根据不同要求按有关规范采取妥善措施。

5. 运输用厂房

是管理、贮存及检修交通运输工具用的房屋。如汽车库、电瓶车库等。

(二)按车间内部生产状况分

1. 热加工车间

是指在生产过程中往往散发出大量热量、烟尘的车间，厂房内部温度较高。如炼钢、轧钢、铸工、锻工车间等。

2. 冷加工车间

是指在正常的温、湿度条件下进行生产的车间。如机械加工车间、机械装配车间等。

3. 有侵蚀性介质作用的车间

是指在生产中会受到酸、碱、盐等侵蚀性介质作用的车间。这类厂房在建筑材料选择及构造处理上应有可靠的防腐蚀措施。例如化工厂和化肥厂中的某些生产车间、冶金工厂中的酸洗车间等。

4. 恒温恒湿车间

是指在温、湿度波动很小的范围内进行生产的车间。车间内除装有空调设备外，厂房外围护结构也要采取相应的措施，以减少室外气候条件对室内温、湿度的影响。例如纺织车间、精密仪表车间等。

5. 洁净车间

是指在生产过程中，产品对室内空气的洁净度要求很高的车间。这类车间除通过净化处理，加设多道门禁，将空气中的含尘量控制在允许的范围内，厂房围护结构还应保证严密，以免大气灰尘的侵入，最终保证产品质量，如集成电路车间、精密仪表的微型零件加工车间、制药厂、食品厂等。

(三)按厂房的层数分

1. 单层厂房

单层厂房广泛应用于各种工业企业，约占工业建筑总量的75%左右。其优点是便于沿地面水平方向组织生产工艺流程；生产设备荷载直接传递给地基；对于具有大型生产设备、振动机械、地沟、地坑或重型起重运输设备的生产有较大的适应性。缺点是厂房占地面积大，围护结构面积多，维护管理费用高(特别是屋顶面积多)，各种工程技术管线长，厂房扁长，立面处理单调，一般用于如冶金、机械制造等重工业生产部门。

单层厂房按跨数有单跨与多跨之分。多跨大面积厂房在实践中采用的较多，单跨用的较少。但有的生产，如飞机装配车间和飞机库常采用跨度很大(36～100 m)的单跨厂房。

2. 多层厂房

适用于垂直方向组织生产、工艺流程的生产企业(如面粉厂)和设备及产品较轻的企业,如轻工、食品、电子、仪表等工业企业。优点是占地面积少,管道集中,厂房宽度不大,采光、通风及屋面排水易于解决,在用地紧张的城市及老厂改造中还易于适应城市规划和建筑布局的要求,并可在市区建造。

3. 层次混合的厂房

同一厂房内既有单层跨,又有多层跨。其功能在可满足生产的前提下,外观造型也随着建筑技术的发展而不断丰富,活泼了生产气氛。

第二节　工业建筑的结构组成

一、厂房的结构类型

单层厂房的结构支撑方式基本上可分为承重墙结构与骨架承重结构两类。仅当厂房的跨度、高度、吊车荷载较小时才用承重墙结构;当厂房的跨度、高度、吊车荷载较大时,广泛地采用骨架承重结构。骨架承重结构由柱子、梁、屋架等组成,以承受各种荷载,这时墙体在厂房中只起围护或分隔作用。

(一)排架结构

排架结构是目前单层厂房中最基本、最普遍的结构形式。其受力特点是屋架与柱子之间为铰接,柱子与基础之间为刚接;其优点是排架结构的构件是分开制作而后装配形成厂房,有利于建筑设计标准化、构件工厂化和施工机械化,同时排架结构还具有一定的刚度和抗震能力。其中最常见的是装配式钢筋混凝土结构。

1. 装配式钢筋混凝土结构

装配式钢筋混凝土结构坚固耐久,可预制装配,与钢结构相比较可节约钢材,造价较低,故在国内外的单层厂房中,得到了广泛的应用。但其自重大,抗震性能不如钢结构。可用于单跨、双跨、多跨等各种厂房建筑。

2. 砖石混合结构

砖石混合结构由砖柱和钢筋混凝土屋架或屋面大梁组成,也有砖柱和木屋架或轻钢及组合屋架组成的,构造简单,但承载能力及抗震性能较差,故仅用于吊车吨位不超过 5 t,跨度不大于 15 m 的小型厂房。

3. 钢结构

钢结构主要承重构件全部用钢材做成,抗震性能好、构件较轻(与钢筋混凝土比),施工速度快,除用于吊车荷载重、高温或振动大的车间以外,对于要求建设速度快、早投产早受益的工业厂房,也可采用钢结构。但钢结构易锈蚀、耐火性较差,使用时应采取相应的防护措施。

(二)刚架结构

刚架结构的受力特点是屋架与柱子合并为同一构件,其连接处为整体刚接,柱与基础为铰接。主要有装配式钢筋混凝土门式刚架结构和钢刚架结构。

单层厂房承重结构除上述外,屋顶结构尚可用折板、壳体及网架等空间结构。它们的共同优点是传力受力合理，较充分地发挥了材料的力学性能，空间刚度好，抗震性能较强。其缺点是施工复杂，现场作业量大、工期长。

二、装配式钢筋混凝土排架结构厂房的构件组成

装配式钢筋混凝土排架结构的单层厂房由承重构件和围护构件两部分组成。厂房承重结构由横向骨架和纵向连系构件组成。横向骨架包括屋面大梁（或屋架）、柱子、柱基础。它承受屋顶、天窗、外墙及吊车荷载。纵向连系构件包括大型屋面板（或檩条）、连系梁、吊车梁等。它们能保证横向骨架的稳定性，并将作用在山墙上的风力和吊车纵向制动力传给柱子。此外，为了保证厂房的整体性和稳定性，往往还要在屋架之间和柱间设置支撑系统。组成骨架的柱子、柱基础、屋架、吊车梁等厂房的主要承重构件，关系到整个厂房的坚固耐久及安全，必须予以足够的重视。厂房围护构件则包括屋面、外墙、门窗、地面等，见图 3-1-1。

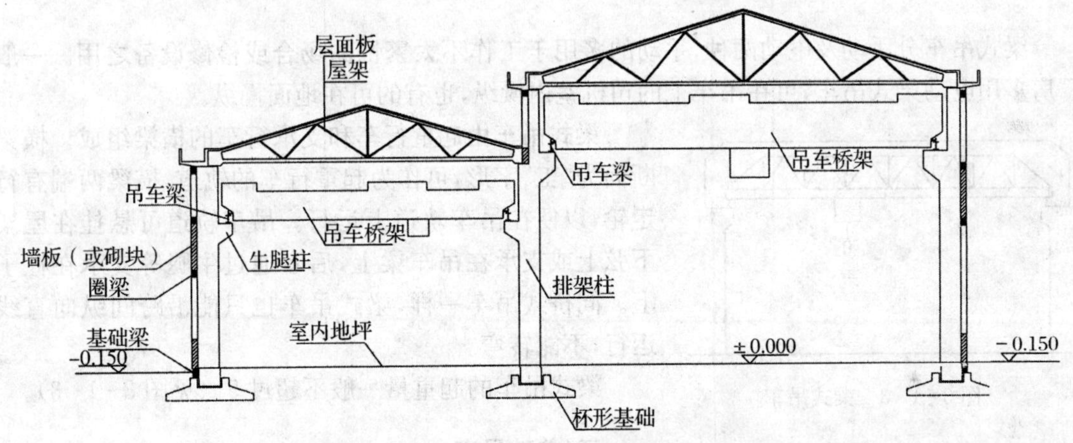

图 3-1-1　装配式钢筋混凝土排架结构厂房横剖面图

第三节　厂房内部的起重运输设备

为在生产中运送原材料、成品、半成品，厂房内就应设置必要的起重运输设备。单层厂房内部常见的起重运输机械有桥式吊车、梁式吊车、单轨吊车、悬臂吊车等。由于各种形式的吊车与土建设计关系密切，下面作简单的介绍。

一、桥式吊车

桥式吊车由起重行车及桥架组成，桥架上铺有起重行车运行的轨道（吊车沿厂房横向运行），桥架两端借助车轮可在吊车轨道上运行（沿厂房纵向），吊车轨道铺设在柱子支承的吊车梁上，所以桥式吊车只能沿跨间纵向直线运行，不能转弯。桥式吊车的司机室多设在吊车端部，有的也设在中部或做成可移动的。

根据工作时间内的工作量，桥式吊车分重级工作制（工作时间＞40％）；中级工作制（工作时间 25％～40％）；轻级工作制（工作时间 15％～25％）。

当同一跨度内需要的吊车数量较多，且吊车起重量相差悬殊时，可沿高度方向设置双层吊

车，以减少吊车运行中的相互干扰。

设有桥式吊车时，应注意厂房跨度和吊车跨度的关系，使厂房的跨度和高度满足吊车运行的需要，并应在柱间适当位置设置通向吊车司机室的铁梯及平台。当吊车为重级工作制或其他需要时，尚应沿吊车梁侧设置安全走道板，以保证检修和人员行走的安全。

桥式吊车的起重范围可由5吨到数百吨，在工业建筑中应用广泛。

桥式吊车的缺点是自重和用钢量较大，吊车荷载由吊车梁传给厂房的排架柱从而增加了柱和基础的结构荷载，并且吊车外形尺寸占据较大的空间，增加了厂房的柱子高度和净空(图3-1-2)。

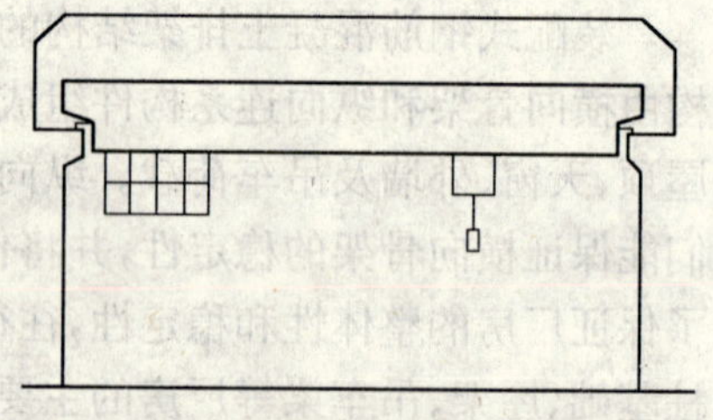

图3-1-2　桥式吊车

二、梁式吊车

梁式吊车分手动及电动两种，手动的多用于工作不太繁忙的场合或检修设备之用。一般厂房多用电动梁式吊车，可在吊车上的司机室内操纵，也有的可在地面操纵。

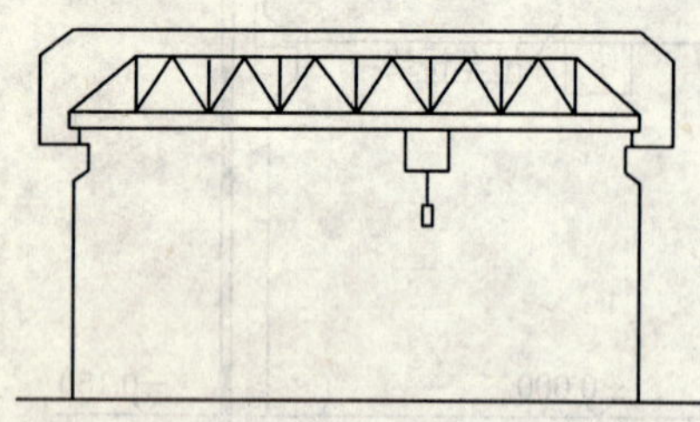

图3-1-3　梁式吊车

梁式吊车由起重行车和支承行车的横梁组成。横梁断面为“工”字形，可作为起重行车的轨道，横梁两端有行走轮，以便在吊车轨道上运行。吊车轨道可悬挂在屋架下弦上或支承在吊车梁上，后者通过牛腿等支承在柱子上。同桥式吊车一样，梁式吊车也只能沿跨间纵向直线运行，不能转弯。

梁式吊车的起重量一般不超过5 t(见图3-1-3)。

三、单轨吊车

单轨吊车是将电葫芦安装在悬挂于屋架下弦的单根钢梁上，或者安装在单独架设的钢梁上，并沿单轨运行。电葫芦起重量较小，仅在0.1～10 t之间，它自重轻、体积小、安装方便。轨道钢梁可转弯、分岔、调度灵活，不受厂房跨间的方向限制，便于越跨运输。在方形柱网和灵活车间中应用较广，见图3-1-4。

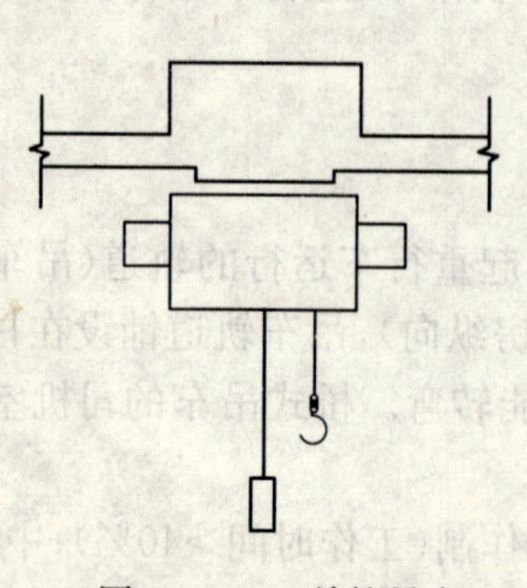

图3-1-4　单轨吊车

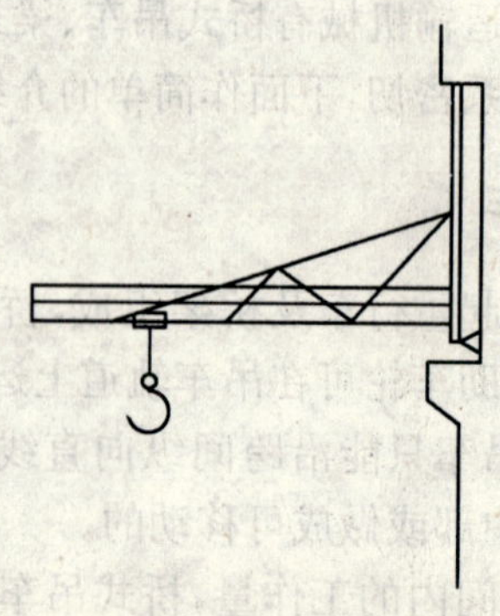

图3-1-5　悬臂吊车

四、悬臂吊车

悬臂吊车有移动式和固定旋转式两种。移动式悬臂吊车又称壁行吊车，沿跨间一侧或两侧的轨道运行。吊车臂长可达10 m，起重量可达10 t。常在运输量较大的冶金、机械类厂房中配合桥式吊车使用。固定旋转式悬臂吊车可固定在厂房排架柱上或固定在独立的钢柱上。这种吊车只能绕固定地点旋转，回转范围不大，一台吊车只供1～2台车床使用，对跨间布置影响不大，见图3-1-5。

除上述几种吊车外，厂房内部根据生产特点的不同，还有各式各样的运输设备，例如在地面上还有电瓶车、平板车、铲车等运输机械，不再赘述。

小　结

1. 工业建筑的特点与分类是在总结自身建造性格并与民用建筑做对比的基础上展现其材料使用、功能布局、技术应用等优势。

2. 工业建筑的使用功能、结构类型以及建筑规模在空间的建构分类上起着决定性的作用。生产工艺是工业建筑设计的依据。

3. 起重机械作为工业建筑的部分设备在本章加以论述。

思　考　题

1. 工业建筑的分类特点是什么？

2. 简述工业建筑的设计流程。

第二章 单层厂房平面设计

“单厂”建筑设计首先要适应生产工艺要求，在这一前提下，再考虑厂房的安全、经济、美观，以及为工人创造良好的劳动环境。所以厂房的建筑设计是在工艺设计人员提出的工艺设计图的基础上进行的，厂房的平面设计也是先由工艺设计人员进行工艺平面设计，然后由建筑设计人员在生产工艺平面图的基础上进行厂房的建筑平面设计。生产工艺平面图包括：

1. 根据产品的生产要求进行工艺流程的组织。
2. 生产和起重运输设备的选择和布置。
3. 工段的划分。
4. 运输通道的宽度及其布置。
5. 厂房面积的大小及生产工艺对厂房建筑设计的要求。

单层厂房与多层厂房相比通用性较差，它们的工业生产工艺的差异也较大，其中单层厂房的设备大，机器高，工件与产品沉重，散热量大，并有可能会在生产中产生大量的烟尘以及侵蚀性的介质等有害物质，而且有些单层厂房还要求保持恒温，恒湿，防菌，防爆，防震，防辐射等特殊要求的工艺条件。所以单层厂房与民用建筑平面设计不同。单层厂房平面设计的特点可以归纳如下：

1. 厂房的平面形式以满足工艺流程的要求为基准进行设计。
2. 厂房平面应满足车间内部人流交通及保证车间内部运输方便。有时要安排机车、拖车及多种吊车的设置与排布，其构架与地面处理都应满足其应有的承载力。
3. 柱网选择应满足生产需要，并考虑结构、经济和生产发展的需要，尽量开敞，有些厂房高度可达 40 m。
4. 屋面积宽大，所以横剖面的形状复杂，连跨或成片的联合厂房需要利用屋盖的高低错落来设置各种天窗，以解决采光通风等问题。同时，对屋面的排水、防水，承受雪荷载等要求也要认真考虑。
5. 厂房的平面方位应尽量使得主要进风口朝向当地夏季主导风向（或呈 60°～90°），并避免西晒。
6. 生产和生活辅助用房的布置应尽量方便为生产服务，达到尽量合理利用空间的效果。

第一节 平面设计与生产工艺的关系

一、平面组合与工艺流程的关系

工艺流程是指某一产品的加工制作过程，即由原材料按生产要求的程序，逐步通过生产设备及技术手段进行加工生产，并制成半成品或成品的全部过程。不同类型的车间有不同的工艺流程，一般来说，厂房平面应严格按照工艺流程进行组合，厂房的建筑面积、跨度尺寸、跨间数量及其组合等须根据生产要求来确定，使生产线路短捷，不交叉、少迂回，并具有变更布置的灵活性。

在单层厂房里，工艺流程基本上是通过水平生产运输来实现的。因此，生产工段（车间的生产部分）的布置基本上能反映出工艺流程的顺序。厂房的平面组合必须满足工艺流程及布置要求。当然，相同类型的车间，在满足工艺流程的前提下，也会产生不同的厂房平面布置，以适应生产上的个性化需要。请看某一机械加工车间的平面布置图（见图 3-2-1）。

二、生产特征对平面形式的影响

不同性质的厂房，在生产操作时会出现不同的生产状况。某些工业企业在生产过程中会散发出烟、热、粉、尘、有毒气体或产生噪声、振动等对健康十分有害的物质，也有一些工业生产要求具备恒温、恒湿、防尘、无菌等要求严格的生产技术条件。这些烟、热或恒温、恒湿等生产特征对厂房的平面形式产生一定的影响，需要在建筑设计中力求给以完善的解决。例如铸工车间，生产时车间内部产生大量余热、灰尘等，平面设计就要求有利于加强室内通风，排除室内热空气及灰尘。

三、辅助工段的布置

辅助工段通常服务于一个或几个生产工段。其面积、设备数量是由工艺设计决定的。一般来说，辅助工段的面积较小，生产设备轻便，很少有较重型的起重运输设备，不需要高大的空间。辅助用房的布置原则有如下几点：

1. 辅助用房的平面布置应尽量靠近其服务的对象。例如：工具分发室是服务于全车间的主要工段，它的位置应设于较适中的地点，以便工人领取工具。

2. 辅助用房的空间一般比较矮小，为了避免占用主厂房的高大空间，可将辅助用房集中布置在边跨中，或与办公室、生活用房等组合在一起，进行平面布置的统一规划。

3. 当工艺需要将辅助用房设在主厂房的主要生产工段内时，可利用吊车吊钩极限以外和不便于布置设备的边角空间，这样可以提高车间生产面积的有效利用率。

4. 车间内的辅助用房宜采用可拆卸的活动隔断，使其具有适应工艺变更的灵活性。

5. 在大型厂房中，不宜将变电室、通风机室、热力间等用房布置在厂房主要跨间的中心地带，以免妨碍工艺的变革。

四、平面形式与生产扩充的关系

厂房的平面设计应能适应生产扩充和工艺革新的要求，这是因为厂房一旦建成，其基本结构骨架难以改动，而车间内部的生产却在不断变化和发展。

生产扩充有车间内部扩充和外部扩充两种形式。车间内部扩充是以设备更新、技术改造、改革生产线等方式为主，其一般做法是在进行车间平面设计时，预留一定生产面积，近期用做仓库、办公等辅助房间，生产发展后，将辅助用房迁出另建新房，而原预留的面积则用于调整生产线，扩大或进行新产品的生产，这对于一次设计建成的厂房平面形式的影响不大。外部扩充是指在厂房外部扩建新跨或建造新的厂房，它对厂房平面形式及建筑技术处理有较大影响。

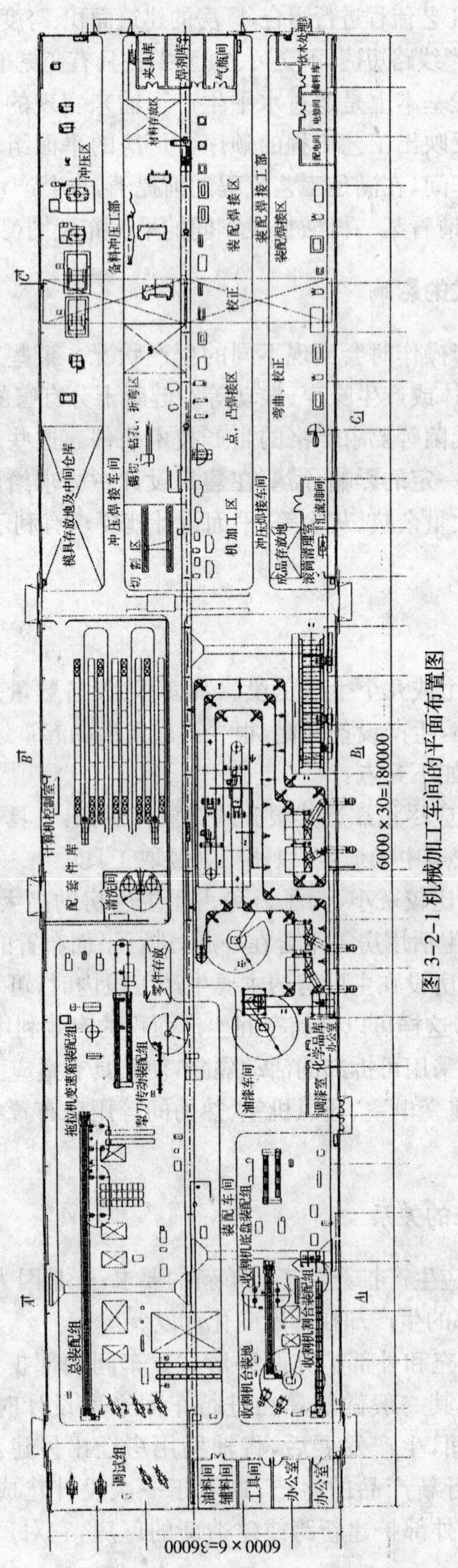

图 3-2-1 机械加工车间的平面布置图

第二节　平面设计与交通运输的关系

一、生产运输与厂房跨间的关系

为了运送原材料、成品、半成品，厂房内部应设置包括起重运输设备在内的各式各样的运输设备，这些运输设备影响着厂房的平面布置和平面尺寸。前面，我们已经谈过几种吊车的有关情况，这里不再赘述。除上述几种吊车外，还有悬挂吊链、轨道、运输皮带、风力输送管道等运输设备。在地面上还有电瓶车、平板车、铲车等运输机械。悬挂吊链可悬挂在屋架上，也可悬挂在特制的落地支架上或由墙壁承托出来成为悬臂，根据需要可变化竖向高度，适用于车间内部或车间之间的连续运输。传送带的布置可沿跨间，也可垂直于跨间，并可回旋转弯，较为灵活，但起重量较小，多在1 t左右，适用于小件成批生产的各种类型柱网的跨间。地面上行走的运输机械不增加厂房结构荷载，行驶灵活，应用广泛。

二、车间出入口及内部通道

(一)车间出入口

车间出入口是生产运输、人流交通、消防及安全疏散的通道。供运输用的出入口与厂内道路系统联系要方便；供车辆通行的出入口宽度应根据车辆的外形，加上安全界限的尺寸来确定；工人出入口则根据工人上下班的路线设置，使之与厂区大门、干道、生活间以及工作地点的联系便捷。一般情况下，车间出入口是供货流与人流交通共用的。

(二)车间通道

车间通道也是生产运输、人流通行、消防及安全疏散的通道。通道的位置和数量取决于车间内各工段的生产设备布置、生产运输与人流路线的关系，以及厂房出入口位置等综合因素。车间通道有纵向、横向和纵横混合的布置方式。纵向通道沿跨间方向布置，横向通道是与厂房跨间方向垂直，并贯穿相邻的许多跨(往往是贯穿整个厂房)。通道的宽度，应根据生产运输工具(手推车、电瓶车、汽车)的行车宽度、车间的生产性质、人流量等决定。通道的位置应考虑各工作地点到出入口交通方便，其疏散距离应不超过防火安全的允许范围。但横向通道的布置，要注意避免切断生产流水线，必要时可局部加设天桥通道，见图3-2-2。

第三节　柱网的选择

柱网的选择在单层工业建筑设计中占重要的一环，它不仅关系到建筑的尺度，投资的经济性，而且还对建成后的生产工艺布局，以及生产设备上的更新换代有着巨大影响。建筑设计人员在选择柱网时要考虑下述要求。

任何工业空间的设计，都应该把生产作为设计的首要目的和满足对象。那么工艺流程的提出以及与建筑空间的相互配合也在设计中占有很大的比重。

一、遵守建筑统一化的规定

柱网由两个方向的尺寸确定：跨度方向和柱距方向，如图3-2-3所示。根据《厂房建筑模数协调标准》规定：

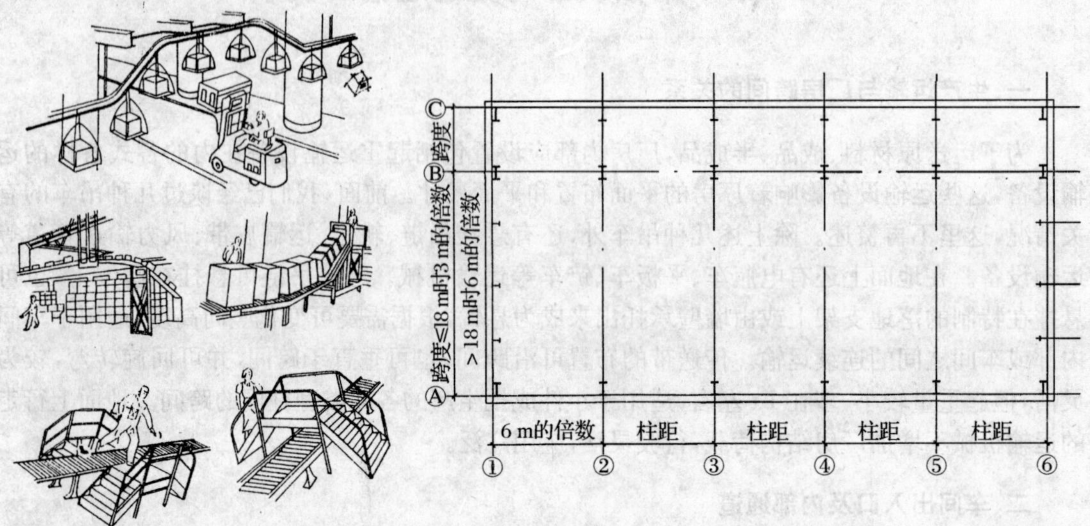

图 3-2-2　车间通道立体布置图

图 3-2-3　柱网布置图

1. 跨度方向：跨度 $L\leqslant18$ m 时，采用 3 m 的倍数增长，即 9、12、15 m。跨度 $L>18$ m 时，采用 6 m 的倍数增长，即 18、24、30、36 m。

除工艺布置有明显优越性者外，一般不宜采用 21、27、33 m 跨度尺寸。

2. 柱距尺寸：6 m 柱距是基本柱距，一般以 6 m 的倍数增长，即 6、12 m。

二、调整和统一柱网

在某些情况下，因工艺要求，当内部柱网要抽掉一部分柱子或者局部柱距扩大时，会出现大小柱距排列不一的现象，这会给结构布置、计算和施工带来麻烦，这时考虑调整柱距，最好统一柱距或采用托架梁的办法统一屋面板等纵向构件。

三、尽量扩大柱网，提高厂房的通用性和经济合理性

1. 扩大柱网能提高厂房的通用性。厂房不仅满足现在生产的要求，而且还要能适应将来生产变革的需要，在更新设备，重新组织生产线的情况下，仍能适应生产的需要，这就要求所设计的生产空间尽量开敞。这样，有效的空间经济利用率就会提高，同时使厂房适应更多的生产活动。

2. 扩大柱网能扩大生产面积，节约用地。小柱网柱子多，柱子本身占用较大面积，同时每柱周围还有一块不便利用的面积，徒增建筑结构的面积。因此在整体考虑的情况下，合理地扩大柱网可便于布置设备、扩大生产面积，相应地缩小厂房总的建筑面积，节约用地。

3. 扩大柱网能加快建设速度。扩大柱网可减少厂房的构件数量，在施工条件允许时显著加快施工进度。

4. 扩大柱网能提高吊车的服务范围。吊车服务范围如按百分比测算，则吊车起重量假设 75/15 t 时，其活动面积在跨度为 12 m 时为 52%，18 m 时为 68%，24 m 时为 76%。

5. 扩大柱网有利于大型设备的布置和产品的运输。现代工业企业中，如重型机械厂、飞机制造厂等，其产品高、大、重，只有柱网大才能满足大型生产设备的布置及产品的装配和运输的要求。

第四节　生活间及其他辅助用房

一、生活间的组成

生活间又分生产卫生用室和生活用室。生产卫生用室包括存衣室、浴室、盥洗室、洗衣房等；生活用室包括厕所、休息室、进餐室等。这些房间都是为了满足工人在生产过程前后的生产卫生及生活上的需要，创造良好的劳动卫生条件，保证产品质量而设置的。

二、生活间的布置

（一）生活间的布置原则

生活间的布置要保证一定的卫生要求，避免粉尘、毒气等有害物质及高温、噪声、振动的影响。生活间的位置应便于组织人流与货流，避免人流与货流交叉，利于生产，方便生活，此外应考虑尽量不影响车间的通风与采光，便于布置各种管线，合理利用厂区面积，从而达到使用方便，经济合理，整齐美观的效果。

（二）生活间的布置方式

生活间一般可分为布置在车间内部和外部两大类。布置在车间外部的又可分为毗连式和独立式两种，如图 3-2-4 所示。

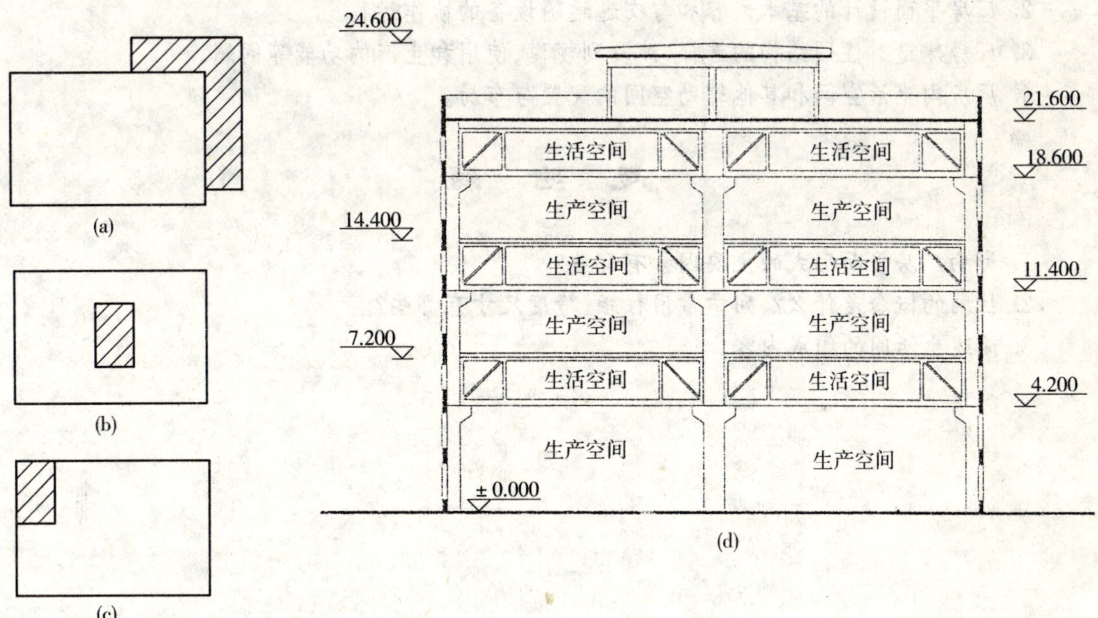

图 3-2-4　生活间的布置方式

(a)在厂房外墙毗连生活空间；(b)在厂房中心布置生活空间；(c)在厂房边角布置生活空间；(d)采用平行弦桁架的多层厂房在桁架间布置生活空间

1. 车间内部的生活间

车间内部的生活间是利用车间内非生产面积和空间布置生活间。例如:在柱子上空、柱与柱之间的空间等边角、空余地段布置生活间,在高大车间上部设夹层布置生活间或在地下室或半地下室布置生活间。

车间内部的生活间使用方便,经济合理,节省建筑面积及体积,但只能将生活间的部分房间布置在车间内如更衣室、休息室等,车间的通用性也受到限制。

2. 毗连式生活间

生活间与厂房的纵墙或横墙毗连建造。优点是生活间与车间联系方便,节省外墙面积,利于保温,管线短捷,占地经济。

3. 独立式生活间

独立式生活间距车间有一定距离,其优点是不影响车间的采光、通风,避免了生活间与车间的相互干扰,结构上两者相互独立,可以用走廊把空间相串通,在一定程度上创造出了景观空间,可以使工人在工间休息时充分放松,远离嘈杂的工作场所而进入到一个会所性质的生活空间,但独立式生活间占地较多,与车间联系不够方便。严寒地区和超净车间不宜采用独立式生活间。

小　　结

1. 本章主要介绍了工业建筑设计中的工艺配合过程。
2. 厂房平面设计的基本内容和与交通运输设备的协作过程。
3. 厂房建造对柱网结构的选择,涉及到规模、使用和生产的功能等问题。
4. 厂房内生活空间和其他辅助空间的配置与布局。

思　考　题

1. 影响厂房平面形式的主要因素有哪些?
2. 柱网的概念是什么?列举常用柱距、跨度尺寸有哪些?
3. 简述生活间的组成内容。

第三章　单层厂房剖面设计

单层厂房的剖面设计是在平面设计的基础上进行的，它着重解决建筑空间如何满足生产的各项要求和体量变化的问题，具体要求如下：

1. 确定厂房的高度。高度是建筑空间的基本数据，剖面设计尤其要针对这一主题进行表现和建构。

2. 合理选择厂房的主体结构和围护结构形式和构造方案。在满足经济技术要求的同时，注重设计室内效果，彰显工业建筑独有的结构审美特色。

3. 处理厂房的采光、通风及排水等技术问题。这一系列的构造设计是在竖向设计中首要解决的问题。通过实验和计算，我们能够科学合理地设置洞口和管道，以便使得工业厂房内有一个良好高效的建筑物理环境。

第一节　厂房高度的确定

单层厂房的高度是指室内地坪至柱顶即屋架(或屋面梁)下弦的高度。一般地，在剖面设计中将室内设计地面的相对标高宅为±0.000。在设计时以地面、吊车轨顶和屋架下弦(柱顶)三个标高为控制标高，并使其保证[illegible]的行驶安全和符合建筑统一化模数0.3~0.6 m的倍数要求。

一、无吊车设备的厂房

在无吊车设备的厂房中，柱顶标高主要取决于厂房内最高的生产设备及其安装和检修时所需的净空高度，同时必须满足采光和通风的要求。一般情况下，无吊车厂房的高度不宜低于4 m，并且柱顶标高应符合《厂房建筑模数协调标准》的扩大模数3M数列的要求。

二、有吊车设备的厂房

在有吊车设备的厂房中，吊车的类型、布置层数、生产设备的高度以及它们之间的最小安全净空共同决定着厂房的高度。以梁式或桥式吊车为例，一般按以下步骤计算柱顶标高，如图3-3-1所示。

其中：

H——厂房高度。$H=H_1+H_2$，按计算所得H值若不符合3M数列时，应将其调整符合扩大模数的数值。

H_1——柱顶标高。$H_1=h_1+h_2+h_3+h_4+h_5$，由计算所得H_1之值若不符合模数数列要求，应按3M数列取值，其值应大于计算所得之H_1值。

H_2——吊车轨顶至柱顶高度。

H_3——轨顶至屋架高度。

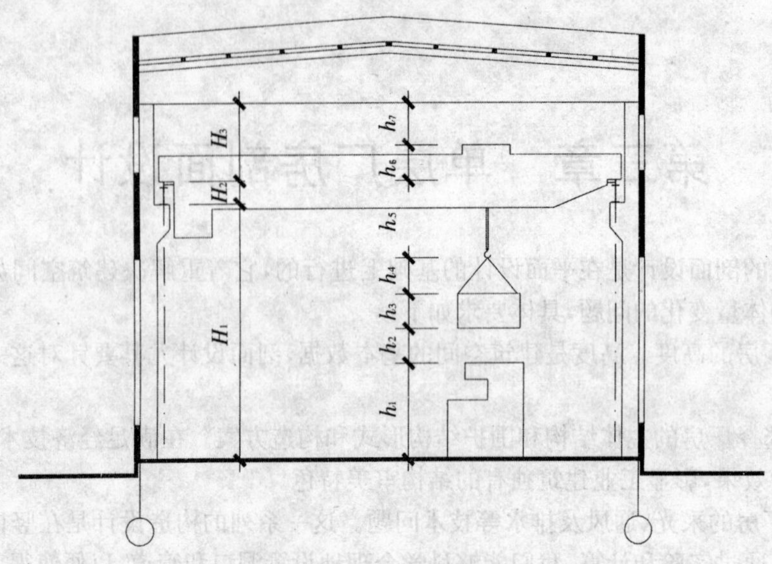

图 3-3-1　有吊车厂房的剖面标高图

h_1——生产设备或检修需要的高度。

h_2——起中吊时安全超越高度，一般为 400～500 mm。

h_3——被吊物件的最大高度。

h_4——吊绳最小高度，依工件大小而定。

h_5——钩至轨顶的最小距离

h_6——吊车轨顶至上部小车顶面的净空尺寸。

h_7——屋架下弦至小车顶面的安全间隙。此值应保证屋架产生最大挠度或地基产生不均匀沉降时，吊车能正常运行。根据吊车起重量大小将 h_7 分别定为 300，400，500 mm。如果屋架下弦悬挂有管线或其他设施时，需另加尺寸。

另外，柱子的牛腿上表面高度，也应按 3M 数列确定。柱子埋入地下部分也需满足模数化要求。在平行多跨厂房中，确定柱顶标高后，如果两跨间高度相差不大时，可将低跨标高升至高跨标高，这样处理可以使整个厂房的结构、构造简单，施工方便，也比较经济。规范规定："在工艺有高低要求的多跨厂房中，当高差不大于 1.2 m 时，不宜设置高度差；在不采暖的多跨厂房中高跨一侧仅有一个低跨，且高差不大于 1.8 m 时，也不宜设置高度差。"

若能利用车间内的走道兼起重运输的空间，则设备高度、超越高度和起吊高度不用叠加，从而可以降低厂房的高度，但这必须是在确保生产和工人安全的前提下才能做此安排。对于高大设备，在不影响生产工艺的前提下，还可采取设地坑等措施降低局部即高大设备底部标高，从而降低整个厂房的高度，见图 3-3-2。

图 3-3-2　某冲压车间剖透视图

第二节　天然采光和自然通风的处理

单层厂房的天然采光和自然通风必须通过厂房围护结构(外墙和屋顶)上的门窗、天窗等洞口来组织。因此,在剖面设计中就涉及合理选择天然采光方式,组织好自然通风的问题。

一、天然采光

(一)天然采光的基本要求

1. 采光量

室外天然光是不断变化的,室内的照度也随之不断变化,因而在单层厂房的采光设计中,以采光系数作为厂房采光设计的标准,而不是用绝对的照度值来衡量。室内某一点的采光系数 C 等于室内该点的照度 E_n 与同一时刻室外全云天水平面上的天然光照度 E_w 的比值。即 $C=E_n/E_w\times100\%$。

在单层厂房的采光设计中,要使车间内部具有良好的视觉条件,车间内工作面上的采光系数最低值不应低于相关工艺生产规定的数值。

2. 采光质量

在单层厂房的采光设计中,除要求工作面有足够的采光量外,还要求厂房内部采光尽量均匀,光色适当,避免在工作区产生炫光等干扰工作的现象。另外,厂房采光应注意自然光线的投射方向,最大效率地利用光线为生产服务。

(二)天然采光方式的选择

单层厂房的天然采光通常有侧面采光、顶部采光和综合采光(侧面采光和顶部采光兼用)三种方式,见图 3-3-3。

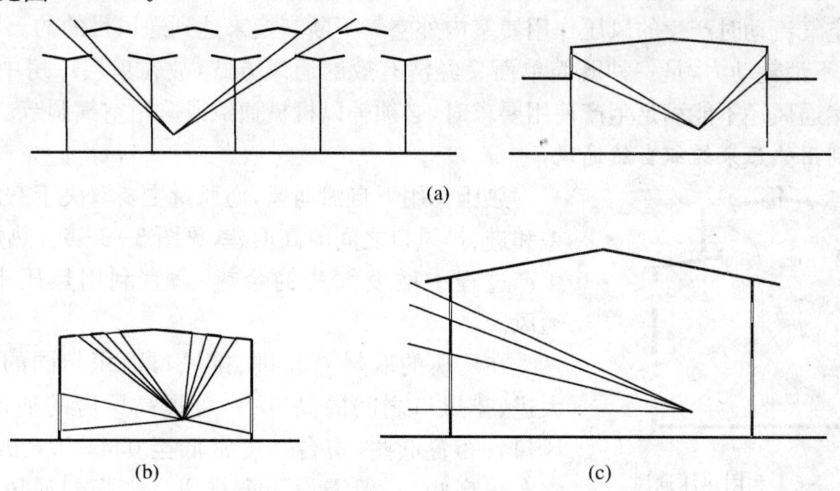

图 3-3-3　天然采光方式

(a)顶面采光;(b)综合采光;(c)侧面采光

1. 侧面采光

侧面采光即利用侧窗采光。侧面采光对室内照射有一定的有效深度且有效深度决定于厂房的采光等级及窗口的类型。对于一般的中等照度要求的厂房，其有效深度大约可按工作面至窗口上缘高度的两倍考虑。由此可见，侧面采光适用于宽度不大的单跨或双跨厂房。

当厂房的高度较高及在有吊车的厂房中，侧窗一般采用高低侧窗结合的布置方式（这样，可提高远窗地点的照度，并使采光较为均匀）。高侧窗的位置应尽量避免吊车梁的遮挡，其窗台一般宜高于吊车梁面约 600 mm。如果高侧窗的高度受到限制以至于采光面积不够时，可将其加宽成为带形窗，采光的效果较好。对于有高低跨的厂房，当条件许可时，还可利用它们之间的高低差设置高侧窗，见图 3-3-4。

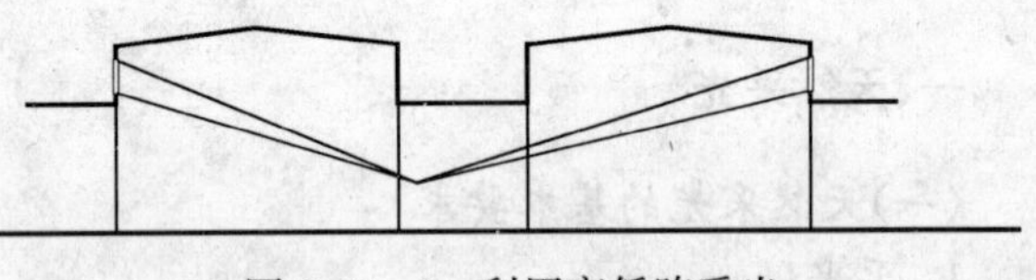

图 3-3-4 利用高低跨采光

2. 其他天然采光

当厂房的宽度超过侧面采光的有效深度，以致厂房中部的光线不足时，可在中部的屋盖上加设天窗，以补充中部照度之不足并提高采光的均匀度。例如三跨及三跨以上的厂房，除边跨无遮挡时可用侧窗采光外，中间各跨一般需设天窗采光，见图 3-3-5。

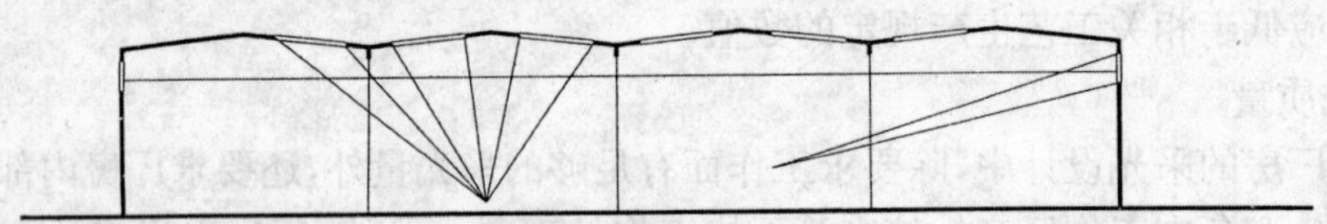

图 3-3-5 多跨顶部采光

二、自然通风的组织

通风有自然通风和机械通风两种。自然通风是利用室内外空气的温度差所形成的热压作用和室外空气流动时产生的风压作用使室内外空气不断交换来达到通风目的的。自然通风的通风量大，不消耗动力，是一种既简单而又经济有效的通风方式，故在单层厂房中广泛应用。当采用自然通风还不能满足生产使用要求时，必须辅以机械通风或采用空气调节。

（一）利用热压来组织自然通风

热压作用下自然通风，通风量主要取决于室内外的温度差和进、排风口之间的高度差，见图 3-3-6。热加工车间在生产过程中散发大量的余热，适宜利用热压来组织自然通风。

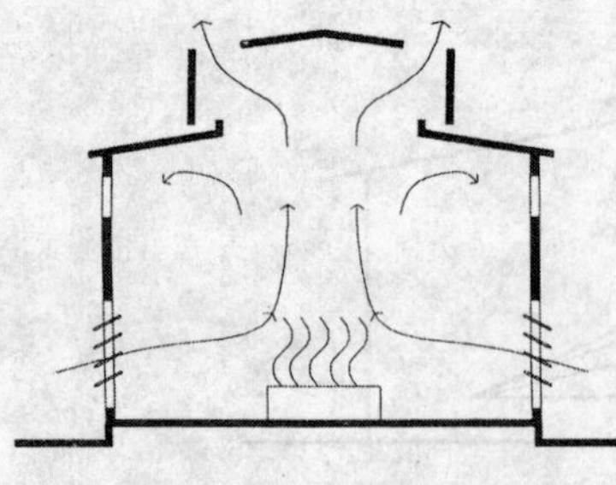

图 3-3-6 利用热压通风

在厂房的散热量和进、排风口面积相同的条件下，增大进、排风口之间的高度差，可提高厂房的通风量。故进风口宜布置低些，窗台高度常低至 0.4～0.6 m；排风口则宜布置高些，一般需设天窗排风。需强烈通风的地段，可考虑增设通风大门。而外墙中间高度处一般不宜设置通风口，因其靠近自然通风的中和轴，通风效果不显著，并且若有风从此进入，反而会减少下排窗口的进风量和降低气流速度（因为在一定的排风量的情况下，进风量是一定的）。如采光要求在中间高度处设侧窗时，一般可做成固定的玻璃窗。寒冷地区的进风低侧窗宜分上下两排开启，夏季用下排窗进风;冬季关闭下排,用上排窗进风,以免冷风直接吹到工作人员身上。上排窗的下缘离地面高度一般不宜低于 4.0 m。

(二)有风压作用时对自然通风的影响

风对自然通风也产生很大的影响。当风吹向厂房时,自然通风的气流状况比较复杂。在厂房迎风面的下部进风口和背风面的上部排风口,热压和风压的作用方向一致,其进风量和排风量比热压单独作用时大。在厂房迎风面的上部排风口和背风面的下部进风口,热压和风压的作用方向却相反,其排风量和进风量比热压单独作用时小。当风压小于热压时,迎风面的排风口仍可排风,但排风量减小;若风压等于热压时,迎风面的排风口停止排风,只能靠背风面的排风口排风;若风压大于热压时,迎风面的排风口不但不排风,反而会灌风,压住上升的热气流,形成倒灌现象,使厂房内部的卫生状况恶化,见图 3-3-7。

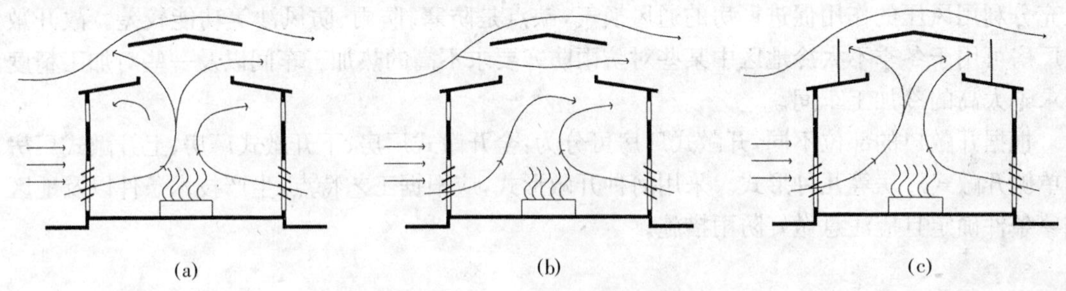

图 3-3-7　风压与热压共同作用通风

(a)风压小于热压时;(b)风压大于热压时;(c)架设挡风板后

这时,对通风量要求较大以及不允许气流倒灌的热加工车间,其天窗应采取避风措施,如设挡风板,或利用加高的女儿墙、相邻的天窗及高跨等遮挡物来代替挡风板,以保证天窗排风的稳定。在设有通风天窗的热加工车间,靠近檐口处的高侧窗一般不宜开启,以免灌风而破坏有组织的自然通风。另外,各种下沉式天窗,通风效果较好且具有避风性能。

对于内部无大型热源、散热量不大、厂房的宽度比较窄(一般在 24 m 以内)的中小型热加工车间来说,由于在风压的作用下,穿堂风的比重较大,故可考虑以穿堂风为主,天窗排风为辅来组织自然通风,仅在热源集中的地段上部,局部设置通风天窗,相对两侧的进、排风窗的开启面积应尽可能大些,一般不宜小于侧墙面积的 30%。同时,进、排风两侧墙面尽可能少设毗连式辅助用房,厂房内部则宜少设实体隔断,使穿堂风畅通。一般利用风压形成穿堂风的车间,单侧进深最远可以达到 40～50 m,因此厂房宽度不宜超过 80～100 m。

(三)冷热跨并联厂房的自然通风组织

在冷热跨并联的厂房中,若冷跨为边跨时,则冷跨不必设置天窗,以便进入厂房的新鲜空气穿过冷跨直接奔向热跨,再从热跨顶部的天窗排出,可获得较好的通风效果。冷热跨之间应设置距地面约 3 m 的悬墙,使进入的新鲜空气流经热跨的作业地带,再经热跨的天窗排出,并防止上升的热气流侵入冷跨。当跨数较多时,如工艺条件许可,宜将冷、热跨互相间隔配置,并适当提高热跨的高度,利用较低的冷跨天窗进风。连续多跨均为热跨的厂房,有时为了更好地组织中间热跨的通风,使进、排风路径更为短捷,也可将跨间分离布置,或在中间设置天井,见

图3-3-8。

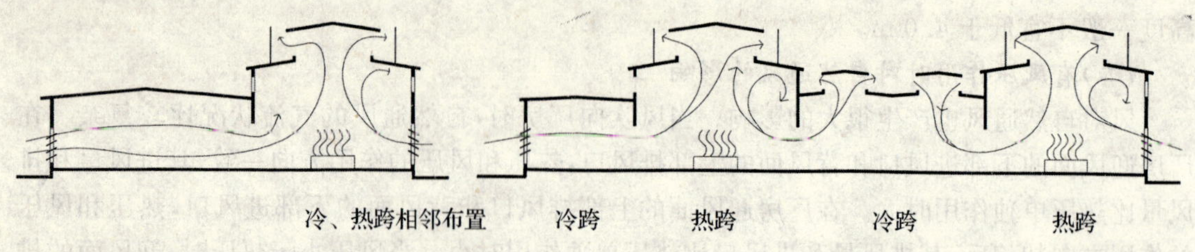

图3-3-8　冷热跨气流组织

(四)开敞式厂房

开敞式厂房的一部分甚至全部外围护墙开敞或做开敞式通风口,不装设窗扇,其优点是可以充分利用风压的作用促进厂房的通风换气,缺点是防寒、防雨、防风沙等功能较差。故开敞式厂房可用于冬季不太冷地区中某些对防雨防寒要求不高的热加工车间以及一些对加工精度要求不太高的冷加工车间。

根据开敞口的部位不同,开敞式厂房可分为:全开敞式厂房、下开敞式厂房、上开敞式厂房和单侧开敞式厂房等几种形式。采用何种开敞形式,应根据工艺特点、生产技术条件以及地区气象条件确定且应注意做好防雨措施。

第三节　屋盖结构形式对剖面设计的影响

单层厂房结构体系和类型的区别主要体现在屋盖结构方面,所以屋盖结构形式的选择常常决定着整个厂房的设计方案,多数情况下还直接影响厂房外部体形和厂房内部空间的最终效果。按受力方式,单层厂房结构体系可分为平面结构体系和空间结构体系。

一、平面结构体系

平面结构体系由屋架(大梁)、屋面板(有檩体系还包括檩条)、支撑系统和下部的柱等构件组成,构件分别制作,便于预制装配和机械化施工,适用于各种跨度、高度和吊车吨位的厂房建筑,应用普遍。厂房屋架多采用钢筋混凝土或型钢,常见屋架形式有:梯形、拱形、三角形、锯齿形、梭形等,见图3-3-9。

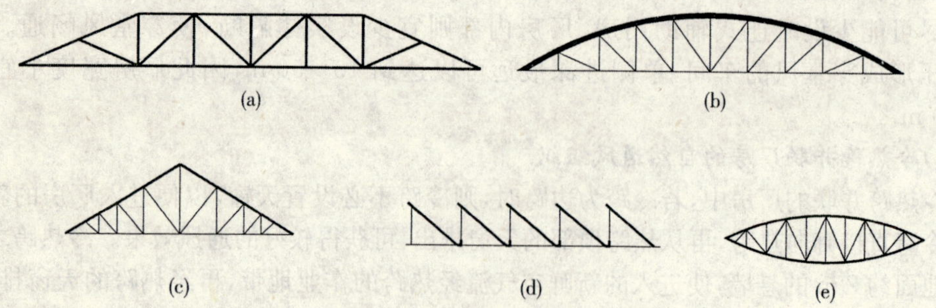

图3-3-9　屋架类型

(a)梯形屋架;(b)拱形屋架;(c)三角形屋架;(d)锯齿形屋架;(e)梭形屋架

采用平面结构体系的屋盖结构的单层厂房剖面，一般具有明显的跨间划分，厂房的屋盖轮廓，根据屋架(刚架)的形状也相应呈其自身的形状。适用于这种结构体系的跨度尺寸为 36 m 以下，柱距以 6～12 m 为主。钢结构多用于吊车吨位重且跨度大的重型厂房，跨距常达到 30 m。

二、空间结构体系

随着建构技术不断发展，当前的工业建筑常常采用各种空间结构，这为无吊车大柱网厂房的建造创造了条件。其中有些是将屋盖的承重结构和维护结构合在一起，充分发挥材料的受力性能，因此大大减少了屋盖厚度及其自重，为扩大柱网，组织大空间创造了良好的技术平台。

空间结构的屋盖形式可以分为折板、薄壳、悬索、网架等多种，形式不同，剖面形状也各异，见图 3-3-10。

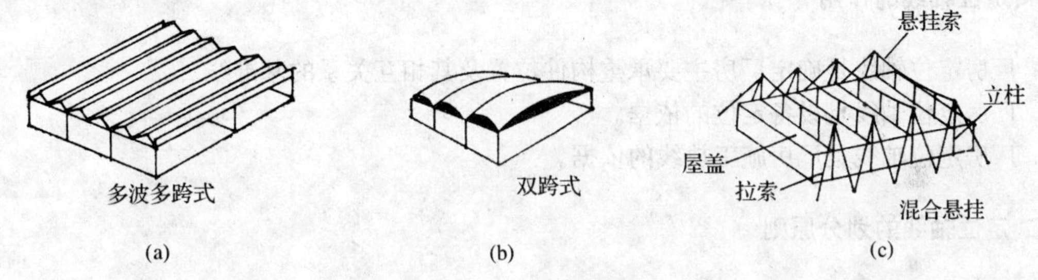

图 3-3-10　空间体系屋盖

(a)折板；(b)壳体；(c)悬索

小　　结

1. 本章主要论述了厂房高度的确定因素以及厂房内吊车系统对空间高度的影响。
2. 工业建筑采光通风的形式选择与组织方法。
3. 屋盖结构形式的简介。

思　考　题

1. 厂房高度的确定过程中要参考哪些因素？室内外高差宜采用多少？
2. 列举采光通风的形式和在厂房中的布置方法。
3. 简述自然通风的基本原理。

第四章　单层厂房的定位轴线

厂房平面都是由柱网单元组成的，而柱网尺寸及墙、柱和其他构配件的相互关系，都是通过定位轴线准确地标定出来的，所以研究厂房则必须先弄清定位轴线的有关问题。

一、定位轴线的作用

1. 厂房定位轴线是确定厂房主要承重构件位置及其相互关系的基准线。
2. 厂房定位轴线是设备定位的依据。
3. 厂房定位轴线是厂房施工放线的依据。

二、定位轴线的划分原则

1. 定位轴线的划分是在柱网布置的基础上进行的，并与柱网布置一致。
2. 定位轴线的划分要有利于减少厂房构件的类型和规格，方便施工。
3. 定位轴线的划分要使不同厂房结构形式所采用的构件能最大限度地互换和通用，以适应建筑工业化的发展要求。

三、定位轴线的分类

在厂房建筑平面图中，有纵向定位轴线与横向定位轴线之分。

1. 纵向定位轴线

平行于厂房长度方向的定位轴线称为纵向定位轴线。纵向定位轴线由下向上顺次按 A、B、C……英文字母的顺序进行编号，相邻两条纵向定位轴线间的距离代表厂房跨度，即屋架的标志长度。

2. 横向定位轴线

垂直于厂房长度方向的定位轴线称为横向定位轴线。横向定位轴线由左向右顺次按 1、2、3……阿拉伯数字的顺序进行编号，相邻两条横向定位轴线间的距离代表厂房柱距，即吊车梁、连系梁、屋面板及外墙板等一系列纵向构件的标志长度。

下面简单介绍装配式钢筋混凝土结构或混合结构的单层厂房定位轴线的划分，见图 3-4-1。

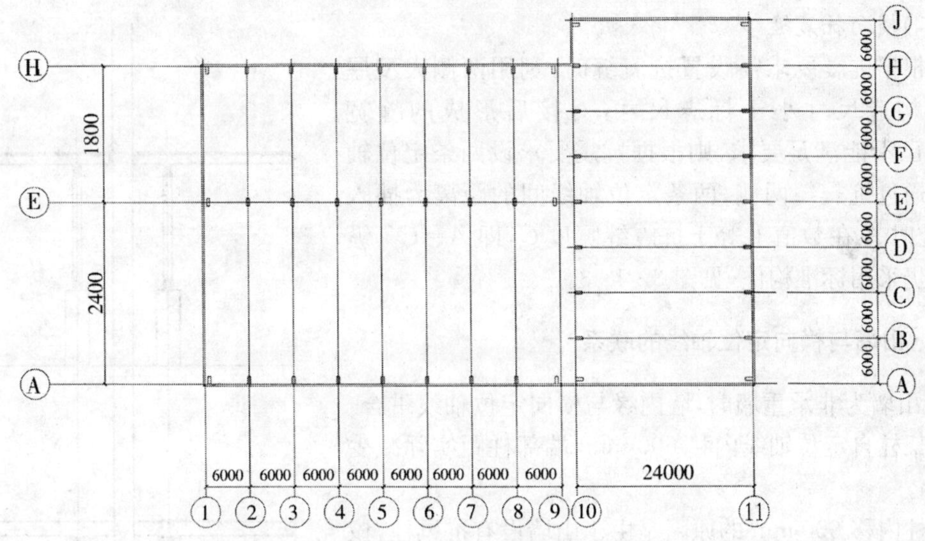

图 3-4-1　单层厂房平面柱网及定位轴线示意图

第一节　横向定位轴线

一、一般柱与横向定位轴线的联系

除横向伸缩缝处及端部排架柱外，一般柱的中心线与横向定位轴线重合，屋架支于柱子的中心线处，连系梁、吊车梁、屋面板及外墙板等的标志长度皆以柱中心线为准，柱距相同时，这些构件的标志长度也相同，连接方式也可统一，见图 3-4-2。

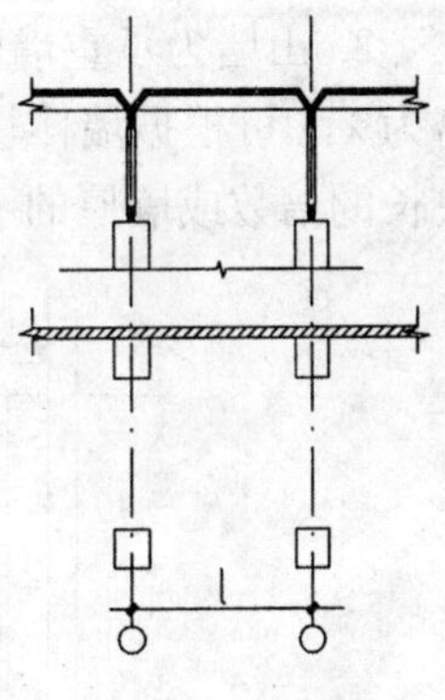

图 3-4-2　一般柱子的横向定位

二、横向变形缝处柱与横向定位轴线的关系

(一)横向伸缩缝

横向伸缩缝处一般采用双柱处理，伸缩缝的中心线与定位轴线重合，柱中心线各自定位轴线内移 600 mm，伸缩缝两侧柱距实际较其他柱距少 600 mm，但横向定位轴线间的距离仍和其他柱距一样。这样连系梁、吊车梁、屋面板及外墙板等仍可采用与其他柱距一样的规格，只是构件一端的联结位置有所改变，变为距标志端部 600 mm 处，构件端部呈悬挑状。屋面伸缩缝则利用两侧大型屋面板的构造尺寸小于标志尺寸，对接后实际尚有 30 mm 缝隙而形成，缝中不用细石混凝土等密实材料灌缝，以免妨碍温度变形。伸缩缝处的柱所以与定位轴线采取这种联系方式，主要是为保证屋面结构不致因设有伸缩缝而另加补充构件或改变屋面板规格，施工比较简便。

伸缩缝处柱子内移的原因是：①考虑双柱间应有一定间距，以便于柱的吊装；②双柱应有各自的杯口基础，由于杯口基础尺寸较柱截面大，故柱子需内移离开一段距离，才能同时排开两个杯口基础。

(二)横向抗震缝

当根据抗震要求需设置抗震缝时,利用两侧大型屋面板的构造尺寸小于标志尺寸,对接后形成的缝宽 30 mm 已不能满足要求,则根据抗震要求设两条定位轴线分别通过抗震缝两侧,两条定位轴线间的距离为插入距 A,此时 A 在数值上等于抗震缝宽度 C,即 $A=C$。纵向构件仍采用标准构件,见图 3-4-3。

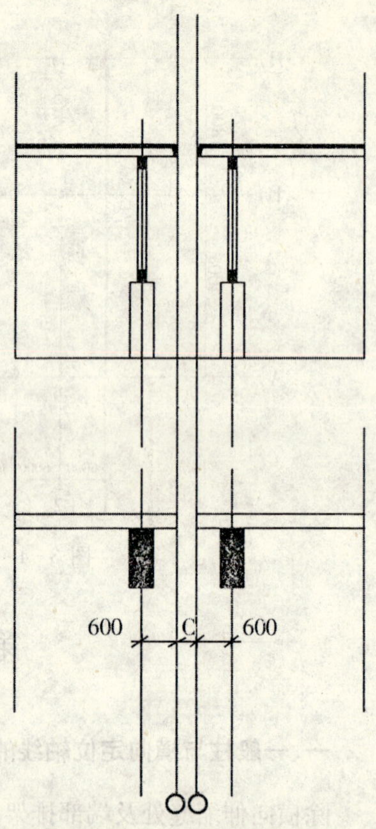

图 3-4-3　横向变形缝柱与横向定位轴线

三、山墙与横向定位轴线的联系

1. 山墙为非承重墙时,墙内缘与横向定位轴线重合,端部排架柱自定位轴线内移 600 mm,端部柱距实际减少 600 mm。

端柱内移 600 mm 的原因是由于山墙设有抗风柱,该抗风柱须通至屋架上弦或屋面梁上翼处,柱顶用板铰与屋架等相联结,以传递风荷载。因此,端部屋架或屋面梁与山墙间应留有一定空隙,以保证抗风柱得以通上,一般情况下,端柱内移 600 mm 后所形成的空隙已能满足抗风柱通上的要求,同时也与伸缩缝处定位轴线的处理相同,以便于定型和通用互换,见图 3-4-4a。

2. 山墙为承重墙时,墙内缘与横向定位轴线间的距离为 λ,λ 可根据墙体块材种类,分别取块体的半块长、半块长的倍数或墙厚的一半,见图 3-4-4b。

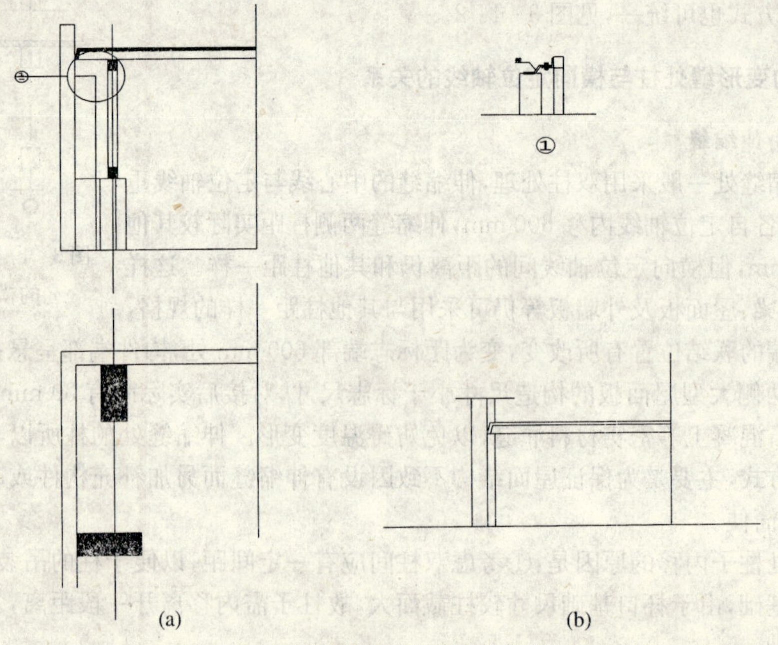

3-4-4　端部排架柱与横向定位轴线

第二节　纵向定位轴线

确定墙、柱与纵向定位轴线的联系方式时，需考虑以下因素：

1. 确定墙、柱与纵向定位轴线应尽量使得建筑的构造简单，结构合理。因为纵向定位轴线通过横向构件的标志端部，即它的间距是横向构件的标志尺寸，墙、柱与纵向定位轴线的联系方式确定了横向构件与墙、柱的交接情况。

2. 纵向定位轴线在设计时要保证吊车安全运行的净空，因为吊车轨道中心线与纵向定位轴线有直接的关系。

3. 在确定平面的纵向轴线时，要考虑是否需要设置检修用的安全走道板。

一、墙、边柱与纵向定位轴线的联系

(一)有吊车的厂房

在有吊车的厂房中，为使吊车与结构规格相协调，确定墙、边柱与纵向定位轴线关系如下，见图 3-4-5：

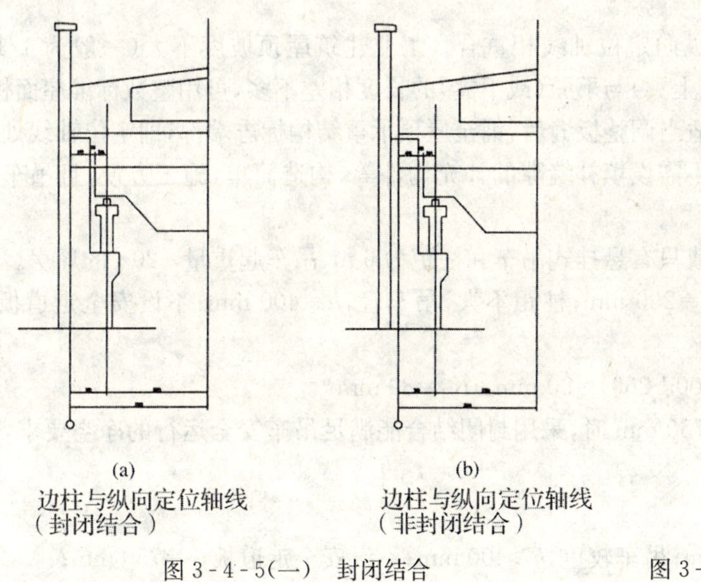

(a) 边柱与纵向定位轴线（封闭结合）

(b) 边柱与纵向定位轴线（非封闭结合）

图 3-4-5(一)　封闭结合

图 3-4-5(二)　吊车与纵向定位轴线(非封闭结合)

$$L_k = L - 2e$$

式中　L_k——吊车跨度，即吊车两条行车轨道中心线间的距离。

L——厂房跨度，即纵向定位轴线间的距离。

e——吊车轨道中心线至纵向定位轴线的距离。一般地，取 e=750 mm；当吊车起重量大于 75 t 时，取 e=1000 mm。

图中：

H_1——吊车构造高度，详见吊车有关资料。

H_2——吊车安全运行所需上部净空，一般不小于 220 mm。

B——吊车桥架端头构造长度，即轨道中心线至吊车桥架端头外缘的尺寸，详见吊车有关资料。

K——吊车桥架端头外缘至上柱内缘的安全净空，当吊车的起重量 $Q\leqslant 50$ t时，$K \nless 80$ mm；$Q\geqslant 75$ t时，$K \nless 100$ mm。K 值主要是考虑吊车及柱子在制作和安装过程中允许产生的误差以及适用过程中不可避免的变形等而应预留的安全空隙。

h——上柱截面高度，根据吊车起重量、厂房高度、跨度及柱距等而变。

为保证吊车在跨度方向的净空要求，根据吊车与厂房跨度的关系，则：

$$e-(h+B)\geqslant K$$

吊车端部尺寸及最小安全间隙值见下表：

吊车起重量(t)	≤5	5～10	15/3～20/5	30/5～50/10	75/20
B(mm)	186	230	260	300	350～400
K(mm)	≥80	≥80	≥80	≥80	≥100

由于吊车形式、起重量、厂房跨度、高度、柱距等不同，以及是否设置安全走道板等条件，外墙、边柱与纵向定位轴线的联系方式可出现下述两种情况。

1. 封闭结合

即边柱外缘和墙内缘与纵向定位轴线相重合。工业建筑屋顶坡度不大(一般为 1/12 左右)时，屋顶承重结构上弦(或上翼)与下弦(或下翼)的长度相差不多，可用整数标准屋面板(常用 1.5 m×6.0 m 大型板)经适当调整板缝后，铺至屋顶承重结构标志端部，即定位轴线处。这样，屋面板与外墙间无缝隙，不需设填补缝隙的补充构件等，构造简单，施工方便，且吊车荷载对柱的偏心距较小，较经济。

封闭结合适用于无吊车或只有悬挂式吊车和柱距为 6 m、吊车起重量≤20 t 的厂房。

原因如下：$Q\leqslant 20$ t 时，$B=260$ mm；柱距不大，吊车轻，$h=400$ mm；不设安全走道板，$e=750$ mm；

则：$e-(h+B)=750-(400+260)=90\ \text{mm}\geqslant K_2=80$ mm

则吊车荷载 $Q\leqslant 20$ t，$e=750$ mm 时，采用封闭结合能满足吊车安全运行的净空要求，又能简化屋面构造。

2. 非封闭结合

当 $Q\geqslant 30$ t 时，$B=300$ mm；吊车较重，$h\geqslant 400$ mm；不设安全走道板，$e=750$ mm；

则：$e-(h+B)=750-(400+300)=50\ \text{mm}\leqslant K_2=80$ mm。

显然采用封闭结合不能满足吊车安全运行的净空要求，为了保证吊车的安全运行，边柱外缘与纵向定位轴线之间加设联系尺寸 D，即边柱外缘自定位轴线向外推移联系尺寸 D，边柱外缘(经常也是外墙内缘)离开定位轴线，在一般的屋顶坡度下，用整数块标准屋面板只能铺至定位轴线处，离开外墙内缘尚有一段空隙，形成非封闭结合。该段空隙或须挑砖封平，或须增设屋面板补充构件以及结合外墙构造加设挑檐板、檐沟板等予以填盖，故施工麻烦，吊车荷载对柱的偏心距也相应增大，厂房占地面积也略有增加。

在一般情况下，当吊车起重量 $Q=5\sim 75$ t 时，$L_k=L-2e$(e 常取为 750 mm)的关系不便轻易更改，否则将引起吊车规格的复杂化。因此，为保证吊车安全运行所需净空又不增加吊车基本规格，则将边柱外缘自定位轴线向外推移，即根据需要加设联系尺寸 D，为不使厂房宽度类型增加过多，故定 D 值为 300 mm 或其倍数，当围护结构是砌体的话，也可以取 50 mm 或其倍数。例如：当柱距为 6 m，吊车起重量为 50 t>Q>30 t 时，取 D=150 mm，即边柱外缘自定位轴线向外推移 150 mm；当柱距为 12 m，吊车起重量 Q>50 t 或设安全走道板等构造需要，而 D=150 mm 已不能满足要求时，可采用 D=250 mm 或 500 mm。

在出现非封闭结合时，边柱外缘自定位轴线向外推移联系尺寸 D，屋架支承在上柱的支承长度不再是整个上柱截面的长度，仅是一部分，所以尚需注意保证屋架等在柱上应有的支承长度（当屋架等与柱刚接时除外）≮300 mm，不足时则上柱头上应伸出牛腿以保证支座长度。

（二）无吊车或只有悬挂式吊车的厂房

当采用带有承重壁柱的外墙时，如壁柱较大，足够支承屋顶承重构件，则墙内缘与纵向定位轴线相重合；如壁柱较小，不够支承屋顶承重构件，则墙内缘与纵向定位轴线的距离 λ 应为墙体半块或其倍数。

当采用承重墙时，墙内缘与纵向定位轴线的距离 λ，一般为墙材半块、半块的倍数或使墙中心线与定位轴线相重合，见图 3-4-6。

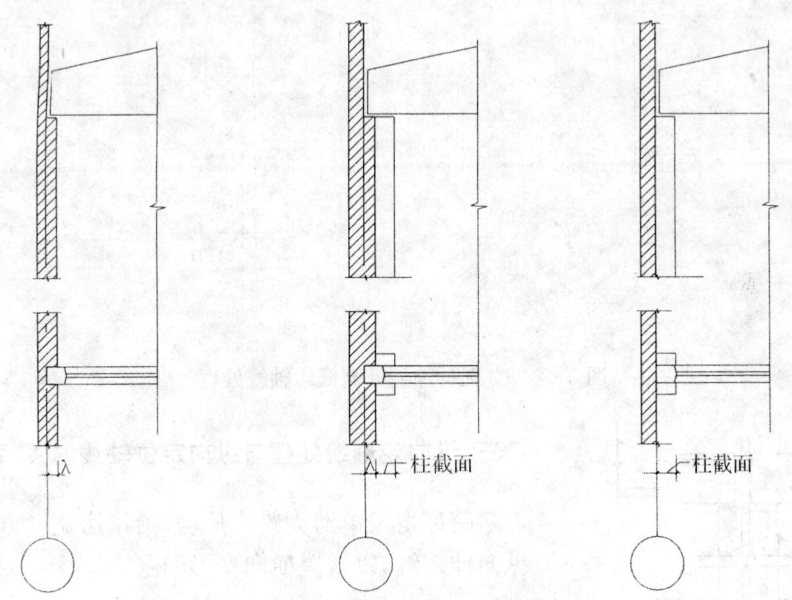

图 3-4-6　承重墙与纵向定位轴线

二、中柱与纵向定位轴线的联系

（一）等高跨中柱

等高跨的中柱，其上柱中心线应与纵向定位轴线相重合，即等高跨两侧屋架或屋面梁等的标志跨度皆以上柱中心线为准，则中柱两侧屋架（屋面梁）在柱顶的支承情况相同。上柱截面高度一般取 h=600 mm，以保证两侧屋顶承重结构应有的支承长度（≮300mm）。上柱不设牛腿，制作简便，并且也不影响吊车安全净空，见图 3-4-7。

(二)高低跨处中柱

根据吊车荷载的不同,中柱与纵向定位轴线间有两种联系方式:

1. 吊车起重量 $Q\leqslant 20$ t 时,则高跨上柱外缘或封墙内缘应与纵向定位轴线重合。

2. 当高跨吊车起重量 $Q=30\sim50$ t 时,上述联系方式不能满足吊车安全运行所需要的净空尺寸,则此时采用两条定位轴线,两线间的距离为插入距 A,$A=D$。

这类中柱可看作是高跨的边柱,该柱外缘自该跨定位轴线向低跨方向移动 D 的距离使高跨成为非封闭结合,但对低跨来说,在可能时宜采用封闭结合,其定位轴线自上柱外缘、封墙内缘通过,以简化屋面构造。所以,在一根柱上同时存在两条定位轴线,分属于高、低跨,见图 3-4-8。

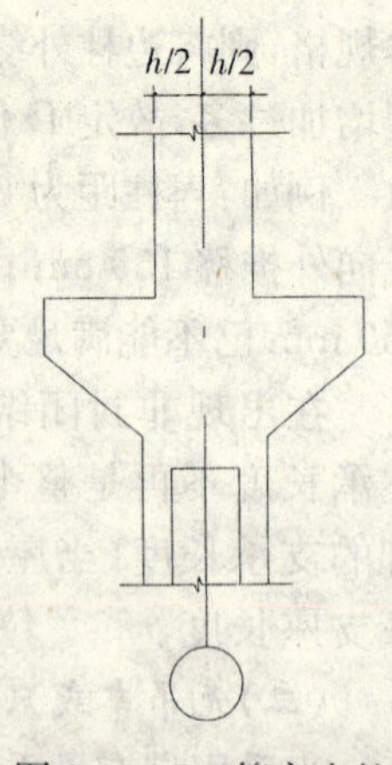

图 3-4-7　等高中柱与纵向定位轴线

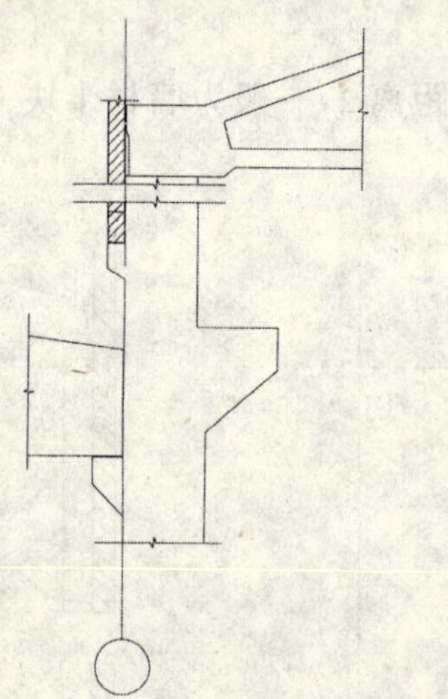

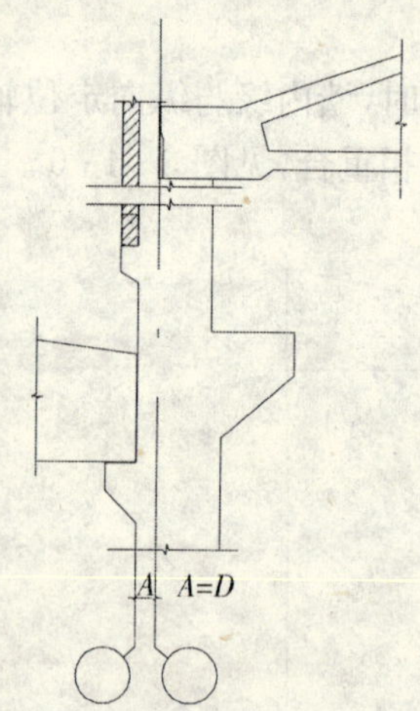

图 3-4-8　无伸缩缝处高低跨轴线处理

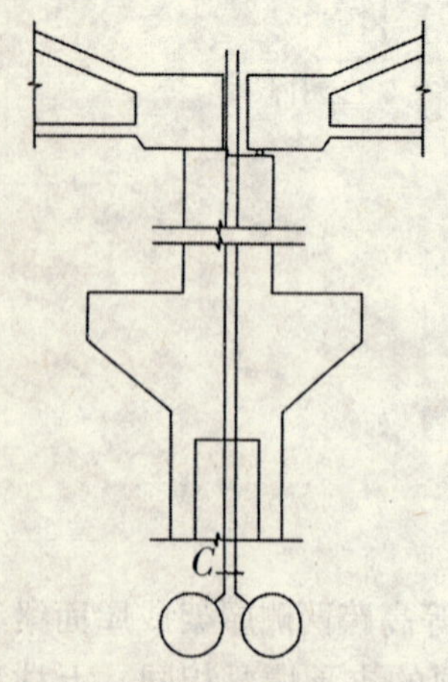

图 3-4-9　伸缩缝处等高中柱与纵向定位轴线

三、纵向变形缝处柱与纵向定位轴线的关系

多跨厂房及单跨大跨度厂房,沿厂房宽度方向往往须设置纵向伸缩缝,以解决横向变形问题。

(一)单柱处理

1. 等高跨厂房纵向伸缩缝

(1)伸缩缝一侧的屋架或屋面梁支承在柱头上,另一侧伸缩缝处设两条纵向定位轴线,两线间的距离为插入距 A,$A=C$,C 为变形缝宽度。,如见图 3-4-9。

2. 不等高的厂房纵向伸缩缝

不等高的厂房纵向伸缩缝一般设在高低跨处,低跨屋架或屋面梁搁置在活动支座上,高低跨处柱采用两条纵向定位轴线,两线间设插入距 A,A 的取值根据下列情况确定:

（1）高跨吊车荷载不大时，取 $A=C$，一条轴线与高跨上柱的外缘重合，属于高跨；另一条轴线通过低跨屋架的标志端部，属于低跨。

（2）高跨吊车荷载较大时，高跨上柱外缘自定位轴线向低跨方向移动一个联系尺寸 D，低跨的定位轴线仍通过低跨屋架的标志端部，则此时两线间的插入距 A 等于变形缝宽加上联系尺寸的和，即 $A=C+D$，见图 3-4-10。

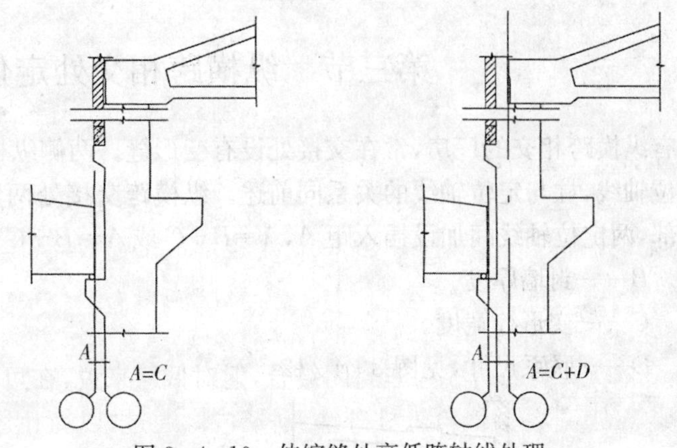

图 3-4-10　伸缩缝处高低跨轴线处理

（二）双柱处理

高低跨采用单柱处理，结构简单，吊装工作量少，但也有缺点：

1. 柱牛腿多，外形稍复杂，制作不便。

2. 不适合柱两侧高低悬殊或吊车吨位差异较大的情况。这样的情况对柱子的结构受力不利。

3. 不利于结构的抗震设计。

故当厂房两侧高低悬殊，吊车吨位差异较大，抗震要求较高时，可结合伸缩缝、抗震缝采用双柱处理。用两条定位轴线，两柱均按属于各自跨的边柱与其定位轴线相联系，两条定位轴线间设插入距 A，则 $A=C+B$ 或 $A=B+C+D$。

式中　B——封墙厚度。

C——伸缩缝宽度。

D——联系尺寸，见图 3-4-11。

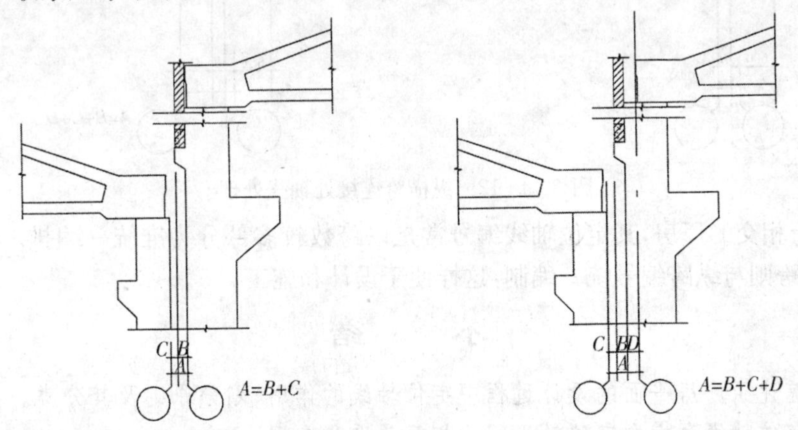

图 3-4-11　伸缩缝处高低跨双柱与轴线处理

由此可见，高低跨两侧结构实际上是各自独立，自成系统，仅在距离上相互靠拢，以便下部空间相通，有利于组织生产。

第三节　纵横跨相交处定位轴线

有纵横跨相交的厂房，常在交接处设有变形缝。两侧纵横跨结构各自独立，有各自的柱列和定位轴线，柱与定位轴线的关系同前述。纵横跨交接处两定位轴线分别标志两侧构件的标志端部，两定位轴线间加设插入距 A，$A=B+C$ 或 $A=B+C+D$。

式中　B——封墙厚度。

C——变形缝宽度。

D——联系尺寸，见图 3-4-12。

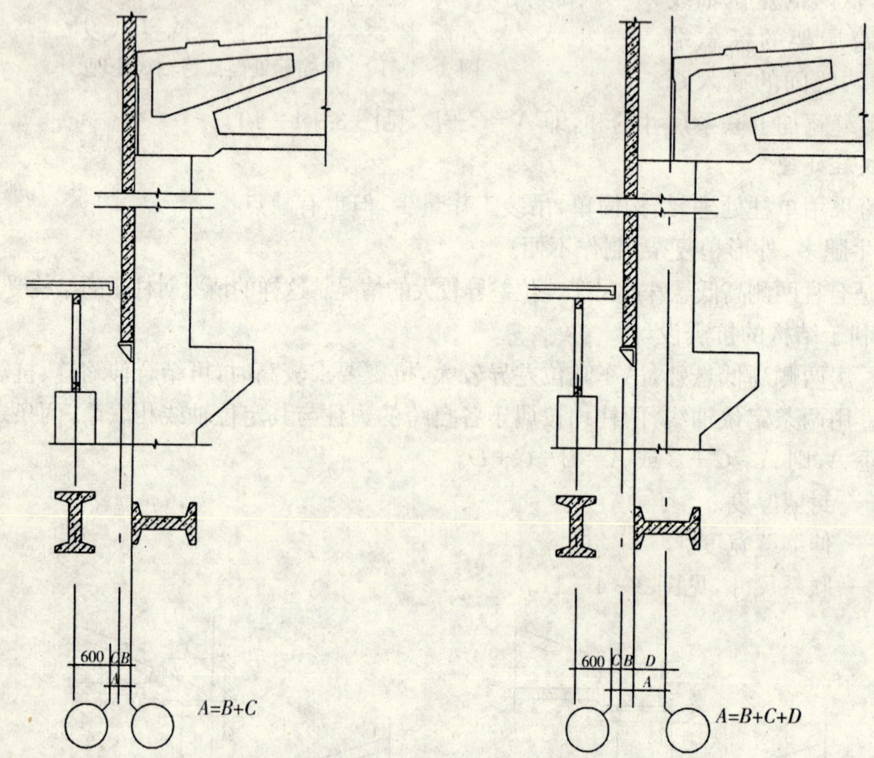

图 3-4-12　纵横跨连接处轴线处理

有纵横跨相交的厂房，其定位轴线编号常是以跨数较多部分为准统一编排。一般是纵跨较多，所以横跨则与纵跨编号统一编制，这样便于设计和施工。

小　结

1. 本章综述了厂房平面的设计过程中定位轴线的作用、划分原则及其分类。
2. 纵向定位轴线和横向定位轴线间的相互关系和应用。

思　考　题

定位轴线的概念是什么？并画图说明其分类和区别。

第五章　单层厂房体型和立面设计

单层厂房的体型组合根据内部生产工艺要求及平面形状、剖面形式、结构类型等而异。单层厂房的立面设计则是在已有的体型组合的基础上利用柱子、勒脚、门窗、墙面、脚线、雨篷等部件，运用建筑构图的基本原理和处理手法进行的，通过建筑师的设计构思和处理手法，使建筑具有简洁、朴素、大方、新颖的外观形象，同时注重体现工业文明给我们带来的工业审美文化，突出建筑的结构美。

一、影响单层厂房形体设计的因素

（一）使用功能的影响

不同的生产工艺流程，生产状况、运输设备不同，平面布置和剖面处理也各异，从而影响厂房的体型和立面。例如某钢铁公司的轧板车间，由于轧板车间在生产时产生大量余热，为了使余热能尽快排出室外，外墙用开敞式，挡雨板既能通风又能防雨，外墙下部采用立转窗，可增大进风量。该建筑立面处理反映出热加工车间的个性。

另外在厂房的体量组合设计中，还需特别注意其与生活空间和辅助用房等毗连房屋之间的协调问题，因为它们在体量关系上相差较大，处理不好，将会给人以不协调的感觉。有些车间山墙外部毗连的工具库房，与主厂房在建筑体量上相差悬殊，窗口尺度和墙面处理也缺少呼应，因而显得不够和谐。

（二）结构、材料的影响

结构形式对厂房体型有着直接的影响，同样的生产工艺，可以采用不同的结构方案。因而厂房结构形式，特别是屋顶承重结构形式在很大程度上决定着厂房的体型。如某些厂房中的锯齿形屋顶、拱形、悬索、壳体结构屋顶及平屋顶等，见图 3-5-1。

图 3-5-1　轻型钢结构厂房

(三)环境、气候的影响

气候条件主要是指太阳辐射强度、室外空气温度、相对湿度等。寒冷地区的厂房,往往需要保温防寒,因而窗洞口面积较小。墙体面积较大,给人以稳重厚实的感觉;炎热地区强调通风降温,故窗洞口面积较大,墙体面积较小,甚至大面积墙面开敞,墙面设遮阳板,以减少太阳辐射热的影响,建筑形象开敞、明快。

(四)社会经济的发展对其的影响

工业厂房的建造形式最终要取决于建筑师的思维,那么社会的发展直接影响到了设计者的审美趣向。在各种设计思潮百家争鸣的今天,作为设计者应该运用丰富的表现手法,来适应工业建筑与民用建筑之界限日益模糊的大趋势。抛弃原来的一些对工业建筑设计的狭隘限制,真正使得工业建筑的空间能够体现时代的脉博。

二、墙面的划分

外墙占厂房立面的比例最大。外墙墙面的色彩与门窗的大小、位置、比例、组合形式等直接关系到厂房的立面效果。在工程实践中墙面划分常采用以下三种方法:

(一)垂直划分

根据砌块或板材的墙体结构特点,利用承重的柱子、壁柱、向外突出的窗间墙、竖向条形组合窗等构成竖向线条,有规律地重复分布,使立面具有垂直方向感,形成垂直划分。垂直划分可改变单层厂房扁平的比例关系,使厂房立面显得挺拔、有力。为使墙面整齐美观,门窗洞口和窗间墙的排列,多以一个柱距为一个单元,在立面中重复使用,使整个墙面产生统一的韵律。当墙面很长时,可隔一定距离插入一个变化的单元,这样可避免立面单调而又有节奏感。

(二)水平划分

墙面水平划分的处理方法主要采用带形窗,使窗洞口上下的窗间墙构成水平横线条,若采用通长的水平窗眉线、窗台线、遮阳板、勒脚线,则水平线条的效果更为显著,也可采用不同材料,不同色彩处理水平的窗间墙,使厂房立面显得明快、大方、简洁、舒展。

(三)混合划分

在设计实践中,常常将墙面设计的水平划分和垂直划分综合运用,或者以某种划分为主,以另一种划分为辅,兼起衬托作用,从而形成混合划分处理。此时应注意水平和垂直线条间的关系,以期达到相互渗透,混而不乱,主次分明,生动和谐的效果,见图 3-5-2。

图 3-5-2a　北京某供热站厂房外观

图 3-5-2b　清华大学燃气锅炉房外观

厂房立面中,窗洞口面积的大小是根据采光和通风要求确定的。窗与墙的比例关系有三种情况：

1. 窗面积大于墙面积，立面以虚为主，显得轻巧、明快。
2. 墙面积大于窗面积，立面以实为主，显得敦实、稳重。
3. 窗面积等于或接近墙面积，虚实平衡，显得安定、平稳。

设计中往往采用以虚或以实为主的立面处理，而虚实平衡的手法，显得平淡，较少采用。

小　结

本章论述了工业建筑的外形设计理念和各种影响因素。

思 考 题

1. 举例说明影响厂房立面的主要因素，立面设计中运用的美学法则及应用。
2. 谈谈你对工业建筑设计中的色彩运用理解。

第六章　单层厂房外墙构造设计

第一节　概　　述

一、单层厂房外墙的特点

与民用建筑相比较，单层厂房的外墙具有以下特点：

1. 单层厂房的外墙一般只起围护作用，不起承重作用。单层厂房的跨度、高度和承受的荷载都比较大，且常有振动较大的设备如吊车等，故大多采用骨架结构承重，外墙只起围护作用，不起承重作用。

2. 单层厂房外墙面开窗灵活。单层厂房外墙面在高度范围内无楼层限制，又不承重，可适应采光、通风及生产工艺的需要，建造大片的带形玻璃墙或作成半开敞或全开敞（有大量余热排出的高温车间）或建造无窗的墙面。

3. 单层厂房外墙面刚度和稳定性要求之间的矛盾相对突出。单层厂房外墙的高度和承受的荷载都比较大，但厚度却比较薄（砖墙一般为 240 mm 厚），为了保证外墙在风荷载和起重运输设备等荷载作用下具有足够的刚度和稳定性，需要采取相应的加强措施，如设壁柱、圈梁、连系梁和山墙抗风柱等。

4. 单层厂房的外墙构造还应满足生产工艺方面的某些特殊要求。例如有爆炸危险的生产车间，其外墙要求用轻质材料建造，或开设大面积玻璃窗以利防爆泄压等。

二、单层厂房外墙的分类

1. 单层厂房的外墙按材料分类有砖墙、砌块墙、板材墙等。
2. 单层厂房的外墙按承重情况分类有承重墙、承自重墙、框架墙等。

第二节　单层厂房外墙的构造

一、砖墙与砌块墙

（一）承重砖墙与砌块墙

1. 适用情况

当厂房的跨度及高度不大，没有或只有小型的起重运输设备时，可采用承重砖墙或砌块墙直接承担屋盖与起重运输设备等荷载。一般情况下，承重砖墙及砌块墙的高度不宜超过 11 m，跨度不宜超过 15 m，吊车荷载不宜超过 5 t。

2. 构造做法

为增加墙体的刚度、稳定性和承载能力，通常每隔 4～6 m 间距应设置壁柱并在墙体中设置圈梁。一般情况下，当无吊车厂房的承重砖墙厚度≤240 mm，檐口标高为 5～8 m 时，要在墙顶设置一道圈梁，超过 8 m 时应在墙中间部位增设一道；当车间有吊车时，还应在吊车梁附近增设一道圈梁。

承重山墙宜每隔 4～6 m 设置抗风壁柱；屋面采用钢筋混凝土承重构件时，山墙上部沿屋面板应设置截面不小于 240 mm×240 mm（在壁柱处宜局部放大）的钢筋混凝土卧梁，并须与屋面板妥善连接。

墙身防潮层应设置在相对标高为－0.05 m 处，做法与民用建筑相同，其以下部位不得使用硅酸盐砖（砌块）。

(二)承自重砖墙与砌块墙

1. 适用情况

对于厂房的跨度、高度及起重运输荷载较大的大中型厂房，通常采用骨架结构承重，此时，外墙只承担自重，屋盖与起重运输等荷载由排架柱来承担，这种墙称为承自重墙。承自重墙是单层厂房常用的外墙形式之一。

2. 构造做法

(1)柱与墙的相对位置：由于墙体只起围护作用，是非承重构件，厂房外墙与柱的相对位置较灵活，通常可以有四种方案，如图示 3-6-1 所示。

方案 A：外墙的内缘与排架柱的外缘相重合。其特点是构造简单、施工方便、热工性能好，便于基础梁与连系梁等构配件的定型化和统一化。

方案 B：排架柱部分嵌入墙内。与方案 A 比较，节省建筑占地面积，并能增强柱列的刚度，但要增加部分砍砖，施工较麻烦，同时基础梁与连系梁等构配件也随之复杂化。

方案 C：外墙的外缘与排架柱的外缘相重合。构造复杂，施工不便，砍砖多，且框架结构外露易受气温变化的影响，用于寒冷地区时，热工性能较差，形成冷桥易使柱子出现冷凝水，且其基础梁与连系梁等构配件均不能实现定型化和统一化。一般用于厂房连接有露天跨或有待扩建边跨的临时性封闭墙。优点是节约建筑用地和能增强柱间刚度等优点。当吊车吨位不大时，厂房可不设柱间支撑，可用于我国南方地区。

方案 D：排架柱嵌入外墙。特点同方案 B、方案 C。

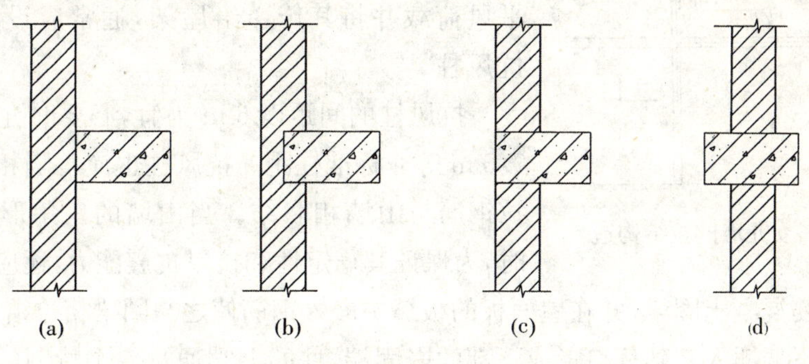

图 3-6-1　柱与墙的相对位置

(2)柱与墙的联结构造:为防止由于风力及地震力等使墙倾倒并使支承在基础梁上的承自重砖墙与排架柱保持一定的整体性与稳定性,厂房外墙应与柱子可靠联结。最常用的做法是沿柱高下疏上密每隔 0.5～1 m 伸出 2ϕ6 的钢筋段,砌墙时直接砌入墙体内。这种联结方式既能保证墙体与柱子的可靠联结,同时又使承自重墙的重量由其下部的基础梁支承而不传给柱子,从而维持墙与柱子的相对整体关系,属于柔性联结,见图 3-6-2。

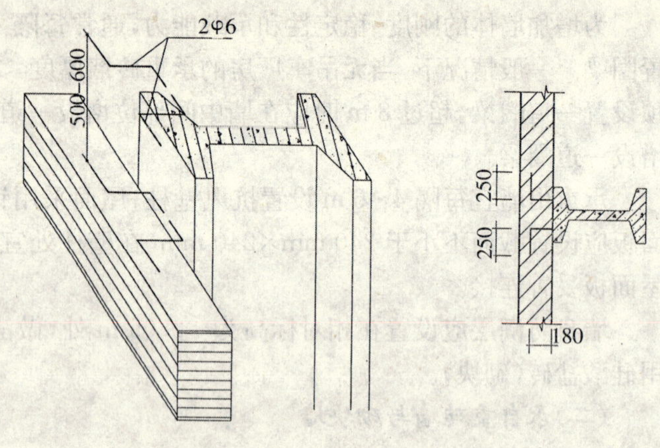

图 3-6-2　柱与墙的联结构造

(3)女儿墙的拉结构造:女儿墙厚度一般不小于 240 mm,高度由构造要求和使用要求共同决定。受设备振动影响较大的或地震区的厂房,女儿墙的高度则不宜超过 500 mm,并须用整浇的钢筋混凝土压顶板加固;非地震区厂房较高或屋面较陡时,为保证在屋面上从事检修、清扫灰雪、擦洗天窗等人员的安全,一般宜设置高度 1 m 左右的女儿墙,或在厂房的檐口上设置相应高度的护栏。

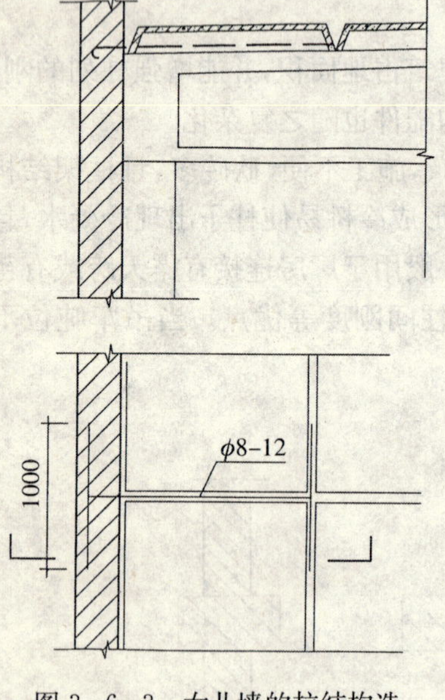

图 3-6-3　女儿墙的拉结构造

女儿墙与屋面板的拉结处理做法是把嵌入板缝和砌置在墙体内的两根相平行的钢筋段,通过另一根嵌入垂直方向板缝的相同直径的钢筋段联结起来,最后将板缝用 C20 细石混凝土灌满捣实以增强其刚性,见图 3-6-3。

(4)抗风柱的联结构造:厂房山墙比纵墙高,墙面面积较纵墙大,故山墙承受的水平风荷载也往往大于纵墙。为了保证承自重山墙的刚度与稳定性,抵抗水平风荷载并将其传递给屋架,通常应设置钢筋混凝土抗风柱。

抗风柱的间距以 6 m 为宜,必要时允许采用 5 m 和 7.5 m 等非标准柱距。抗风柱也应每隔相应高度伸出锚拉钢筋与山墙相联结。当山墙的三角形部分高度较大时,为保证其稳定性和抗风抗震能力,还应在山墙上部沿屋面板设置钢筋混凝土圈梁,并在屋面板的板缝中嵌入钢筋使之与圈梁相拉结。

抗风柱的下端插入基础杯口形成下部的嵌固端,柱的上端通过一个特制的“弹簧”钢板与屋架相联结,保证柱与屋架之间只传递水平方向的力而不传递垂直力,既有联结而又不改变各自的受力体系，见图 3-6-4。

(5)承自重砖墙的下部构造

承自重砌体墙通常不采用独立的条形基础，而是砌筑在简支于柱子基础顶面的基础梁上。目的是防止承自重墙和排架柱基础沉降不一致而导致墙面开裂，且厂房基础一般较深，承自重砌体墙采用带形基础常不够经济。当基础埋深不大时，基础梁可直接搁置在柱基础的杯口顶面上；若基础较深，则可设置在柱基础杯口上的混凝土垫块上；当埋深更大时，也可设置在排架柱底部的小牛腿上或者高杯基础的杯口上。不论哪种情况，通常都要求基础梁顶面标高低于室内地面 50 mm，并高于室外地面 100 mm，使车间的室内外地面高差为 150 mm。其优点是能防止雨水流入车间，使基础梁上部受到保护，并把车间内外地面连接起来，便于在车间大门口设置坡道，以利于运输工具的通行；基础梁可兼做防潮层而直接在梁上砌墙。通常基础梁下的回填土可虚铺，不必夯实，以利于基础梁随柱基础一起沉降。寒冷地区的地基土为冻胀性土壤时，基础梁底部还应铺设厚度不小于 300 mm 的干砂或炉渣等松散材料，以防冬季土壤冻胀而导致基础梁和墙体开裂，见图 3-6-5。

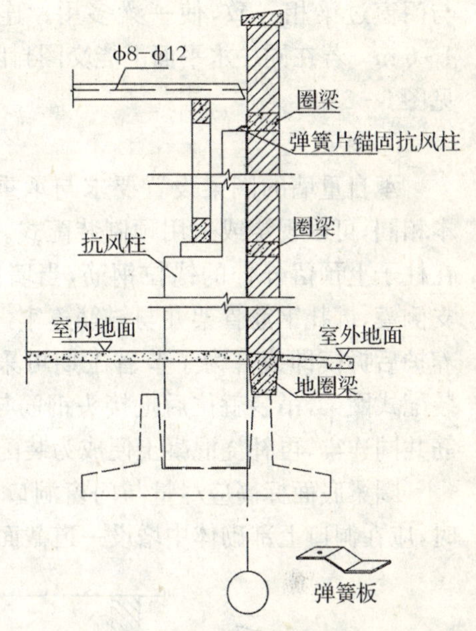

图 3-6-4　山墙与抗风柱的连接

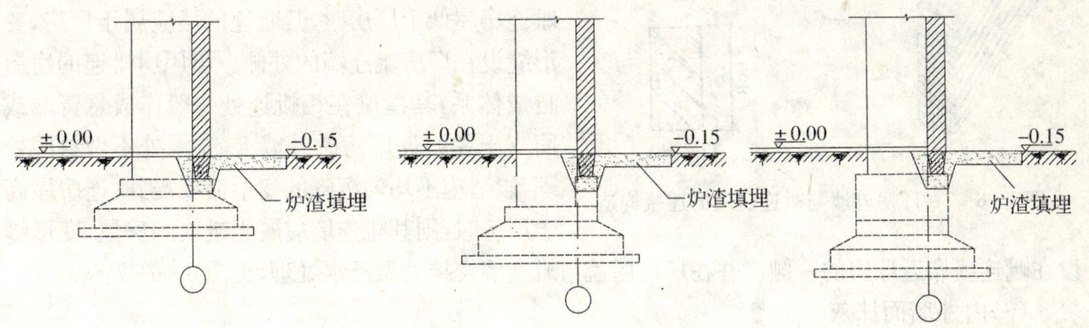

图 3-6-5　承自重砖墙的下部构造

厂房外墙与室外天然地面相接触的部位还应设置勒脚和散水或排水明沟，做法同民用建筑。

(6)连系梁与圈梁

①连系梁

连系梁有以下几种作用：连系梁是联结厂房排架柱的纵向联系构件，以增强厂房的纵向刚度。单层厂房的高度范围内，没有楼板层相联结，一般靠设置连系梁与厂房排架柱联系。通过连系梁向柱列传递水平风荷载。连系梁还要承担它上部墙体的荷载。

连系梁的构造做法如下：连系梁多采用预制装配式和装配整体式，支承在排架柱外伸的牛腿上，并通过螺栓或焊接与柱子相联结。梁的截面形状一般为矩形，当墙厚≥370 mm 时方可采用L形，以减少连系梁的外露高度。梁的位置应尽可能与门窗过梁相一致，使一梁多用。连系梁的间距一般为4～6 m。若在同一水平面上能交圈封闭时，也可视做圈梁，见图3-6-6。

②圈梁

承自重墙的圈梁设置要求与承重墙中的圈梁要求基本相同，可以现浇或采用预制装配式。现浇圈梁一般是先在柱子上预留外伸的锚拉钢筋，当墙体砌至梁底标高时，支侧模，绑扎钢筋骨架并与锚筋连牢，然后浇灌混凝土，经养护后拆模即成。为了节省工期可采用两端留筋的预制装配式圈梁，吊装就位后把接头钢筋与柱上的预留锚拉钢筋共同连牢，再补浇混凝土便成为装配整体式的圈梁，见图3-6-6。

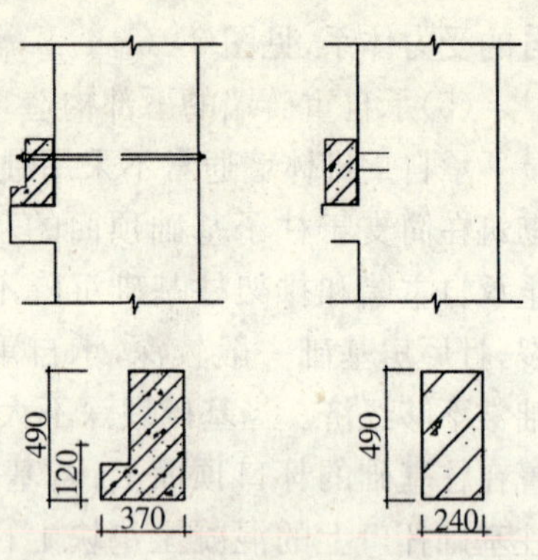

图3-6-6　连系梁的构造做法

圈梁底面标高应尽量与门窗洞口的标高一致。当圈梁由于个别门窗洞口较高不能通过时，应在洞口上部砌体中增设一道截面相同的附加圈梁。其搭接长度应不少于圈梁与附加圈梁中心距离的两倍，并不得小于1.5 m。

(7)厂房外墙与毗连房屋的连接构造

当厂房外墙需贴建生活间、变电所、炉子跨等毗连房屋时，由于厂房的高度和荷载与毗连房屋截然不同，一般须在其连接部位设置沉降缝，当在地震区时，此缝应按抗震缝设计。在非地震区，当毗连房屋低于厂房时，其毗连的墙应属于厂房，变形缝设在厂房毗连墙的外侧。与厂房毗连的房屋自成体系，其横梁在相毗连处一般作成悬臂端或简支于相毗连厂房的外墙上，支承处不做封固处理，以适应不均匀沉降的变形需要；当毗连房屋高于厂房时，则其毗连墙应属于毗连的房屋，变形缝设在毗连墙靠近厂房的一侧。并在厂房屋盖与毗连墙交接处做泛水处理，见图3-6-7。

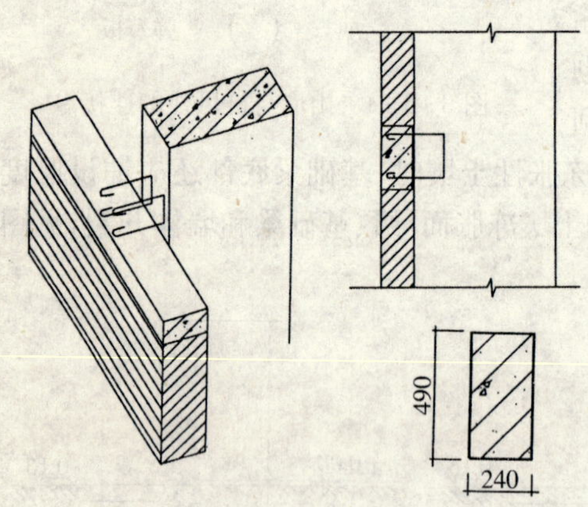

图3-6-7　厂房外墙与毗连房屋的连接构造

(8)内外墙面抹灰

一般单层厂房的墙面不做抹灰，只有当车间由于卫生、采光、防腐蚀以及装修等需要时才做抹灰处理，根据需要不同可分为一般抹灰、装饰抹灰和防腐蚀抹灰，其中一般抹灰和装饰抹灰基本同民用建筑的抹灰。经抹灰处理的厂房内墙面，一般都要做喷(刷)浆处理；对抹灰有特殊要求的工程，如洁净厂房类的内部抹灰等，须要根据洁净标准采用相应的材料和采取相应构造措施另做特殊处理。

二、大型板材墙

由于砖墙和砌块墙存在施工速度慢，湿作业多，工人劳动强度大等缺点，大型板材墙正逐渐成为工业建筑广泛采用的外墙形式之一。

(一)墙板的类型和技术要求

1. 工业建筑的墙板随着建筑材料的不断研发,类型也越来越多。许多地方在墙体改革的潮流下,研制了适合本地域的外墙材料,使得墙板改革朝着轻薄,牢固,保温隔热和隔声等性能好,易于生产施工的方向迈进。

(1)按墙板的受力情况可分为:承重墙板和非承重墙板;

(2)按墙板的保温性能可分为:保温墙板和非保温墙板;

(3)按墙板所用材料可分为:钢筋混凝土、加气混凝土等混凝土材料类墙板和复合材料类墙板(如夹芯彩钢板);

(4)按墙板规格可分为:基本板、异形板(加长板、山尖板等)、辅助构件(嵌梁、转角构件等);

(5)按墙板所居位置可分为:檐下板、一般板、女儿墙板、山尖板等。

2. 墙板的生产和施工需要相应的技术支持,在厂房的建造过程中对墙板的要求也有相当严格的规定。

(1)对墙板的承重要求:墙板在静力和动力作用下,应有可靠的力学性能。墙板的承重、抗风、抗压、抗震等力学性能都直接关系到厂房整体结构的合理性。

(2)墙板的围护性能:墙板应有良好的隔气、防腐蚀、不透水和一定的隔热、保温、隔声等性能。近几年出现的各种复合型板材,充分利用了各种建筑材料的自身特性,使墙板才成为经济实用的建材集合体。

(3)墙板的构造要求:墙板的安装固定和节点构造应考虑承重、温度变形和抗震的需要。所以,一些高级的节点设计配合了现场施工的特点,同时也提高了工业厂房整体的设计水平。

(4)墙板的立面美观的问题一直是建筑美学探讨的焦点之一,所以要求我们在研究墙板各种物理性能的同时还要适当兼顾建筑造型的需要。

(5)我们对墙板发展的展望理应要求新一代的建筑材料作到轻质、高强、薄壁、大型、价廉和多功能。

(二)墙板的规格

1. 基本板——形状规整,大量应用的板。

基本板的长度应符合我国“厂房建筑统一化基本规则”的规定,并考虑山墙抗风柱的设置情况。一般地,板长定为4500 mm、6000 mm、7500 mm、12000 mm等数种。但有时由于生产工艺的需要,也允许采用9000 mm 的规格。为减少板长规格,抗震缝处的定位轴线须采用双轴线。

基本板的高度应符合 3M,规定为1800 mm、1500 mm、1 200 mm、900 mm 四种。6 m 柱距一般选用1200 mm或 900 mm 高,12 m 柱距选用1800 mm或1500 mm 高。

基本板的厚度应符合(1/5)M(20 mm),同时考虑承重、围护等是否满足要求。

2. 异形板——形状特殊,应用较少的板。包括窗框板、加长板、窗间墙短板等。其中,加长板及窗间墙短板的高度、厚度应与基本板相同,长度按设计要求确定。

3. 辅助构件——包括嵌梁、转角构件等,它们与墙板共同组成墙体。转角构件高度应与基本板高度或其组合高度相适应。嵌梁及其与窗台板的组合高度应符合 3M。

(三)墙板的布置

墙板的布置可分为竖向布置、横向布置和混合布置三种类型，见图3-6-8。目前大量应用的是横向布置。

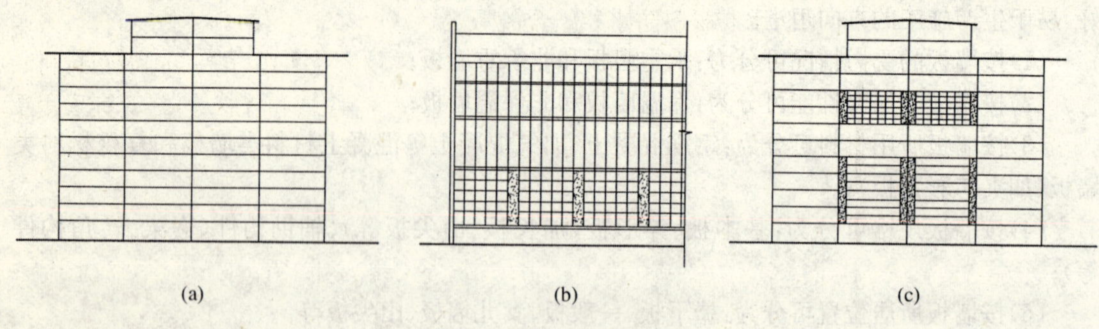

(a)　(b)　(c)

图3-6-8　墙板的布置
(a)横向布置；(b)竖向布置；(c)混合布置

1. 横向布置优缺点分析

横向布置的优点是墙板长度和柱距一致，其竖缝可由骨架柱遮挡，不易渗漏风雨；墙板本身可兼起门窗过梁与连系梁的作用，能增强厂房的纵向刚度；构造简单，联结可靠，板型较少以及便于布置带形窗等。缺点是遇到穿墙孔洞时墙板布置较复杂。

2. 横向墙板的布置要求

(1)尽量减少屋架类型，屋架坡度宜平缓，屋架端部尺寸与挑梁高度符合3M，以减少墙板类型。

(2)山墙抗风柱宜对称布置，并尽量采用6 m柱距，便于墙板布置和采用基本板。

(3)窗台高度一般应符合3M，如600 mm、900 mm、1200 mm等。

(4)窗洞高度应为基本板高度的整数倍或为其组合高度。

(5)多跨厂房或高大厂房需设联系尺寸时，最好只用一种，以减少加长板或辅助构件类型。厂房转角及设联系尺寸的部位宜选用加长板，必要时也可采用辅助构件。

3. 横向墙板的布置方法

(1)横向墙板布置时以檐口标高为基准进行调整。

①厂房的外墙应尽可能采用一种高度的基本板，有困难时可以通过以下措施进行调整排板：变动柱顶标高，加通长嵌梁，改变窗台标高，改变女儿墙高度等。

②如用基本板排还有困难时，可将排下的余数作成异形板或辅助构件，放在形状要求特殊的部位。

③热加工车间或炎热地区的一般厂房，当屋架端头设有挑梁构成挑檐时，如墙板按板材模数排列到挑梁下还有空隙时，可以保留此空隙而不另设异形墙板。

(2)横向墙板布置时以柱顶标高为基准进行调整

柱高符合3M，柱顶以下全部用标准板，柱顶以上随屋架端头尺寸不同来确定板的规格。这种布置方法要求同类型屋架的端头尺寸应尽可能统一，以减少墙板类型。

(四)板缝处理

墙板的板缝应满足防水、防风、保温、便于制作、施工方便、经济美观、坚固耐久等要求。

通常板缝防水处理措施有两种：构造防水与材料防水。其中构造防水是在接缝外口做适应的线型构造或增加不同形式的挡水处理，使水流分散，减少接缝的雨水流量、流速和压力。材料防水是用油膏或砂浆等防水材料嵌缝的处理方法。一般地，板缝宜优先采用构造防水，防水要求较高时可采用构造防水与材料防水相结合的形式。

水平缝宜选用滴水平缝、高低缝和肋朝外平缝，防水要求较低或采用可靠的防水密封材料时，水平缝也可采用简单的平缝形式。垂直缝有直缝、喇叭缝、单腔缝和双腔缝，一般宜采用单腔缝，用压条连接时，可采用直缝或喇叭缝。生产工艺对防水要求较高时可采用双腔缝，见图3-6-9。

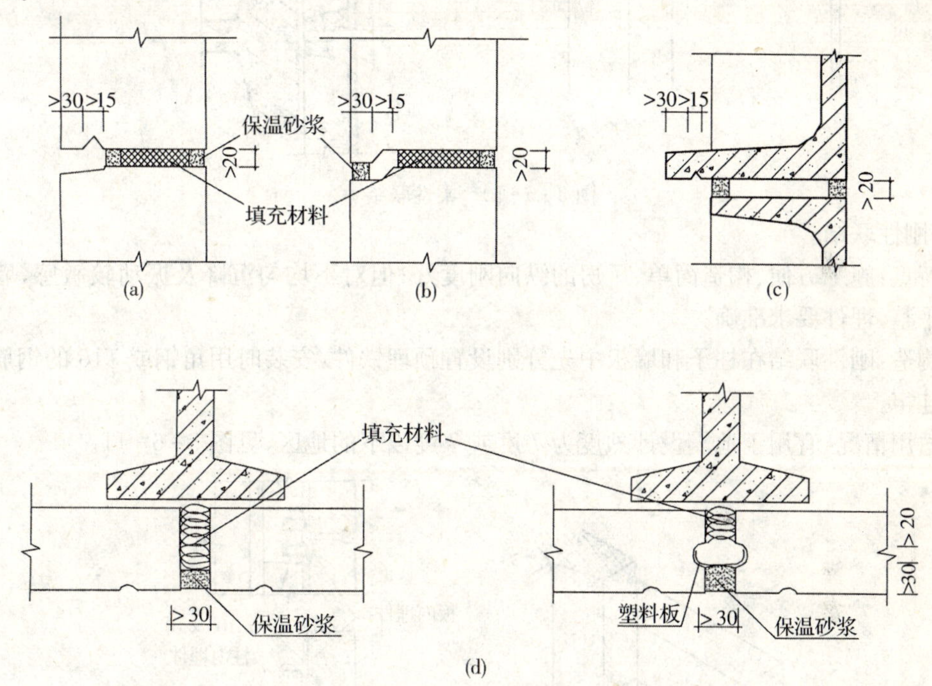

图3-6-9　板缝的处理

(a)水平缝的构造——滴水平缝；(b)水平缝的构造——高低缝；

(c)水平缝的构造——肋朝外平缝；(d)墙板竖缝的构造

对吸水率大的轻骨料混凝土墙板，板缝两侧应预刷防水涂料。在保温墙板的板缝填充松散或吸水率大的保温材料时，应双面嵌缝。非保温墙板可单面嵌缝。地震区或振动较大，有不均匀沉降的厂房，应以弹性较好的材料嵌缝。

（五）墙板的联结

1. 墙板与柱子的联结

墙板与排架柱的联结，有柔性联结和刚性联结两种方式：

(1)柔性联结

①特点：柱只承受由墙板传来的水平荷载，墙板的重量并不加给柱子而由基础梁或勒脚墙板承担。

②构造：通过设置预埋铁件和其他辅助件使墙板和排架柱相联结，最常用的为螺栓联结和压条联结两种做法。

③适用情况：多用于各类厂房的承自重墙，尤其适用于地震区的各类厂房，见图 3-6-10。

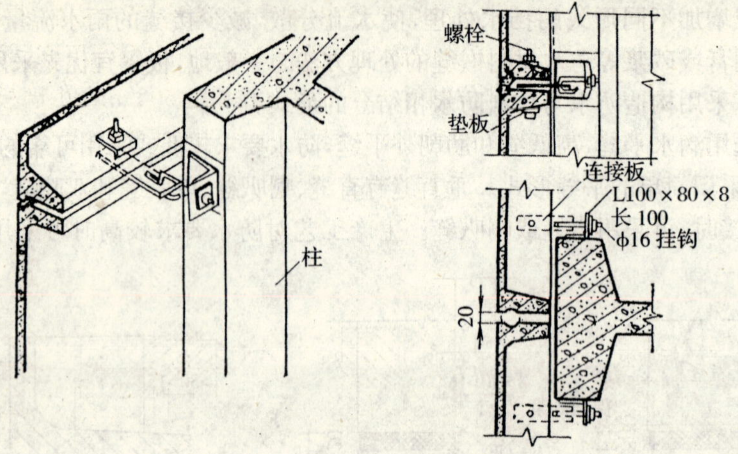

图 3-6-10　柔性联结

(2)刚性联结

①特点：施工方便、构造简单、厂房的纵向刚度好；但对不均匀沉降及振动较敏感，墙板板面要求平整，埋件要求准确。

②构造：刚性联结在柱子和墙板中先分别设置预埋铁件，安装时用角钢或 ϕ16 的钢筋把它们焊接连牢。

③适用情况：宜用于地震设计烈度为 7 度或 7 度以下的地区，见图 3-6-11。

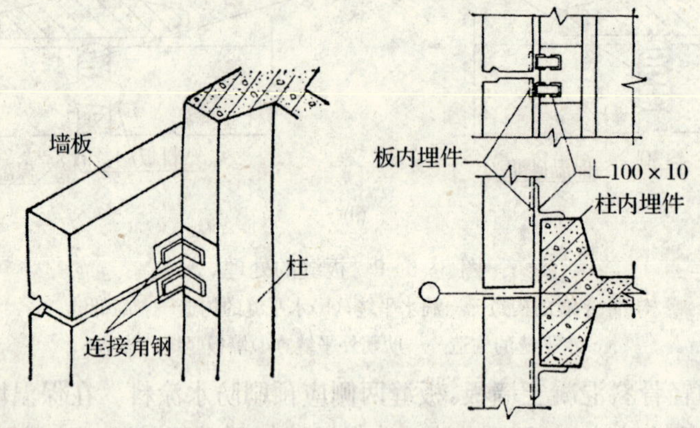

图 3-6-11　刚性联结

2. 檐口的联结

檐口根据设计需要可以采用挑檐板、檐沟板或女儿墙等构造形式。当采用女儿墙墙板时，要注意联结可靠，有利抗震。女儿墙上的压顶板板缝应与墙板板缝错开布置，并应作抹灰处理。在地震区，女儿墙的高度不得大于 500 mm，其压顶板最好是现浇钢筋混凝土的，以增强其整体性，见图 3-6-12。

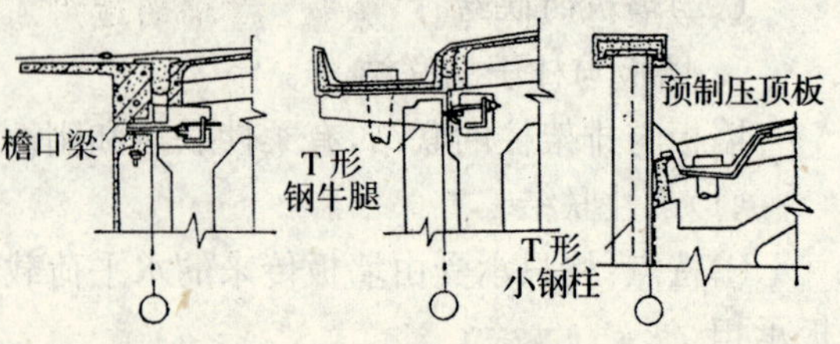

图 3-6-12　檐口的联结

3. 转角与山墙墙板的联结

厂房转角墙板的联结构造和多跨厂房端柱与山墙板的联结构造可以有多种方式，设计时应根据具体情况灵活处理，力求使墙板类型最少，安装方便，支托和联结可靠，并应注意建筑处理和减少材料消耗。在转角处由于定位轴线与柱子中心线相距600 mm，山墙板与柱子之间的空隙可根据具体情况选用钢筋混凝土或钢墙架柱填充，也可以在厂房柱上设置钢支托和水平承压杆支承。在地震区，厂房转角处应采用加长板或辅助构件。非地震区允许用砖或砌块镶嵌，但以采用加长板为好，见图3-6-13。

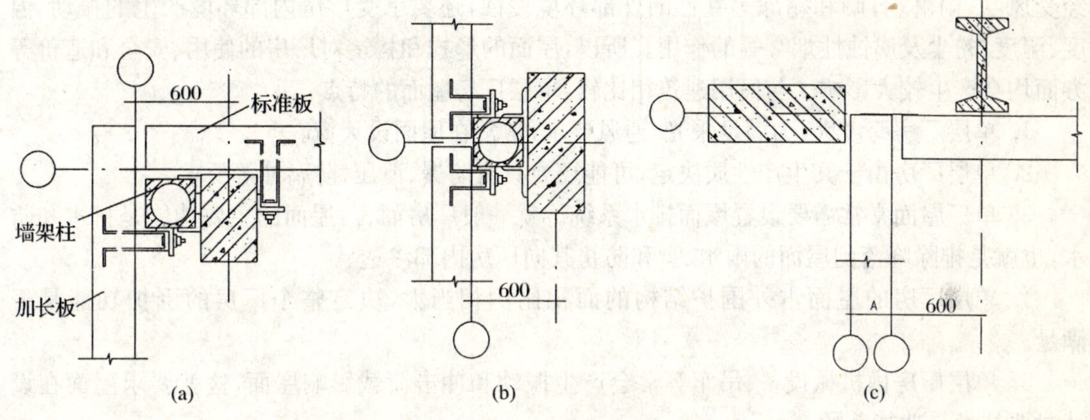

图3-6-13　转角与山墙墙板的联结

(a)转角构造；(b)中柱与山墙板联结；(c)丁字跨墙板的联结

小　　结

1. 本章论述了单层厂房的外墙构造原理以及在各自构造形式下的结构承重体系特点。

2. 简介了单层厂房外墙构造按其材料类别可分为砖墙、砌块墙、板材墙等；按其承重形式分为承重墙、自承重墙和框架墙等。

3. 介绍部分外墙构造中的细部节点设计。

思　考　题

1. 列举钢筋混凝土大型板材的布置方式和特点。

2. 绘图说明单层厂房承自重墙的适用范围并画出其与柱子的几种构造关系。

3. 给出单层厂房中圈梁的定义。

第七章　单层厂房屋面构造设计

屋面是从上部覆盖整个厂房的维护结构，其覆盖面积一般都大于建筑面积。屋盖除了要经受风吹、雨淋、日晒和霜冻等共性的外部环境侵蚀，还要承受厂房内部环境产生的振动、温度、湿度、粉尘及腐蚀性烟雾等的作用。所以，屋面的形式和构造对厂房的使用、安全和造价等方面均会产生较大影响。与民用建筑相比较，单层厂房屋面的特点：

1. 单层厂房跨度大，为满足采光、通风要求，常常在屋面设天窗。

2. 单层厂房由于其生产性质决定，可能还要具有防爆、泄压、防腐蚀等要求。

3. 单厂屋面常常需要设置屋面排水系统。就一般厂房而言，屋面的主要功能是排水和防水，也就是排除降落到屋面的雨水、雪和防止其向厂房内部渗透。

4. 单层厂房的屋面占外围护结构的面积比例相当大，决定整个厂房的围护功能是否满足。

5. 单层厂房内机械设备、吊车等常会产生振动和冲击荷载影响屋面，这就要求屋面在设计时要技术与功能兼顾。

第一节　屋 面 排 水

一、屋面排水方式

厂房屋面排水方式分无组织排水和有组织排水两种，可根据下表选择：

地区年降雨量 （mm）	檐口高度 （m）	天窗跨度 （m）	相邻屋面高差 （m）	排水方式
<900	≥10	≥12	≥4	
	<10	—	<4	
≥900	≥8	≥9	>3	
	<8	—	—	

由此可见，单层厂房屋面排水方式的选择，与该厂房所处地区的年降雨量、厂房的檐口高度、天窗跨度、相邻屋面的高差等多种因素有关，另外屋面排水方式的选择还与厂房的生产性质有关系。

（一）无组织排水

1. 特点：屋面上不设天沟，厂房内部也不需设置雨水管及地下雨水管网，排水顺畅，构造简单，施工方便，造价经济。

2. 构造：檐口须设挑檐，挑檐长度一般不宜小于 500 mm；辅助厂房或天窗的挑檐长度可减小到 300 mm。

3. 适用情况:适用于降雨量不大的地区,檐口高度较低的单跨或多跨厂房的边跨屋面,以及工艺上有特殊要求的厂房,例如铸铁车间冲天炉等处有积灰的屋面应尽量做无组织排水,以免积灰堵塞天沟和雨水斗。又如在有腐蚀性介质作用的铜冶炼车间内,为防止铸铁雨水管等遭受腐蚀,也应尽可能地采用无组织排水等。

(二)有组织排水

厂房屋面的有组织排水有以下几种方式:

1. 内落水

内落水是将屋面汇集的雨水引向中间跨天沟和边墙天沟处,再经雨水斗引入厂房内的雨水竖管及地下雨水管网。

内落水的优点是不受厂房高度限制,屋面排水组织灵活,在严寒多雪地区,采用内落水可防止因结冻胀裂引起屋檐和外部雨水管的破坏,缺点是铸铁雨水管等金属材料消耗量大,室内须设雨水地沟,有时还会妨碍工艺设备的布置,造价高,构造复杂。

内落水多用于多跨厂房及严寒地区,见图 3-7-1。

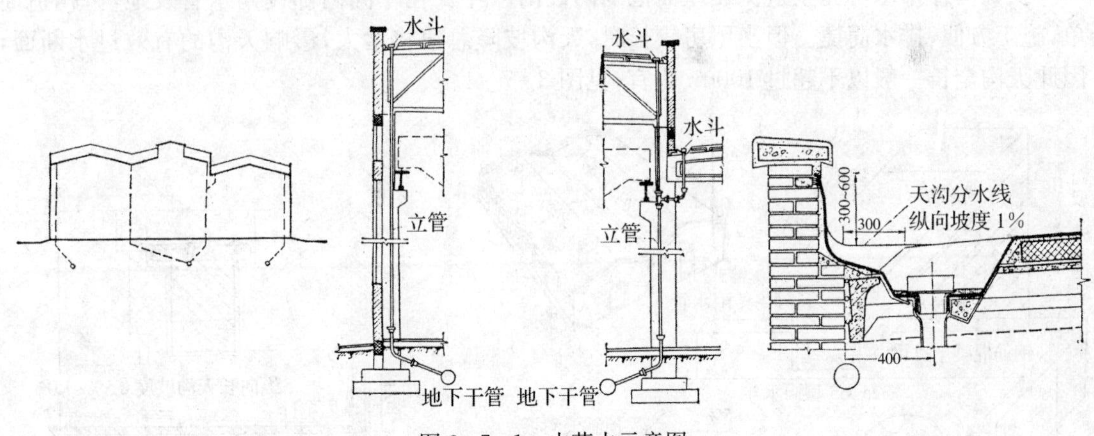

图 3-7-1　内落水示意图

2. 内落外排水

内落外排水是在多跨厂房内用水平悬吊管将雨水斗连通到外墙的雨水竖管处,使雨水在墙外经竖管或将竖管设在墙内侧从墙脚处穿出室外排入地下雨水管网或明沟内。水平悬吊管可沿屋架横向设置,也可沿柱子纵向设置,并在其长度范围内找坡,坡度 0.5%~1%。

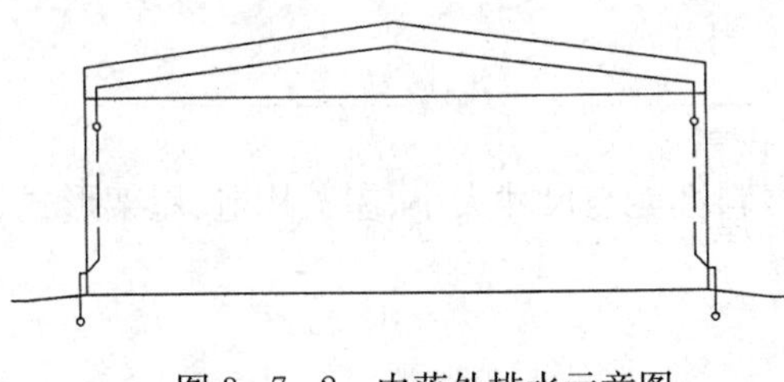

图 3-7-2　内落外排水示意图

内落外排水的优点是可避免在厂房内部敷设雨水地沟,对工艺设备的布置较为有利。但是,当水平悬吊管跨越室内的长度较大时,则水平管的总坡降会占据厂房的有效空间,而且水平悬吊管须加大管径以防止堵塞,见图 3-7-2。

3. 檐沟外排水

檐沟外排水即在檐口处设置檐沟板用来汇集雨水,并安装雨水斗连接雨水竖管,构造简单,施工方便,适用于厂房较高,降雨量较大,气候温暖地区不宜做无组织排水的厂房边跨,见图 3-7-3 。

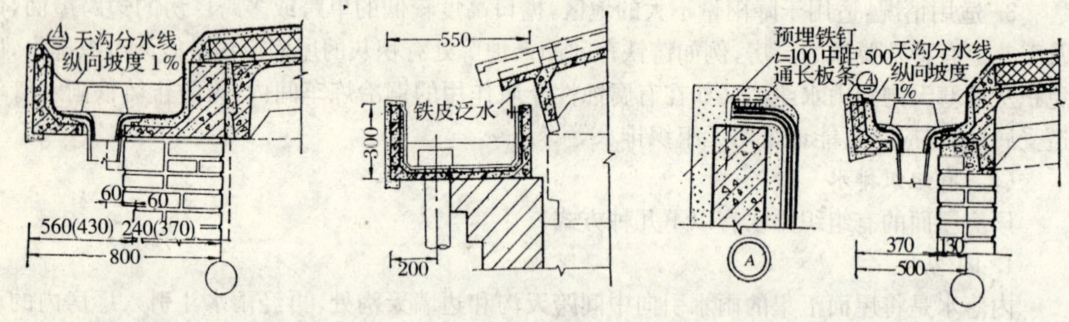

图 3-7-3　檐沟外排水的几种形式

4. 长天沟外排水

长天沟外排水是沿厂房屋面的长度方向做贯通的天沟，并利用天沟的纵向坡度将雨水引向山墙外部的雨水竖管排出。

长天沟外排水可完全避免在屋面范围内设雨水斗及在车间内部设雨水管及地沟，构造简单，施工方便，排水简捷。但当厂房较长时，天沟坡降总值将增大，影响天沟的有效过水断面，因此天沟全长一般以不超过 100 m 为宜，见图 3-7-4。

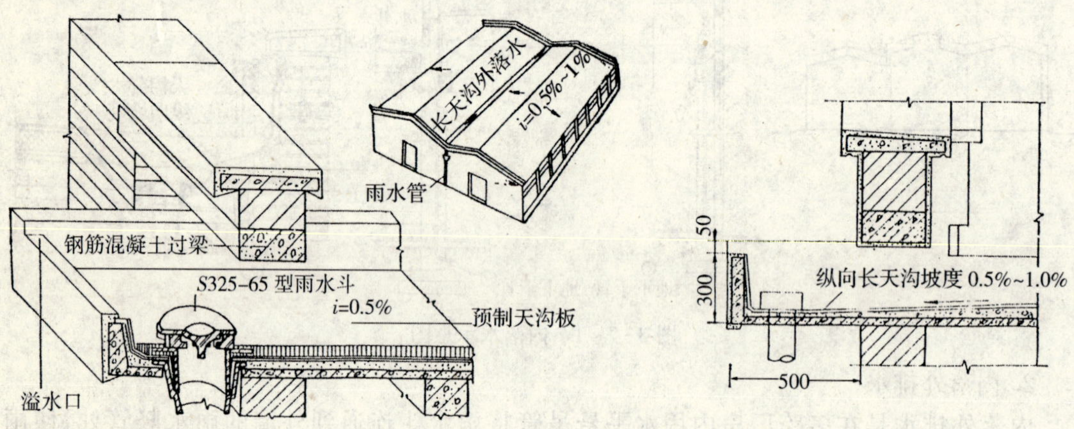

图 3-7-4　长天沟外排水

二、屋面排水坡度、排水组织及排水装置

(一)排水坡度

屋面排水坡度的大小与屋面的防水方式、防水材料性能与尺寸大小、屋盖构造、屋架形式、地区降雨量等有关。

各种不同防水材料的屋面排水坡度如下表。

防水方式	卷材防水	构件自防水			
		嵌缝式	F板	槽瓦	石棉水泥瓦
选择范围	(1∶4)~(1∶10)	(1∶4)~(1∶10)	(1∶3)~(1∶8)	(1∶2)5~(1∶5)	(1∶2)~(1∶5)
常用坡度	(1∶5)~(1∶10)	(1∶5)~(1∶8)	(1∶4)~(1∶5)	(1∶3)~(1∶4)	(1∶2.5)~(1∶4)

(二)排水组织

当屋面排水方案确定之后,即可进行屋面排水组织设计。首先可按屋面高低、跨度大小及坡向、变形缝位置等,将屋面划分为若干排水区段,并选择排水方式。然后再根据当地的降雨量,集水面积和雨水管直径,决定出雨水斗的间距和位置。

(三)排水装置

1. 天沟的种类

天沟作为常见的排水装置按位置可分为边天沟和内天沟两种。边天沟做女儿墙有组织外排水时构造做法同民用建筑。内天沟的天沟板是搁置在相邻两榀屋架的端头上。天沟板的形式有单槽形板和双槽形板两种。前者施工时须待两榀屋架安装完后才能安装天沟板,影响施工。后者是安装完一榀屋架后即可安装天沟板,施工方便,天沟板可统一化,但要注意两个天沟接缝处的防水构造处理。另外,也可在大型屋面板上直接做天沟,此处防水构造处理须增加一层卷材,以提高防水能力。

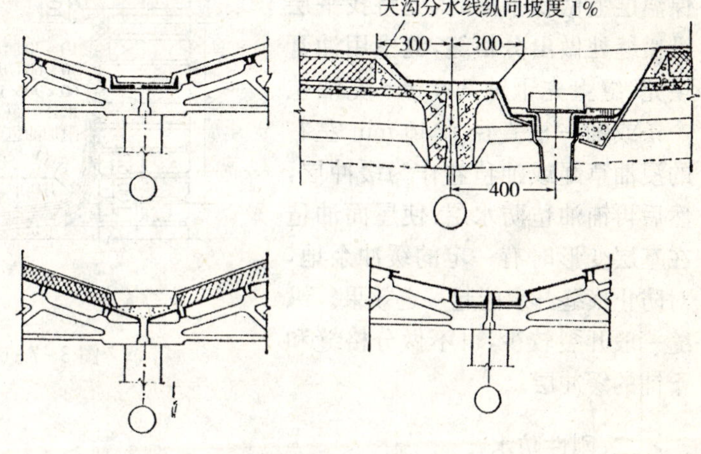

图 3-7-5　天沟的种类

内排水的天沟处不宜设与屋面等厚的保温层(可半厚或不设),使厂房内部热量传至该处,使之成为融雪器,在冬季不致造成天沟冻结,影响排水,见图 3-7-5。

2. 雨水斗及雨水管

雨水斗要求泄水率高,渗气量小。目前采用较多的雨水斗为 65 型铸铁雨水斗,它由雨水斗及雨水短插管组成。雨水管有铸铁管、石棉水泥管、陶土管、镀锌铁皮管及玻璃钢管等,厂房建筑中铸铁管应用较多。其断面有矩形、圆形和方形,截面大小应根据计算确定,一般为 ϕ100～200 mm 的管径。雨水管的间距一般为 18～24 m,以不超过 30 m 为宜,并与柱距相配合。

第二节　屋 面 防 水

屋面防水和排水的有机结合,才能有效阻止雨水、雪在流泻过程中向屋面侵入或渗透。屋面防水的类型主要有卷材防水、刚性防水、构件自防水等几种。

一、卷材防水

采用大型预制钢筋混凝土做屋面板的卷材防水屋面,在板缝处尤其是在横缝处(屋架上弦板材对接处),不管屋面上有无保温层,均开裂相当严重。其原因是:屋面板因受外界气温及内部生产热源的影响导致变形,在长期荷载作用下产生挠曲变形,屋面板的混凝土及找平层的水泥砂浆在凝固过程中，产生干缩变形以及由于地基的不均匀沉降和重型吊车的运行及刹车力的影响造成屋面晃动，产生结构变形。屋面板因而产生位移，此时，若油毡紧贴在基层上，横缝处的油毡将在极小范围内被拉伸，超过油毡的极限抗拉强度，则油毡在横缝处就会被拉裂，随着时间的流逝，裂缝逐渐开展，其宽度可达 10～20 mm。

所以，为防止横缝处的油毡开裂，应改进接缝处的油毡做法，使油毡能适应基层变形，方法如图 3-7-6 所示。即在大型屋面板或保温层上做找平层时，先将找平层沿横缝处做出分格缝，缝中用油膏填充，缝上先干铺 300 mm 宽油毡一条或铺一根直径为 40 mm 左右的浸油草绳或油毡卷作为缓冲层，然后再铺油毡防水层，使屋面油毡在基层变形时有一定的缓冲余地，对防止横缝开裂能起一定效果。纵缝一般开裂较少，可不做分格缝和干铺的缓冲层。

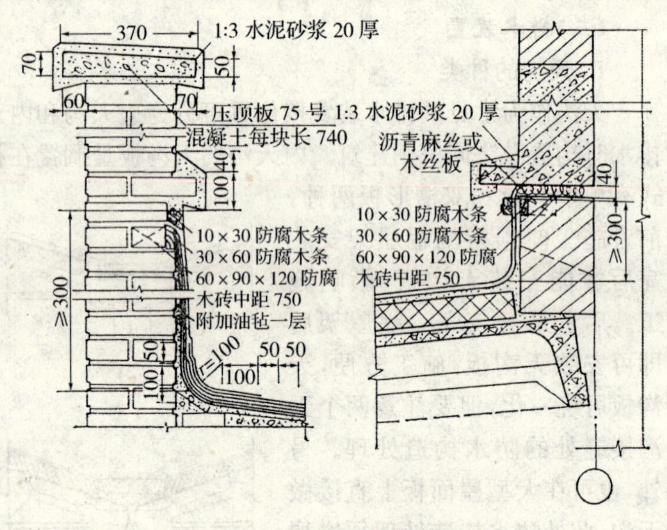

图 3-7-6　柔性防水局部处理

二、刚性防水

刚性防水屋面是指采用密实性较好的细石混凝土或防水砂浆做防水层的屋面防水。

刚性防水不宜用于有较大振动影响的厂房；不宜用于产生不均匀沉降的厂房；不宜用于气温变化剧烈的地区；宜用于不上设保温层的屋面防水。构造做法见图 3-7-7。

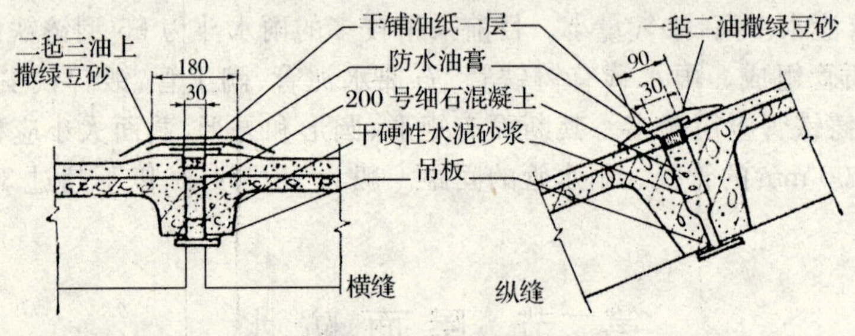

图 3-7-7　刚性防水局部处理

三、构件自防水

构件自防水是指利用屋面板本身的密实度和平整度、大坡度，再配合嵌缝或搭盖缝等措施以达到防水的目的。构件自防水与刚性防水的区别是无后浇的防水层，与刚性防水类似的在于都不宜用于振动较大的厂房。构件自防水按板缝的构造方式可分为嵌缝式和搭盖式两种基本类型，分述如下：

(一)嵌缝式

即直接在大型屋面板的板缝中嵌灌防水油膏,板面则靠其本身的平整密实性防水,必要时加防水涂料。

优点:取消油毡后,可减轻屋面荷载,便于施工,降低造价。在一些热加工车间中取消油毡后,还有利于屋面清灰。

节点构造:为增加屋面的整体刚度,纵横缝内均应灌以C20细石混凝土或水泥砂浆,其上表面应低于板面20~30 mm,以保证嵌缝油膏的深度。在嵌灌油膏之前须将槽口清扫干净,并满涂冷底子油一道,冷底子油须超出板的两侧不少于50 mm宽,以增加油膏与混凝土的粘结力。缝内嵌灌油膏并应超出两侧板面不少于20 mm的宽度。

嵌缝油膏必须具有良好的弹塑性、耐热性、耐久性和粘结力等性能。屋面应保证密实无裂纹和平整光滑。为了改进油膏嵌缝屋面的防水性能,以保护油膏免受外界光和热的作用,延缓老化,板缝也可加盖覆盖层,做法是铺贴一毡两油或二毡三油,也可抹压石灰乳化沥青防水涂料。在天沟泛水等棱角、高低错落处也常采用局部粘贴油毡条的做法以加强节点的防水质量。构造做法如图示3-7-8所示。

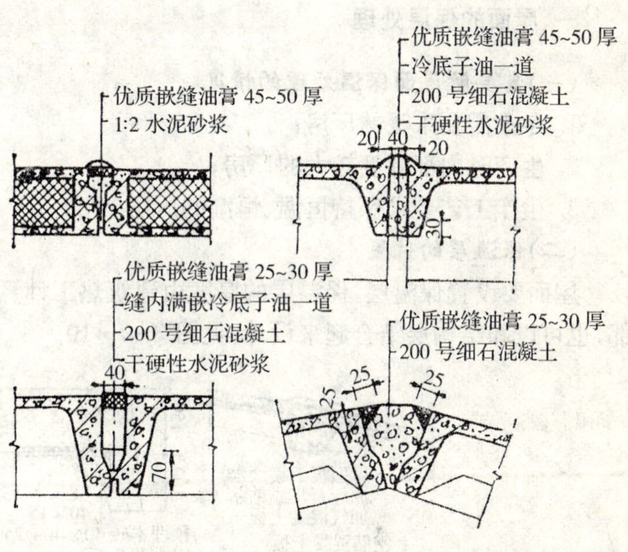

图3-7-8　嵌缝式防水构造

(二)搭盖式

是利用屋面板的搭接构造解决板缝间的防水问题。构件在加工厂制作,现场吊装后,屋面的防水工程即告完成。有F板屋面、槽瓦屋面、波形瓦屋面等几种。

F板屋面应用于无檩体系,直接搁于屋架的上弦。它以断面成F形的预应力钢筋混凝土屋面为主,屋面坡度较陡,并配合盖瓦和脊瓦等附加构件组成的构件自防水体系(目前应用比较少)。

节点构造如图3-7-9所示。

1. 纵向搭缝:挑檐搭接≮150 mm,并做滴水。
2. 横向搭缝:平接,上做盖瓦。
3. 脊瓦盖缝。

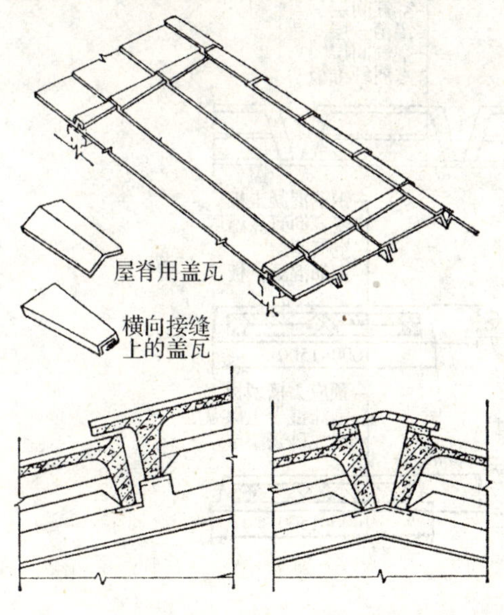

图3-7-9　搭盖式防水构造

第三节　屋面的保温与隔热

根据厂房所在地区及厂房内部生产状况的不同，厂房屋面需要不同的保温、隔热处理。其中可分为保温型、不保温型和隔热型。为了加速积雪的融化，有组织排水的屋顶天沟有时需要做成半保温的形式。

一、屋面的保温处理

(一)需要做屋面保温处理的情况

1. 冬季需要采暖的厂房；
2. 生产时内部湿度较大的厂房；
3. 生产工艺要求保持恒温、恒湿的厂房。

(二)保温层的位置

屋面要设置保温层，保温层的厚度由建筑热工计算来确定，其位置可在结构层的上部或下部，也可以和结构层结合起来设计，见图 3-7-10。

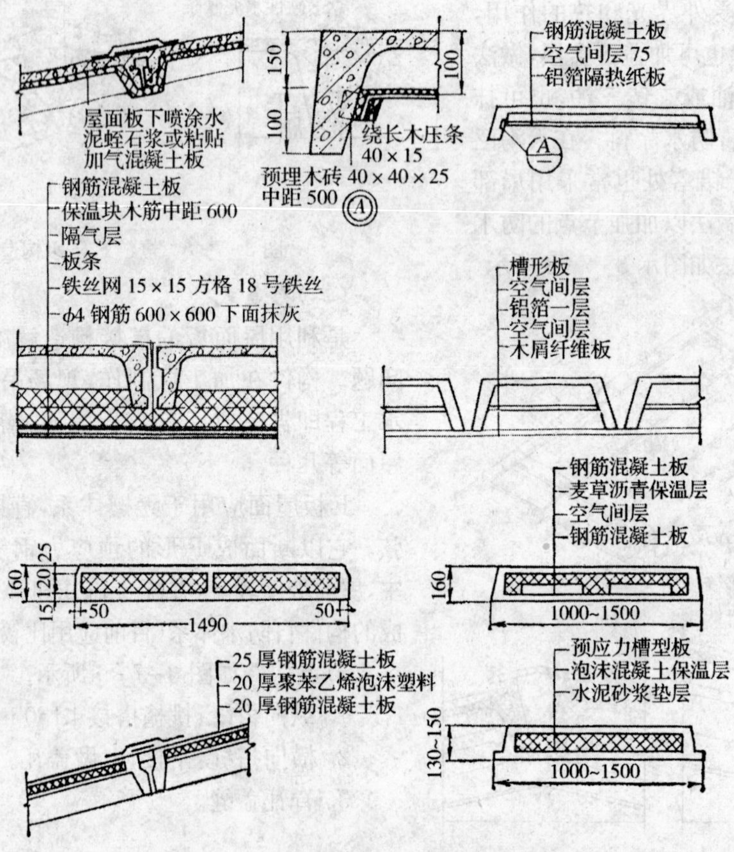

图 3-7-10　屋顶保温层的位置示意图

1. 保温层铺设在屋面板上部。

这是最常用的构造做法。该做法的优点是能充分发挥保温材料层的性能，保护结构层，防止由于温度应力引起结构胀缩变形导致结构破坏，缺点是增加结构负担。

2. 保温层铺设在屋面板下部。

有在屋面板下喷涂或吊挂保温层两种，适用于构件自防水屋面。

3. 保温层与承重层相结合。

即屋面板既是承重构件，又起保温作用。甚至有的还具有防水功能。其优点是取消了现场屋面保温层的高空作业，改善施工条件，加快施工进度。

二、屋面隔热

防止夏季室外热量进入室内，并将进入室内的余热迅速排出。我国南方地区的厂房屋面采用较广。隔热形式有：设有保温材料的实体隔热层（与保温做法相似，厚度由计算确定）；设有通风间层的隔热屋面；在屋面的外表面涂刷反射性能好的浅色涂料等。

小　　结

本章论述了工业建筑屋顶构造的特点，从排水、防水、保温、隔热等方面加以介绍并结合屋顶细部节点图例，详述屋顶构造原理。

思　考　题

1. 厂房的屋面防水形式有哪几种？
2. 画图说明厂房屋顶保温层的位置。
3. 简述屋顶有组织排水的几种形式及其特点。

第八章 单层厂房天窗构造设计

第一节 概 述

一、天窗的作用与要求

单层厂房建筑的空间跨度大，长度长，且往往由于生产的需要会多跨连片布置，热及灰尘析出量大，仅仅靠侧窗已不能满足采光、通风要求。在这种情况下，为满足厂房建筑的采光、通风要求，可采取以下两种途径增加人工照明和机械通风，或者在屋面上开设天窗争取更多的天然采光和自然通风。

二、天窗的类型

根据天窗横断面形式，可将天窗分为：矩形、梯形、M 形、平天窗、三角形天窗、锯齿形和下沉式天窗等。

(一)矩形天窗(矩形、梯形和 M 形天窗)

1. 矩形天窗的概念

矩形天窗是沿厂房跨间的屋脊纵向布置，断面呈矩形，具有双侧采光面，矩形、梯形和 M 形天窗的区别只是采光面的倾角或天窗顶盖的形式不同，见图 3-8-1。

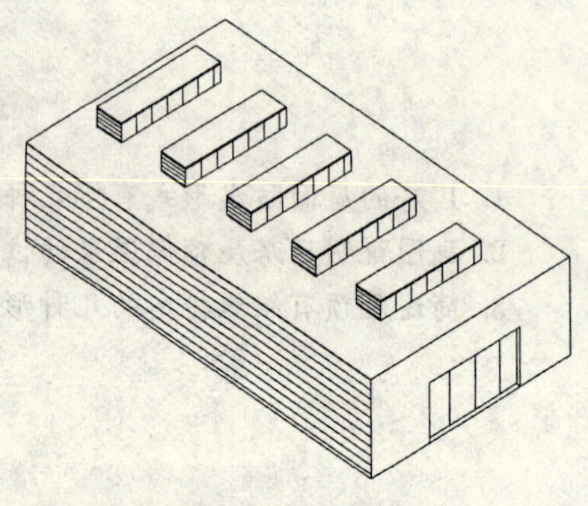

图 3-8-1 矩形天窗

2. 矩形天窗的特点

(1)矩形天窗：横断面呈矩形，两侧采光面与水平面垂直。具有中等照度，光线均匀，防雨性好，窗扇可开启，兼有通风、采光的作用。采光口宜南北向，以减少直射阳光。为了减少南向采光口的直射阳光及争取较多的北向稳定光线，可将矩形天窗顶盖倾斜，使北高南低。高纬度地区，还可在北向采光口按太阳高度角的大小设倾斜的玻璃面，以增强采光效果，适用于冷加工车间。

(2)梯形天窗：两侧采光面与水平面倾斜一般成 60°角。它的采光效率比矩形天窗高，但均匀性较差，并有大量直射阳光，防雨性也较差，应用较少。

(3)M 形天窗：是将矩形天窗的顶盖向内倾斜而成。倾斜的顶盖便于排水、疏导气流及增强光线反射，通风、采光效率比矩形天窗高，故 M 形天窗以通风为主，兼起采光作用。M 形天窗主要应用于热车间和高温车间。

以上三种天窗，构件类型多，造价高，自重大。

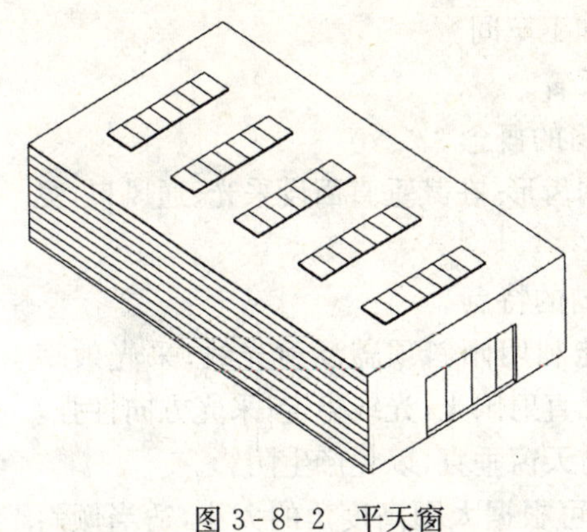

图 3-8-2　平天窗

(二) 平天窗(平天窗及三角形天窗)

1. 平天窗的概念

平天窗是直接在屋盖的洞口上覆以玻璃顶盖而成。平天窗可分为采光板、采光罩和采光带三种。采光板是在屋面板上开孔,装设平板透光材料而成。根据其孔洞的大小,可分为小孔、中孔和大孔采光板。采光罩也是在屋盖上开孔,装设弧形透光材料而成。采光带是将一部分屋面板空出来,铺上透光材料做成长条形的纵向或横向采光带,见图 3-8-2。

2. 平天窗的特点

平天窗采光效率高,布置灵活,可根据采光要求均匀分散布置;且每个采光口面积可做得较小,光线不致过分集中,故采光均匀,构造简单,不用设天窗架,重量轻,玻璃面积小,造价低。但平天窗防雨、防渗不好处理,易出现渗漏、上部积灰、太阳辐射造成室内过热、炫光等现象。为使其与屋顶部分接缝严密,常做成固定扇,不开启,故平天窗大多只采光,不通风,适用于冷加工车间。

三角形天窗与采光带相似,不同之处在于采光带的玻璃面与屋面坡度一般相同,宽度较窄,不需设天窗架;而三角形天窗的玻璃顶盖呈三角形,宽度较宽,须设天窗架。三角形天窗同样具有采光效率高的特点,但其照度的均匀性比平天窗差,构造也较复杂。

(三)下沉式天窗

1. 下沉式天窗概念

这种天窗的设置是在拟设天窗的部位,把屋面板下移铺在屋架的下弦上,从而利用屋架上下弦之间的空间构成天窗。有井式、纵向下沉、横向下沉式天窗三种类型,见图 3-8-3。

2. 下沉式天窗的特点

(1)井式天窗

是将屋面拟设天窗部位把屋面板下移铺在屋架的下弦上,形成一个个凹嵌在屋架空间的井状天窗。

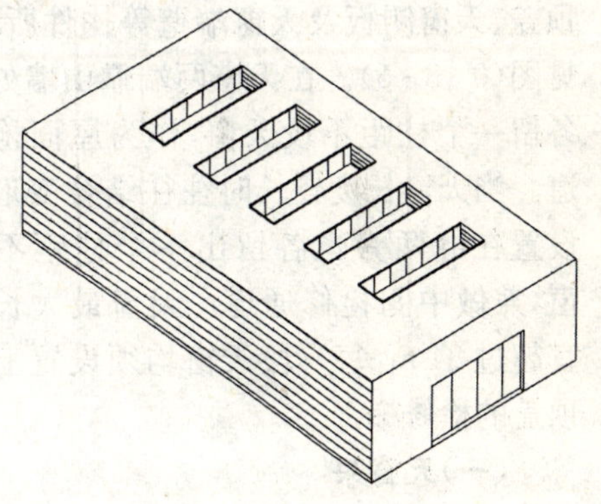

图 3-8-3　下沉式天窗

(2)纵向下沉式天窗

是将下沉的屋面板沿厂房纵轴方向统长地搁置在屋架下弦上。

(3)横向下沉式天窗

是将相邻柱距的整跨屋面板一上一下交错布置在屋架上、下弦,利用屋架高度形成横向的天窗。

纵向下沉式天窗与井式天窗不同之处在于纵向下沉式天窗的窗口是纵向统长的,下弦屋面板也是沿纵向连续铺设的。

横向下沉式天窗与井式天窗不同之处在于横向下沉式天窗的窗口是把一个柱距内的整跨屋面板全部下沉铺设在屋架下弦上。屋盖每隔一个或数个柱距是全部断开的,因而纵向刚度较差,须在下沉处相邻屋架的上弦设纵向连系杆件及连系天桥。

下沉式天窗的优点是省去了天窗架和挡风板,降低了厂房的高度,减轻屋盖、柱子和基础荷载，用料省，造价低，通风性能好，采光均匀，适用于热加工车间。

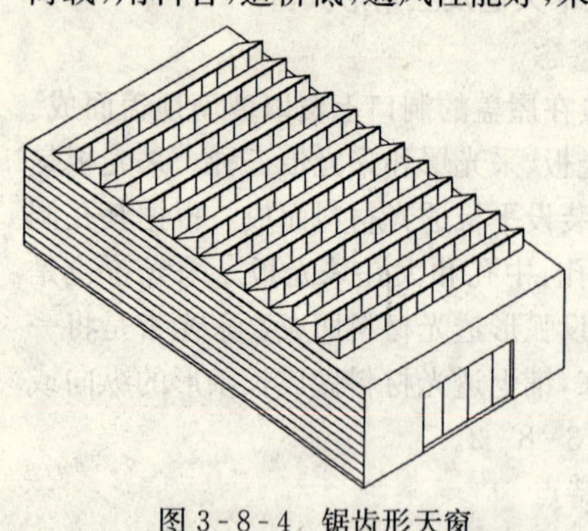
图 3-8-4 锯齿形天窗

(四)锯齿形天窗

1. 锯齿形天窗的概念

厂房屋盖呈锯齿形，在其垂直面设采光、通风口，见图 3-8-4。

2. 锯齿形天窗的特点

锯齿形天窗能利用倾斜顶盖反射光线，采光效率高；天窗口朝北，无直射阳光，光线稳定；采光方向性强，车间内机械布置与天窗垂直，以免产生阴影。

高纬度地区，可根据太阳高度角的大小，适当倾斜锯齿形天窗的玻璃面，以提高采光效率。

第二节 矩形天窗的构造

一、矩形天窗构造

矩形、梯形、M形天窗构造原理基本相似，这里以矩形天窗为例介绍此类天窗的构造。

矩形天窗主要由天窗架、天窗扇、天窗顶盖、天窗侧板及天窗端壁等构件所组成，见图(3-8-5)。在天窗两端靠山墙处一般各留一个柱距不设天窗，作为屋面检修通道。当天窗长度较长时往往结合变形缝的设置在缝两旁也各留出一个柱距不设天窗，兼做中间检修通道。天窗最大长度不宜超过 84 m，每一段天窗均须设置上天窗顶盖的检修梯。

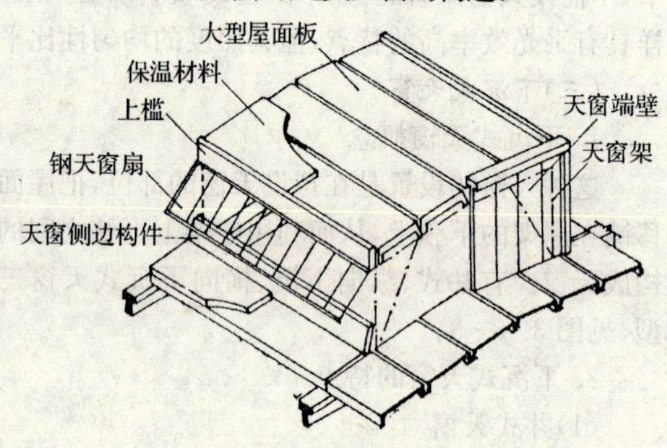

图 3-8-5 矩形天窗的构造

(一)天窗架

天窗架是天窗的承重构件，常用钢筋混凝土或型钢制作，形式一般为“Ⅱ形”或“W 形”，也可作成双“Y 形”或其他形式。为了便于预制装配，6 m 和 9 m 天窗架通常由两块预制构件拼装而成，12 m 宽天窗则为三块，见图 3-8-6。6 m 天窗架适用于 12～18 m 跨度，9 m 的适用于 21～30 m 的跨度，当跨度更大或有特殊要求时，也可采用 12 m 宽天窗架。天窗架的高度要与窗扇的高度配套。

常用的钢筋混凝土天窗架的尺寸(mm)如下表。

天窗架形式	Ⅱ形							W 形	
天窗架跨度	6000				9000			6000	
天窗扇高度	1200	1500	2×900	2×1200	2×900	2×1200	2×1500	1200	1500
天窗架高度	2070	2370	2670	3270	2670	3270	3870	1950	2250

除横向承重的天窗架外，还有纵向承重的天窗架，这时天窗架、天窗侧板、天窗采光构件合为一个构件，上下纵横向屋面板采用统一的或两种不同大小的板覆盖。

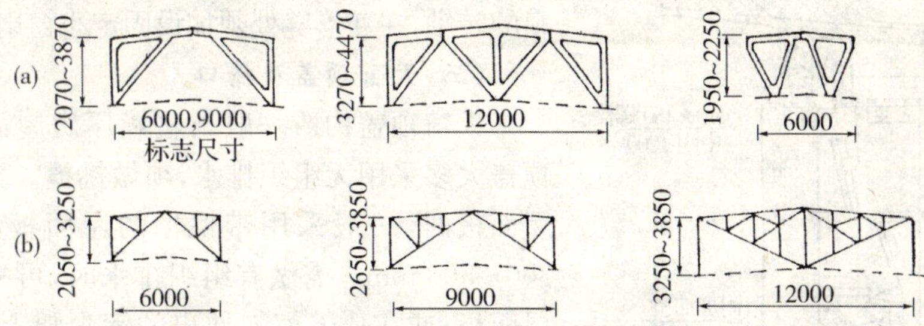

图 3-8-6　常用天窗架的构造

(a)混凝土天窗架；(b)钢天窗架

(二)天窗扇

天窗扇现在多用铝塑材料制成，中间插入钢肋以增强其刚度。天窗扇的开启方式一般为上悬或中悬。中悬式的开启角度可达 60°～80°，通风性能较好，但防雨性较差。在冬季不太冷的地区，天窗扇可终年开启，并按一定的开启角度做成上悬外撑固定式钢筋混凝土天窗扇。

1. 上悬式天窗扇

上悬式天窗扇防雨性较好，但开启角度较小(一般在 45°以内)，通风性能较差。上悬式天窗扇的标准窗扇标志高度有 900 mm、1200 mm 和1500 mm 三种，可组成不同的窗口高度。上悬式天窗扇分为统长窗扇和分段窗扇两种。统长窗扇用于设有电动或手动开窗机的天窗，是由两个端部窗扇及若干个中间窗扇用螺栓连接而成。在统长窗扇两端须安设固定小窗扇，起竖框的作用。分段窗扇用于由人登上屋顶用手开关的天窗，每一柱距设一段，其长度当每段之间不设固定小窗扇时为5964 mm；当每段之间设有固定小窗扇时则为5368 mm。

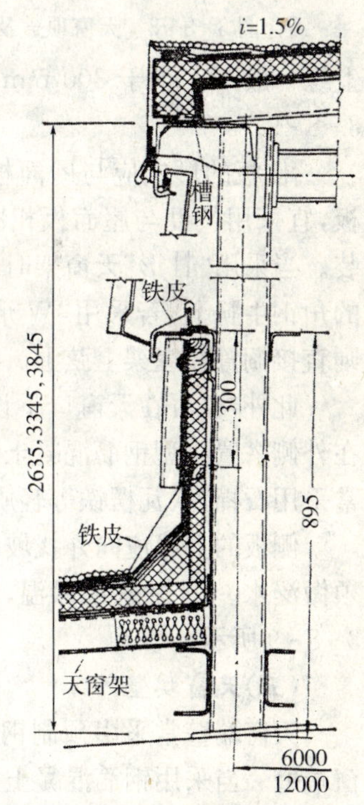

图 3-8-7　天窗剖面图

上悬式钢天窗扇的上冒头用槽钢制成，悬挂在轧制的弯钩上，弯钩已先用螺栓固定在角钢上框上，上框则焊接或用螺栓固定于天窗架的角钢牛腿上。窗扇的下冒头用异形断面的型钢作成，关闭时借助于窗扇自重搭靠在天窗侧板上缘或下排窗扇的上框外侧。天窗扇边梃用角钢做成，窗棂则为“⊥形”钢。开启窗扇的边梃上须附加“U形”盖缝板。防雨要求高的天窗，可在开启窗扇的两端内侧加设 600 mm 宽的固定挡雨板，以防止雨水从两端三角形开口飘入室内，其工作原理如图 3-8-7 所示。

天窗扇的玻璃厚度不应小于 3 mm，1200及1500 mm 高的窗扇，由于每块玻璃面积较大，如采用普通平板玻璃，宜设水平窗棂；最好能采用夹丝玻璃等安全玻璃，最好不设水平窗棂，以免积水。在天窗玻璃容易被打破的车间内，若采用非安全玻璃时，天窗应加设防护网。

2. 中悬钢天窗扇

中悬钢天窗扇的标准窗扇高度也有 900 mm、1200 mm295 及1500 mm 三种。中悬窗扇由于受转轴的限制，只能分段设置，每段长5760 mm；天窗若在变形缝处不断开时，其两侧的窗扇则为5260 mm。每段窗扇之间都设有槽钢竖框，用以安设窗扇的转轴，在变形缝处须加设固定小窗扇。

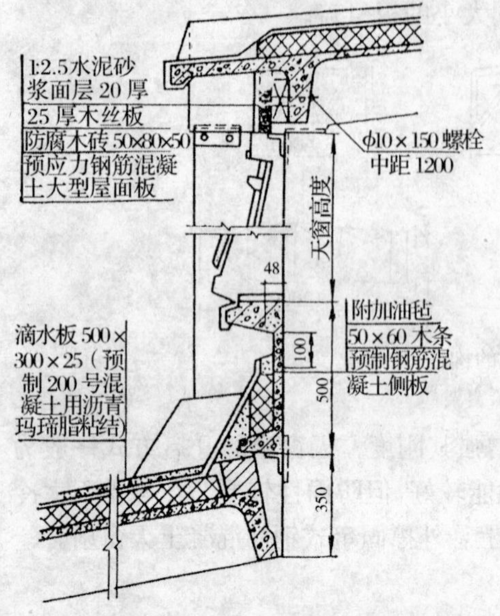

图3-8-8　天窗顶盖及檐口

(三)天窗顶盖及檐口

天窗顶盖构造一般与整幢厂房屋面相同。天窗顶盖大多采用无组织排水，须做挑檐。当顶盖为大型屋面板时，一般采用带挑檐的屋面板，挑出长度为300～500 mm。需做有组织排水时，可采用带檐沟的屋面板；或在从天窗架伸出的钢牛腿上铺天沟板；也可在屋面板的挑檐下悬挂镀锌铁皮檐沟，用雨水斗及雨水管将雨水引至下部屋面。是否做有组织排水，视天窗跨度、高度及地区降雨量等因素确定。寒冷地区在天窗顶盖及檐口处须加设保温层，见图3-8-8。

(四)天窗侧板

天窗侧板即天窗口下部的围护构件，其高度应能防止雨水溅入室内及不被积雪超越。从屋面至侧板上缘一般不宜小于300 mm，经常有大风雨及多雪地区宜适当增高至500 mm左右，见图3-8-9。

侧板的形式应与屋面板相适应，如厂房屋盖为大型屋面板，宜采用长度与屋面板相同的钢筋混凝土槽形侧板，以便吊装。当采用“Ⅱ形”天窗架时，侧板下端搁置在天窗架竖杆外侧的角钢牛腿上；若采用“W形”天窗架时，因无两侧竖杆，侧板则直接搁置在屋架上弦上。

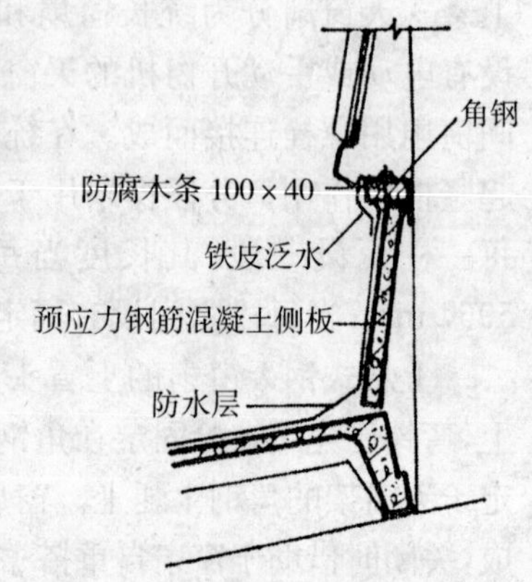

图3-8-9　天窗侧板的构造

此外，也可在天窗口下设置角钢或钢筋混凝土下挡，然后在外侧搭置小型钢筋混凝土预制板。有檩体系的轻型屋盖，则常采用石棉瓦、瓦楞铁等轻质板材做天窗侧板。

侧板的上缘应向外找坡，并做滴水线。侧板与屋面交接处须做泛水。侧板是否保温，应与整幢厂房的要求一致，如图3-8-9所示。

(五)天窗端壁

天窗端壁常采用预制钢筋混凝土端壁板或石棉水泥瓦天窗端壁。当采用钢筋混凝土天窗架时，两端的天窗架常用钢筋混凝土端壁板代替，兼起承重及围护作用。为了便于预制吊装，端壁板也由两块或三块拼装而成，焊接支承在屋架上弦轴线的一边，另一边则支承相邻的屋面板。端壁板顶部檐口一般可用砖砌成，并做滴水线。端壁板下部与屋面板交接处要做泛水。端壁板两侧边向外挑出一片薄板，用以封闭天窗转角。需要保温的厂房，一般在端壁板内侧加设保温层，见图3-8-10。

采用钢筋混凝土天窗架的天窗虽常用钢筋混凝土端壁板，但其重量较大，数量却不多，为了减少构件类型及减轻屋盖荷载，有些厂房便改用石棉水泥瓦天窗端壁，仍用天窗架承重。钢天窗架均采用石棉水泥瓦端壁。石棉瓦是挂在由天窗架外挑的角钢骨架上。需做保温时，一般在天窗架内侧挂贴刨花板、聚苯乙烯板等板状保温层，高寒地区还须注意檐口及壁板边缘部位保温的严密，避免出现冷桥。

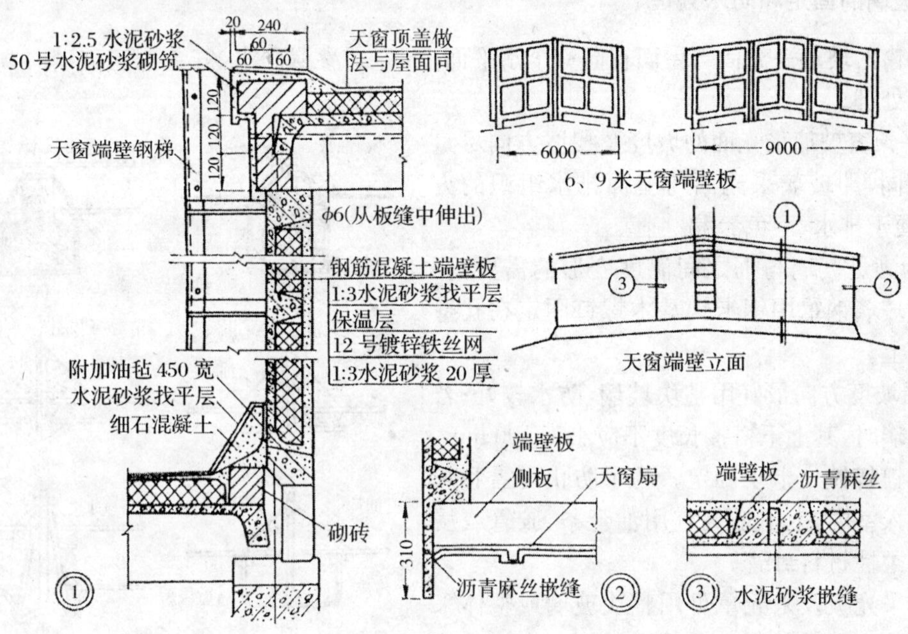

图 3-8-10　天窗端壁的构造

第三节　平天窗构造

平天窗和三角形天窗均属顶部平面采光的天窗形式，直接在屋盖的洞口上覆以玻璃顶盖而成。下面就其细部构造，详细阐述一下它们的做法。

一、孔壁的构造

孔壁是平天窗采光口四周的边框。孔壁一般高出屋面150 mm左右，用以防水；经常有暴风雪的地区则可提高到250 mm以上，但不宜过高，以免降低采光效率及增加屋面板的重量。

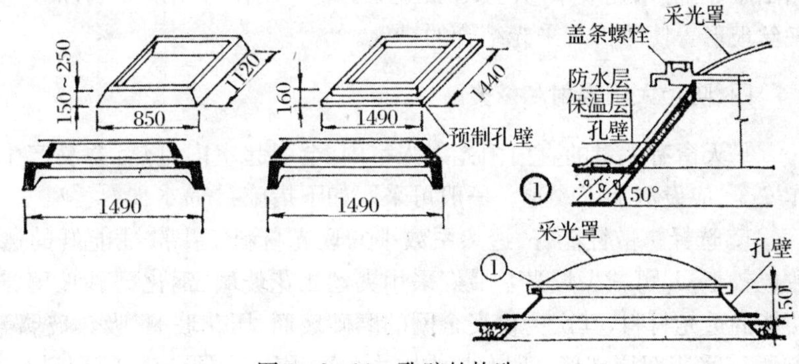

图 3-8-11　孔壁的构造

孔壁的形式有垂直和倾斜的两种。其中倾斜的可以提高采光效率。孔壁可用钢筋混凝土制作，施工时可与屋面板分别预制，也可整体捣制，见图 3-8-11。薄钢板或玻璃纤维塑料孔壁则安装轻便，还可做成定型产品供应,在国外应用较广。孔壁与屋面板交接处要做好泛水处理,一般做卷材防水,也可作成搭盖式构件自防水。

二、玻璃的固定和防水处理

平天窗的玻璃采光面与屋面在同一个水平面上,容易渗漏雨水,安装固定玻璃时,应注意做好防水处理。

1. 平天窗玻璃采光面的坡度及找坡方向尽量和屋面相同,即玻璃采光面与屋面排水组织的方向一致,便于排水,避免渗漏。

2. 为满足玻璃与框之间温度变形的需要,要将玻璃或玻璃钢罩用钢卡钩及木螺钉固定在孔壁预埋木砖上。

3. 沿坡度方向最好用整块玻璃,防水较好;若用数块玻璃时,其上下搭接长度不应小于100 mm,并用S形镀锌铁皮卡子固定。为了防止雨雪和灰尘随风进入室内,上下搭接宜用油膏条、胶管或浸油线绳等柔性材料封缝。

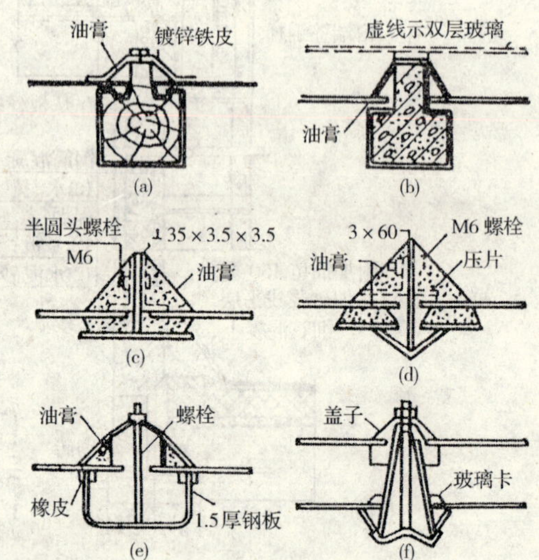

图 3-8-12 玻璃的固定与防水处理

小孔采光板及采光罩可用整块玻璃或整体采光罩覆盖,中、大孔采光板和采光带须由多块玻璃拼接而成时,须设置骨架作为安装固定玻璃之用。骨架与玻璃之间的缝隙要用油膏嵌固,见图 3-8-12。

三、安全防护

采用非安全玻璃如平板玻璃、磨砂玻璃、压花玻璃等时,为了防止玻璃受冰雹或其他外力打碎后掉下伤人,平天窗须加设安全网。安全网可装在玻璃上面或下面,冰雹多的地区也可考虑双面设置。安全网常采用镀锌铁丝网,挂在孔壁的挂钩上,以便更换。其缺点是易积灰、清扫困难、降低采光效率,并且增加施工工序。故在可能条件下,最好采用安全玻璃如钢化玻璃、夹丝玻璃等使防护与采光结合的措施。

四、防止太阳辐射和炫光

平天窗有大量的直射阳光射入室内,会引起室内过热,并易产生炫光,损害视力及影响操作安全,应设法加以改善。一般可采取如下措施:

1. 选择扩散性能好、透热系数小的透光材料。扩散性能好的透光材料,其辐射热透过系数也较小,并可减少炫光。最好采用夹丝压花玻璃、钢化磨砂玻璃、透光率较高的玻璃钢等多功能的透光材料,其次为设安全网的磨砂玻璃、压花玻璃、吸热玻璃等。

2. 采用双层玻璃,双层玻璃中间的密闭空气层形成隔热层,增大热阻,可减少进入室内的太阳辐射,用于寒冷地区,还可减少或避免冷凝水产生。

3. 采取适当的屋面通风措施,使积聚在屋面下的热气能尽快排出室外,以减少其对作业地带的影响。

第四节 下沉式天窗构造

纵向下沉式和横向下沉式天窗与井式天窗构造基本相似,它们都是井式天窗的演化。下面简单介绍井式天窗构造。

一、井式天窗的基本布置形式(图 3-8-13)

(一)一侧布置

其特点是通风性能好,排水、清灰也比较容易处理。一侧布置适用于高温车间,跨内仅一侧有热源。

(二)两侧对称布置

其特点是通风性能好,排水、清灰也比较容易处理。两侧对称布置适用于热源分布均匀,散热量较大的高温车间。

(三)两侧错开布置

其特点是通风性能好,排水、清灰也比较容易处理。它适用于热源分布均匀,散热量较大的高温车间。

(四)居中布置

居中布置的特点是能充分利用屋架中部较高的空间设置天窗,采光也较好,但排水、清灰较复杂。居中布置适用于对采光、通风都有要求,但散发余热和灰尘却不大的厂房。

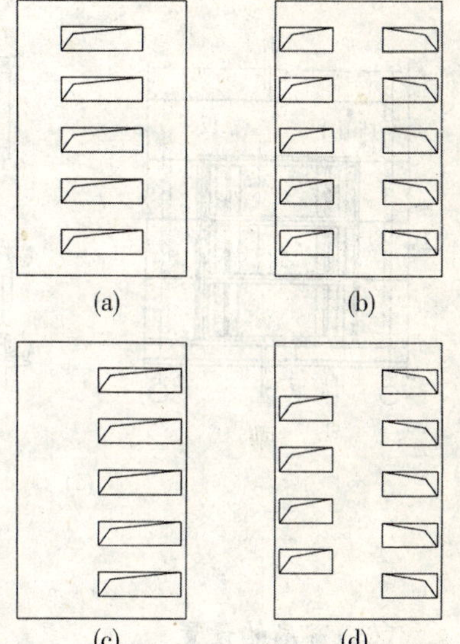

图 3-8-13 井式天窗的布置

(a)居中布置;(b)对称布置;(c)一侧布置;(d)错开布置

二、构造处理

井式天窗主要由井底板、空格板、挡风侧墙及挡雨设施组成。

(一)井底板

1. 横向铺板:在屋架下弦节点上搁檩条,檩条上铺板,井底板平行于屋架布置。其优点是构造简单,施工吊装方便,应用较多。缺点是屋架节点高度、檩条端头高度、板肋高度、井底泛水高度叠加起来,要占掉屋架空间约 1 m 以上的高度,排风口的净高减小。

2. 纵向铺板:井底板直接搁在屋架下弦上。优点是构造高度小,可取得较高净空的排风口。缺点是有些板的板端与屋架腹杆相撞,须做特殊处理,见图 3-8-14。

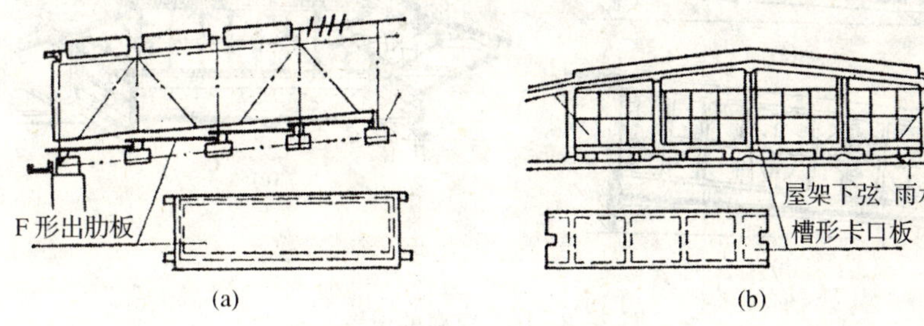

图 3-8-14 井底板的构造

(a)出肋板构造;(b)槽形板构造

(二)井口板及挡雨设施

不采暖厂房天窗开敞，不设窗扇，这时需设挡雨设施，井口板是井口上的铺板，是开敞式天窗口挡雨设施的组成部分。带玻璃窗扇的井式天窗则不需设置井口板及挡雨设施，见图3-8-15。

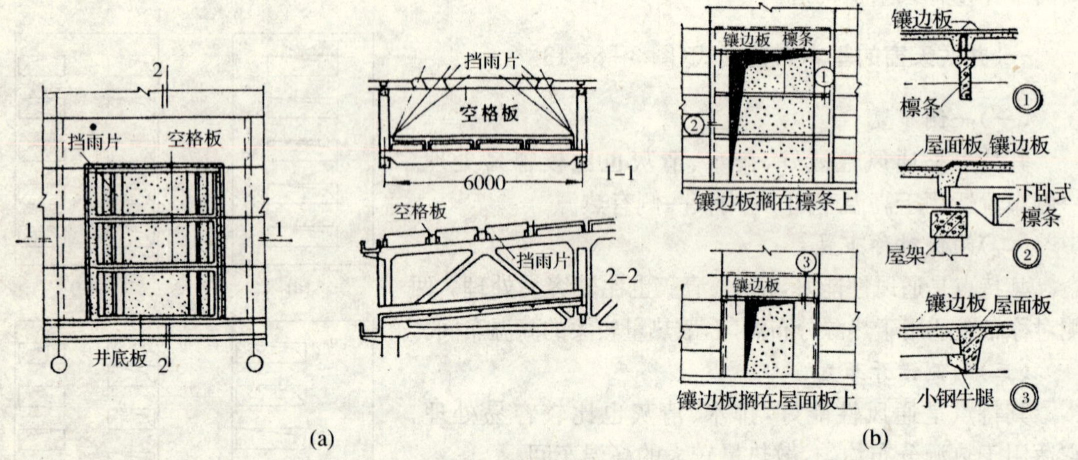

图3-8-15　井口板和挡雨设施

(a)挡雨片；(b)井口板

(三)窗扇的设置

采暖厂房设置井式天窗时，须设置窗扇，窗扇可在垂直口设置，也可在水平口设置。

垂直口设置窗扇：纵向垂直口可选用上悬式或中悬窗扇。横向垂直口因有屋架腹杆的阻挡，只能选用上悬窗扇。跨中布置井式天窗时，纵横向垂直口的形状均较为规整，便于安设窗扇，故需要设置窗扇的井式天窗，以采用跨中布置较为适宜。一侧或两侧布置井式天窗，其横向垂直口是倾斜的，窗扇设置较麻烦，可采用平行四边形窗扇或矩形窗扇两种处理方法。水平口设置窗扇较垂直口方便，但不如垂直口密闭。可采用中悬式或水平推拉式窗扇，见图3-8-16。

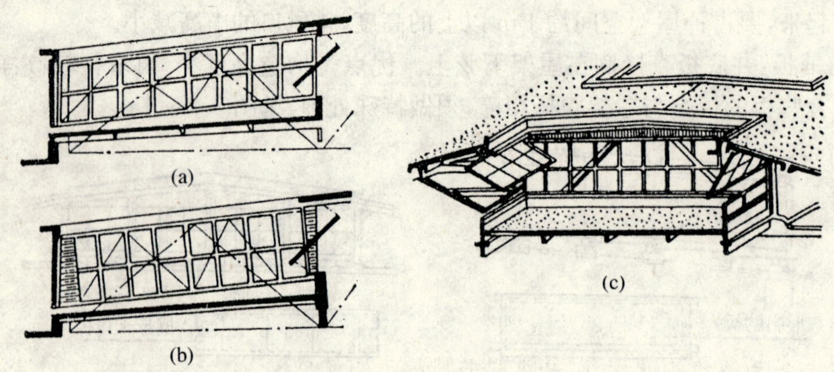

图3-8-16　窗扇的设置

(a)(b)边跨天窗窗扇布置；(c)跨中窗扇的布置

(四)排水及泛水处理

设有井式天窗的厂房，上层屋面与下层井底的排水要综合考虑，有以下几种排水方式，见图 3-8-17。

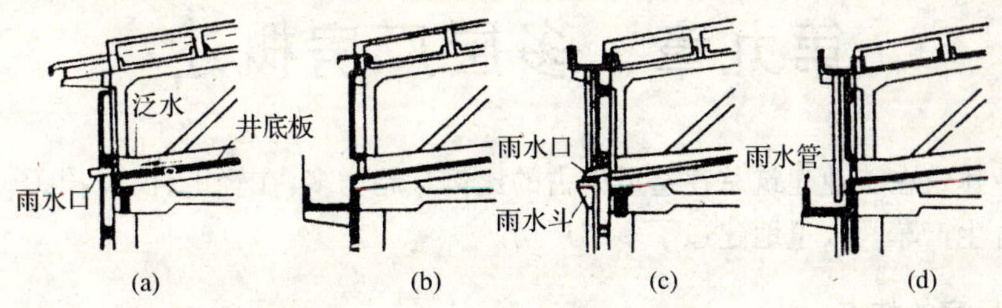

图 3-8-17　排水及泛水的处理

(a)无组织排水；(b)上层挑檐、下层通长天沟；
(c)上层通长天沟、下层井底雨水汇入上层天沟落水管中；(d)上下双层天沟

1. 无组织排水：上层屋面与下层井底的雨水分别自由泻落。适用于降雨量小的地区及高度不很高的厂房。

2. 单层天沟外排水：上层挑檐，下层统长天沟，适用于降雨量及灰尘大的厂房；上层统长天沟，下层井底雨水汇入上层天沟落水管，适用于降雨量及灰尘不大的厂房。

3. 双层天沟外排水：上层屋面设统长或间断天沟，下层井底板设排水清灰统长天沟，适用于降雨量大的地区及灰尘大的厂房。

4. 内落水：连跨布置以及跨中布置的井式天窗均须做内落水。

(五)挡风侧墙

井式天窗在边跨的井口外侧须设挡风侧墙，以保证天窗的避风性能，挡风侧墙下部与井底板交接处设排水孔或留 50～100 mm 的排水缝隙。

(六)清灰、检修设施

井式天窗要设置从屋面通往井底的检修楼梯。利用天沟作清灰走道时，天沟外侧须设置安全护栏，并在挡风墙上开设供检修人员出入的小门。

小　　结

1. 本章论述单层厂房的采光形式，主要围绕天窗加以介绍。
2. 介绍矩形天窗、平天窗、下沉式天窗的构造特点。

思　考　题

1. 矩形通风天窗由哪些构件构成？
2. 简述井式天窗的构造特点，并说明井底板不同的铺设方式各有什么特点？
3. 平天窗有哪几种？采用时应注意的问题和要采取的主要措施是什么？

第九章　多层厂房概述

多层工业建筑在工业建筑总建造量中占的比例日趋增多，在轻工、仪表、电子、食品工业及化工厂的部分生产车间大量地建造了多层厂房。

一、多层厂房的特点

1. 建筑物占地面积小。节约用地，降低基础和屋顶工程量并且构造简单，能够比单层厂房缩短水、气管网的长度，节约建设投资和维护管理费用。

2. 厂房宽度较小，进深受到一定的制约，但仅采用侧窗采光即可满足要求。

3. 垂直交通的设计占很重要的一环。

4. 柱网小造成了空间灵活性差，生产面积的使用率比单层厂房低一些。

二、多层厂房适用的生产工艺流程特点

1. 适用于生产上需要垂直运输的企业。如：面粉厂，它的主要生产工序就是利用所加工的颗粒在自重作用下自由下落来展开的。

2. 适用于生产上要求在不同层高操作的企业。例如化工厂、热电厂的主厂房。

3. 适用于工艺对生产环境有特殊要求的企业。如有设置精密车间、无尘车间及恒温车间的工厂厂房。

4. 适用于生产上无特殊要求，但设备及产品都比较轻，运输量也较小的工厂厂房，如印刷厂等。

5. 仓储型厂房及设施。如汽车库，冷藏库。

6. 通用型厂房，其多功能性已使得它和普通民用建筑的界限日益模糊。

第一节　多层厂房平、剖面设计

多层建筑的平、剖面设计都是应遵照能使工艺生产流程快捷方便展开的原则来设计的。下面是一般精密机械加工工艺的流程图（图 3-9-1），从图中我们可以看出，在平面流程的工艺组合中，要力求生产流线简洁，流畅，尽量避免不必要的往返。如果有散发有害气体、火灾、爆炸可能的工艺流程存在时，应该布置在边角或者

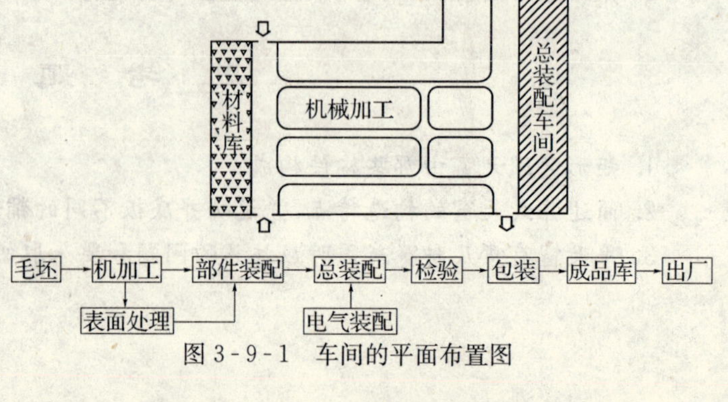

图 3-9-1　车间的平面布置图

走廊的端部，并且在主导风向的下侧，以减轻和缩小对其他工艺的危害。

多层厂房剖面工艺流程的布置方式可以概括如下：

1. 自下而上的布置方式。在设备上轻、下重的情况下，原料由下开始加工的生产模式。如照相机厂、手表厂、小型机械制造厂、电子仪器厂等(图 3－9－2)。

2. 自上而下的布置方式。这种生产过程利用原材料重力的作用自上而下加工。适用于散粒状、液体状材料作原料(图 3－9－3)。

3. 往复式的布置方式。由于设备重量，工艺流程中的一些特殊要求，在剖面设计中不得不采用往复式，来集中整合其中的某些生产线。这种布置方式综合了以上介绍的两种布置方式，灵活多变，能因地制宜的适应不同的剖面流程形式(图 3－9－4)。

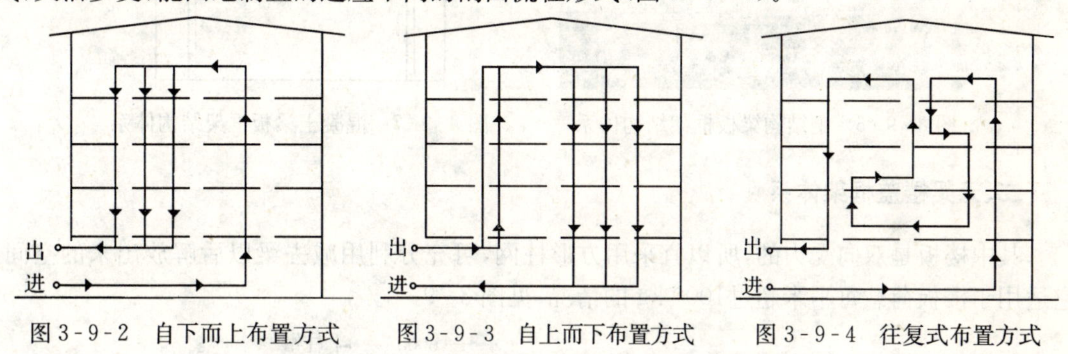

图 3－9－2　自下而上布置方式　　图 3－9－3　自上而下布置方式　　图 3－9－4　往复式布置方式

第二节　多层厂房柱网与结构选型

多层厂房的柱网是由跨度和柱距两个要素组成的。经济的跨度一般为 6～9 m，柱距一般为 6～7.2 m，见图 3－9－5。影响柱网选择的因素有很多，其中主要的取决于生产工艺设备的体积，生产流程的特点和建筑自身的结构类型(如果采用无梁楼盖体系时，柱网最好采用方形平面形式)。

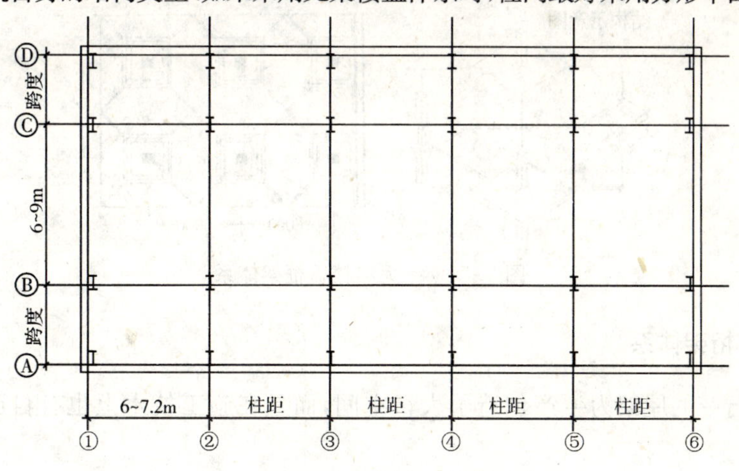

图 3－9－5　多层厂房的柱网示意

多层厂房的结构多采用框架结构，常见的有三种体系。

一、梁板框架结构体系

此体系构件截面积小，自重轻，厂房层数多。墙体仅作为填充墙起隔离维护作用。多采用压型钢板等轻型结构，以减轻自重，见图 3-9-6 至图 3-9-7。

图 3-9-6　钢结构梁板框架结构体系

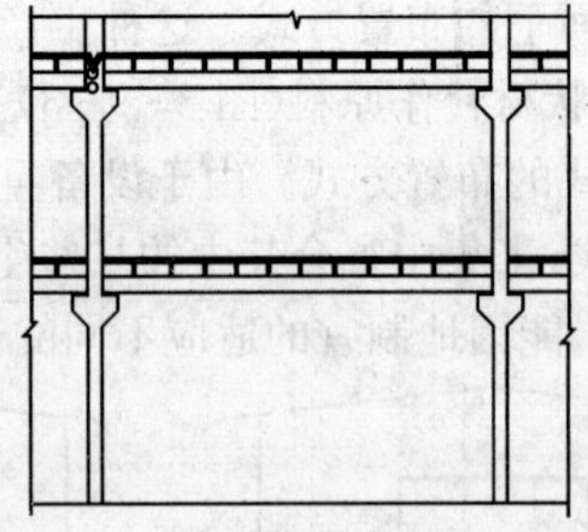

图 3-9-7　混凝土梁板框架结构体系

二、无梁楼盖框架体系

其中楼板是双向受力的，所以宜采用方形柱网，可充分利用减去梁以后解放出来的空间，它适用于楼板荷载每平米超过1000 kg 的情况，见图 3-9-8。

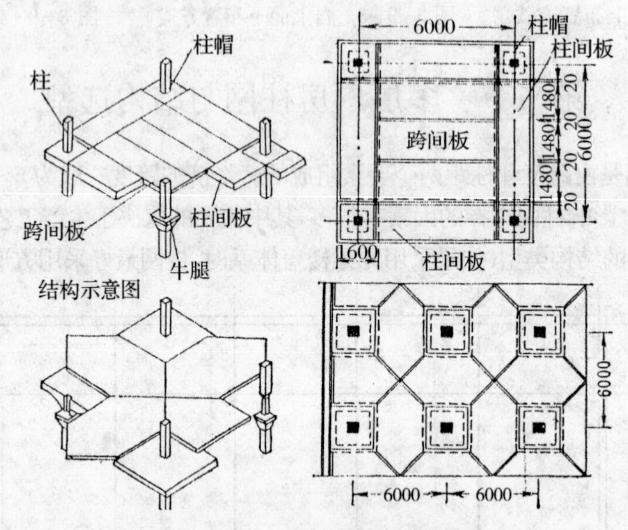

图 3-9-8　无梁楼盖框架体系

三、大跨度桁架体系

其利用平行弦的屋架为生产创造了大量空间，而且在施工技术上也有自己的特色，见图 3-9-9。

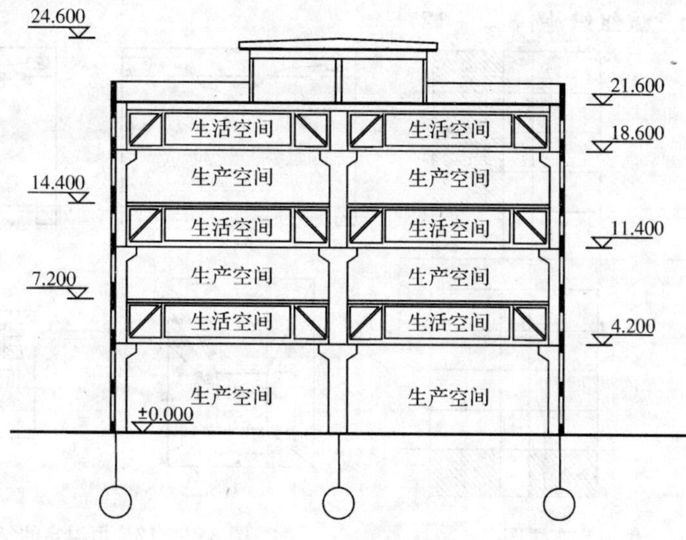

图 3-9-9　大跨度桁架体系

第三节　恒温室与洁净室

随着经济的不断发展，多层厂房内设置高级别的生产环境已司空见惯。这些厂房能够为特殊的工艺流程提供专门的环境，其中最常见的是恒温室和洁净室。

一、恒温室的设计

恒温室内对空气的要求很高，从温度、湿度、清洁度和气流速度等方面加以控制。要经过空气处理装置的除尘、降温或者加湿等工序，使温度、湿度达到一定标准，再用鼓风机通过送风管道送到恒温室，见图 3-9-10。

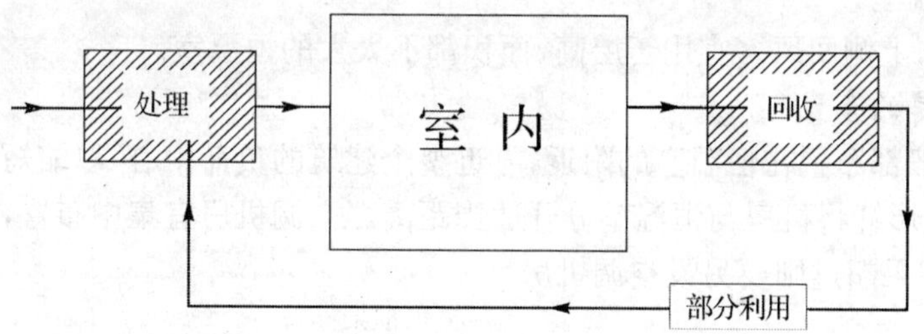

图 3-9-10　恒温室原理图

（一）恒温室的布置

恒温室一般宜集中布置，一则为了方便管理，更重要的是可以整合管线铺设，节约空间和投资。在多层厂房中，多个恒温室可以并排布置在同一层中，也可以上下层垂直串联布置，还可以利用地下建筑空间的诸多优点布置在地下室里，更利于空气的质量控制。恒温室的朝向以北向为佳，尽量避免东西向，以减少太阳辐射。同时宜采用套间布置，宜设缓冲区，精度在±0.5℃以内的恒温室不宜设外窗，如果设置外窗，应该朝北向，见图 3-9-11。

(二)恒温室的气流组织(图 3-9-12)

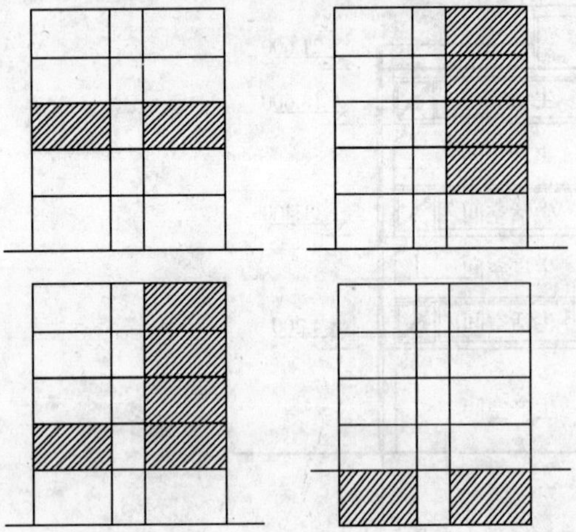

图 3-9-11　恒温室布置图

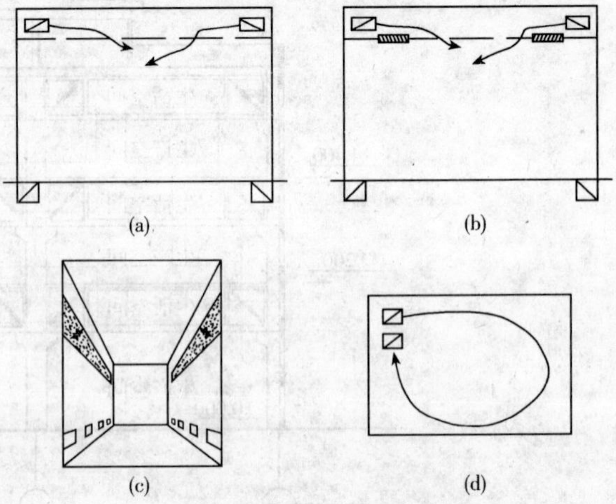

(a) (b) (c) (d)

图 3-9-12　恒温室的气流组织

(a)上部板孔送风下侧均匀回风;(b)上部周边均匀送风下侧均匀回风;(c)上侧均匀送风下侧回风;(d)上侧送风上侧回风

1. 上部板孔送风,下侧均匀回风。利用顶棚作为静压箱,使气流从顶棚的细孔处大面积压入室内。顶棚可控制在净高 2.5～3.5 m,其上细孔为 4～5 mm。这种组织方式的特点是,射流的扩散和混合都比较好,混合过程短,而且气流的速度和区域温差都很小,但造价相对高一些。用在小于±0.5℃的恒温室比较合适。回风口可均匀布置在房间的下部,离地面 0.5～1.5 m 之间。

2. 上部周边送风,下部均匀回风。风速在 2 m/s。回风方式与(1)相同。其气流组织比较稳定,适用于平面接近正方形的房间。

3. 上侧均匀送风,下侧回风。适用于狭长空间,送风管高度一般为 3.5～4 m,可用于精度要求不太高的恒温室。

4. 上侧送风,上侧回风。宜用于层高、面积都不太大的恒温室。

(三)空调机房的布置

空调机房一般都布置在恒温室的附近,靠近整个建筑的负荷中心,以缩短风管长度。为了防震,可以利用变形缝将机房与恒温室分开适当距离。空调机房宜集中布置,风管总长度不宜超过 60～70 m,如果超过则要另设空调机房。

二、洁净室的设计

洁净室多见于技术密集型产业,其无菌的工作环境为精密仪器、电子工业、生物制药、食品加工等行业的制造和包装工艺提供了操作平台。

洁净度是指单位体积空气中含有某一直径范围的浮尘微粒的数量(单位:个/升)。洁净室的灰尘产生来自两个方面。其一,自内部产生,包括生产工艺,建筑材料,设备磨损等,因此在设计时要考虑建材的耐久性,以及尽量少的在洁净室中布置仪器设备。其二,来自外部的,由工作人员、物料进出,空调系统带入的。所以,洁净室要尽量少开洞口,在出入口设计缓冲地带,另外进出系统要严格控制,见图 3-9-13。

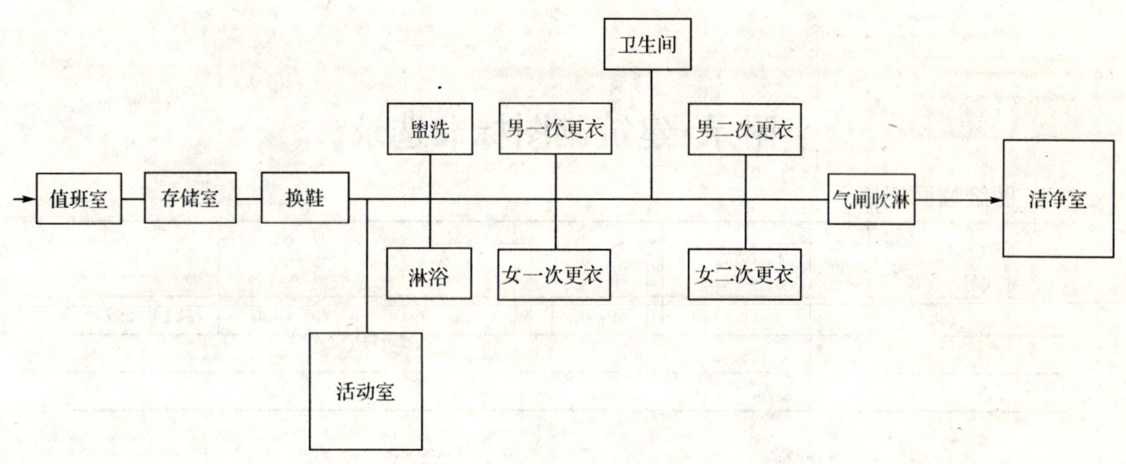

图 3-9-13　洁净室的净化流程

小　　结

1. 本章简要论述了多层厂房的发展概况和在工业建筑中所处的重要地位。
2. 介绍多层厂房的平、剖面类型。
3. 简介了洁净室与恒温室作为特色空间在多层厂房当中的设计原理。

思　考　题

1. 举例说明多层厂房与工艺生产的关系。
2. 多层厂房生活间的布置应考虑哪些因素?
3. 试述多层厂房经常采用的柱网类型。

附录:建筑制图标准选录

1. 图纸幅面规格

尺寸代号 \ 幅画代号	A_0	A_1	A_2	A_3	A_4
$b\times l$	841×1189	594×841	420×594	297×420	210×297
c	10			5	
a	25				

2. 图纸幅面及图框尺寸

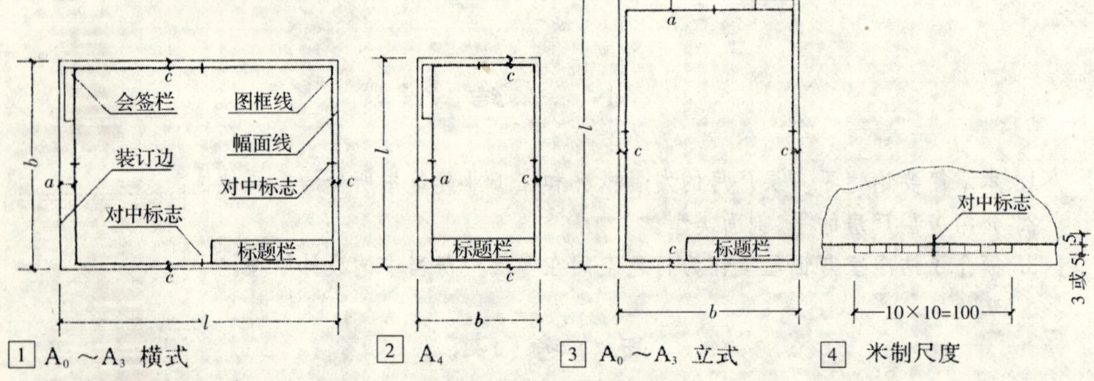

[1] $A_0\sim A_3$ 横式　[2] A_4　[3] $A_0\sim A_3$ 立式　[4] 米制尺度

注:①有特殊需要的图纸,可采用 $b\times l$ 为 841 mm×892 mm 或 1189 mm×1261 mm 的幅面。

②需要缩微复制的图纸,其一个边上应附有一段准确的米制尺度,四个边上均应附有对中标志。

3. 图纸加长尺寸(只允许加长图纸的长边)

幅面代号	长边尺寸	长边加长后尺寸
A_0	1189	1138 1487 1635 1784 1932 2081 2230 2378
A_1	841	1051 1261 1472 1682 1892 2102
A_2	594	743 892 1041 1189 1338 1487 1635 1784 1932 2081
A_3	420	631 841 1051 1261 1472 1682 1892

4. 标题栏

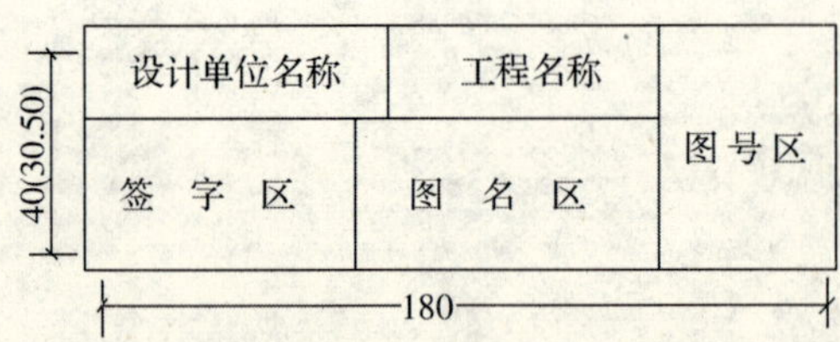

5. 会签栏

(专　业)	(姓　名)	(日　期)

6. 断面与剖面的区别

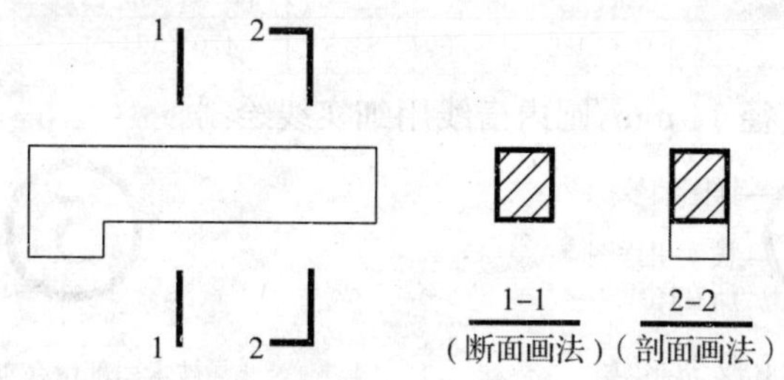

7. 剖切方法

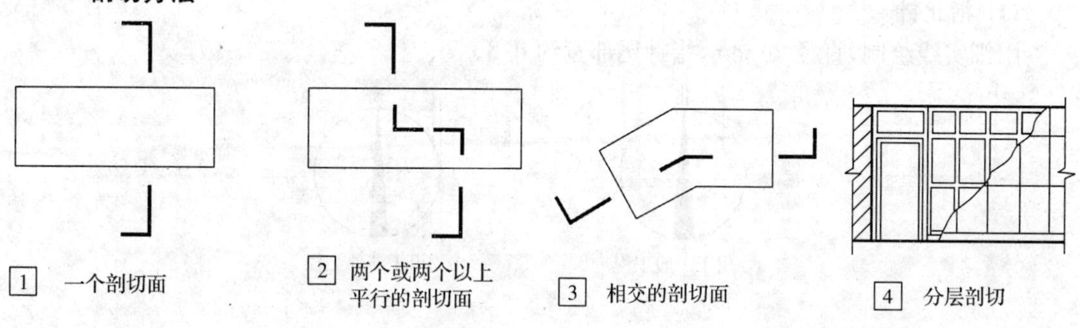
1 一个剖切面　2 两个或两个以上平行的剖切面　3 相交的剖切面　4 分层剖切

8. 剖切符号

用粗实线绘制,剖切位置线长 6~10 mm,方向线长 4~6 mm。

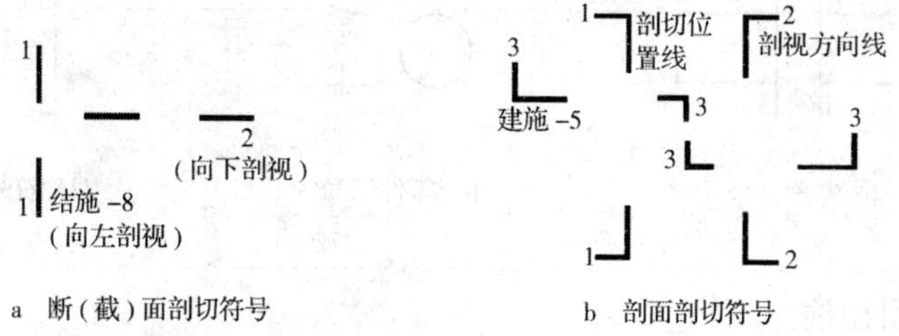

a 断(截)面剖切符号　b 剖面剖切符号

9. 索引符号

用细实线绘制,直径 10 mm。

a　被索引详图在本张图纸

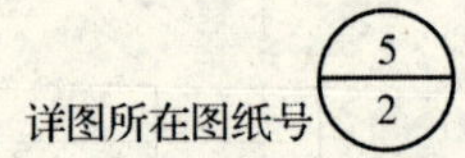

b　被索引详图在另张图纸

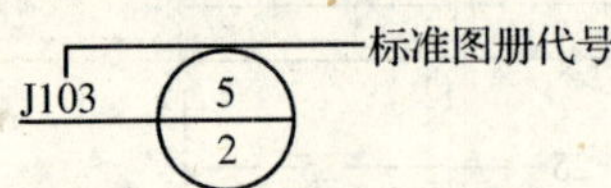

a　索引标准图

b　索引剖面详图

10. 详图符号

圆用粗实线绘制，直径 14 mm，圆内横线用细实线绘制。

a　被索引部位在另张图纸

b　被索引部位在本张图纸

11. 指北针

用细实线绘制，直径 24 mm，指针尾部宽约 d/8。

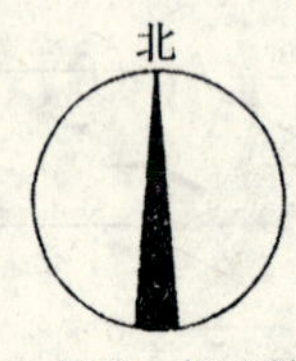

a　用于一般工程

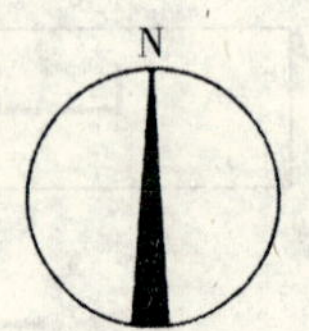

b　用于涉外工程

12. 连接符号　零件符号　对称符号

用细实线绘制。

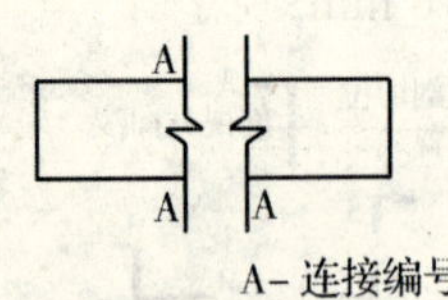

a　连接符号

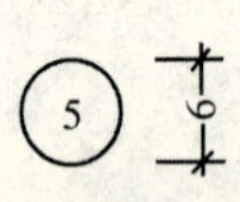

b　零件编号

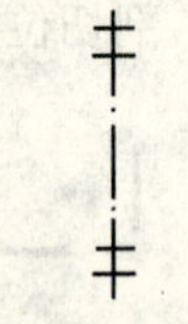

c　对称符号

13. 多层构造引出线

用细实线绘制，引出线应通过各层。

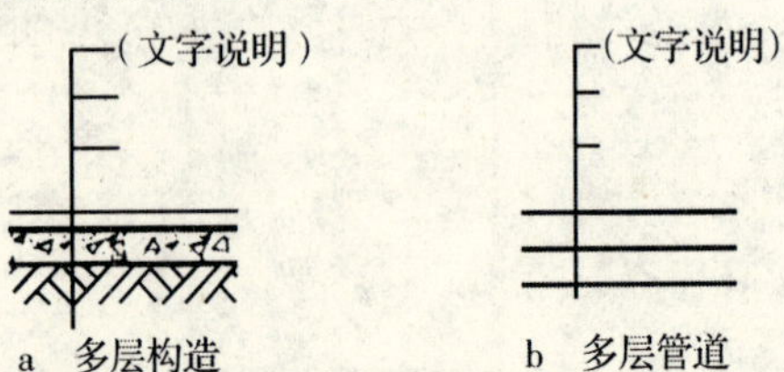

a　多层构造　　b　多层管道

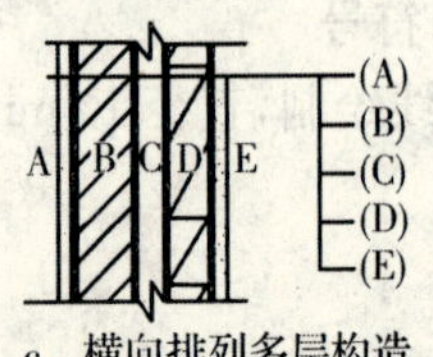

c　横向排列多层构造

14. 定位轴线

(1)编写规定

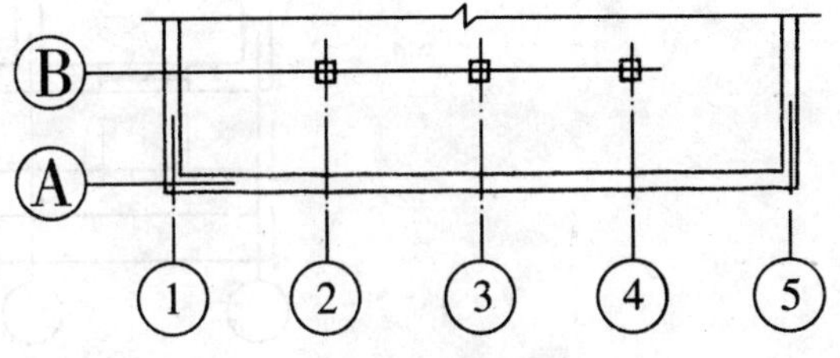

①定位轴线编号的圆圈用细实线绘制,直径 8 mm,用于详图时可增为 10 mm。

②轴线编号宜编注在平面图的下方与左侧。

③编号顺序应从左至右用阿拉伯数字编写,从下至上用拉丁字母编写,其中 I、O、Z 不得用作轴线编号,以免与数字 1、0、2 混淆。如字母数量不够,可用 A_A、B_A……或 A_1、B_1……等。

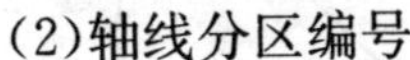

(2)轴线分区编号

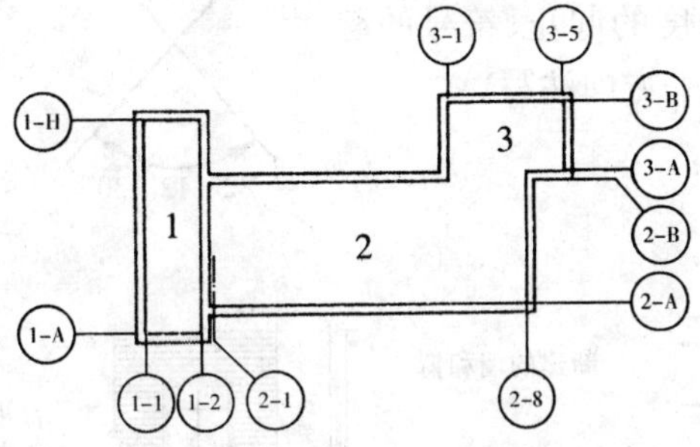

(3)折线形平面轴线编号

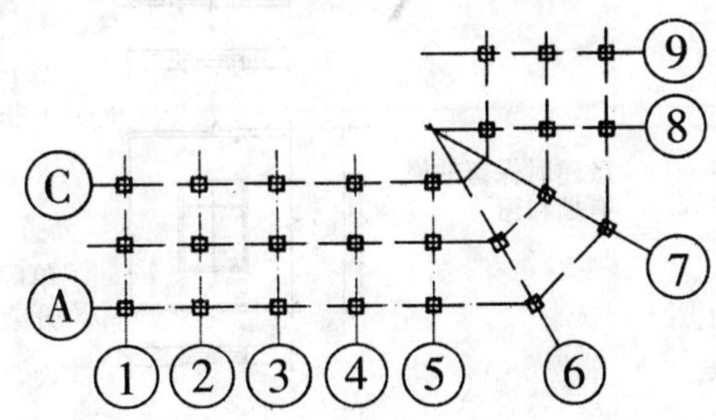

(4)附加轴线

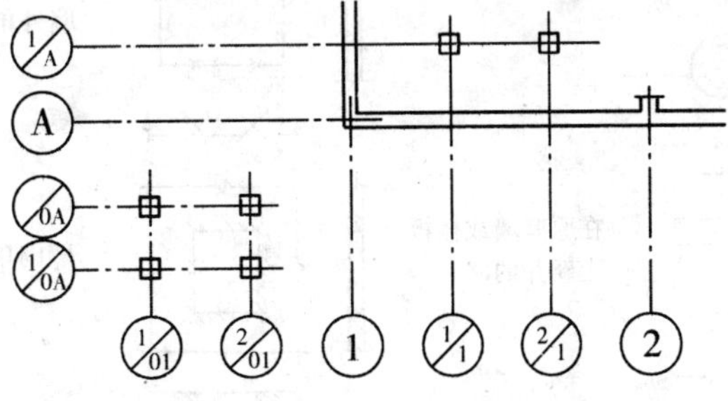

15. 直线尺寸

(1)尺寸宜标注在图样轮廓线以外,如标注在图样轮廓线以内时,尺寸数字处的图线应断开。

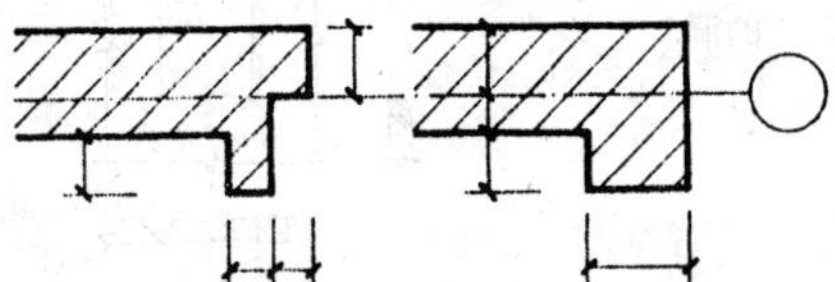

(2)互相平行的尺寸线的排列,宜从图样轮廓线向外,先小尺寸和分尺寸,后大尺寸和总尺寸。

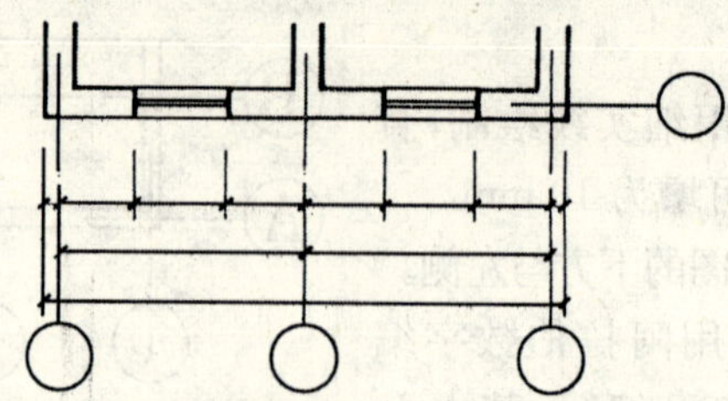

16. 角度的标注

角度尺寸线应为细实线绘制的圆弧线,圆弧的圆心应为该角顶点,角度的起止、符号的起止应为箭头,尺寸数字应水平方向注写。

82°　12′　30″
82°　12′　30″
50°　27′　7″
6°
5°　09′　52″

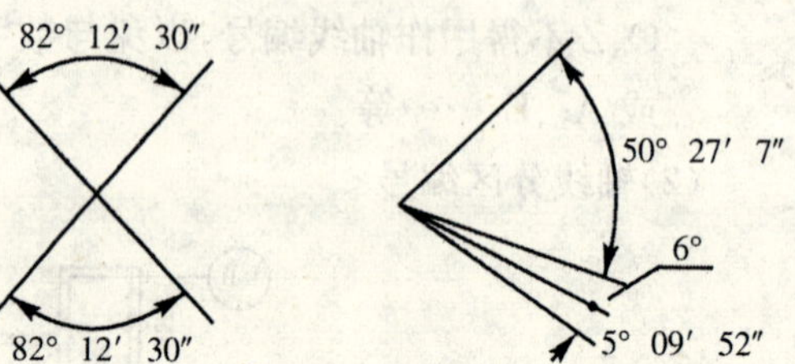

17. 构造图例

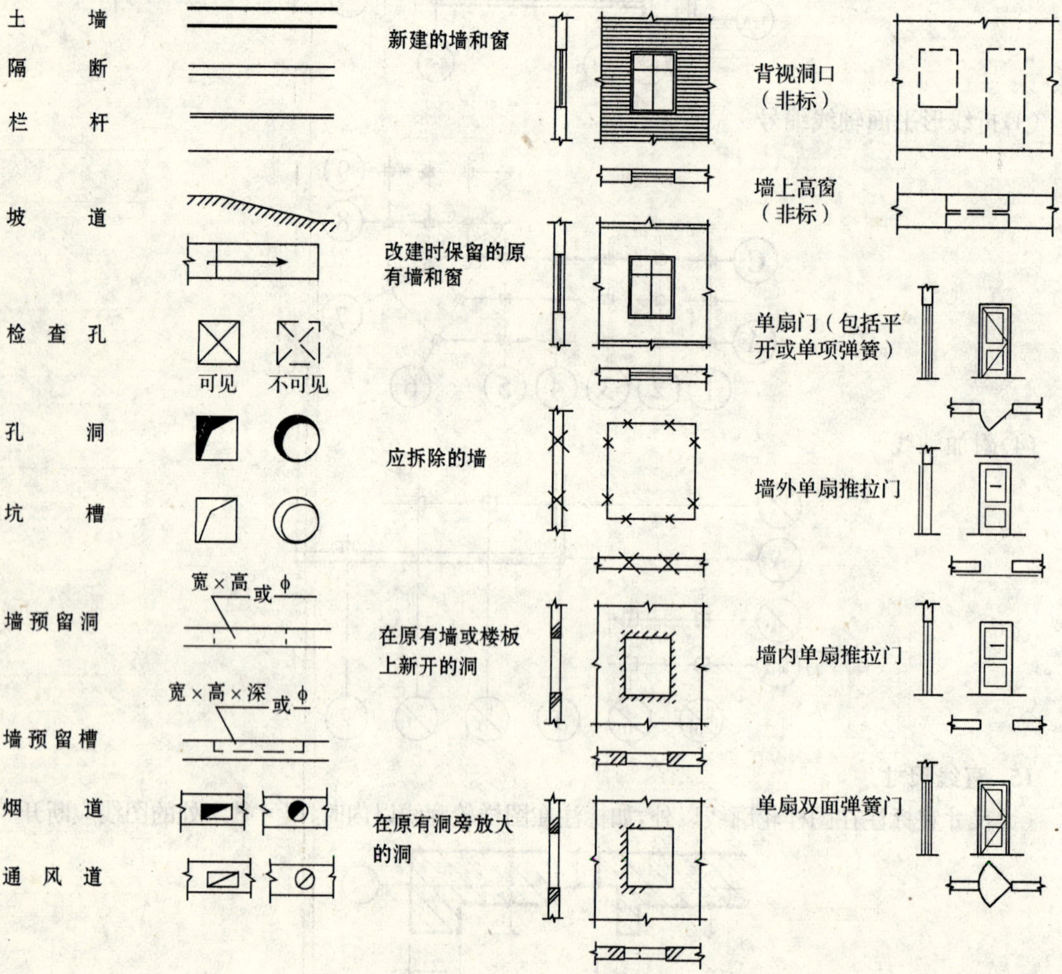

土　墙
隔　断
栏　杆
坡　道
检 查 孔
可见
不可见
孔　洞
坑　槽
宽×高
或ϕ
墙预留洞
宽×高×深
或ϕ
墙预留槽
烟　道
通 风 道
新建的墙和窗
改建时保留的原有墙和窗
应拆除的墙
在原有墙或楼板上新开的洞
在原有洞旁放大的洞
背视洞口
(非标)
墙上高窗
(非标)
单扇门(包括平开或单项弹簧)
墙外单扇推拉门
墙内单扇推拉门
单扇双面弹簧门

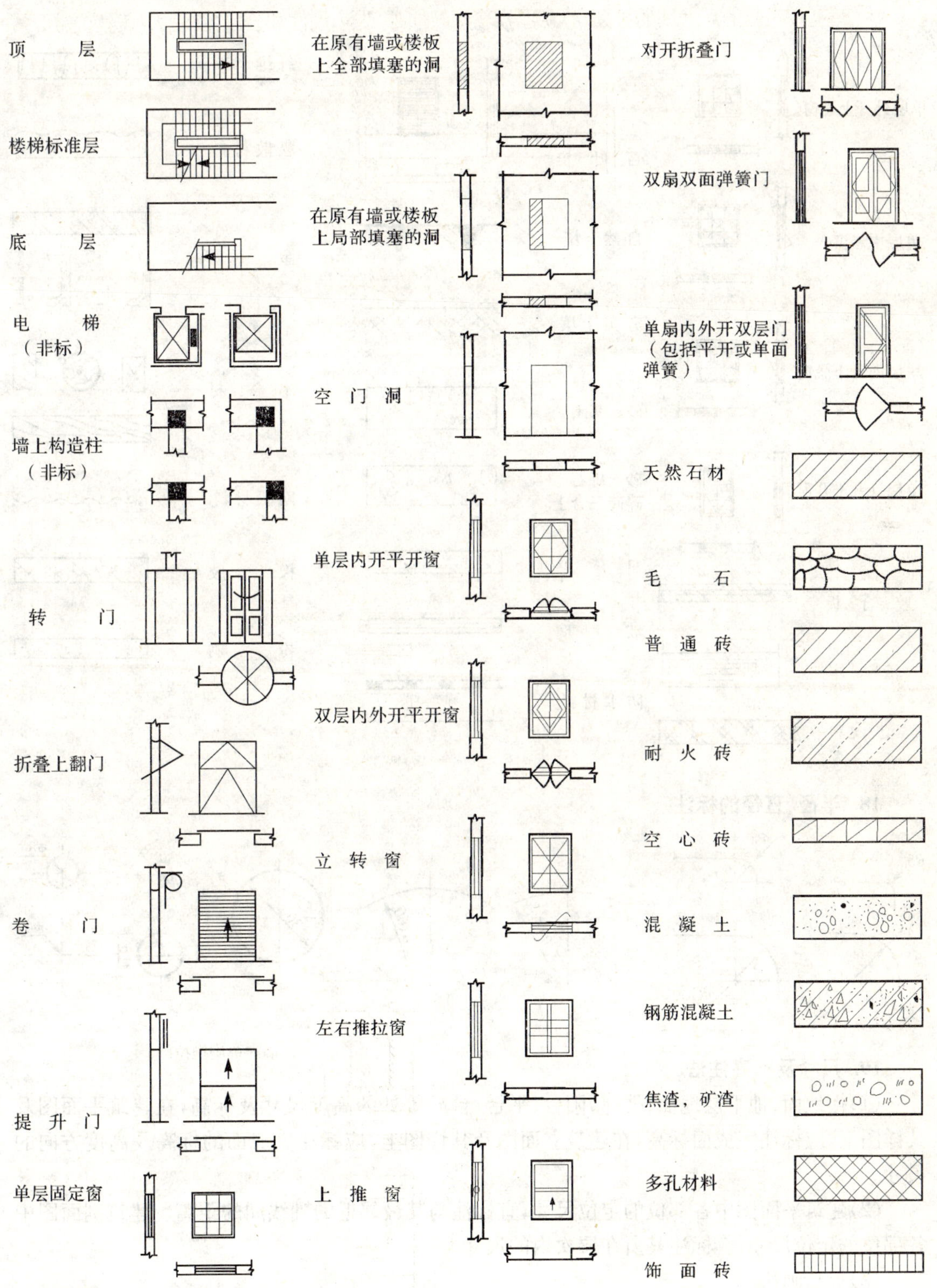
顶　　层
楼梯标准层
底　　层
电　　梯
（非标）
墙上构造柱
（非标）
转　　门
折叠上翻门
卷　　门
提　升　门
单层固定窗
在原有墙或楼板
上全部填塞的洞
在原有墙或楼板
上局部填塞的洞
空　门　洞
单层内开平开窗
双层内外开平开窗
立　转　窗
左右推拉窗
上　推　窗
对开折叠门
双扇双面弹簧门
单扇内外开双层门
（包括平开或单面
弹簧）
天然石材
毛　　石
普　通　砖
耐　火　砖
空　心　砖
混　凝　土
钢筋混凝土
焦渣，矿渣
多孔材料
饰　面　砖

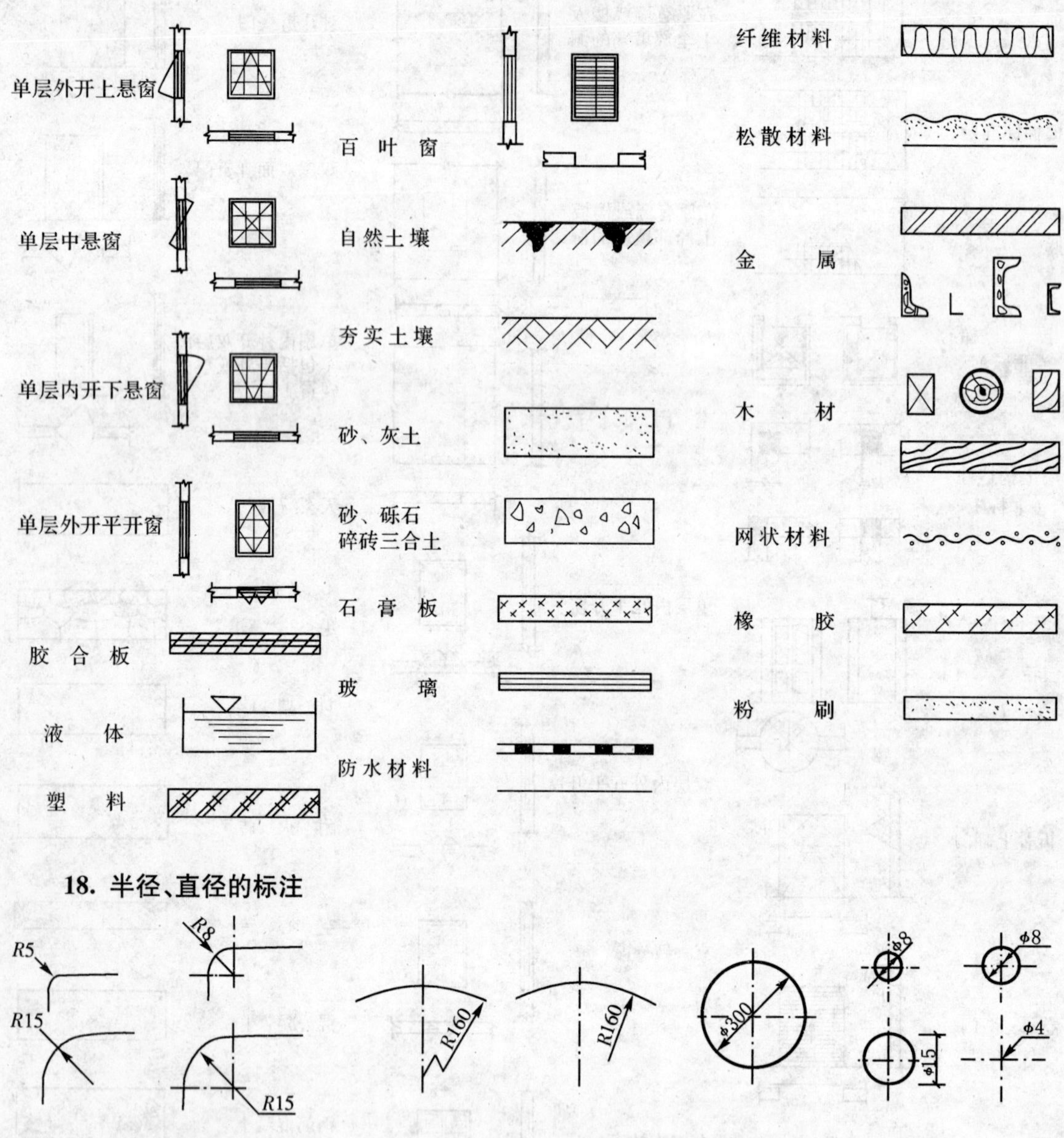

18. 半径、直径的标注

19. 尺寸及标高注法

(1)楼地面、地下层地面、楼梯、阳台、平台、台阶等处的高度尺寸及标高，在建筑平面图及其详图上，应标注完成面标高，在建筑立面图及其详图上，应标注完成面的标高及高度方向的尺寸。

(2)建筑平面图中各部位的定位尺寸，宜标注与其最邻近的轴线间的距离。建筑剖面图中各部位的定位尺寸，宜标注其所在层次内的尺寸。

(3)标高画法。

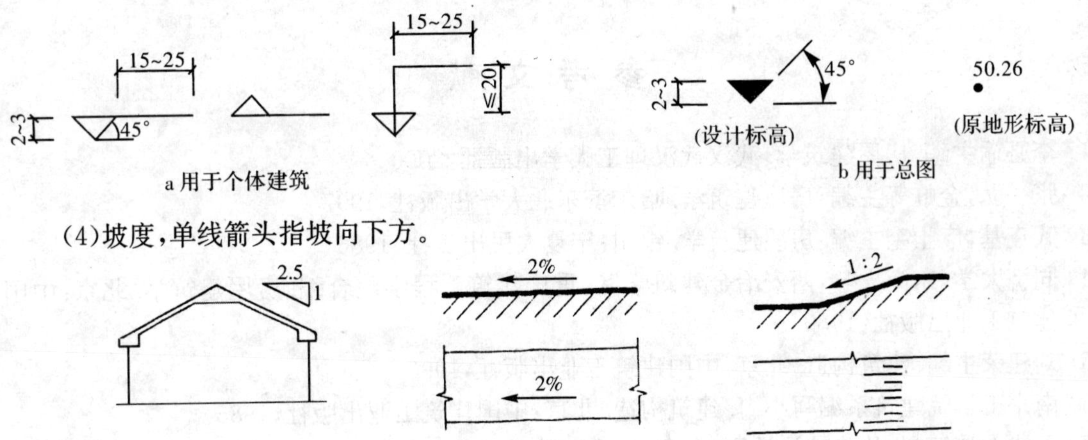

a 用于个体建筑　　b 用于总图

(4)坡度,单线箭头指坡向下方。

(5)单线图及等长尺寸可简化标注。

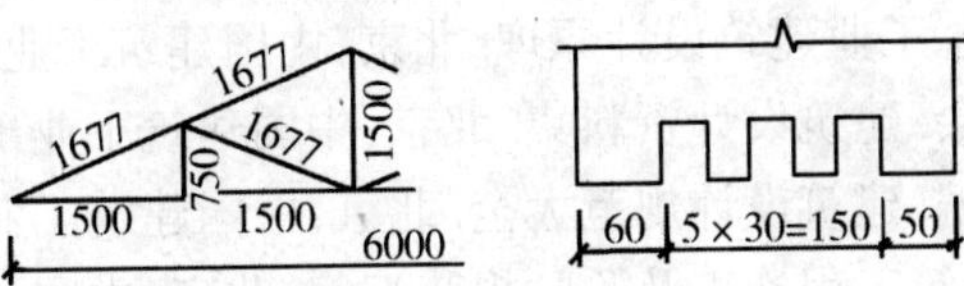

参 考 文 献

1 李必瑜主编.房屋建筑学.武汉武汉理工大学出版社,2000

2 张一弘,金虹等主编.房屋建筑学.哈尔滨东北大学出版社,1997

3 武克基,广士奎主编.房屋建筑学.银川:宁夏人民出版社,1986

4 同济大学,东南大学,西安冶金建筑学院,重庆建筑工程学院合编.房屋建筑学.北京:中国建筑工业出版社,1980

5 刘建荣主编.建筑构造.北京:中国建筑工业出版社,1996

6 南京工学院建筑系编写小组.建筑构造.北京:中国建筑工业出版社,1985

7 天津大学编.公共建筑设计原理.北京:中国建筑工业出版社,1987

8 住宅建筑设计原理编写组.住宅建筑设计原理.北京:中国建筑工业出版社,1984

9 哈尔滨建筑工程学院编.工业建筑设计原理.北京:中国建筑工业出版社,1987

10 建筑设计资料集编委会.建筑设计资料集.北京:中国建筑工业出版社,1996

11 中国建筑工业出版社编.建筑设计规范大全.北京:中国建筑工业出版社,1995

12 中国计划出版社编.建筑工程施工及验收规范汇编.北京:中国计划出版社,1996

13 中华人民共和国国家标准.屋面工程技术规范 GB 50207－94.北京:中国建筑工业出版社,1994

14 中华人民共和国国家标准.塑料门窗安装及验收规程 JGJ 103－96.北京:中国建筑工业出版社,1997